计算机系列教材

王振武 编著

软件工程理论与实践
（第3版·微课版）

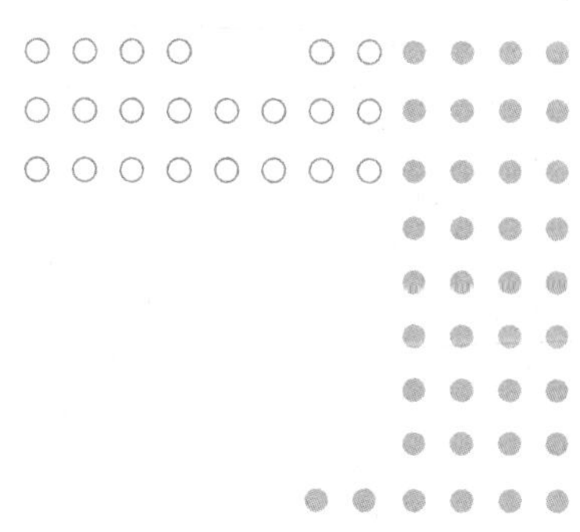

清华大学出版社
北京

内容简介

本书对软件工程的基本理论进行系统的介绍，并且用一个具体的实例贯穿全书，对具体知识点配有丰富的例题，这种理论与实践相结合的方式极大地方便了读者对抽象、枯燥的软件工程理论的理解和掌握。

本书共分 11 章，按照软件生命周期的流程组织各章内容，同时覆盖了结构化开发方法和面向对象开发方法，具体内容包括软件工程概述、可行性研究、需求分析、概要设计、详细设计、编码、测试、维护、软件项目管理、面向对象方法与 UML 建模以及面向对象分析与设计。

本书可以作为高等院校软件工程课程的教材，也可以作为从事软件开发与测试工作以及其他相关工程技术工作的人员的参考书。

图书在版编目(CIP)数据

软件工程理论与实践：微课版/王振武编著．—3 版．—北京：清华大学出版社，2024.4
计算机系列教材
ISBN 978-7-302-66088-0

Ⅰ．①软…　Ⅱ．①王…　Ⅲ．①软件工程－高等学校－教材　Ⅳ．①TP311.5

中国国家版本馆 CIP 数据核字(2024)第 072592 号

责任编辑：白立军　杨　帆
封面设计：常雪影
责任校对：郝美丽
责任印制：沈　露

出版发行：清华大学出版社
网　　址：https://www.tup.com.cn，https://www.wqxuetang.com
地　　址：北京清华大学学研大厦 A 座　　邮　　编：100084
社 总 机：010-83470000　　邮　　购：010-62786544
投稿与读者服务：010-62776969，c-service@tup.tsinghua.edu.cn
质量反馈：010-62772015，zhiliang@tup.tsinghua.edu.cn
课件下载：https://www.tup.com.cn，010-83470236
印 装 者：三河市铭诚印务有限公司
经　　销：全国新华书店
开　　本：185mm×260mm　　**印　　张**：21.25　　**字　　数**：493 千字
版　　次：2020 年 10 月第 1 版　2024 年 5 月第 3 版　　**印　　次**：2024 年 5 月第 1 次印刷
定　　价：69.00 元

产品编号：096964-01

PREFACE

计算机系列教材

前言

随着软件工程相关技术和方法的迅猛发展,它们对软件设计、开发及维护工作起到了重要的指导与推动作用。为适应我国软件工程的教学工作,编者在多年软件开发以及软件工程教学实践的基础上,参阅多种国内外最新版本的教材,编写了本书。本书可以作为高等院校本科生的教材,也可以为相关行业的工程技术人员提供有益的参考。

本书在第2版的基础上对教材中的个别错误进行了修改,内容安排与第2版一致,循序渐进地对软件工程的基本理论进行了通俗易懂的讲解,并增加了微课视频。本书最大的特点是理论与实践相结合,全书通过一个实例贯穿始终,把软件工程的基本理论和方法系统、全面地讲解清楚。这种方法克服了过去重理论轻实践的内容组织方式,大大方便了读者的理解。具体而言,本书11章内容之间的关系如下页图所示。

本书有配套的教学课件,读者可从清华大学出版社网站(www.tup.com.cn)下载。由于编者水平有限,书中难免存在不足之处,恳请专家和读者批评指正。

循序渐进
第1章 软件工程概述
对软件及软件工程的概念、软件开发方法等进行介绍，让读者初步了解软件工程的含义
第2章 可行性研究
对可行性研究的含义、任务、步骤及研究的要素进行介绍，回答软件到底能不能开发的问题
第3章 需求分析
对需求分析的基本概念、需求获取的方法、需求建模方法以及需求验证进行介绍，回答软件到底做什么的问题
第4章 概要设计
对概要设计的主要内容、原则和工具进行介绍，回答如何进行体系结构设计和数据库设计的问题
第5章 详细设计
对详细设计的内容、原则和方法进行介绍，回答如何进行算法设计和人机界面设计的问题
第6章 编码
对程序设计语言、编码风格和程序效率进行介绍，回答如何选择编程语言及规范编码的问题
第7章 测试
对软件测试的对象、准则和方法，以及软件调试技术进行介绍，回答如何进行软件测试和调试的问题
第8章 维护
对软件的可维护性问题、软件维护任务的实施及副作用进行介绍，回答软件维护的内容及如何进行软件维护的问题
第9章 软件项目管理
对软件进度计划管理、质量管理、成本管理、配置管理及人力资源管理等内容进行介绍，回答软件项目管理的内容及如何进行管理的问题
第10章 面向对象方法与UML建模
对面向对象方法的基本概念及UML的基本概念进行介绍，回答面向对象设计方法的含义及进行面向对象分析和设计所采用的工具的问题
第11章 面向对象分析与设计
对面向对象分析与设计的基本概念进行介绍，回答如何进行面向对象分析和设计的问题

编　者

2024 年 2 月

CONTENTS

计算机系列教材

目录

CHAPTER

第1章 软件工程概述

通过本章的学习，读者可以掌握软件的定义、特点及分类，了解软件危机产生的原因及人们为了最大限度地避免软件危机所采用的方法；掌握软件生命周期和软件开发方法；了解CASE[Computer Aided(或Assisted)Software Engineering]工具，即计算机辅助工具的应用环境，提高编程速度和效率；了解软件工程的演变与发展，为后续学习打下坚实的基础。

学习目标：

✍ 掌握软件的定义、特点及分类。

✍ 了解软件危机产生的原因。

✍ 掌握软件工程的定义和基本内容。

✍ 了解软件工程的基本原则。

✍ 掌握软件生命周期和软件开发方法。

✍ 了解CASE工具及其开发环境。

✍ 了解软件工程的演变与发展。

1.1 软件

软件及软件的特点

1.1.1 软件的定义

尽管在不同的开发阶段，人们对软件的认识不尽相同，但现在对软件的定义已达成共识。软件的定义可以表述为：

(1) 在运行中能提供所希望的功能和性能的指令集(即程序)；

(2) 使程序能够正确运行的数据结构；

(3) 描述程序研制过程、方法所用的文档。

软件由两部分组成：一是机器可执行的程序及有关数据；二是机器不可执行的与软件开发、运行、维护和使用相关的文档。

1.1.2 软件的特点

在计算机系统中,软件是一个逻辑部件,硬件是一个物理部件,因此在开发、维护方面,软件与硬件产品相比有明显的特点。

(1) 软件是设计开发的,而不是传统意义上生产制造的。软件和硬件均可通过设计获得好的产品品质,但硬件制造阶段的质量问题是易于控制和纠正的,软件生产阶段的质量控制却要困难得多。相对于硬件的生产,软件开发过度依赖于开发人员的素质、能力及协作,因此不能像管理硬件制造项目那样管理软件开发项目。

(2) 软件不会“磨损”。图 1-1 描述了以时间为变量的硬件的故障率。这个被称为“浴缸曲线”的关系图显示硬件在早期具有较高的故障率。纠正缺陷后,故障率降低,并在一段时间内保持平稳。然而,随着时间的推移,因为灰尘、振动、不当使用、温度等因素的影响,硬件的故障率会增大,硬件开始“磨损”,但软件不会受到引起硬件“磨损”的环境问题的影响。

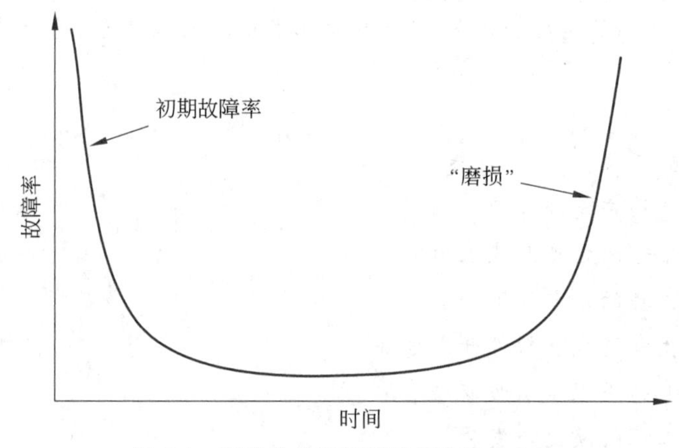

图 1-1 硬件的故障率随时间变化的曲线

从理论上讲,软件在交付初期故障率较高,随着缺陷的纠正,曲线将趋于平缓,即软件不会“磨损”,如图 1-2 所示。但是在实际使用过程中,未知的缺陷总是存在,而软件的每次变更都可能引入新的错误,使得故障率如图 1-2 所示的实际曲线那样陡然上升。在曲线回到最初的稳定状态前,新的变更会引起曲线的又一次上升。这样最小的故障率水平在逐渐上升,可以说,不断的变更是软件退化的根本原因。

(3) 大多数软件是根据客户的要求定制的。硬件通常是根据一定的规范标准制定的,软件通常是根据客户的要求定制的。虽然目前商业化软件的组件技术发展很快,但完全使用现有的组件实现软件系统仍然不现实,基于组件的软件开发模式仍然需要根据软件需求来开发系统。

1.1.3 软件的分类

人们在工作和学习中会经常接触到各种各样的软件,至于这些数量众多的软件究竟归为哪种类型，则需要考虑对计算机软件进行分类的依据。事实上，由于人们与软件的关系各不相同且所关心软件的侧重点也不相同，要给出计算机软件一个科学的、统一的严格分类标准是不现实的。但对软件的类型进行必要的划分对于根据不同类型的工程对象采用不同的开发和维护方法是很有价值的，因此有必要从不同角度对计算机软件做适当的分类。

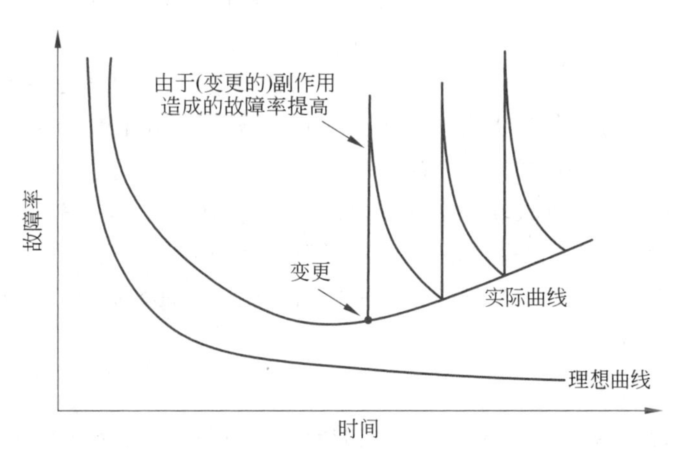

图 1-2 软件的失效曲线图

1. 基于软件功能划分

(1) 系统软件。系统软件是与计算机硬件紧密结合以使计算机的各个部件与相关软件及数据协调、高效工作的软件，如操作系统。系统软件在工作时频繁地与硬件交互，以便为用户服务，共享系统资源，在这中间伴随着复杂的进程管理和复杂的数据结构的处理。系统软件是计算机系统必不可少的重要组成部分。

(2) 支撑软件。它是协助用户开发的工具性软件，包括帮助程序人员开发软件产品的工具和帮助管理人员控制开发进程的工具，其可划分为以下 6 种。

① 一般类型：包括文本编辑程序、文件格式化程序、程序库系统等。

② 支持需求分析：包括问题陈述语言(Problem Statement Language，PSL)、问题陈述分析程序(Problem Statement Analyzer，PSA)、一致性检验程序等。

③ 支持设计：包括图形软件包、结构化流程图绘图程序、设计分析程序、程序结构图编辑程序等。

④ 支持实现：包括编译程序、交叉编译程序、预编译程序、连接编译程序等。

⑤ 支持测试：包括静态分析程序、符号执行程序、模拟程序、测试覆盖检验程序等。

⑥ 支持管理：包括计划评审法(Program Evaluation and Review Technique，PERT)、绘图程序、标准检验程序和库管理程序。

(3) 应用软件。应用软件是在特定领域内开发的，为特定目的服务的一类软件。现在几乎所有的国民经济领域都使用了计算机，为这些计算机应用领域服务的应用软件种类繁多。其中，商业数据处理软件是占比最大的一类，工程与科学计算软件大多属于数值计算问题。应用软件还包括计算机辅助设计/计算机辅助制造、系统仿真、智能产品嵌入软件(如汽车油耗控制、仪表盘数字显示、刹车系统),以及人工智能软件(如专家系统、模式识别)等。此外,在事务管理、办公自动化、中文信息处理、计算机辅助教学等方面的软件也得到了迅速发展,产生了惊人的生产效率和巨大的经济效益。

2. 基于软件工作方式划分

(1) 实时处理软件。实时处理软件指在事件或数据产生时立即处理并及时反馈信号的软件,这类软件一般需要监测和控制运行过程,主要包括数据采集、分析、输出 3 个部分,其处理时间应严格限定,如果在任何时间超出这一限定,都将造成事故。

(2) 分时软件。分时软件指允许多个联机用户同时使用计算机,系统把处理机时间轮流分配给各联机用户,使各用户都感到只是自己在使用计算机的软件。

(3) 交互式软件。交互式软件指能实现人机通信的软件。这类软件接收用户给出的信息并进行反馈,在时间上没有严格的限定,这种工作方式给予用户很大的灵活性。

(4) 批处理软件。批处理软件指把一组输入作业或一批数据以成批处理的方式一次运行,按顺序逐个处理的软件。

3. 基于软件规模划分

根据开发软件所需的人力、时间及完成的源程序行数,可划分为下列 6 种不同规模的软件。

(1) 微型软件。微型软件指一个人在几天之内完成的程序不超过 500 行语句且仅供个人专用的软件。通常,这类软件没有必要做严格的分析,也不必有完整的设计、测试资料。

(2) 小型软件。小型软件指一个人半年之内完成的程序为 2000 行以内的软件。这种软件通常没有与其他程序的接口,但需要按一定的标准化技术、正规的资料书写及进行定期的系统审查,只是没有大项目那样严格。

(3) 中型软件。中型软件指 5 个人以内在一年多完成的程序为 5000～50 000 行的软件。从中型软件开始,出现了软件人员之间、软件人员与用户之间的联系,以及协调配合关系的问题,因而计划、资料书写以及技术审查需要比较严格地进行。在开发中使用系统的软件工程方法是完全必要的,这对提高软件产品质量和程序人员的工作效率起着重要的作用。

(4) 大型软件。大型软件指 5～10 个人在两年多完成的程序为 50 000～100 000 行的软件。参加工作的软件人员需要按级管理,在任务完成过程中,人员调整往往不可避免,因此会出现对新手的培训和逐步熟悉工作的问题。对于这样规模的软件,采用统一的标准,实行严格的审查是绝对必要的。由于软件的规模庞大及问题的复杂性,大型软件往往在开发的过程中会出现一些事先难以做出估计的事件。

(5) 甚大型软件。甚大型软件指 100～1000 人参加,用 4～5 年完成的具有 100 万行程序的软件。这种甚大型项目可能会划分成若干子项目,每个子项目都是一个大型软件,子项目之间具有复杂的接口。例如,实时处理系统、远程通信系统、多任务系统、大型操作系统、大型数据库管理系统通常有这样的规模。很显然,如果这类问题没有软件工程方法的支持,它的开发工作是不可想象的。

(6) 极大型软件。极大型软件指 2000～5000 人参加,10 年内完成的程序在 1000 万行以内的软件。这类软件很少见,往往是军事指挥、弹道导弹防御系统等。

可以看出,对于规模大、时间长、很多人参加的软件项目,其开发工作必须要有软件工程的知识作指导,而规模小、时间短、参加人员少的软件项目也要用到软件工程概念,并遵循一定的开发规范,其基本原则是一样的。

4. 基于软件失效的影响进行划分

工作在不同领域的软件,在运行中对可靠性有不同的要求。事实上,随着计算机进入国民经济等各个重要领域,其软件的可靠性越来越显得重要。人们一般称这类软件为关键软件,其特点为以下 3 方面。

(1) 可靠性质量要求高。

(2) 常与完成重要功能的大系统的处理部件相关联。

(3) 含有的程序可能对人员、公众、设备或设施的安全造成影响,还可能影响到环境的质量和关系到国家的安全与机密。

5. 基于软件服务对象的范围划分

软件工程项目完成后可以有以下两种形式提供给用户。

(1) 定制软件。定制软件是受某个特定客户(或少数客户)的委托,由一个或多个软件开发机构在合同的约束下开发的软件。

(2) 产品软件。产品软件是由软件开发机构开发出来的,直接提供给市场或为千百个用户服务的软件。

1.2 软件危机与软件工程

软件工程

1.2.1 软件危机

在 20 世纪 60 年代末"软件工程"概念提出之前,由于计算机硬件资源的限制(如运算速度、内存容量),程序员不得不利用个人的编程技巧来提高代码效率,使得程序的可理解性较差。规模小的程序尚能应付测试和运行维护,随着计算机硬件和软件技术的发展,软件的规模也越来越大,一个软件项目可能有几万、几十万甚至几百万行代码,软件的开发和维护就出现了很严重的问题,在软件和软件开发技术不能很好地满足软件产品开发要求时,软件危机(Software Crisis)就爆发了。软件危机是指软件开发和维护过程中遇到的一系列严重问题,其主要表现如下。

(1) 产品不符合用户的实际需要。因为软件开发人员对用户需求没有深入、准确的了解,甚至对所要解决的问题还没有正确认识就着手编写程序,导致用户对软件产品不满意的现象发生。

(2) 软件开发生产率提高的速度远远不能满足客观需要。软件的生产率远远低于硬件生产率和计算机应用的增长速度,使人们不能充分利用现代计算机硬件提供的巨大潜力。

(3) 软件产品的质量差。软件可靠性和质量保证的定量概念出现不久,软件质量保证技术(审查、复审和测试)没有贯穿到软件开发的全过程中,这些都会导致软件产品发生质量问题。

(4) 对软件开发成本和进度的估计常常不准确。实际成本比估计成本有可能高出一个数量级,实际进度比预期进度有可能拖延几个月甚至几年,这种现象降低了软件开发者的信誉。为了赶进度和节约成本所采取的一些权宜之计又往往降低了软件产品的质量,从而不可避免地会引起用户的不满。

(5) 软件的可维护性差。很多程序中的错误是难以改正的,实际上不能使这些程序适应硬件环境的改变,也不能根据用户的需要在原有程序中增加一些新的功能,没能实现软件的可重用性,人们仍然在重复开发功能类似的软件。

(6) 软件文档资料通常既不完整也不合格。计算机软件不仅包括程序,还应该包括一整套文档资料,这些文档资料应该是在软件开发过程中产生的,而且应该和程序代码完全一致。软件开发的管理人员可以用这些文档资料管理和评价软件开发过程的进展状况;软件开发人员可以利用它们作为通信工具,在软件开发过程中准确地交流信息;对于软件维护人员而言,这些文档资料更是至关重要和必不可少的,因为缺乏必要的文档资料或者文档资料不合格,必然给软件的开发和维护带来许多困难和严重的问题。

(7) 软件的价格昂贵,软件成本在计算机系统总成本中所占的比例逐年上升。由于微电子学技术的进步和生产自动化程度不断提高,导致硬件成本逐年下降,而软件开发需要大量人力,软件成本上升。

1.2.2 软件工程

1968 年,在讨论有关软件危机的北大西洋公约组织(North Atlantic Treaty Organization,NATO)会议上提出了"软件工程"概念。软件工程是一门工程学科,它涉及软件开发过程的各方面。它包括计算机、工程、数学等学科的理论和方法,同时也涉及软件质量的保证、项目管理等方法和技术,还包括开发软件的工具等。IEEE 关于软件工程的定义如下。

(1) 将系统性的、规范化的、可定量的方法应用于软件的开发、运行和维护,即将工程化方法应用到软件中。

(2) 对(1)中所述方法的研究。

软件工程具有 3 个要素,即方法(Methods)、工具(Tools)和过程(Procedures)。

软件工程方法是提供如何构造软件的技术,它的覆盖面广,包括需求分析、设计建模、编码、测试及其他支持。软件工程方法依赖于一些基本的原则,如结构化开发方法、面向对象开发方法。它贯穿于整个软件开发过程,起着核心的作用。软件工程方法元素如表 1-1 所示。

软件工程工具提供自动化或者半自动化的支持,可以提高软件的开发效率。它包括模型建立、代码生成、程序静态分析、软件测试、过程管理等。工具的集合称为计算机辅助软件工程(Computer Aided Software Engineering,CASE)系统。CASE 把软件、硬件、数据库组成一个软件工程环境。例如,IBM Rational 系列包括了需求定义与管理、模型建立、代码分析、项目管理及集成开发平台等软件开发工具。

表 1-1 软件工程方法元素

方法元素	描 述	举 例
系统模型描述	用特定的符号描述被开发的系统模型	对象模型、数据流模型
规则	运用于系统模型的约束规则	系统模型中的每个实体只能有一个唯一的名称
建议	好的建议有利于构造一个良好的系统模型	标识符的命名要做到“见名知意”
过程指导	对系统开发过程活动的描述	在定义一个对象的操作前应为对象的属性建立相应的文档

软件工程过程是用合适的方法、语言和工具由软件工程师进行软件活动的集合。软件工程过程定义了一个框架，是软件项目管理控制的基础。软件工程过程建立了一个环境，以便于技术方法的采用、可支付产品（文档、报告及格式等）的产生，并帮助确保质量和变更的控制，使得软件管理人员能够对他们的进度和质量进行评价。一般来说，软件工程过程活动可以分为需求分析和定义、设计、编码、测试和维护，这也被称为软件生命周期(Software Life Cycle)或软件生存周期。

1.2.3 软件工程的基本内容

软件工程是一个综合性的工程学科，从内容上划分，软件工程学可分为理论、结构、方法、工具、环境、管理、规范等。理论与结构是软件开发的技术基础，包括程序正确性证明理论、软件可靠性理论、软件成本估计模型、软件开发模型、模块划分原理等。软件开发技术包括软件开发方法学、软件工具和软件开发环境。良好的软件工具可促进方法的研制，而先进的软件开发方法能改进工具，软件工具的集成构成软件开发环境。管理技术是提高开发质量的保证，软件工程管理包括软件开发管理和软件经济管理，前者包括人员分配、制订计划、确定标准与配置，后者的主要内容有成本估计和质量评价。

1.2.4 软件工程的基本原则

1. 抽象

抽象即抽取事物的本质特性和行为，它是软件工程的本质方法原则之一，贯穿整个软件开发过程。在需求定义阶段对业务流、数据流的建模，在设计阶段对体系结构、类继承关系的建模均为抽象。

2. 模块化原则

模块化原则要求系统在逻辑上应分解为具有独立性的模块，各模块应具有高内聚和低耦合的特点，模块之间通过某种交互和控制关系构成系统结构。模块大小应适中，太大会导致模块内部逻辑过于复杂，太小则使系统的结构过于复杂、庞大。模块化思想有利于软件的理解和维护，降低软件的复杂度。

3. 信息隐蔽

信息隐蔽是指软件模块的封装应使模块内部的细节尽量不裸露在外，与其他模块的联系仅限于接口，如类封装了属性和方法，方法的调用和属性的访问都是通过接口。信息隐蔽实现了模块之间的低耦合，有利于软件的维护和修改。

4. 一致性

一致性是指在软件的开发过程中软件制品（包括文档和程序）都使用一致的概念、符号、术语，有着一致的软硬件接口，并且系统的定义和实现也保持一致。

5. 完整性

完整性是指系统不丢失任何需要的部分，实现系统所需的程度。

6. 可验证性

可验证性是指系统的设计与实现应遵循易被测试、验证的原则，以保证交付和系统的正确性检查。例如，要求系统的查询响应时间少于 5 秒就是一项可以验证的系统指标。

1.3 软件生命周期与软件开发模型

1.3.1 软件生命周期

软件生命周期就是从提出软件产品开始直到该软件产品被淘汰的全过程。研究软件生命周期是为了更科学有效地组织和管理软件的生产，从而使软件产品更可靠、更经济。采用软件生命周期来划分软件的工程化开发，使软件开发分阶段依次进行。前一个阶段任务的完成是后一个阶段的前提和基础，而后一个阶段通常是将前一个阶段提出的方案进一步具体化。每个阶段的开始与结束都有严格的标准，前一个阶段结束的标准就是与其相邻的后一个阶段开始的标准。每个阶段结束之前都要接受严格的技术和管理评审，当不能通过评审时，就要重复前一阶段的工作直到通过上述评审后才能结束。采用软件生命周期的划分方法使每个阶段的任务相对独立，有利于简化整个问题且便于不同人员分工协作，而且其严格、科学的评审制度保证了软件的质量，提高了软件的可维护性，从而大大提高了软件开发的成功率和生产率。

软件生命周期一般可分为问题定义、可行性研究、需求分析、概要设计、详细设计、编码、测试、运行与维护等阶段。在软件的研制和开发过程中需要完成如下工作

（1）要了解和分析用户的问题，以及经济、技术和时间等方面的可行性。

（2）将用户的需求规范化、形式化，编写成需求说明书及初步的系统用户手册，提交评审。

（3）将软件需求设计为软件过程描述，即设计人员将已确定的各项需求转化成一个相应的体系结构。结构的每个组成部分都是意义明确的模块，每个模块都与某些需求相对应（概要设计）。然后对每个模块的具体任务进行具体的描述（详细设计）。

（4）编码，就是把过程描述编写为机器可执行的代码。

（5）测试，就是发现错误并进行改正。

（6）维护，包括故障的排除以及为适应使用环境的变化和用户对软件提出的新的要

求所做的修改。

软件生命周期可以分为三大阶段：计划阶段、开发阶段和维护阶段。

1. 计划阶段

这里又可分两步，即软件计划和需求分析。第一步，因为软件是计算机系统中的一个子系统，这样不仅要从确定的软件子系统出发，确定工作域，即确定软件总的目标、功能以及开发这样的软件系统需要哪些资源（人力和设备）等，做出成本估计，还要做出可行性分析，即在现有资源与技术的条件下能否实现这样的目标，最后要提出进度安排，并写出软件计划文档（上述问题都要进行管理评审）。第二步，在管理评审通过以后，要确定系统定义和有效性标准（软件验收标准），写出软件需求说明书。还要开发一个初步用户手册，这里要进行技术评审。技术评审通过以后，再进行一次对软件计划的评审，因为这时对问题有了进一步的了解。因为制订计划时数据较少，且经验不足，所以对制订的计划需要进行多次修改，以尽量满足各种要求，然后再进入开发阶段。

2. 开发阶段

开发阶段要经过 3 个步骤，即设计、编码和测试。首先对软件进行结构设计、定义接口、建立数据结构、规定标记。其次对每个模块进行过程设计、编码和单元测试。最后进行组合测试和有效性测试，对每个测试用例和结果都要进行评审。

3. 维护阶段

首先要做的工作就是配置评审，检查软件文档和代码是否齐全，二者是否一致，是否可以维护、确定维护组织和职责，并定义表明系统错误和修改报告的格式等。维护可分为改正性维护、完善性维护和适应性维护等。维护内容广泛，有人把维护看作第二次开发。要适应环境的变化，就要进行扩充和改进，但不是建立新系统。维护的内容应该通知用户，要得到用户的认可，然后即可进行修改，修改不只是修改代码，必须要有齐全的修改计划、详细过程及测试等文档。

以上简要地介绍了软件生命周期中各个阶段的主要任务和评审标准。以后本书将围绕软件生命周期的各个阶段详细讲述其所要完成的任务、完成这些任务所需的技术方法和辅助工具、软件开发和维护的主要管理技术。

1.3.2 软件开发模型

为了反映软件生命周期内各种工作应如何组织及其各个阶段应如何衔接，需要用软件开发模型给出直观的图示表达。软件开发模型是软件工程思想的具体化，是实施于过程模型中的软件开发方法和工具，是在软件开发实践中总结出来的软件开发方法和步骤。总体来说，软件开发模型是跨越整个软件生命周期的系统开发、运作、维护所实施的全部工作和任务的结构框架。

1. 瀑布模型

瀑布模型又称生存周期模型，由 B.M.Boehm 提出，是软件工程的基础模型。其核心思想是按工序将问题化简，将功能的实现与设计分开，以便分工协作。该模型采用结构化的分析与设计方法将逻辑实现与物理实现分开。瀑布模型规定了各项软件工程活动，包括制订开发计划，进行需求分析和说明、软件设计、程序编码、测试、运行和维护，并且规定了软件生命周期的各个阶段，如同瀑布流水，逐级下落、自上而下、相互衔接的固定次序。如图 1-3 所示，每项开发活动均应具有下述特征。

(1) 从上一项活动接收该项活动的工作对象作为输入。

(2) 利用这一输入实施该项活动应完成的内容。

(3) 给出该项活动的工作结果，作为输出传给下一项活动。

(4) 对该项活动实施的工作进行评审。若其工作得到确认，则继续进行下一项活动，否则返回前一项，甚至前几项的活动进行返工。

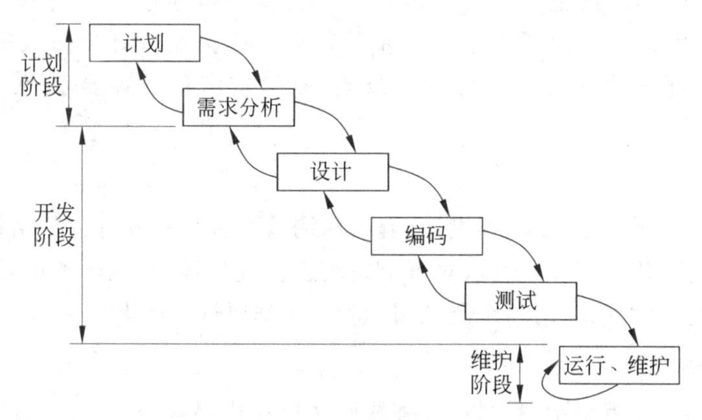

图 1-3 瀑布模型

瀑布模型为软件开发和软件维护提供了一种有效的管理图式。根据这一图式制订开发计划、进行成本预算、组织开发力量，以项目的阶段评审和文档控制为手段有效地对整个开发过程进行指导，从而保证了软件产品及时交付，并达到预期的质量要求。与此同时，瀑布模型在大量的软件开发实践中逐渐暴露出它的严重缺点，其中最为突出的缺点是该模型缺乏灵活性，特别是无法解决软件需求不明确或不准确的问题。这些问题的存在会给软件开发带来严重的影响，最终可能导致开发出的软件并不是用户真正需要的软件，并且，由于瀑布模型具有顺序性和相关性，凡是后一阶段出现的问题需要通过前一阶段的重新确认来解决，所以这一点在开发过程完成后才会有所察觉，因此其代价十分高昂。而且，随着软件开发项目规模的日益庞大，由于瀑布模型不够灵活等缺点引发的上述问题显得更为严重。软件开发需要人们合作完成，因此人员之间的通信和软件工具之间的联系，以及开发工作之间的并行和串行都是必要的，但瀑布模型中并没有体现出这一点。

2. 螺旋模型

为克服瀑布模型的不足，近年来已经提出了多种其他模型。对于复杂的大型软件，开发一个原型往往达不到要求。螺旋模型将瀑布模型与快速原型模型结合起来，并且加入两种模型均忽略的风险分析，弥补了二者的不足。

软件风险是普遍存在于任何软件开发项目中的实际问题。对于不同的项目，其差别只是风险有大有小而已，在制订软件开发计划时，系统分析员必须回答项目的需求是什么，需要投入多少资源以及如何安排开发进度等一系列问题。然而，要他们当即给出准确无误的回答是不容易的，甚至几乎是不可能的，但系统分析员又不可能完全回避这些问题，仅凭借经验的估计给出初步的设想难免带来一定风险。实践表明，项目规模越大，问题越复杂。资源、成本、进度等因素的不确定性越大，承担项目所冒的风险也越大。总之，风险是软件开发不可忽视的、潜在的不利因素，它可能在不同程度上损害软件开发过程或软件产品的质量。软件风险的目标是在造成危害之前及时对风险进行识别、分析，采取对策，进而消除或减少风险损害。螺旋模型沿着螺线旋转，如图 1-4 所示，在笛卡儿坐标系的 4 个象限上分别表达了 4 方面的活动。

(1) 制订计划：确定软件目标，选定实施方案，弄清项目开发的限制条件。

(2) 风险分析：分析所选方案，考虑如何识别和消除风险。

(3) 实施工程：实施软件开发。

(4) 用户评估：评价开发工作，提出修正建议。

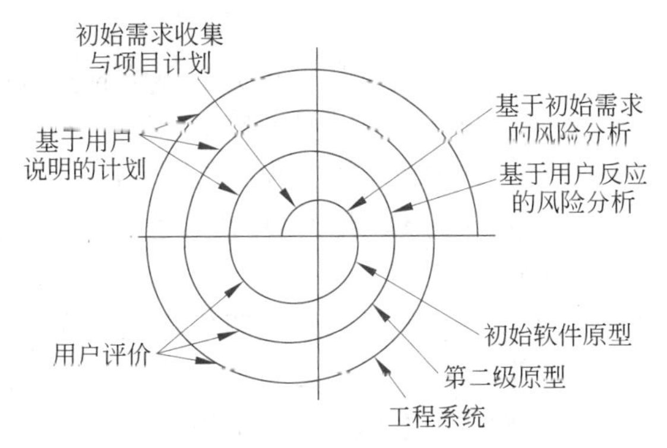

图 1-4　螺旋模型

沿螺线自内向外每旋转一圈便开发出更为完善的一个新的软件版本。例如，在第一圈，确定了初步的目标、方案和限制条件以后，转入右上象限，对风险进行识别和分析。如果风险分析表明需求有不确定性，那么在右下的工程象限内所建的原型会帮助开发人员和用户考虑其他开发模型，并对需求做进一步修正。用户对工程成果做出评价之后，给出修正建议。在此基础上需再次计划，并进行风险分析。在每圈螺线上做出风险分析的终点是否继续下去的判断。假如风险过大，开发者和用户无法承受，项目有可能终止。多数情况下沿螺线的活动会继续下去，自内向外，逐步延伸，最终得到所期望的系统。

如果软件开发人员对所开发项目的需求已经有了较好的理解或较大的把握，则无须开发原型，可采用普通的瀑布模型，这在螺旋模型中可认为是单圈螺线。与此相反，如果对所开发项目需求理解较差，则需要开发原型，甚至需要不止一个原型的帮助，那就需要经历多圈螺线。在这种情况下，外圈的开发包含了更多的活动，也可能某些开发采用了不同的模型。

螺旋模型适合大型软件的开发，应该说它是最为实际的方法，吸收了软件工程“演化”

的概念,使得开发人员和用户对每个演化层出现的风险有所了解,继而做出应有的反应。螺旋模型的优越性比起其他模型来说是明显的,但并不是绝对的,要求许多用户接受和相信该方法并不容易。这个模型的使用需要具有相当丰富的风险评估经验和专业知识,如果项目风险较大,又未能及时发现,势必造成重大损失。此外,螺旋模型是出现较晚的新模型,远没有瀑布模型普及,要让广大软件人员和用户充分肯定它,还有待于更多的实践。

3. 第四代技术模型

第四代技术(The fourth Generation Technology,4GT)模型包含了一系列的软件工具,它们的共同点是能使软件设计者在较高级别上说明软件的某些特征。软件工具根据说明自动生成源代码,在越高的级别说明软件能越快地构造出程序。软件工程的第四代技术模型的应用关键在于软件描述的能力,它用一种特定的语言来完成或者以一种用户可以理解的问题描述方法来描述需要解决的问题。

目前,支持第四代技术模型的软件开发环境及工具一般包含数据库查询的非过程语言、报告生成器、数据操纵、屏幕交互及定义、代码生成、高级图形、电子表格等功能。最初上述的许多工具仅能用于特定应用领域,但今天,第四代技术环境已经扩展,能够满足许多软件应用领域的需要。

和其他模型一样,第四代技术模型也是从需求分析开始的,在理想情况下,用户能够描述出需求,而且这些需求能被直接转换成可操作原型。但这是不现实的,因为用户可能不能确定需要什么,在说明已知的事实时可能出现二义性,可能不能够采用以第四代技术工具可以理解的形式来说明信息,因此,其他模型中所描述的用户对话方式在第四代技术模型中仍是一个必要的组成部分。

对于较小型的应用软件,使用一个非过程的第四代语言有可能直接从需求分析过渡到实现。但对于较大的应用软件,就有必要制定一个系统的设计策略。对于较大项目,如果没有很好地设计,即使使用第四代技术也会产生不用任何方法来开发软件所遇到的同样的问题,这些问题包括质量低、可维护性差、难以被用户接受等。

应用第四代技术模型的代码生成功能使得软件开发者能够以一种自动的方式表示期望的输出,这种方式可以自动生成产生该输出的代码。很显然,相关信息的数据结构必须已经存在,且能够被第四代技术访问。

要将一个第四代技术模型生成的功能变成最终产品,开发者还必须进行测试,写出有意义的文档,并完成其他软件工程模型中同样要求的所有集成活动。此外,采用第四代技术开发的软件还必须考虑维护是否能够迅速实现。

和其他软件工程模型一样,第四代技术模型也有优点和缺点。其优点是极大地降低了软件的开发时间,并显著提高了构造软件的生产率;缺点是目前的第四代技术模型并不比程序设计语言更容易使用,而且这类工具生成的结果源代码是低效的,使用第四代技术模型开发的大型软件系统的可维护性令一部分人怀疑。总体来说,第四代技术模型有以下实践结果。

(1) 在过去十余年中,第四代技术模型的使用发展得很快,且目前已成为适用多个不同应用领域的方法。第四代技术模型与 CASE 工具和代码生成器结合起来,为许多软件问题提供了可靠的解决方案。

（2）从使用第四代技术模型的公司收集来的数据表明，在小型和中型的应用软件开发中，它使软件的生产所需的时间大大减少，且使小型应用软件的分析和设计所需的时间减少。

（3）在大型软件项目中使用第四代技术模型，需要同样的甚至更多的分析、设计和测试才能获得实际的时间节省，主要是通过编码量的减少节省时间。

4. 原型模型

原型模型如图 1-5 所示，从需求分析开始。软件开发者和用户在一起定义软件的总目标，说明需求，并规划出定义的区域，然后快速设计软件中对用户/客户可见部分的表示，快速设计导致建造原型，原型由用户/客户评价，并进一步求精待开发软件的需求。逐步调整原型使之满足用户需求，这个过程是迭代的。

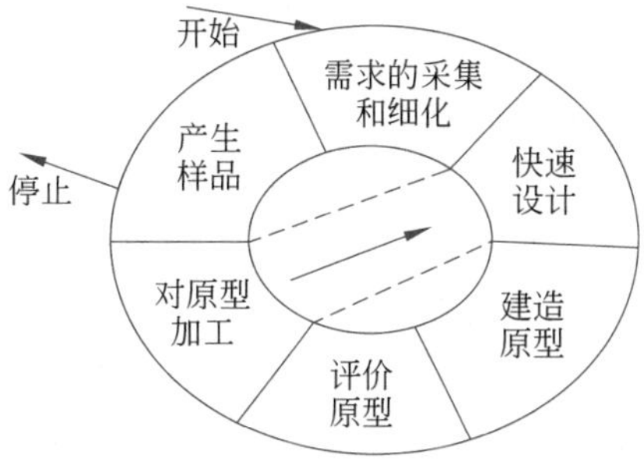

图 1-5　原型模型

1）原型模型的优点

（1）原型模型法在得到良好的需求定义上比传统生命周期法好得多，不仅可以处理模糊需求，而且开发者和用户可充分通信。

（2）原型模型系统可作为培训环境，有利于用户培训和开发同步，开发过程也是学习过程。

（3）原型模型给用户机会更改心中原先设想的、不尽合理的最终系统。

（4）原型模型可以低风险开发柔性较大的计算机系统。

（5）原型模型使系统更易维护，给用户更友好的机会。

（6）原型模型使总的开发费用降低、时间缩短。

2）原型模型的缺点

（1）“模型效应”或“管中窥豹”。对于开发者不熟悉的领域，把次要部分当作主要框架，做出不切题的原型。

（2）原型迭代不收敛于开发者预先的目标。为了消除错误所进行的每次更改使得次要部分越来越大，从而“淹没”了主要部分。

（3）原型过快收敛于需求集合，而忽略了一些基本点。

（4）资源规划和管理较为困难，给随时更新文档带来麻烦。

（5）长期在原型环境上开发，只注意得到满意的原型，容易“遗忘”用户环境和原型环境的差异。

3）原型模型的适用范围

（1）特别适用需求分析与定义规格说明。

（2）设计人机界面。

（3）充当同步培训工具。

（4）“一次性”的应用。

（5）低风险引入新技术。

4）原型模型的不适用范围

(1) 嵌入式软件。

(2) 实时控制软件。

(3) 科技数值计算软件。

5) 原型模型的操作步骤

(1) 弄清用户/设计者的基本信息需求。

本步骤的目标如下。

① 讨论构造原型的过程。

② 写出简明的框架式说明性报告,反映用户/设计者的信息需求方面的基本看法和要求。

③ 列出数据元素和它们之间的关系。

④ 确定所需数据的可用性。

⑤ 概括出业务原型的任务并估计其成本。

⑥ 考虑业务原型的可能使用。

用户/设计者的基本责任是根据系统的输出清晰地描述自己的基本需要。设计者和构造者共同负责规定系统的范围,确定数据的可用性。系统/构造者的基本责任是确定现实的设计者期望,估价开发原型的成本。这个步骤的中心是设计者和构造者定义基本的信息需求,讨论的焦点是数据的提取、过程模拟。

(2) 开发初始原型系统。

目标:建立一个能运行的交互式应用系统来满足用户/设计者的基本信息需求。

在这一步骤中,由构造者负责建立一个初始原型,其中包括与设计者的需求及能力相应的对话,还包括收集设计者对初始原型的反映的设施。其主要工作如下。

① 逻辑设计所需的数据库。

② 构造数据变换或生成模块。

③ 开发和安装原型数据库。

④ 建立合适的菜单或语言对话来提高友好的用户输入输出接口。

⑤ 装配或编写所需的应用程序模块。

⑥ 把初始原型交付给用户/设计者,并且演示如何工作、确定是否满足设计者的基本需求、解释接口和特点、确定用户/设计者是否能很容易地使用系统。

本步骤的原则如下。

① 建立模型的速度是关键因素,而不是运行的效率。

② 初始原型必须满足用户/设计者的基本需求。

③ 初始原型不求完善,它只响应设计者的基本已知需求。

④ 设计者使用原型必须很容易。

⑤ 装配和修改模块,构造者不应编写传统的程序。

⑥ 构造者必须利用可用的技术。

⑦ 用户与系统接口必须尽可能简单,使设计者在用初始原型工作时不至于受阻。

(3) 用原型系统完善用户/设计者的需求。

本步骤的目标如下。

① 让用户/设计者能获得有关系统的亲身经验,必须使之更好地理解实际的信息需求和最能满足这些需要的系统种类。

② 掌握设计者做什么,更重要的是掌握设计者对原型系统不满意什么。

③ 确定设计者是否满足于现有的原型。

本步骤的原则如下。

① 对实际系统的亲身经验能产生对系统的真实理解。

② 用户/设计者总会找到系统第一个版本的问题。

③ 让用户/设计者确定什么时候更改是必需的,并控制总开发时间。

④ 如果用户/设计者在一定时间里(如一个月)没有和构造者联系,那么用户可能是对系统表示满意,也可能是遇到某些麻烦,构造者应该与用户/设计者联系。

责任划分：系统/构造者在这一步中没有什么责任,除非设计者需要帮助或需要信息,或者设计者在一个相当长的时间里没有和构造者接触。用户/设计者负责把那些不适合的地方、不合要求的特征和他在现有系统中看到的所缺少的信息建立文档。

这一步骤的关键是得到用户/设计者关于系统的想法,有以下几种技术可达到这一目的。

① 让用户/设计者输入信息,使用原型本身得到他们的想法。

② 利用系统特点来输入信息。

③ 使用日记来记录信息。

当设计者认为进行某些更改适当时,他就与构造者联系,安排一次会议来讨论所需要的更改。

(4) 修改和完善原型系统。

目标：修改原型以便纠正那些由用户/设计者指出的不需要的或错误的信息。

本步骤的原则如下。

① 装配和修改程序模块,而不是编写程序。

② 如果模块更改很困难,则把它放弃并重新编写模块。

③ 不改变系统的作用范围,除非业务原型的成本估计有相应的改变。

④ 修改并把系统返回给用户/设计者的速度是关键。

⑤ 如果构造者不能进行任何所需要的更改,则必须立即与用户/设计者进行对话。

⑥ 设计者必须能很容易地使用改进的原型。

责任划分同第(2)步。

5. 构件组装模型

构件组装模型导致了软件的复用,提高了软件开发的效率,面向对象技术是软件工程的构件组装模型的基础,面向对象技术强调类的创建,类封装了数据和操纵该数据的算法。面向对象的类可以被复用。构件组装模型如图 1-6 所示,它融合了螺旋模型的特征,本质上是演化的并且支持软件开发的迭代方法,它是利用预先包装好的软件构件来构造应用程序。

首先标识候选类,检查应用程序操纵的数据及实现的算法,并将相关的算法和数据封

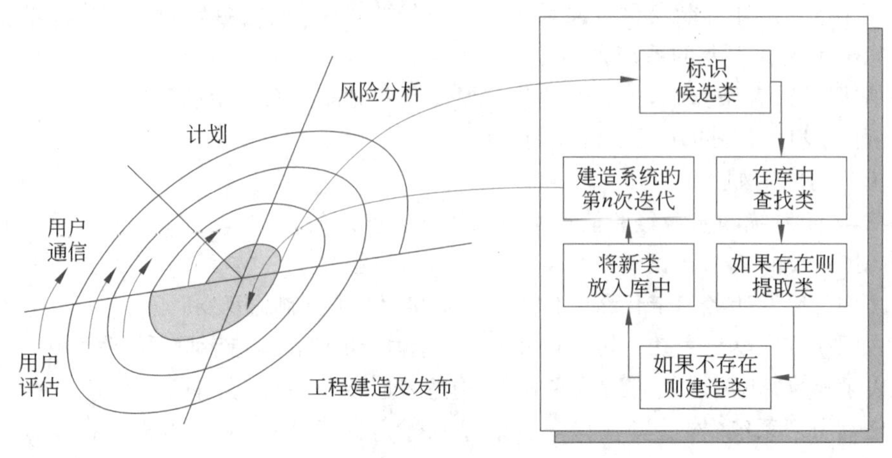

图 1-6　构件组装模型

装成一个类。把以往软件工程项目中创建的类存于一个类库或仓库中,根据标识的类,即可查找该类。如果该类存在,就从类库中提取出来复用;如果该类不存在,采用面向对象的方法开发它,以后就可以使用从库中提取的类及为了满足应用程序的特定要求而建造的新类了,进而完成待开发应用程序的第一次迭代。上述过程的流程进行完后又回到螺旋状态继续执行,最后进入构件组装迭代。

6. 混合模型

近年来已提出瀑布模型、螺旋模型、第四代技术模型、原型模型和构件组装模型等,但是这些可选开发模式仍被限制在整个项目开发按定义所确定的阶段性的系统开发方向上。混合模型把几种模型组合在一起,它允许一个项目沿着最有效的路径发展。

在瀑布模型、原型模型等模型中,开发模式十分严谨,但实际上被开发的项目几乎不可能按上述过程一步一步地进行,这是由于一个项目的开发取决于众多因素,例如应用领域、规模、可重用控件的大小和多少、实现环境等。混合模型能够适应不同的项目和不同情况的需要而提出一种灵活多样的动态的方法,混合模型如图 1-7 所示,图中出现多次原型,是反复修改和迭代的结果。

在混合模型中有多种开发模式,它提供了一种适用各种具体系统、环境和结构的灵活的结构。可以看出,混合模型分为分析、综合、运行和废弃 4 个阶段,各阶段的重叠为设计员提供了路线的选择。

混合模型的优点:项目管理人员不愿意没有某种构思框架就去进行一个框架的开发,混合模型给管理人员提供了在具体操作中使用结构框架的某种形式。一个项目有了构思,就确定了过程的初始方向。例如,可以决定构造一个原型来完成项目的需求分析,用来开发规格说明然后用于整个系统的设计或另一个原型的设计。混合模型允许管理人员按照当前项目情况指导一个项目选择其中任一开发模式,而不是在不了解问题的情况下在生命周期中事先确定一个方向。由于混合模型的不确定性,管理人员在一开始不必决定完成开发过程的方向。当一个项目的环境变化时,早决策不如晚决策。

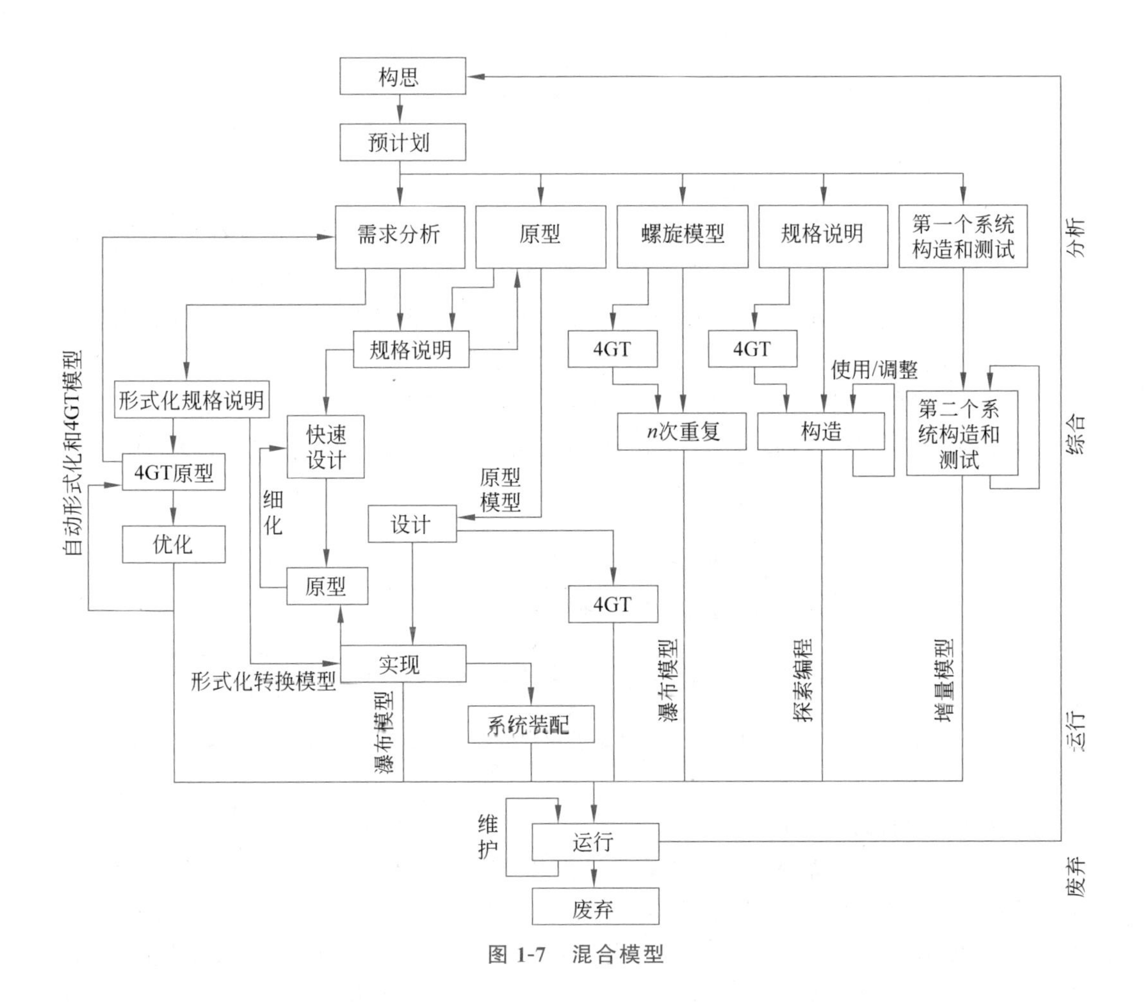

图 1-7 混合模型

1.4 软件开发方法

1.4.1 结构化开发方法

结构化方法是一种传统的软件开发方法，它采用结构化分析(Structured Analysis, SA)和结构化设计(Structured Design, SD)等方法来完成软件开发的各项工作，并且使用合适的软件工具和软件开发环境来支持结构化程序设计技术的应用。

1. 结构化分析方法

结构化分析方法主要利用数据流模拟数据处理过程，它是一种面向数据流的开发方法，其基本原则是功能的分解和抽象。该方法建立了一组提高软件结构合理性的准则，如分解和抽象、模块的独立性、信息隐蔽等。

分解是将一个系统分解成若干子系统，抽象是把握问题的本质再逐步细化。结构化分析的主要步骤如下。

(1) 分析需求关系中数据的加工处理流程,建立数据流模型。

(2) 生成数据字典,并对模型中的元素进行描述。

(3) 建立人机接口模型。

(4) 定义完整的需求规格说明。

一个软件系统的本质是对数据进行处理,数据流图是描述系统如何处理数据的模型,它反映出数据流经过的一系列处理步骤。基于数据流模型的 SA&D 方法首先在需求分析阶段构建数据流图(Data Flow Diagram,DFD),在设计阶段通过变换分析将数据流模型转换为初始的功能结构图。

DFD 描述数据的逻辑输入输出以及中间的加工处理步骤。基本的数据流模型主要包括处理(或加工)、数据项和数据流向。图 1-8 是一个 ATM 取款过程的数据流图。

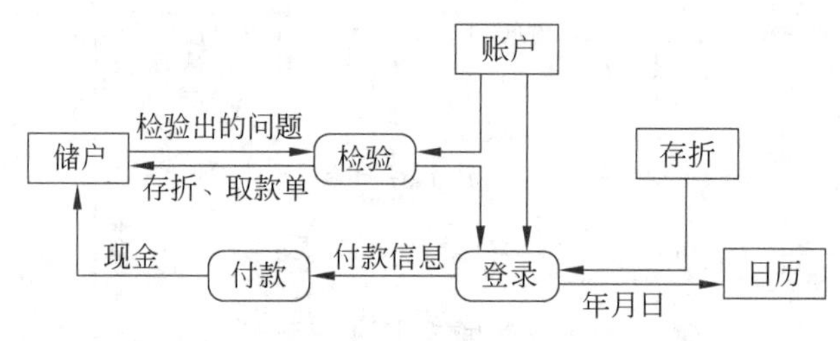

图 1-8 ATM 取款过程的数据流图

2. 结构化设计方法

结构化设计方法的基本思想是以系统的逻辑功能设计和数据流关系为基础,根据数据流图和数据字典,借助标准的设计准则和图表工具,通过"自上而下"和"自下而上"的反复,逐层把系统划分为多个大小适当、功能明确、具有一定独立性并容易实现的模块,从而把复杂系统的设计转变为多个简单模块的设计。简单地说,结构化设计方法可以用三句话进行概括,即自上而下,逐步求精,模块化设计。

结构化设计的实质是将 DFD 转变成系统结构模型的过程,软件体系结构是指软件模块之间的关系。设计的第一步是进行类型的区分,一般来说,DFD 可以分为两种类型,即变换型(IPO 型)和事务型。

1) 变换型

在基本系统模型中,信息通常以"外部世界"所具有的形式进入系统,经过处理后又以这种形式离开系统。确切地说,输入信息流沿传入路径进入系统,同时由外部形式变换为内部形式,经系统变换中心加工、处理,作为输出信息流又沿传出路径离开系统,并还原为外部形式,如图 1-9 所示。如果数据流图所描述的信息流具有上述特征,则称为变换型。

在图 1-9 中,输入模块 I 从输入设备或存储器获得数据,利用处理模块 P(加工模块变换模块)对这些数据做处理,最后将结果通过输出模块 O 送到输出设备或存储器,具体实例如图 1-10 所示。

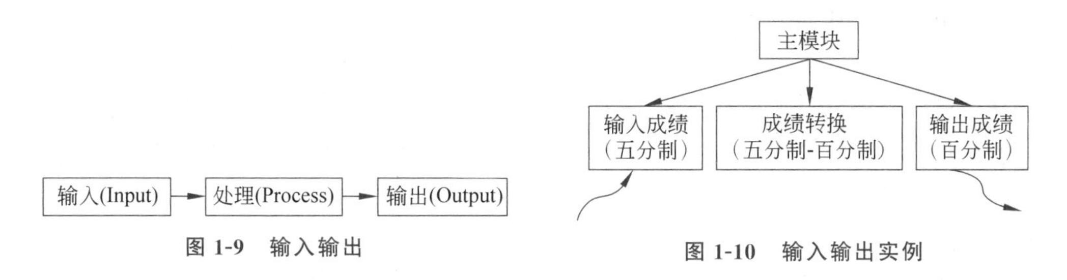

图 1-9　输入输出

图 1-10　输入输出实例

有时变换型结构会有几个变体，如有多个“主变换”、多个输入数据、多个输出数据、无“主变换”等。

2）事务型

由于基本系统模型呈变换流，故任意系统中的信息均可用变换流刻画。但若数据流具有如图 1-11 所示的结构，则称为事务型。此时，单个数据项(称为事务)沿传入路径进入系统，由外部形式变换为内部形式后到达事务中心，事务中心根据数据项计算结果从若干动作路径中选定一条继续执行。

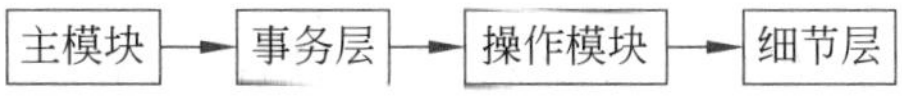

主模块 → 事务层 → 操作模块 → 细节层

图 1-11　事务型数据流结构

事务型由主模块接收一项事务，它根据事务的不同类型选择某一类事务层中的某个事务处理模块进行处理，这个事务处理模块又需调用操作层中的若干操作模块，每个操作模块又调用细节层中的若干细节模块完成操作，这样通过层层调用来完成某一事务的处理。事务型结构具有以下两个特点。

（1）不同的事务处理模块可能共用一些操作模块。

（2）不同的操作模块可能共用一些细节模块。事务型结构也有几种变体，如有多层细节层或没有细节层。

值得注意的是，在大系统的 DFD 中变换型和事务型程序结构有时可以混合使用，例如在某个变换型结构中某个变换模块可以具有事务型结构的特点，即分层；在这些形式中，上层模块一般只负责控制、协调工作，具体的操作由下层模块完成，如输入输出、细节模块等下层模块。

面向数据流设计方法的设计步骤如下。

（1）精化 DFD。

（2）确定 DFD 类型。

（3）把 DFD 映射到系统模块结构设计出模块结构的上层。

（4）基于 DFD 逐步分解高层模块设计出下层模块。

（5）根据模块独立性原理精化模块结构。

（6）模块接口描述。

结构化设计方法是一种非常有效的软件设计方法，时至今日，仍然在一定范围内有着很强的适应性。但它也有一定的局限性，因为这种技术只是面向行为，即面向数据的操作,如上述基于数据流模型的方法,没有既面向数据又面向行为的结构化技术。

众所周知,软件系统本质上是信息处理系统,离开了操作便无法更改数据,而脱离了数据的操作是毫无意义的。数据和对数据的处理原本是密切相关的,把数据和处理人为地分离成两个独立的部分,自然会增加软件开发和维护的难度。与传统的结构化开发方法相比,面向对象开发方法把数据和行为看成同样重要,它是一种以数据为主线,把数据和对数据的操作紧密结合在一起的方法,是目前主流的软件工程方法。

1.4.2 面向对象开发方法

面向对象方法在 20 世纪 60 年代后期首次提出,经过近 20 年逐渐得到广泛应用。面向对象的软件工程方法是面向对象方法在软件工程领域的全面应用,涉及面向对象分析(Object-Oriented Analysis,OOA)、面向对象设计(Object-Oriented Design,OOD)、面向对象编程(Object-Oriented Programming,OOP)、面向对象测试(Object-Oriented Test,OOT)及面向对象维护(Object-Oriented Soft Maintenance,OOSM)。到了 20 世纪 90 年代前期,它已经成为人们开发软件的首选方法。采用面向对象方法开发的软件系统称为面向对象的系统。Coad 和 Yourdon 给出了面向对象系统的定义:

面向对象=对象+类+继承+消息

面向对象程序是由对象构成的,程序中的基本元素是对象,复杂对象由比较简单的对象组合而成。对象是封装了数据和数据操作行为的软件组件,数据用于表示对象的静态属性,数据和作用于这些数据上的操作(行为)被封装为类(Class)。继承是按照父类(或称为基类)与子类(或称为派生类)的关系把若干相关类组成一个层次结构的系统,下层派生类自动拥有上层基类中定义的数据和操作。对象之间仅通过发送消息相互联系。

对象与传统数据实体有本质的区别,对象的所有私有信息被封装在对象内,不能从外界直接访问,这就是人们通常所说的封装性。面向对象的方法将软件系统视为现实世界问题域的映射。区别于结构化方法中将软件系统视为功能模块的集合,面向对象的系统则是由一系列的类和对象及它们的协作来构成,而这些类和对象是现实世界中实体的抽象和映射。

(1) 面向对象分析是运用面向对象的方法进行需求分析,主要任务是分析和理解软件系统的问题域,找出描述问题域和系统责任所需的类和对象,分析它们的内部构成和外部关系,建立 OOA 模型。

(2) 面向对象设计是根据已建立的分析模型、运用面向对象的技术进行系统设计。它将 OOA 模型变成 OOD 模型,并且补充和实现有关部分,如人机界面、数据存储、任务管理等。

图 1-12 是面向对象分析和设计的示意图。从该图可以看出,问题域中的实体经过分析被抽象为分析类模型,而分析类经过设计精化被映射为子系统和设计类。

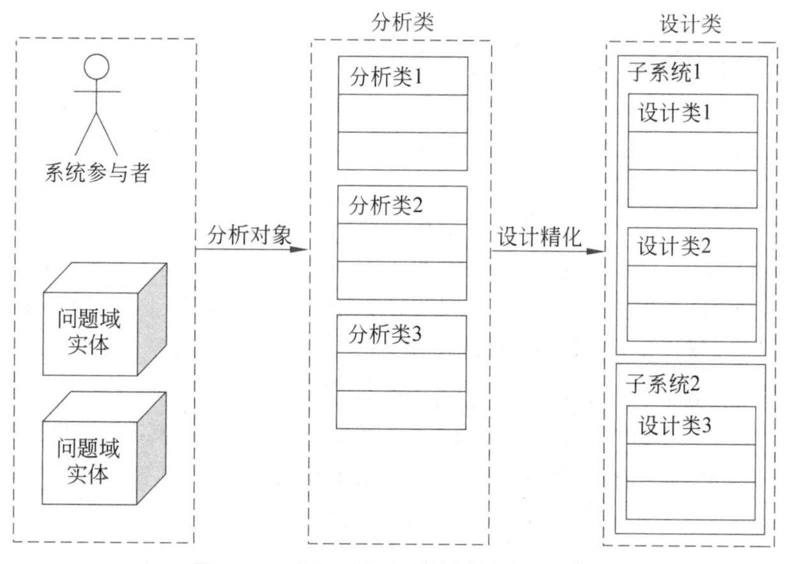

图 1-12　面向对象分析和设计的示意图

OOA 和 OOD 采用了一致的表示方法，使得 OOA 和 OOD 之间不存在转换，只有局部的修改和调整，并增加了和实现有关的部分。与传统的结构化设计相比，面向对象分析和设计阶段的划分不是十分清晰。

(1) 面向对象编程采用面向对象的编程语言事先设计模型。

(2) 面向对象测试运用面向对象技术进行以对象概念为中心的软件测试。它以类作为基本的测试单位，集中检查在类定义之内的属性、服务和有限的对外接口，大大减少了错误的影响范围。

(3) 面向对象维护的最大难点在于人们对软件的理解过程中遇到的障碍。在面向对象方法中，各阶段的表示是一致的，从而大大降低了理解的难度。对象的封装性也使一个对象的修改对其他对象的影响较小。因此，如果已经理解了面向对象的软件，面向对象维护很容易，但面向对象的软件却不易理解。

面向对象方法学的出发点和基本原则是尽可能地模拟人类的思维模式，使开发软件的方法与过程尽可能接近人类认识世界、解决问题的方法和过程，从而使描述问题的问题空间(即问题域)与实现解法的解空间(即求解域)在结构上尽可能一致。

一般情况下，每种软件工程方法都具有与其相对应的描述性语言，UML(Unified Modeling Language)是目前广泛被采用的面向对象软件的统一建模语言，它定义了 9 类图，可对系统的静态结构和动态行为进行精确建模，适应软件开发的不同阶段模型的构建，目前广泛用于软件过程中的分析、设计、部署、过程等各类建模。

1.5 CASE 工具与环境

1.5.1 Sybase PowerDesigner

软件工具是指在软件开发、维护和分析中使用的程序系统,具体来讲就是开发人员在系统分析、设计、编程、测试过程中运用的一套辅助工具。例如,在设计、分析阶段有 PSL/PSA、AIDES、SDL/PAD 等;在编程阶段有 BASIC 编译器、PASCAL 编译器等。在软件工程活动中,软件工程师和管理员按照软件工程的方法和原则,借助计算机及其软件工具的帮助,开发、维护、管理软件产品的过程称为计算机辅助软件工程(CASE)。CASE 的有效性只有通过"集成"才能达到。一般的 CASE 环境需要网络的支持,允许若干软件工程师在这个环境中同时使用相同或不同的软件工具相互通信、协同工作。

下面先来认识 CASE 工具中的一种数据库建模工具——PowerDesigner。图 1-13 所示为 PowerDesigner 的部分截图。PowerDesigner 是 Sybase 公司的 CASE 工具集,使用它可以方便地对管理信息系统进行分析设计,它几乎包括了数据库模型设计的全过程。利用 PowerDesigner 可以制作数据流程图、概念数据模型、物理数据模型,还可以为数据仓库制作结构模型,也能对团队设计模型进行控制。它可以与许多流行的数据库设计软件(如 PowerBuilder、Delphi、Visual Basic 等)相配合,使开发时间缩短、系统设计更优化。

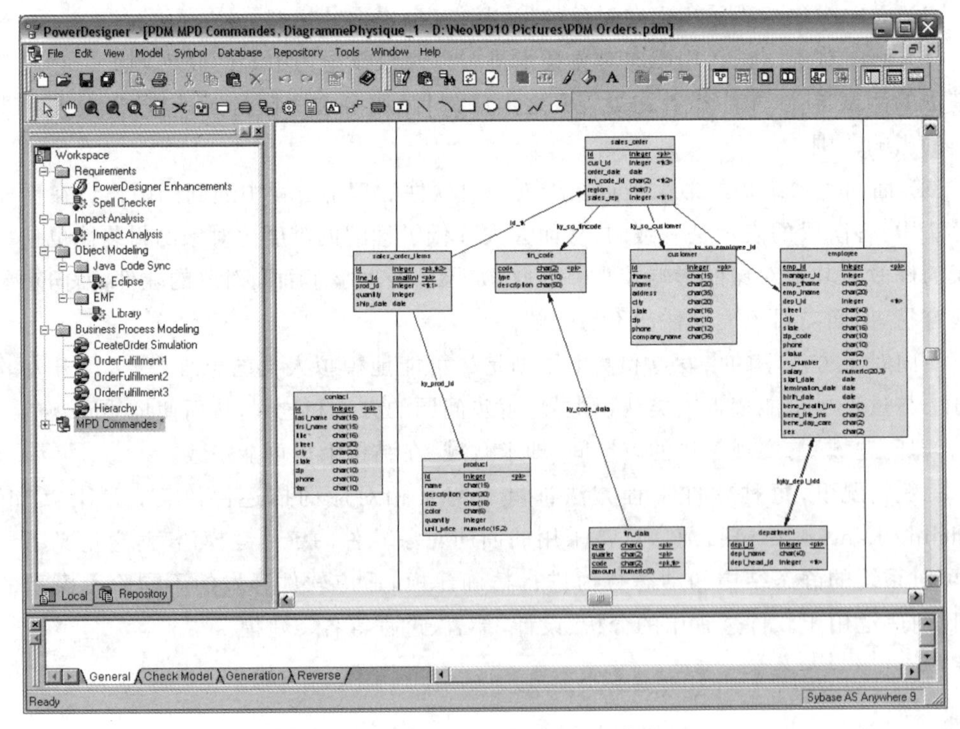

图 1-13　PowerDesigner 的部分截图

PowerDesigner 是能进行数据库设计的强大的软件，是一款开发人员常用的数据库建模工具。使用它可以分别从概念数据模型(Conceptual Data Model,CDM)和物理数据模型(Physical Data Model,PDM)两个层次对数据库进行设计。在这里,CDM 描述的是独立于数据库管理系统(Datebase Maragement System, DBMS)的实体定义和实体关系定义;PDM 是在概念数据模型的基础上针对目标数据库管理系统的具体化。另外,它还包括了面向对象模型(Object-Oriented Model, OOM)和业务程序模型(Business Program Model, BPM)。

1. CDM

CDM 表现数据库的全部逻辑结构,与任何的软件或数据存储结构无关。一个 CDM 经常包括在物理数据库中仍然不实现的数据对象。它给运行计划或业务活动的数据一个正式表现方式。CDM 是最终用户对数据存储的看法,反映了用户的综合性信息需求,不考虑物理实现细节,只考虑实体之间的关系。CDM 是适合系统分析阶段的工具。

2. PDM

PDM 描述数据库的物理实现。借助 PDM 可以分析真实的物理实现的细节。它进入账户的两个软件或数据存储结构内。用户能修正 PDM 适合自己的表现或物理约束,主要目的是把 CDM 中建立的现实世界模型生成特定的 DBMS 脚本,产生数据库中保存信息的存储结构,保证数据在数据库中的完整性和一致性。PDM 是适合系统设计阶段的工具。

3. OOM

OOM 包含一系列包、类、接口及它们之间的关系。这些对象一起形成一个软件系统所有的(或部分)逻辑设计视图的类结构。一个 OOM 本质上是软件系统的一个静态的 CDM。

使用 PowerDesigner 建立 OOM,能够纯粹地为对象建立一个 OOM,产生 Java 文件或者 PowerBuilder 文件,或者能使用一个来自 OOM 的 PDM 对象来表示关系数据库设计分析。

4. BPM

BPM 描述业务的各种不同内在任务和内在流程,以及客户如何以这些任务和流程互相影响。BPM 是从业务合伙人的观点来看业务逻辑和规则的概念模型,使用一个图表描述程序、流程、信息和合作协议之间的交互作用。

1.5.2 Rational Rose

Rational Rose 是 Rational 公司出品的一种面向对象的统一建模语言的可视化建模工具,用于可视化建模和公司级水平软件应用的组件构造。Rational Rose 包括了统一建模语言(UML)、面向对象的软件工程(Object-Oriented Software Engineering,OOSE)及对象建模技术(Object Modeling Technique, OMT)。其中,UML 由 Rational 公司的 3 位世界级面向对象技术专家 Grady Booch、Ivar Jacobson 和 Jim Rumbaugh 通过对早期面向对象研究和设计方法的进一步扩展而来,它为可视化建模软件奠定了坚实的理论基础。

Rational Rose 是一个完全的、具有能满足所有建模环境(Web 开发、数据建模、Visual Studio 和 C++)灵活性需求的一套解决方案。Rational Rose 允许开发人员、项目经理、系统工程师和分析人员在软件开发周期内将需求和系统的体系架构转换成代码,消除浪费的消耗,对需求和系统的体系架构进行可视化、理解和精练。通过在软件开发周期内使用同一种建模工具可以确保更快、更好地创建满足客户需求的、可扩展的、灵活的并且可靠的应用系统。

1.5.3 Microsoft Visio

Microsoft Visio 是 Windows 操作系统下运行的流程图和矢量绘图软件,它是 Microsoft Office 软件的一部分。另外,Visio 虽然是 Microsoft Office 软件的一个部分,但通常以单独形式出售,并不捆绑于 Microsoft Office 套装中。

使用 Microsoft Visio,可以通过多种图表(包括业务流程图、网络图、工作流图表、数据库模型和软件图表等)直观地记录、设计和完全了解业务流程及系统的状态。通过使用 Office Visio 将图表连接至基础数据,以提供更完整的画面,从而使图表更智能、更有用。

1.6 软件工程的演变与发展

1.6.1 软件发展的新阶段和新问题

软件是由计算机程序和程序设计的概念发展演化而来的,是在程序和程序设计发展到一定规模并且逐步商品化的过程中形成的。软件开发经历了程序设计阶段、软件设计阶段和软件工程阶段的演变过程。

1. 程序设计阶段

程序设计阶段出现在 1946—1955 年。此阶段的特点是尚无软件的概念,程序设计主要围绕硬件进行开发,规模很小,工具简单,无明确分工(开发者和用户),程序设计追求节省空间和编程技巧,无文档资料(除程序清单外),主要用于科学计算。

2. 软件设计阶段

软件设计阶段出现在 1956 年至 20 世纪 60 年代末。此阶段的特点是硬件环境相对稳定,出现了“软件作坊”的开发组织形式,开始广泛使用产品软件(可购买),从而建立了软件的概念。随着计算机技术的发展和计算机应用的日益普及,软件系统的规模越来越大,高级编程语言层出不穷,应用领域不断扩宽,开发者和用户有了明确的分工,社会对软件的需求量剧增。但软件开发技术没有重大突破,软件产品的质量不高,生产效率低下,从而导致了“软件危机”的产生。

3. 软件工程阶段

自20世纪60年代末起，软件开发进入了软件工程阶段。由于"软件危机"的产生，迫使人们不得不研究、改变软件开发的技术手段和管理方法。从此，软件产生进入了软件工程时代。此阶段的特点是硬件已向巨型化、微型化、网络化和智能化4个方向发展，数据库技术已成熟并广泛应用，第三代、第四代、第五代语言开始陆续出现。

(1) 第一代软件技术：结构化程序设计在数值计算领域取得优异的成绩。

(2) 第二代软件技术：软件测试技术、方法、原理用于软件生产过程。

(3) 第三代软件技术：处理需求定义技术用于软件需求分析和描述。

随着软件工程的出现，软件开发的规模越来越大，费用越来越高，并且开发出来的软件产品质量不高，开发效率低下。要提高软件开发效率，提高软件产品质量，必须改变手工作坊式的开发方法，采取工程化的开发方法和工业化的生产技术。

1.6.2 软件工程的发展

自软件工程成为一门独立的学科，迄今已有60多年。60多年来，软件工程的研究和实践取得了长足的进步，其中包括一些具有里程碑意义的进展。

(1) 20世纪60年代末至70年代中期，在一系列高级语言应用的基础上出现了结构化程序设计技术，并开发了一些支持软件开发的工具。

(2) 20世纪70年代中期至80年代，计算机辅助软件工程成为研究热点，并开发了一些对软件技术发展具有深远影响的软件工程环境。

(3) 20世纪80年代中期至90年代，出现了面向对象语言和方法，并成为主流的软件开发技术；开展软件过程及软件过程改善的研究；注重软件复用和软件构件技术的研究与实践。

(4) 21世纪初，敏捷开发方法(如Scrum和XP)变得流行，强调迭代开发和合作。此外，云计算技术的兴起为开发和部署提供了新的方式，推动了软件工程的演进。

当前，随着Internet的出现，出现了一种新形态的软件，即网络构件(Internetware)，它的出现将改变传统的软件形式。除此之外，当前的软件技术发展遵循软硬结合、应用与系统结合的发展规律。"软"是指软件，"硬"是指微电子，要发展面向应用，实现一体化；面向个人，体现个性化的系统和产品。软件技术的总体发展趋势可归结为软件平台网络化、方法对象化、系统构件化、产品家族化、开发工程化、过程规范化、生产规模化、竞争国际化。

小结

本章首先介绍了软件的有关概念，包括软件的产生、定义、特点和分类，然后对软件工程的概念进行了介绍，包括软件危机和软件工程的定义、目标、原则。其次介绍了软件生命周期与软件开发模型，主要包括瀑布模型、螺旋模型、第四代技术模型、原型模型等。再次介绍了两种软件开发方法，即结构化开发方法和面向对象开发方法，还介绍了3种

CASE 工具与环境。最后介绍了软件工程的演变与发展。

通过学习,知道了软件工程包含 3 个要素,即方法、工具和过程。方法提供如何构造软件的技术和语言用于支持软件的分析、设计和实现,工具为方法和语言提供自动化或半自动化的支持,过程则是用合适的方法、语言和工具由软件工程师进行软件活动的集合。

习题

1. 软件的定义是什么？说出一些生活中使用到的软件。
2. 给出一些软件的例子,说明哪些是系统软件,哪些是支撑软件,哪些是应用软件。
3. 软件危机是怎样产生的？什么是软件工程？
4. 软件工程的基本原则是什么？
5. 软件的生命周期包括哪些内容？常用的软件开发模型有哪些？
6. 说出两种软件开发方法并解释它们的异同点。
7. CASE 在软件开发过程中有何意义？讨论 CASE 技术的引进是否会导致前所未有的劳动力市场的变化,或者至少临时性地取代人们的工作。
8. 简述软件工程的演变发展过程。

CHAPTER

第 2 章 可行性研究

当接到一个软件开发项目时,要做的第一步不是进行需求分析而是进行可行性研究。通过本章的学习,首先读者可以了解可行性研究的含义和任务,以及如何进行可行性研究。其次本章还详细讲述了可行性研究的要素,分别从经济可行性、技术可行性和社会环境可行性等多方面来阐述,论述成本和效益之间的关系,了解如何估计成本、度量效益。再次本章讲述了可行性研究方案选择与决策,以及如何对可行性研究报告进行描述。在本章的最后还给出了一个报告实例。这些内容深入地对所接项目进行研究评估,给出一个具体的方案,为接下来的需求分析打下坚实的基础。

学习目标:

✍ 掌握可行性研究的含义和任务。

✍ 理解如何进行可行性研究。

✍ 掌握可行性研究的要素。

✍ 掌握成本估计和效益度量的方法。

✍ 掌握怎么选择好的方案以及如何决策。

✍ 理解可行性研究报告的描述。

2.1 可行性研究的含义

可行性研究是软件开发生命周期中的第一阶段,是一种分析、评价各种建设方案和生产经营决策的科学方法。它通过对建设项目的主要问题,如市场需求、资源条件、原料、燃料、动力供应条件、建设规模、设备选型等,从技术、经济、工程等方面进行调查研究,分析比较,并对这个项目建成后可能取得的技术经济效果进行预测,从而提出该项目是否值得投资和怎样进行建设的意见,为项目决策提供可靠的依据,进而避免在人力、物力和财力上的浪费。可行性研究所需的成本占总工程成本的5%～10%。

可行性研究的任务

2.2 可行性研究的任务和步骤

2.2.1 可行性研究的任务

可行性研究的目的是用最小的代价在尽可能短的时间内确定问题是否能够解决。也就是说,可行性研究的目的不是解决问题,而是确定问题是否值得解决,研究在当前的具体条件下开发新系统是否具备必要的资源和其他条件。可行性研究是要进一步压缩简化了的系统分析和设计的过程,也就是说,在较高层次上以较抽象的方式进行设计的过程。

在明确了问题定义之后,分析员应该给出系统的逻辑模型,然后从系统逻辑模型出发,寻找可供选择的解法。研究每种解法的可行性,一般来说,应从经济可行性、技术可行性、运行可行性、法律可行性和开发方案可行性等方面进行研究。

1. 经济可行性

经济可行性是评估和决定一个软件项目是否值得投资的过程。这个过程包括对项目的成本、收益、风险和回报进行综合分析,经济可行性分析包括成本估计、收益估计、投资回报率、潜在风险评估、现金流分析、敏感性分析、持续性和可持续性分析等方面。

2. 技术可行性

技术可行性是评估一个软件项目在技术层面上是否可行的过程。这个评估旨在确定项目是否能够以有效和可持续的方式实施,并且是否能够满足其功能和性能需求。以下是评估技术可行性时需要考虑的关键因素。

(1) 技术要求分析:确定项目所需的技术和技能,包括编程语言、开发工具、数据库、操作系统等。检查这些要求是否可行并且是否能够满足项目的需求。

(2) 技术资源可用性:评估是否有足够的技术资源,包括开发人员、测试人员和系统管理员支持项目的实施和维护。

(3) 技术风险评估:识别和评估项目可能面临的技术风险,包括新技术的可行性、第三方组件的稳定性、集成挑战等。开发计划和风险管理策略应该明确处理这些风险的方法。

(4)技术架构设计:确定项目的技术架构,包括硬软件组件之间的交互方式。确保架构能够满足性能、可伸缩性和安全性需求。

3. 运行可行性

运行可行性能为新系统规定运行方式是否可行,如果新系统是建立在原来已担负其他任务的计算机系统上的,就不能要求它在实时在线状态下运行,以免与原有的任务相矛盾。

4. 法律可行性

法律可行性是指研究在系统开发过程中可能涉及的各种合同、侵权、责任以及各种与法律相抵触的问题。

5. 开发方案可行性

提出系统实现的各种方案并进行评价，然后从中选择最优秀的一种方案。

可行性研究的结果可以作为系统规格说明书的一个附件，表 2-1 给出了可行性研究目录。

表 2-1　可行性研究目录

可行性研究目录
1　引言
1.1 问题
1.2 实现条件
1.3 约束条件
2　管理
2.1 重要的发现
2.2 注释
2.3 建议
2.4 效果
3　方案选择
3.1 选择系统配置
3.2 选择方案的标准
4　系统描述
4.1 缩写词
4.2 各子系统的可行性
5　成本效益分析
6　技术风险评价
7　有关法律问题
8　用户使用可能性
9　其他

当然，可行性研究最根本的任务是对以后的行动路线提出建议，如果问题没有可行的解，应该停止这项工程的开发；如果问题值得解，应该推荐一个较好的解决方案，并且为工程制订一个初步的计划。

2.2.2　可行性研究的步骤

一般来说，可行性研究有以下 9 个步骤。

1. 复查系统规模和目标

分析员应访问关键人员，仔细阅读和分析有关资料，以便进一步复查确认系统的目标和规模，改正含糊不清的叙述，清晰地描述对系统目标的一切限制和约束，确保解决问题的正确性，即保证分析员正在解决的问题确实是要求他解决的问题。

2. 研究目前正在使用的系统

现有的系统是信息的来源，通过对现有系统的文档资料的阅读、分析和研究，再如实地考虑该系统，总结出现有系统的优点和不足，从而得出新系统的雏形。这样调查研究，是了解一个陌生应用领域最快的方法，它既可以使新系统产生，又不全盘照抄。

3. 导出新系统的高层逻辑模型

优秀的设计通常总是从现有的物理系统出发，导出现有系统的高层逻辑模型。逻辑模型是用数据流图来描述的，此时的数据流图不需要细化。然后，再来参考现有的逻辑模型。这样，经过上述几步的反复进行，最后根据开发系统的目标得到新系统的说明和逻辑模型。逻辑模型确立之后，可以在此基础上建造开发系统的物理系统，通常物理系统模型是用系统流程图来表示的。

4. 重新定义问题

信息系统的逻辑模型实际上表达了分析员对新系统的看法。那么用户是否也有同样的看法呢？分析员应该和用户一起再次复查问题定义，再次确定工程规模、目标和约束条件，并修改已发现的错误。

可行性研究的前4个步骤实际上构成了一个循环，即分析员定义问题，分析这个问题，导出一个试探性的解，在此基础上再次定义问题，再次分析，再次修改……继续这个过程，直到提出的逻辑模型完全符合系统目标为止。

5. 导出和评价供选择的方案

分析员从系统的逻辑模型出发导出若干较高层次的(较抽象的)解决方案供比较和选择，从技术、经济、操作等方面进行分析比较，并估计开发成本、运行费用和纯收入，在此基础上对每个可能的系统进行成本效益分析。

6. 推荐一个方案并说明理由

在对上一步提出的各种方案分析比较的基础上提出向用户推荐的方案，在推荐的方案中应清楚地表明以下内容。

(1) 本项目的开发价值。

(2) 推荐这个方案的理由。

(3) 制定实现进度表，这个进度表不需要也不可能很详细，通常只需要估计生命周期每个阶段的工作量。

7. 推荐行动方针

根据上面的可行性研究的结果做出一个关键性的决定，表明是否进行这项开发工程。分析员还需要较详细地分析开发此项工程的成本效益情况，这可作为使用部门的负责人根据经济实力决定是否投资此项工程的依据。

8. 书写计划任务书

把上述材料进行分析汇总，草拟一份描述计划任务的可行性论证报告。此报告应包括以下内容。

(1) 系统概述。对当前系统及其存在问题的简单描述；新系统的开发目的、目标、业务对象和范围；新系统和它的各个子系统的功能与特性；新系统与当前系统的比较等。新系统可以用系统流程图来描述，并附上重要的数据流图和数据字典以及加工说明作为补充。

(2) 可行性分析。这是报告的主体，论述新系统在经济、技术、运行、法律上的可行性，以及对新系统的主客观条件的分析。

(3) 拟订开发计划。包括工程进度表、人员配备情况、资源配备情况，估计出每个阶段的成本、约束条件等。

(4) 结论意见。综合上述分析，说明新系统是否可行，结论分为可立即进行、推迟进行、不能或不值得进行 3 种类型。

9. 提交审查

用户和使用部门的负责人仔细审查上述文档，也可以召开论证会。论证会成员有用户、使用部门负责人及有关方面专家，对该方案进行论证，最后由论证会成员签署意见，指明该任务计划书是否通过。

2.3 可行性研究的要素

2.3.1 经济可行性

经济可行性研究主要进行成本效益分析，包括估计项目的开发成本，估计开发成本是否会高于项目预期的开发成本，分析系统开发对其他产品或利润所带来的影响。

1. 成本效益分析

软件的成本是指软件开发的成本，主要考虑以下 11 点。

(1) 用房的房费。

(2) 办公用品费用，如桌、椅、空调和电话机。

(3) 通信费用，如电话、传真和上网费等。

(4) 办公消耗，如水电费、打印复印费和资料费等。

(5) 硬件设备，如计算机、打印机和计算机网络等。

(6) 开发人员和行政管理人员的工资。

(7) 软件采购费。

(8) 市场交际费。

(9) 产品宣传费和市场调查费。

(10) 培训费。

(11) 公司的各项管理费等。

2. 短期-长远利益分析

短期利益风险较低，容易掌握；长远利益难以估计，风险较大。因此要注重短期-长远利益分析，保证软件项目可持续发展。

2.3.2 技术可行性

技术可行性是最难决断和最关键的问题，根据客户提出的系统的功能、性能及实现系统的各项约束条件，从技术的角度研究系统实现的可行性。由于系统分析和定义过程与系统技术可行性评估同时进行,这时系统目标、功能和性能的不确定性会给技术可行性论证带来困难。软件技术可行性分析包括以下3项。

(1) 为了保证在给定的时间内开发出需求说明书中所规定功能和性能的软件,要确定有无保证项目完成所需的技术。

(2) 确定为了保证软件的质量、在高风险条件下的软件正确性与精确性要求的软件技术。

(3) 在研究软件技术中要保证软件的生产率,即确定保证软件的开发速度与软件的质量技术。

2.3.3 社会环境可行性

社会环境可行性主要包括政策和市场是否可行两方面内容。

1. 政策

政策对软件公司的发展影响极大,国家为了发展我国的软件行业发布了多项政策,这些政策促进了软件行业的发展。

2. 市场

(1) 未成熟市场。如果进入未成熟市场要冒很大的风险,要尽可能地估计潜在的规模,将在多长时间占领市场以及占领多大的份额等。

(2) 成熟市场。如果进入成熟市场,风险不大,但要准备竞争。

(3) 将消亡的市场。不要进入即将消亡的市场。

可行性研究最根本的目的是全面评估项目的可行性,包括经济、技术、法律、操作、风险等多方面,以帮助决策者决定项目是否继续。如果有合理、可行的解则应当进一步研究并提出初步的解决方案,否则应立刻停止项目开发,有助于避免投资资源使用在不切实际的项目上,减少潜在的风险和损失。

2.4 成本效益分析

2.4.1 成本估计方法概述

为了使开发项目能够在规定的时间内完成,而且不超过预算,成本估计和管理控制是关键。成本估计是软件费用管理的核心,也是软件工程管理中最困难、最易出错的问题之一。1974年,Wolverton就把成本估计方法分为5种,在Boehm的著作中,进一步把它们分为7种(见表2-2)。本书把主要的成本估计方法归为自顶向下估计、自底向上估计和算法模型(Algorithmic Model)估计三类,下面依次介绍并举例说明。

1. 自顶向下估计

自顶向下估计方法着眼于软件的整体,根据被开发项目的整体特性,首先估计总的开发成本,然后在项目内部进行成本分配。因为这类估计通常仅由少数上层(技术与管理)人员参加,所以属于"专家判断"的性质。这些专家依靠从前的经验把将要开发的软件与

表 2-2 成本估计使用的方法

Wolverton	Boehm
自顶向下估计 自底向上估计 相似与差异估计法 比率估计法 标准值估计法	自顶向下估计 自底向上估计 类别估计 专家判断 算法模型估计 Parkinson 法 削价取胜法

过去开发过的软件进行类比，借以估计新的开发所需要的工作量和成本。

自顶向下估计的缺点是对开发中某些局部的问题或特殊困难容易低估，甚至没有考虑到。如果所开发的软件缺乏可以借鉴的经验，在估计时就可能出现较大的误差。当参加估计的专家人数较多时，可采用德尔斐(Delphi)法来汇集他们的意见。德尔斐法的传统做法是把系统定义文件或规格说明发给各位专家，各自单独进行成本估计，填入成本估计表(见图 2-1)，然后由协调人综合专家意见摘要通知大家，并开始新一轮的估计。这种估计要反复多次，直到专家们的意见接近一致为止。

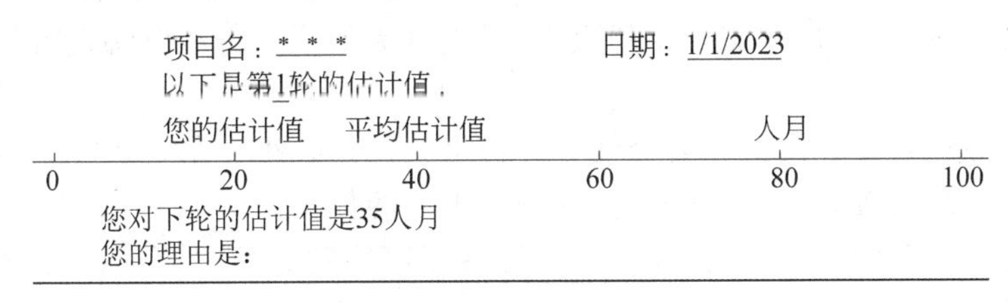

图 2-1 德尔斐成本估计表

2. 自底向上估计

与自顶向下估计相反，自底向上估计不是从整体开始，而是从一个个任务单元开始。其具体做法是先将开发任务分解为许多子任务，将子任务又分成子任务，直到每个任务单元的内容都足够明确为止。然后把各个任务单元的成本估计出来，汇合成项目的总成本。由于任务单元的成本可交给各该任务的开发人员估计，得出的结果通常比较实际。所以，如果说自顶向下估计是“专家路线”，则自底向上估计是“群众路线”。

自底向上估计方法也有缺点。由于具体工作人员往往只注意到自己范围内的工作，对综合测试、质量管理和项目管理等涉及全局的花费可能估计不足，甚至完全忽视，因此有可能使成本估计偏低。

3. 算法模型估计

算法模型就是资源模型，它是成本估计的又一有效工具。由于任何资源模型都是根据历史数据导出的，所以比较客观，计算结果的重复性也好(即不论什么时候使用模型，都能得出同样的结果)。

算法模型估计的关键是要选好适用的模型。算法模型估计方法常与自顶向下估计或自底向上估计方法结合使用。

2.4.2 成本估计

成本估计大约开始于 20 世纪 50 年代,但直到 70 年代以后才引起人们的普遍重视。由于影响软件成本的因素(如人、技术、环境以及政治因素等)太多,目前软件成本估计仍是一门很不成熟的技术,国内外已有的技术只能作为人们的借鉴,因此应该使用几种不同的估计技术以便相互校验。下面介绍两种成本估计技术。

1. 代码行技术

代码行技术是比较简单的定量估计方法,它把开发每个软件功能的成本和实现这个功能需要用的源代码行数联系起来,通常根据经验和历史数据估计实现一个功能需要的源代码行数。当有以往开发类似工程的历史数据可供参考时,这个方法是非常有效的。一旦估计出源代码行数,用每行代码的平均成本乘以行数就可以确定软件的成本。每行代码的平均成本主要取决于软件的复杂程度和工资水平。

2. 任务分解技术

任务分解技术首先把软件开发工程分解为若干相对独立的任务,再分别估计每个单独的开发任务的成本,最后加起来得出软件开发工程的总成本。在估计每个任务的成本时,通常先估计完成该项任务需要用的人力(以人月为单位),再乘以每人每月的平均工资得出每个任务的成本。

最常用的办法是按开发阶段划分任务。如果软件系统很复杂,由若干子系统组成,则可以把每个子系统再按开发阶段进一步划分成更小的任务。

应该针对每个开发工程的具体特点,并且参照以往的经验尽可能准确地估计每个阶段实际需要使用的人力,包括书写文档需要的人力。图 2-2 给出了各阶段在软件生命周期中所占的百分比。

任务	百分比/%
可行性研究	5
需求分析	10
设计	25
编码	20
测试	40
总计	100

图 2-2 各阶段在软件生命周期中所占的百分比

任务分解技术步骤如下。

(1) 确定任务,即每个功能都必须经过需求分析、设计、编码和测试工作。

(2) 确定每项任务的工作量,估计需要的人月数。

(3) 找出与各项任务对应的劳务费数据,即每个单位工作量成本(元/人月)。因为各阶段的劳务费不同,需求分析和初步设计阶段需要较多的高级技术人员;而详细设计、编码和早期测试要求较多的初级技术人员,他们的工资是不同的。

(4) 计算各个功能和各个阶段的成本和工作量,然后计算总成本和总工作量。

度量效益的方法

2.4.3 度量效益的方法

1. 货币的时间价值

估计成本的目的是对项目投资。但投资在前,取得效益在后,因此要考虑货币的时间

价值，通常用利率表示货币的时间价值。设年利率为 i，现已存入 P 元，则 n 年后可得钱数为

$$F=P(1+i)^n$$

这就是 P 元在 n 年后的价值。反之，若 n 年后能收入 F 元，那么这些钱现在的价值是

$$P=\frac{F}{(1+i)^n}$$

【例 2-1】 在工程设计中用 CAD 系统来取代大部分人工设计工作，每年可节省 9.6 万元。若软件生命周期为 5 年，则 5 年可节省 48 万元，开发这个 CAD 系统共投资 20 万元，不能简单地把 20 万元同 48 万元相比较。因为前者是现在投资的钱，后者是 5 年以后节省的钱，需要把 5 年内每年预计节省的钱折合成现在的价值才能进行比较。

设年利率是 5%，利用上面计算货币现在价值的公式可以算出引入 CAD 系统后每年预计节省的钱的价值(见表 2-3)。

表 2-3　货币的时间价值

年份	将来值/万元	$(1+i)^n$	现在值/万元	累计的现在值/万元
1	9.6	1.05	9.1429	9.1429
2	9.6	1.1025	8.7075	17.8504
3	9.6	1.1576	8.2930	26.1434
4	9.6	1.2155	7.8980	34.0414
5	9.6	1.2763	7.5217	41.5631

2. 投资回收期

投资回收期是衡量一个开发工程价值的经济指标。投资回收期就是积累的经济效益等于最初的投资所需要的时间。投资回收期越短，获得利润越快，因此，这项工程也就越值得投资。例如，引入 CAD 系统两年以后可以节省 17.85 万元，比最初投资还少 2.15 万元，但第三年可以节省 8.29 万元，则

$$2.15/8.29=0.259$$

因此，投资回收期是 2.259 年。

3. 纯收入

工程的纯收入是衡量工程价值的另一项经济指标。纯收入就是在整个软件生命周期之内系统的累计经济效益(折合成现在值)与投资之差。

例如，引入 CAD 系统之后，5 年内工程的纯收入预计是 41.5631－20＝21.5631(万元)。

这相当于比较投资一个待开发的软件项目后预期可取得的效益和把钱存在银行里或贷款给其他企业所取得的效益。如果纯收入为零，则工程的预期效益与在银行存款一样。但开发一个软件项目有风险，从经济观点看，这个工程可能是不值得投资的；如果纯收入小于零，那么显然这项工程不值得投资；只有当纯收入大于零时，才能考虑投资。

2.5 方案选择与决策

如果对待建系统的分析为可行,就要设计和选择可行的基本方案。这时,应该在满足功能、性能、环境、可扩充性的前提下将各个系统的功能与其必要的一些性能和接口特性一起分配给一个或者多个系统元素。不同的分配方式对应着不同的实现方案,可以按照成本、进度等约束条件在若干可能的方案中择优推荐。

例如,在一个绘图系统中,它的主要功能是进行三维转换,在对系统候选方案进行初步设计之后,发现基于不同的分配方案可能的实现方案有以下3种。

(1) 完全有软件实现三维转换。

(2) 简单转换(平移、比例变换等)利用具有图形转换功能的硬件(如特殊的图形卡)实现,复杂转移(投影、透视、消影等)由软件包实现。

(3) 采用图形工作站,全部三维转换功能均由硬件完成。

如果成本限制不严格、对于性能指标要求不高、变换速度允许有一定延迟的情况,推荐使用方案(1)。在成本不受约束、性能指标比较苛刻的情况下,选择方案(3)比较合适。在进行方案评估时要考虑的因素很多,一般在满足功能、性能指标的前提下常常根据经济因素进行选择。

2.6 可行性研究实例——《学生教材购销系统》可行性研究报告

可行性研究报告是可行性研究阶段结束后提交的文档。根据《计算机软件文档编制规范》(GB/T 8567—2006)关于可行性研究报告撰写的规定,现将该规定的细节描述如下。

《学生教材购销系统》
可行性研究报告

1 引言

1.1 编写目的

为《学生教材购销系统》的开发提供可行性研究的结论,为项目是否正式立项、启动提供依据,为项目启动后的需求分析、设计、开发、测试等工作提供基础依据。本文档主要的读者是项目负责人、软件开发人员、软件测试人员及软件维护人员。

1.2 背景

软件名称:《学生教材购销系统》。

任务提出者:××大学

软件开发者:××开发公司

软件使用者:××大学

1.3 定义

SWTO 指态势分析法。S 代表 Strength(优势),W 代表 Weakness(弱点),O 代表 Opportunity(机会),T 代表 Threat(威胁)。

1.4 参考资料

本文档的参考资料如下。

(1)《计算机软件文档编制规范》(GB/T 8567—2006)。

(2)《数据库原理及设计》,陶宏才编著,清华大学出版社。

2 可行性研究的前提

2.1 要求

本软件开发的基本要求如下。

(1) 功能:能够实现订单、发货两方面的实时管理,根据订单详情及时进行发货。

(2) 性能:订单和发货单传送到系统、系统的命令能实时传送给订单处理人员或者发货人员。

(3) 输出:系统根据订单和原书库比较后得出需要采购的书单,同时可以将买好的教材发放给学生。

(4) 输入:学生根据自己所学以及老师的建议产生购书订单,订单产生后传送给系统。

(5) 系统概图:如图 1 所示。

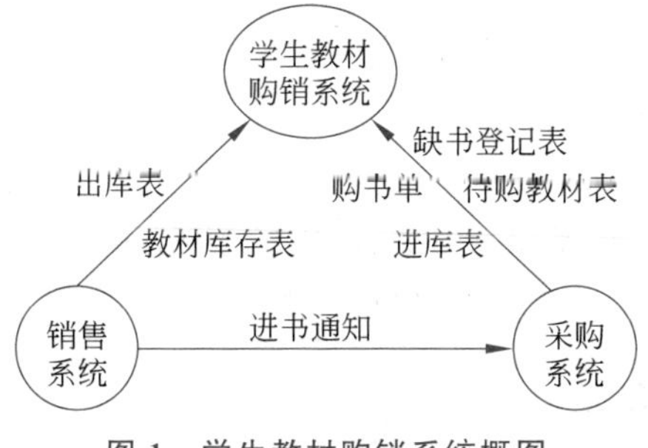

图 1 学生教材购销系统概图

销售系统的工作过程：首先由教师或学生提交购书单，经教材发行人员审核是有效购书单后，开发票、登记并返给教师或学生领书单，教师或学生即可去书库领书。

采购系统的主要工作过程：若是脱销教材，则登记缺书，发缺书单给书库采购人员；一旦新书入库，即发进书通知给教材发行人员。

(6) 在安全与保密方面的要求。

① 学生作为外部用户只能查询教材销售价格信息，同时可以提交订单和管理订单。

② 保管员可以查看教材购销动态的全部信息。

③ 只有订单处理人员、发货人员可以发出提货、发货命令。

(7) 本系统暂时不与其他系统相连。

(8) 从2020-08-01到2020-11-01历时3个月。

2.2 目标

本系统能够对学生教材的订购、销售、数量3方面进行管理，并能及时处理教材订购、销售业务。

2.3 条件、假定和限制

本系统开发中给出的条件、假定和所受到的限制。

(1) 所开发系统的运行寿命的最小值：5年。

(2) 进行系统方案选择比较时间：1个月。

(3) 经费、投资方面的来源和限制：学校拨款10万元。

(4) 法律和政策方面的限制：无。

(5) 硬件、软件、运行环境和开发环境方面的条件和限制：

硬件：内存1GB及以上。

软件：

① 服务器端：

- 操作系统：Windows Server 2019及以上。
- IIS服务器：IIS 10.0或更高版本。
- 数据库服务器：SQL Server 2022或更高版本。

② 客户端：

- 操作系统：Windows 11以上。
- 浏览器：IE 11.0以上。
- 开发环境：Microsoft Visual Studio、SQL Server 2022。

(6) 系统投入使用的最晚时间：2021年2月1日。

2.4 进行可行性研究的方法

可行性研究采用的方法如下。

(1) 顾客调查。

(2) 市场相关产品、同类。

2.5 评价尺度

(1) 开发费用不超过 10 万元。

(2) 开发时间不能超过 5 个月。

(3) 开发的系统满足用户的需求。

3 对现有系统的分析

现在使用的系统是一个人工系统,随着人们对教材的需求量越来越大,发现传统的购销方法已经无法满足学校的需求,急需开发一个《学生教材购销系统》帮助学校进行教材的购销,希望用更高效的信息化手段管理教材的购销业务。现有的人工管理调度模式存在以下问题。

(1) 购书单管理调度缺乏高效性。不能对购书单做出及时的处理,购书单数量较多时人工系统的处理效率低,使一些购书单积压,而且不能及时地看出库存教材的数量,造成许多购书单处理出现错误。

(2) 服务质量差。由于人工教材管理中心不能针对购书单、销售和教材库存量及时做出批处理,造成顾客和教材货源提供者等待时间过长,导致教材购销服务质量下降,顾客和货源供应者意见大,影响了学校的声誉。

(3) 无法为教材购销管理提供决策依据。由于手工调度模式不能及时、准确地记录教材购销过程中购书量、购书时间、教材的库存量,无法为教材购销管理过程中的购书单处理的优先级、购书单处理等提供准确的数据。

3.1 处理流程和数据流程

如图 2 所示,原系统采用的是人工管理模式,所有的数据处理都在人工教材管理中心,由于是人工处理,导致出现了数据处理过慢以致丢失的情况。

图 2 数据流程图

3.2 工作负荷

记录学生的信息、图书信息、卖出和租出的图书信息、图书剩余的信息,计算收入等。

3.3 费用开支

人力:员工 5 人,每人 3000 元。

图书开支：6万元。

支持性服务：水费、电费等。

3.4 人员

购销中心保管员，一般需要3～5人。

3.5 设备

办公室。

3.6 局限性

(1) 数据处理效率低，有时会导致数据的丢失。

(2) 管理困难，不利于管理。

(3) 服务质量差。

(4) 统计困难。如果想为今后的决策提供支持，统计数据困难。

4 所建议的系统

通过SWTO分析，得出开发系统所具有的优势、劣势、机会和威胁。

1. 优势

客户方：

(1) 面临日益增大的教材需求量，教材购销面临改善教材购销服务的压力，有着强烈的采用信息技术实现教材购销智能化、科学化调度的愿望，对开发更新的《学生教材购销系统》的动力很足。

(2) 业务管理人员对教材购销运营调度的业务熟悉，能够帮助开发方了解业务需求、明确开发的功能。

(3) 开发方有专人负责这个项目，表明了开发方对这个项目的重视。

(4) 开发方有着充足的开发经费，这是项目开发成功的保证。

开发方：

(1) 有良好的信誉，能按照合同的规定完成开发工作，满足学校要求。

(2) 完善的质量控制体系，开发的产品在质量上符合国家质量标准和用户的要求。

(3) 在软件开发领域拥有很多资深的专家和工程师，可以形成指导、分析、设计、开发和测试的全套技术工作力量。

2. 劣势

客户方：

(1) 基础设施薄弱，计算机网络、计算机设备需要建设和升级。

(2) 业务人员计算机基础差，很多工作人员使用计算机设备的能力比较差。

开发方：

(1) 对教材购销业务不熟悉，理解需求上存在困难。

(2) 缺乏熟悉C#、数据库的综合性技术人才。

(3) 开发团队投入其他项目的人力较多，针对《学生教材购销系统》开发的人力资源目前有些不足。

3. 机会

客户方：

(1) 教材购销管理智能化的需求在不断扩大，能争取到学校领导的支持，获得更多资金支持，加大教材购销学校内部计算机网络和基础设施的建设，为《学生教材购销系统》的运行提供良好的环境。

(2) 加强对业务人员的计算机使用培训，使他们尽快熟悉计算机操作，在《学生教材购销系统》正式运行后能够正确使用系统。

开发方：

(1) 加强需求调研，加强与客户的沟通，使开发人员尽快熟悉教材购销管理业务。

(2) 加强培训，使核心技术人员尽快掌握C#、数据库的应用开发。

(3) 尽快进行人才招聘，为开发队伍进行技术人员的储备。

4. 威胁

客户方：

(1) 缺乏信息技术人才，对系统需求描述的细节难以表达清楚，对开发过程难以控制，对系统开发质量难以检验。

(2) 新技术不断出现，客户方对采用新技术还是成熟技术难以确定。

开发方：

(1) 客户方过分相信技术解决问题的能力，对系统的期望目标过高，对开发方提出不合理需求。

(2) 业务人员对使用新系统有恐惧感，对开发方的系统开发工作不配合。

通过以上分析，建议本系统及早开发并投入使用，加快学校信息化建设的进程。

4.1 对所开发系统的说明

图书查询：用户登录及权限管理，用户登录界面可以用C#编程实现，权限管理的设置可以在数据库中实现。

图书销售：查询图书销售的基本情况，记录销售店的图书情况，根据销售情况查询图书的销售情况。

学生登记：学生基本资料登记，记录学生订书、买书的基本信息。

图书管理：用于书店图书类别管理，对图书进行分类管理。

缺货图书统计：统计缺货图书信息，即根据销售和库存情况统计缺少的图书。

畅销图书统计：统计畅销图书信息，即根据销售和预订情况统计畅销的图书。

4.2 处理流程和数据流程

改进后,教材管理中心由人工管理变为系统管理,如图3所示。系统的管理性给教材购销提供了很大的便利,使数据处理更加方便。

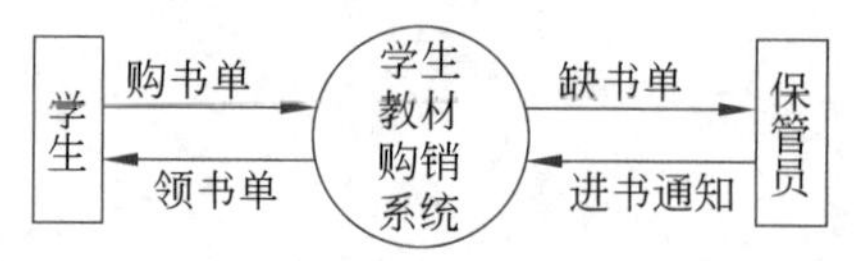

图3 改进后的数据流程图

4.3 改进之处

准备开发的《学生教材购销系统》应该能够解决以下3个问题。

(1) 实现科学调度,提高工作效率。对购书单做出及时的处理,当购书单数量较多时系统能够自动处理,而且能够及时地看出库存教材的数量,高效地处理购书单。

(2) 提高购销服务质量。教材管理中心能针对购书单、销售和教材库存量做出批处理,使顾客和教材货源提供者能及时等到处理,提高教材购销服务质量,大大提高学校的效益。

(3) 为今后的学生教材购销决策提供依据。系统模式能及时、准确地记录教材购销过程中购书量、购书时间、教材的库存量,为教材购销管理过程中的购书单处理的优先级、购书单处理等提供准确的数据,为学生教材购销工作的决策提供科学的依据。

4.4 影响

4.4.1 对设备的影响

计算机网络、计算机设备需要建设和升级。

4.4.2 对软件的影响

无。

4.4.3 对用户单位机构的影响

无。

4.4.4 对系统运行过程的影响

学校机构工作人员需要进行培训,以便更好地适应和使用系统。

4.4.5 对开发的影响

对开发的影响如下。

(1) 对所开发系统的业务不熟悉可能造成需求分析不准确。

(2) 对开发技术不熟悉可能影响软件系统质量,给后期维护带来困难。

(3) 开发人员不足可能导致软件开发周期过长。

4.4.6 对地点和设施的影响

无。

4.4.7 对经费开支的影响

由于本系统的开发，保管员的人数可以减少两三人，为学校减少了这方面的开支。

4.5 局限性

该系统功能比较单一，没有与《图书管理系统》和《财务报销系统》连在一起。

4.6 技术条件方面的可行性

《学生教材购销系统》的开发需要采用对教材的订购、销售、数量的实时管理，并将实时数据及时传送到调度中心。监控的核心是购书单数量、销售数量和库存量。《学生教材购销系统》软件的开发需要以下技术和要求。

(1) 开发适合该学校的《学生教材购销系统》的软件是发展教材购销智能调度的重点内容之一，这些软件涉及购书、销售、数量数据的采集、公共信息服务、计算机辅助调度、购书单管理、人员/发货人员管理等。其中，计算机辅助调度支持系统必须具备实时调整调度作业计划的功能，例如实时显示购书单数量、购书单作业调度计划、购书单优先级排序、教材库存量等。这些功能是系统实现的必备功能。

(2)《学生教材购销系统》是用普遍应用的面向对象编程语言C#开发的，在架构上使用成熟的MVC(Model-View-Controller)模式。MVC模式即模型-视图-控制器模式，其中，模型是应用程序的主体部分。模型表示业务数据，或者业务逻辑。视图是应用程序中与用户界面相关的部分，是用户看到并与之交互的界面。控制器的工作就是根据用户的输入，控制用户界面数据的显示和更新Model对象状态。MVC模式成功地实现了功能模块和显示模块的分离。MVC模式的出现不仅方便维护，而且还提高了系统的可移植性和组件的可复用性。《学生教材购销系统》采用浏览器-服务器(Browser/Server，B/S)结构，技术的难度级别适中，不会对系统的开发周期造成负面的影响。

5 可选择的其他系统方案

无。

6 投资及效益分析

6.1 支出

本系统的支出包括基本建设投资、其他一次性支出和非一次性支出。

6.1.1 基本建设投资

基本建设投资包括采购、开发和安装下列各项所需的费用。

(1) 房屋和设施：办公室(已有)。

(2) 数据库管理软件：4000 元。

6.1.2 其他一次性支出

包括下列各项所需的费用。

(1) 研究(需求的研究和设计的研究)：2000 元。

(2) 开发计划与测量基准的研究：3000 元。

(3) 数据库的建立：2000 元。

(4) 检查费用和技术管理性费用：2000 元。

(5) 培训费、差旅费以及开发安装人员所需要的一次性支出：2000 元。

6.1.3 非一次性支出

列出在该系统生命周期内按月、按季或按年支出的用于运行和维护的费用。

(1) 设备的租金和维护费用：15 000 元。

(2) 软件的租金和维护费用：3000 元。

(3) 人员的工资、奖金：3000 元/人月。

(4) 房屋、空间的使用开支：办公室。

(5) 其他经常性的支出：待定。

6.2 收益

6.2.1 一次性收益

一次性收益论述如下。

(1) 进一步实现经营自动化,减少人力投资和经营的费用,极大地提高效率。

(2) 开支的缩减。该系统开发完成后,管理人员可以减少到一两人,比原先的 5 人至少减少 3 人,一个人每月 3000 元,按该系统运行 5 年时间计算,减少开支 540 000 元。因此,开发该系统只要 100 000 元,加上后续的一些维护也不会超过 200 000 元。

6.2.2 非一次性收益

无。

6.2.3 不可定量的收益

数据的存储方便,不容易遗失。以前存储需要一个专门的柜子来放文件,可能还会遗失,现在直接放到计算机中就可以了,比以前更安全。

6.3 收益/投资比

$$540\,000/200\,000=2.7$$

6.4 投资回收周期

根据经验算法,收益的累计数开始超过支出的累计数的时间为半年。

6.5 敏感性分析

无。

7 社会因素方面的可行性

7.1 法律方面的可行性

该项目为独立开发，开发环境合法，开发工具是购买了版权的合法工具，在法律方面不会存在侵犯专利权、侵犯版权等问题。

7.2 使用方面的可行性

由于本系统是应学校要求而开发的，故在行政管理方面可以很好地配合该软件系统。本系统使用简单，工作人员经过适当的培训就可以熟练地使用。

8 结论

从 SWTO、技术、资源、时间、社会法律等几个角度分析，《学生教材购销系统》项目是可行的，可以立项。

小结

通过本章的学习，读者知道在定义问题之后才进行可行性的研究。通过可行性研究可以知道问题有无可行的解，进而避免人力、物力和财力上的浪费。可行性研究所需的成本占总工程成本的 5%～10%。可行性研究的目的是用最小的代价在尽可能短的时间内确定问题是否能够解决。除此之外，本章还介绍了可行性研究的任务和步骤、可行性研究的要素和成本效益分析方法，以及怎么进行方案选择和决策，最后介绍了一个可行性研究的实例。

习题

一、填空题

1. 可行性研究的目的不是开发一个软件项目，而是研究这个项目是否________、________。

2. 要从以下 3 方面分析研究中衡量解决方法的可行性：________、________、________。

3. 技术可行性研究包括________、________、________。

4. 经济可行性一般要考虑的情况包括________、________、________。

二、选择题

1. 研究开发所需要的成本和资源属于可行性研究中的(　　)研究的一方面。

A. 技术可行性　B. 经济可行性　C. 社会可行性　D. 法律可行性

2. 可行性研究的目的是(　　)。

A. 争取项目　B. 项目值得开发与否

C. 开发项目　D. 规划项目

3. 软件分析的第一步要做的工作是(　　)。

A. 定义系统的目标　B. 定义系统的功能模块

C. 分析用户需求　D. 分析系统开发的可行性

4. 可行性研究目的主要在于(　　)。

A. 确定工程的目标和规模

B. 建立整个软件的体系结构,包括子系统、模块以及相关层次的说明、每个模块的接口定义

C. 回答“目标系统需要做什么”

D. 用最小的代价确定在问题定义阶段所确定的目标和规模是否可实现、可解决

5. 软件可行性分析是着重确定系统的目标和规模。对功能、性能及约束条件的分析应属于(　　)。

A. 经济可行性分析　B. 技术可行性分析

C. 操作可行性分析　D. 开发可行性分析

三、名词解释

1. 可行性研究。

2. 技术可行性。

3. 法律可行性。

4. 自底向上估计。

5. 投资回收期。

四、简答题

1. 简述可行性研究的任务。

2. 简述经济可行性和社会可行性。

3. 简述可行性研究的步骤。

4. 在进行可行性研究时,向用户推荐的方案中应清楚地表明什么?

5. 可行性研究报告的主要内容有哪些?

五、应用题

设计一个软件的开发成本为 5 万元,寿命为 3 年。未来 3 年的每年收益预计为 22 000 元、24 000 元、26 620 元,银行年利率为 10%。对此项目进行成本效益分析,以决定其经济可行性。

CHAPTER

第3章 需求分析

可行性分析的基本目的就是用较小的成本在较短的时间内确定软件是否有可行的解决方案,即软件值不值得开发的问题。一旦确定要开发软件,开发人员首要的任务是要搞清楚用户的需求。对软件需求的深入理解是软件开发工作获得成功的前提条件,需求分析是软件定义的最后一个阶段,它的基本任务是准确地回答"系统必须做什么"的问题。

学习目标:

✍ 理解需求分析的目标、任务及原则。

✍ 掌握需求获取的方法。

✍ 掌握需求建模的各种方法(重点)。

✍ 理解需求验证的内容和方法。

学习路线如下。

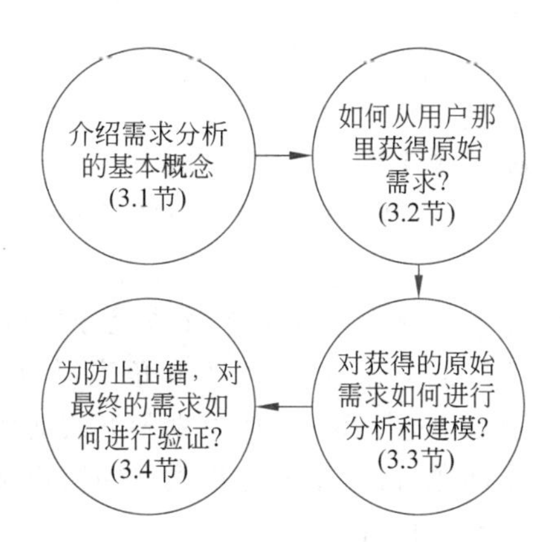

3.1 需求分析的基本概念

3.1.1 软件需求的定义和特点

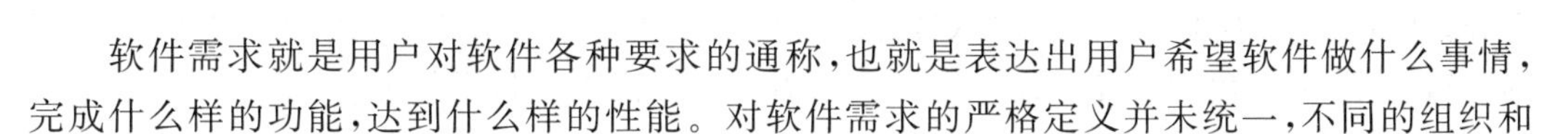

软件需求就是用户对软件各种要求的通称,也就是表达出用户希望软件做什么事情,完成什么样的功能,达到什么样的性能。对软件需求的严格定义并未统一,不同的组织和

个人从不同的方面对软件需求给出了各自的描述。

IEEE在其发布的《软件工程结构标准词汇表》中将软件需求定义如下。

(1) 用户解决问题或达到目标所需要的条件或能力。

(2) 系统或系统部件为满足合同、标准、规范或其他文档所需具有的条件或能力。

(3) 一种反映上述两种条件或能力的文档描述。

需求分析专家Alan Davis在1993年给出需求的概念:"从系统外部能发现系统所具有的满足于用户的特点、功能及属性等。"软件工程专家Jones在1994年将需求定义:"用户所需要的并能触发一个程序或系统开发工作的说明。"这些定义强调的是产品是什么样的,而并非产品是怎样设计和构造的。

另外,Sommerville和Sawyer在1997年把需求定义:"指明必须实现什么的规格说明,它描述了系统的行为、特性和属性,是在开发过程中对系统的约束。"这个定义主要强调了系统特性。

通俗地讲,软件需求就是回答软件要"做什么"的问题,需求分析需要在软件设计和实现之前完成。对软件需求进行分析(称为需求分析)一般由软件分析员或系统分析员负责,他们往往由项目组中经验丰富的程序员担任,在项目开发中占有重要的地位。国内外众多失败的软件项目,很大一部分是因为软件需求分析出了问题,好的需求分析可以事半功倍,为整个项目的顺利进行奠定重要基础,提高开发效率,减少成本和风险。然而由于软件需求分析具有以下3方面的特点,把需求分析做好不是一件容易的事。

(1) 需求动态性。在整个软件生命周期,软件的需求会随着时间和业务有所变化。软件系统往往是对现实世界的抽象反映,很多企业的外部环境和内部业务流程往往随着时间的变化而改变,这就造成了需求具有动态性,很多软件需求需要不断地进行修订和完善。系统分析人员应该认识到需求变化的必然性,并采取相应的措施减少需求变更对软件系统的影响。

(2) 问题的复杂性。要做好软件需求分析,系统分析员不仅要理解和掌握特定领域的业务流程和知识,还要尽快地梳理清楚软件中涉及的各种因素的层次和关系,这种问题的复杂性对系统分析员是一个挑战。

(3) 交流共识困难。软件需求分析过程中涉及系统分析员和用户等诸多人员,这些人员在交流过程中由于彼此不同的知识背景、角色和角度,使得交流共识困难。一方面,由于系统的复杂性,用户本身可能对需求的描述模糊不清或前后矛盾,准确地获取需求不甚容易;另一方面,针对同一个问题,由于系统分析人员和用户站在不同的角度看问题,双方也需要不断地磨合才能对问题的理解达成一致。

3.1.2 需求分析的目标和任务

1. 需求分析的目标

软件需求分析阶段是把来自用户的信息加以提炼,形成功能和性能方面的描述。需求分析阶段所要达到的目标是以软件计划阶段确定的软件工作范围为指南,导出新系统的逻辑模型,编写出软件需求规格说明书。需求分析的具体目标如下。

(1) 厘清数据流或数据结构。

(2) 通过标识接口细节,深入描述功能,确定设计约束和软件有效性要求。

(3) 构造一个完全、精细的目标系统逻辑模型。

2. 需求分析的任务

需求分析的基本任务是准确回答"系统必须做什么"的问题。它的任务不是确定系统怎么完成工作,而是确定系统必须完成哪些工作,即对目标系统实现的功能等提出完整、准确、清晰、具体的要求。需求分析的具体任务如下。

(1) 确定对系统的综合要求。对系统的综合要求主要包括功能要求、性能要求、运行要求和其他要求4方面。

① 功能要求。功能要求划分并描述系统必须完成的所有功能,即指定系统必须提供的服务。

② 性能要求。性能要求主要包括软件系统的安全性需求、可靠性需求、可用性需求、可维护性和可扩展性需求等方面的要求。安全性需求包括软件系统需要在安全性方面采取哪些措施,如采用数据加密、基于角色的访问控制、防火墙等措施。可靠性需求定量地指定系统的可靠程度,如软件系统在一个月内不能出现两次以上的故障等。可用性与可靠性密切相关,它量化了用户可以使用系统的程度,如单击系统中的"查询"按钮,系统的响应时间不得超过5秒等。可维护性是指软件系统将来在维护过程中要易于维护,系统模块在设计时应该遵循高内聚、低耦合等要求,避免软件维护过程中"牵一发而动全身"的现象发生。可扩展性与可维护性密切相关,是指软件体系结构设计要合理,便于将来新开发功能模块的添加,软件系统要易于扩展。

③ 运行要求。运行要求主要指系统运行时对软硬件环境及接口的要求。要厘清软件运行时需要哪些软件环境进行支撑,需要配置什么样的硬件设备。接口需求描述的是软件系统与它的环境之间通信的格式。常见的接口需求有用户接口需求、硬件接口需求、软件接口需求和通信接口需求等。

④ 其他要求。其他要求如出错处理需求、将来可能提出的要求等。出错处理需求说明系统对环境错误应该怎样响应,这些错误可能是由运行环境造成的,也可能是软件系统自己犯下的一个错误。将来可能提出的需求是要明确那些不属于当前系统开发范畴,但是据分析将来可能会提出来的要求,明确这些需求便于在设计过程中对系统将来可能的扩充和修改做准备,以提高系统的可维护性和可扩展性。

(2) 分析系统的数据要求。任何一个软件系统从本质上都是信息处理系统,因此分析系统的数据要求是软件需求分析的一个重要任务。分析系统的数据要求通常采用建立数据模型的方法(参见3.3.5节),复杂数据通常由许多基本数据元素组成,数据结构表示数据元素之间的逻辑关系,利用数据字典可以全面准确地定义数据(参见3.3.2节)。由于数据字典不够形象直观,通常可以采用层次方框图(参见3.3.3节)和Warnier图(参见3.3.4节)等图形工具描述数据结构。

(3) 导出目标系统的详细逻辑模型。综合上述步骤(1)和(2)可以导出系统的详细逻辑模型,通常采用数据流图和数据字典(参见3.3.1节和3.3.2节)、E-R图(参见3.3.5节),以及状态转换图(参见3.3.6节)等方式描述这个逻辑模型。

(4) 修订系统开发计划。根据在分析过程中获得的对系统的更深入、更具体的了解,可以比较准确地估计系统的成本和开发进度,更正以前制订的开发计划。

(5) 编写软件需求规格说明书。编写软件需求规格说明书并提交审查,需求分析的结构是系统开发的基础,关系到最终软件产品的质量,因此必须对软件需求进行严格的审查验证(参见 3.4 节)。

综上所述,需求分析的具体任务如图 3-1 所示。

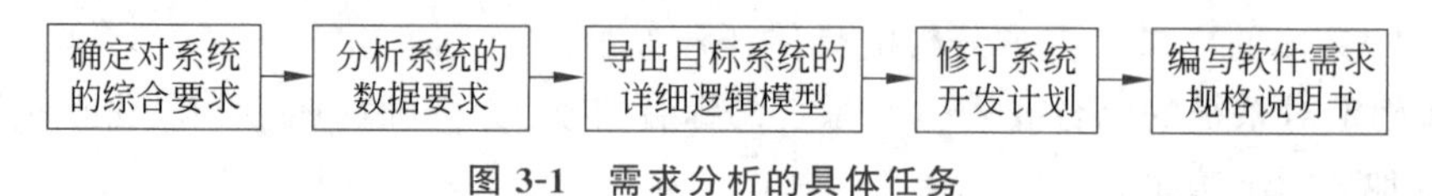

图 3-1 需求分析的具体任务

需求分析的原则

3.1.3 需求分析的原则

需求分析有多种方法,并且每种方法都有自己的表示方法和特点,但每种方法都应该遵循以下基本原则。

(1) 需求分析方法应该容易被用户理解。分析人员要使用符合用户语言习惯的表达方式,尽量多地了解用户的业务及目标,以便获得用户所需要的功能和质量的软件系统。

(2) 系统分析人员要在用户和开发人员的需求之间做好平衡。系统分析人员既要尊重用户的意见,又要尊重开发人员对系统的需求分析和解决方案的考虑。

(3) 需求分析成果必须规范化,形成文档。分析人员需要编写软件需求报告,用各种方法特别是用户容易理解的图表等来准确而又详细地说明需求,描述产品的使用特性,清楚地说明并完善需求。

(4) 评审需求文档和原型系统。为保证需求文档的准确性和完整性,需要对需求分析结果进行评审和验证,而构建原型系统是需求文档评审和验证的有效方法之一。

3.2 需求获取的方法

3.2.1 用户访谈

访谈是指开发方成员和用户就将要开发的系统进行面对面的交谈。访谈有两种基本形式,分别是正式访谈和非正式访谈。在正式访谈时,系统分析员将提出一些事先准备好的具体问题供用户回答。在非正式访谈时,系统分析员将提出一些用户可以自由回答的开放性问题,以鼓励被访问的人员说出自己的想法。

3.2.2 问卷调查

问卷调查法是指开发人员通过向用户发放调查问卷的方式获取用户需求的方式。这种方式在需要考虑大量用户的需求意见时比较有用。因为接收访问的用户有充分的时间思考并回答被调查的问题,所以这种方法比用户访谈方式获取的信息更加准确。但由于调查问卷是事先设计好的,因此有可能不能获得全面的信息。软件需求调查问卷的格式多种多样，不同的软件公司会根据自己的要求设计不同格式的调查问卷，表3-1是软件需求调查问卷的一种形式。

表3-1　软件需求调查问卷

<table>
<tr><td>调查人姓名</td><td colspan="2"></td><td>调查人所在部门</td><td></td></tr>
<tr><td>调查人职务</td><td colspan="2"></td><td>调查日期</td><td></td></tr>
<tr><td>建议软件名称</td><td colspan="4"></td></tr>
<tr><td rowspan="2">该软件的使用者</td><td>部门</td><td>角色</td><td colspan="2">主要任务</td></tr>
<tr><td></td><td></td><td colspan="2"></td></tr>
<tr><td rowspan="2">与软件运行有关的实体</td><td colspan="2">实体名称</td><td colspan="2">关系</td></tr>
<tr><td colspan="2"></td><td colspan="2"></td></tr>
<tr><td rowspan="2">软件工作平台与体系结构的要求</td><td>网络环境</td><td>操作系统</td><td>数据库管理系统</td><td>体系结构</td></tr>
<tr><td></td><td></td><td></td><td></td></tr>
<tr><td>软件开发工具的要求</td><td colspan="4"></td></tr>
<tr><td>软件功能上的要求</td><td colspan="4"></td></tr>
<tr><td rowspan="2">软件性能上的要求</td><td colspan="2">数据库容量</td><td>访问速度</td><td>其他</td></tr>
<tr><td colspan="2"></td><td></td><td></td></tr>
<tr><td rowspan="2">软件安全方面的要求</td><td>用户权限</td><td>防止病毒</td><td>数据安全</td><td>其他</td></tr>
<tr><td></td><td></td><td></td><td></td></tr>
<tr><td rowspan="2">软件约束性要求</td><td>规章制度</td><td>使用中可能的风险</td><td>需求变化的可能与来源</td><td>其他</td></tr>
<tr><td></td><td></td><td></td><td></td></tr>
<tr><td rowspan="2">软件使用方面的要求</td><td>用户帮助</td><td>用户向导</td><td colspan="2">其他</td></tr>
<tr><td></td><td></td><td colspan="2"></td></tr>
</table>

3.2.3　专题讨论会

专题讨论会是指开发方和用户方召开若干次需求讨论会，达到彻底弄清项目需求的一种需求获取方法。专题讨论会适合用户方非常清楚项目需求的情况，由于用户方比较清楚项目需求，因此用户能够比较准确地表达出他们的需求，而开发方由于有专业的软件开发经验，因此一般也能够准确地描述和把握需求。

3.2.4 快速建立软件原型

快速原型就是快速建立起来的旨在演示目标系统主要功能的可运行的程序,它是最准确、最有效、最强大的需求分析技术。构建软件原型的要点是,它应该实现用户可以看得见的功能(如屏幕显示或打印报表),省略目标系统的隐含功能(如程序界面背后的代码)。

快速原型应该具备的第一个特性就是快速。快速原型的目的是尽快向用户提供一个可以在计算机上运行的目标系统的模型,以便使用户和开发者在目标系统应该"做什么"这个问题上尽可能快地达成共识。因此,原型的某些缺陷是可以忽略的,只要这些缺陷不严重地损害原型的功能,不会使用户对产品的行为产生误解,就不必管它们。

快速原型应该具备的第二个特性是容易修改。如果用户对原型系统的第一版不满意,就必须根据用户的意见迅速地修改,构建出原型的第二版,以便更好地满足用户的需求。在实际软件产品开发时,原型的"修改—试用—反馈"过程可能重复多遍,因此原型系统一定要容易修改,在原型系统上耗时过多势必延误软件开发的时间,这也违背了快速原型系统的初衷。

通常,构造快速原型系统的方法有多种,只要满足构建快速原型系统的要点和特点即可。常见的方法和工具如下。

(1) 第四代技术。这种技术包括众多数据库查询和报表语言,程序和应用系统生成器以及其他非常高级的非过程语言,第四代技术使得软件工程师能够快速地生成可执行的代码,它是理想的快速原型工具之一。该方法的优点是能够自动地生成可执行代码,缺点是程序开发人员需要专门学习这种新技术,增加了开发人员的负担。

(2) 可重用的软件构件。此方法使用一组已有的软件构件来装配(而不是从头构造)原型,软件构件可以是数据结构(或数据库),或软件体系结构构件(如软件系统框架),或过程构件(如类或函数),必须把构件设计成能在不知其内部工作细节的条件下重用。可重用的软件构件方法的优点是能够快速装配出可以运行的软件原型,为软件系统的开发节省了开发成本,但此方法对软件公司的要求较高,要求软件公司必须形成自己固定的软件资产库,有通用的软件框架和类库等软件资产。另外,如果软件公司专注于某一类软件的开发或之前开发过此类软件,此时开发相同类型的软件用可重用的软件构件方法更容易成功,否则由于企业业务流程的差异性,很难找到相同业务功能的构件进行装配(通用功能除外,如基于角色的访问控制模块等)。

(3) 可视化建模方法。利用集成开发环境(Integrated Development Environment, IDE)强大的软件界面搭建功能快速运行界面(而忽略界面背后的代码实现),为用户提供一个可展示软件运行过程的"壳",帮助用户快速理解软件提供的功能。例如,对于Windows窗体应用程序,可以利用IDE快速拖动组件搭建起软件的实现界面,把整个软件系统的运行过程串联起来,在第一时间让用户了解系统的运行过程。对于Web应用程序,也可以利用诸如VS.NET 2022之类的软件快速拖动控件搭建其软件界面,熟悉超文本标记语言(Hypertext Markup Language, HTML)的软件开发人员之间也可以使用HTML构建软件运行界面。图3-2就是使用HTML快速构建的软件原型系统。

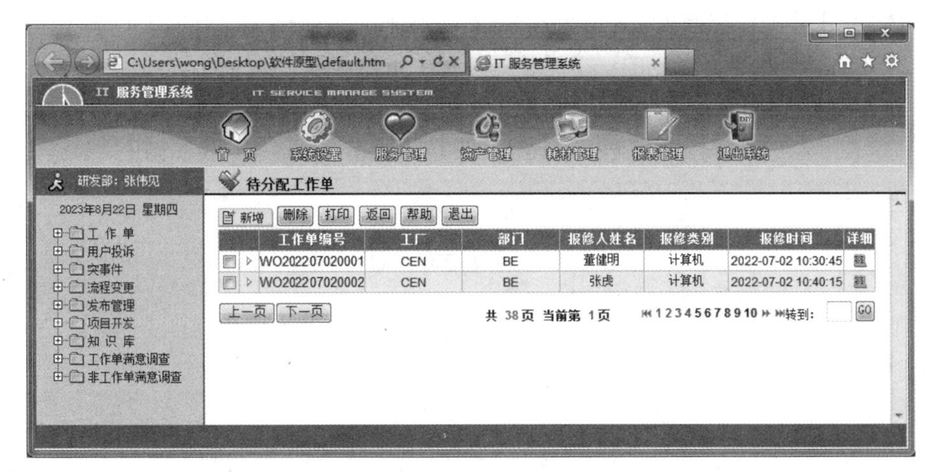

图 3-2 使用 HTML 快速构建的软件原型系统

3.3 需求建模方法

3.3.1 数据流图

3.2 节介绍了各种获取需求的方法。在获取需求之后，为了更直观、无二义性地把需求描述出来，需要进行需求建模。模型就是为了理解事物，对事物做出的一种抽象，是对事物的一种无歧义的书面描述。通常，模型由一组图形符号和组织这些符号的规则组成，常见的需求建模方法包括数据流图、数据字典、层次方框图、Warnier 图、E R 图及状态转换图等。需求分析过程一般应该建立 3 种模型，即数据模型（E-R 图）、功能模型（数据流图）和行为模型（状态转换图）。

1. 基本概念

数据流图（Data Flow Diagram，DFD）是一种图形化建模工具，它描绘信息流和数据从输入移动到输出的过程中所经历的变换。在数据流图中没有任何具体的物理部件，它只是描绘数据在软件中流动和被处理的逻辑过程，是软件系统逻辑功能的图形表示。在设计数据流图时只需要考虑系统必须完成的基本逻辑功能，完全不需要考虑怎样具体地实现这些功能，所以数据流图也是今后进行软件设计的很好的出发点。数据流图仅有 4 种基本符号，如图 3-3 所示。

图 3-3 中的正方形（或立方体）表述数据的源点或终点，圆角矩形（或圆形）代表数据加工或数据变换，开口矩形（或两条平行线）代表数据存储，箭头表述数据流及特定数据的流向。对于上述 4 种抽象图形符号，有几点需要说明。

(1) 数据加工或数据变换不一定是一个程序，它可以表示一系列程序、单个程序或者程序的一个模块，甚至可以表示人工处理过程，总之，它表示对数据的一个处理。

(2) 有时流程图中的数据源点和终点可能相同，此时如果只用一个正方形（或立方体）表示，则数据流图的清晰程度不够。可以在数据流图中再画一个相同的符号（正方形或立方体)表述数据的终点,为避免引起误解,如果代表同一个事物的相同符号在图中出现在 n 个地方,则在这个符号的一个角上画 $n-1$ 条短斜线做标记。

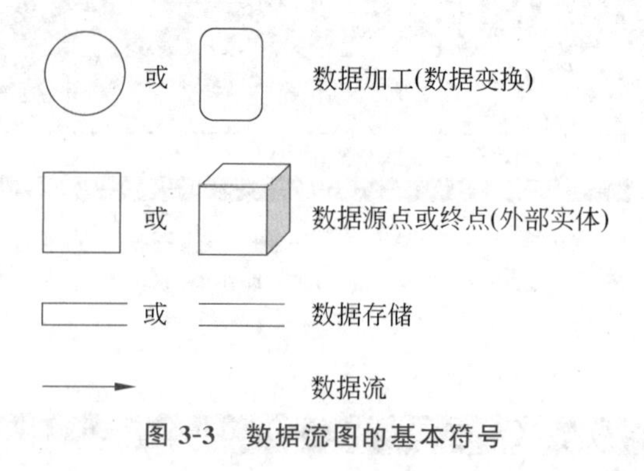

图 3-3 数据流图的基本符号

(3) 数据存储和数据流都是数据,区别在于所处的状态不同。数据存储是处于静态的数据,而数据流是处于运动中的数据。通常,在数据流图中忽略出错处理,不包括诸如打开或关闭文件之类的内部处理,数据流图的基本要点是描绘“做什么”而不考虑“怎么做”。

(4) 与程序流程图中的箭头表示控制流相区别,数据流图中的箭头表示数据流,因此在数据流图中应该描绘所有可能的数据流向,而不应该描绘出现某个数据流的条件(如控制流中的分支条件或循环条件等)。

除了上述 4 种基本符号外,数据流图还包含几种附加符号,如图 3-4 所示。星号(*)表示数据流之间是“与”关系(同时存在),加号(+)表示“或”关系,⊕号表示只能从中选择一个(互斥的关系)。

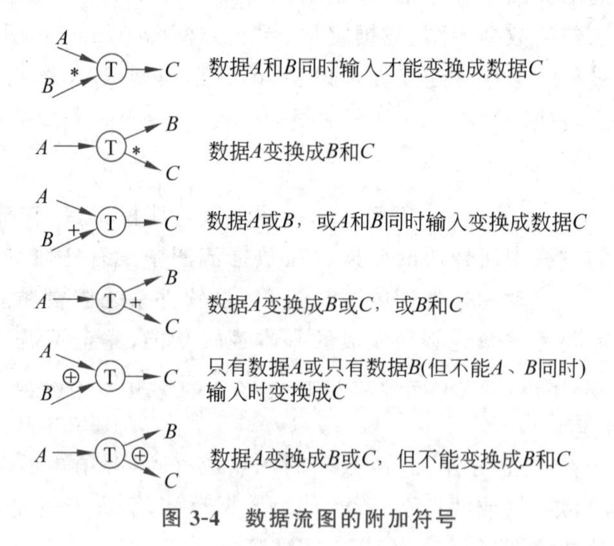

图 3-4 数据流图的附加符号

画数据流图的基本目的是利用它作为交流信息的工具。系统分析员把他对现有系统的认识或对目标系统的设想用数据流图描绘出来,供有关人员审查确认。在数据流图中通常仅仅使用 4 种基本符号,而且不会包含有关物理实现的细节,因此绝大多数用户都可以理解和评价它。

2. 数据流图的层次结构

为了表达数据处理过程中的数据加工情况，需要采用层次结构的数据流图，即按照系统的层次结构进行逐步分解。以分层的数据流图反映这种结构关系，能清楚地表达和容易理解整个系统。

在多层数据流图中，顶层数据流图仅包含一个加工，它代表被开发系统。它的输入流是该系统的输入数据，输出流是系统所输出的数据。底层流图是指其加工不需再做分解的数据流图，它处在最底层。中间层流图则表示对其上层父图的细化，它的每个加工可能继续细化，形成子图，如图 3-5 所示。

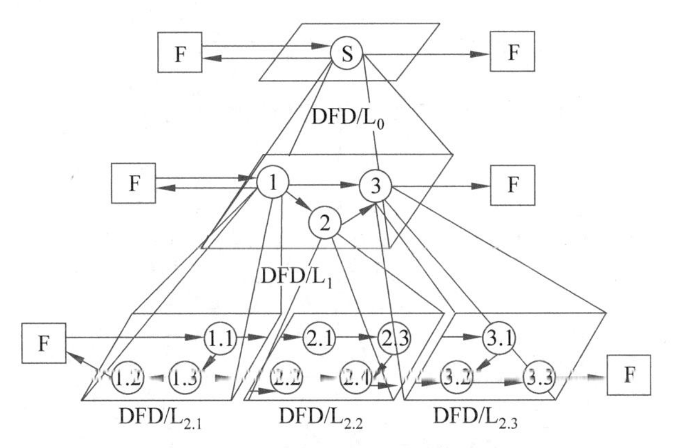

图 3-5 分层的数据流图

【例 3-1】 以《学生教材购销系统》为例说明数据流图的绘制过程。

首先绘制《学生教材购销系统》的顶层数据流图，顶层数据流图把整个系统看作一个整体，如图 3-6 所示。

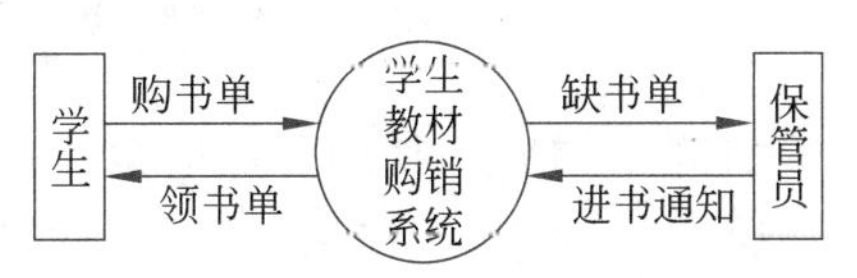

图 3-6 顶层（第 1 层）数据流图

在顶层数据流图的基础上进一步细化，绘制第 2 层数据流图，把整个系统拆分为销售和采购子系统，如图 3-7 所示。

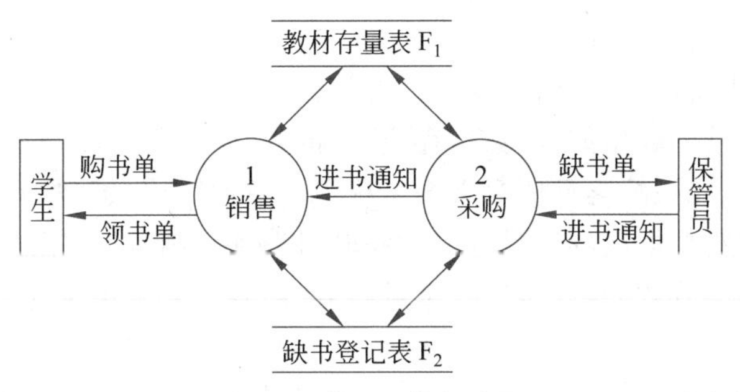

图 3-7 第 2 层数据流图

在第 2 层数据流图的基础上进一步细化，绘制第 3 层数据流图，如图 3-8 和图 3-9 所示。其中，图 3-8 是教材销售子系统的数据流图，图 3-9 是教材采购子系统的数据流图。

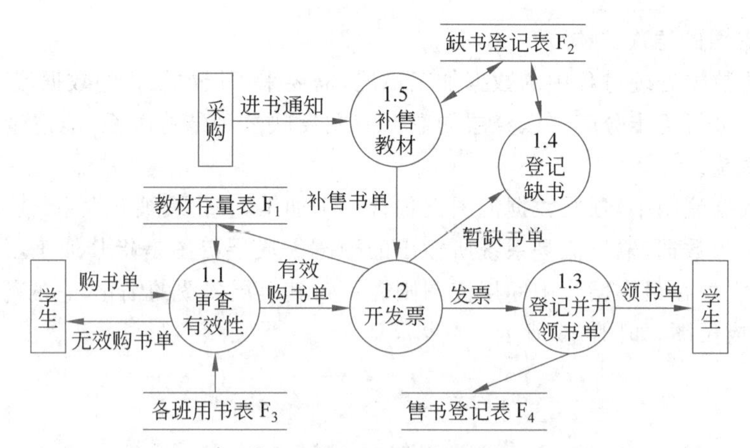

图 3-8 第 3 层数据流图：教材销售子系统

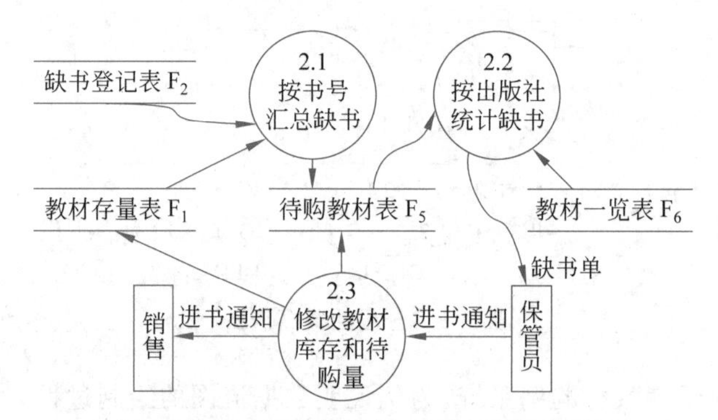

图 3-9 第 3 层数据流图：教材采购子系统

如例 3-1 所示，使用分层的数据流图具有以下优点。

(1) 便于实现。采用逐步细化的扩展方法，可避免一次引入过多的细节，有利于控制问题的复杂程度。

(2) 便于使用。用一组图代替一张总图，方便用户及软件开发人员阅读。

从例 3-1 中可以看出，绘制分层的数据流图应该遵循以下指导原则。

(1) 注意数据流图中成分的命名。

① 为数据流(或数据存储)命名。

- 名称应代表整个数据流(或数据存储)的内容，而不是仅仅反映它的某些成分。
- 不要使用空洞的、缺乏具体含义的名称(如“数据”“信息”“输入”之类)。
- 如果在为某些数据流(或数据存储)命名时遇到了困难，则很可能是因为对数据流图分解不恰当造成的，应该试一试重新分解，看是否克服了这个困难。

② 为数据加工命名。

- 通常先为数据流命名，然后再为与之相关联的数据加工(或数据处理)命名。这样命名比较容易，而且体现了人类习惯的“由表及里”的思考过程。
- 名称应该反映整个加工(或处理)的功能，而不是它的一部分功能。
- 名称最好由一个具体的及物动词加上一个具体的宾语组成，应该尽量避免使用

"加工""处理"等空洞、笼统的动词作名称。

- 通常名称中仅包含一个动词，如果必须用两个动词才能描述整个加工（或处理）的功能，则把这个处理再分解成两个加工（或处理）可能更加恰当。
- 如果在为某个加工（或处理）命名时遇到困难，则很可能是发现了分解不当的迹象，应考虑重新分解。

（2）注意父图和子图的平衡。

在分层图中，每层都是它上层的子图，同时又是它下层的父图，如例 3-1 中的第 2 层。平衡就是指父图和子图的输入输出数据应分别保持一致。

（3）区分局部文件和局部外部项。

随着数据流图的分解，在下层数据流图中可能出现父图中没有的文件和外部项。例如，在例 3-1 中，第 3 层（教材采购子系统）与它的父图（即第 2 层）采购加工符号相比就多了两个文件，即 F_5、F_6 和一个外部项（销售），则它们是图（教材采购子系统）的局部文件和外部项。对于初次画数据流图的人来说，在这一点上比较容易出错，如在父图中多画了子图的局部文件，或者在子图中漏画了应该添入的外部项。一般来说，除底层数据流图需画出全部的外部文件外，各中间层的数据流图仅显示处于加工之间的接口文件，而其余的文件均不必画出，以保持图面的简洁。如图 3-9 的 F_5、F_6 都是局部于教材采购子系统内部的文件，与父图（第 2 层）其余加工（如销售）无关，在父图中画出反而显得累赘。此外，在第 2 层中，进书通知是指向销售框的。所以在采购子系统中，销售就成了采购子系统的外部项。那么如果漏画了这个外部项，进书通知便将成为无"的"之"矢"了。

（4）掌握分解的速度。

分解是一个个逐步细化的过程，通常在上层可分解快一些，在下层应慢一些，因为越接近下层功能越强，如果分解太快，将会增加用户理解的难度，同一图中的各个加工，分解的步骤应大致均匀，保持同步扩展。一般来说，每个加工每次可分为 2～4 个子加工，最多不得超过 7 个。

（5）遵守加工编号规则。

顶层加工不编号。第 2 层的加工编号为 1、2、……、n，第 3 层的编号为 1.1、1.2、1.3、2.1、2.2、2.3、……、n.1、n.2、n.3……一般来说，每个加工每次可分为 2～4 个子加工，最多不得超过 7 个。

3.3.2 数据字典

数据字典（Data Dictionary，DD）的任务是对于数据流图中出现的所有被命名的图形元素在字典中作为一个词条加以定义，使得每个图形元素的名称都有一个确切的解释。数据流图和数据字典共同构成系统的逻辑模型，没有数据字典数据流图就不严格，然而没有数据流图数据字典也难以发挥作用。

1. 数据字典的定义符号

数据字典的定义符号如表 3-2 所示。

表 3-2　数据字典的定义符号

符　号	含　义	例　子
=	被定义为	人=男人+女人
+	与	$x=a+b$,表示 x 由 a 和 b 组成
[ ]	或	$x=[a,b]$,表示 x 由 a 或 b 组成
{ }	重复	$x=\{a\}$,表示 x 由零个或多个 a 组成
$m\{\ \}n$	重复	$x=3\{a\}8$,表示 x 中的 a 至少出现 3 次,最多出现 8 次
( )	可选	$x=(a)$,表示 a 在 x 中可以出现,也可以不出现
* … *	注释符	表示在两个 * 之间的内容为词条的注释

【例 3-2】 将图 3-10 所示的存折用数据字典进行描述。

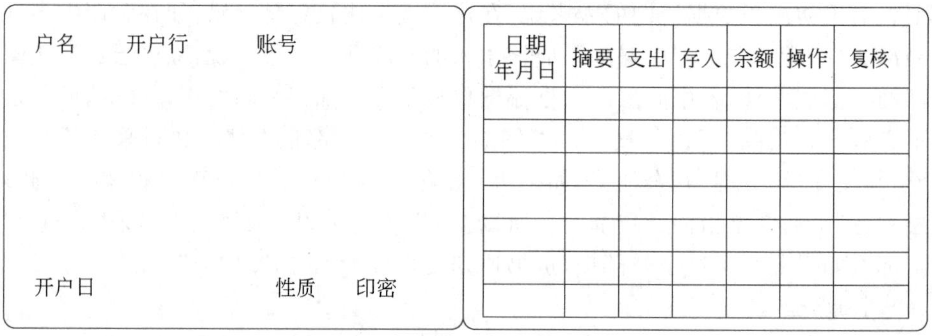

户名　开户行　账号

开户日　性质　印密

日期 年月日	摘要	支出	存入	余额	操作	复核

图 3-10　存折示意图

该例给出了一个存折的示意图,其中有户名、开户行、账号、开户日、性质、印密。对该存折的数据字典描述如图 3-11 所示。

存折=户名+开户行+账号+开户日+性质+(印密)+1{存取行}20
户名=2{字母}24
开户行="001".."999"
账号="00000001".."99999999"
开户日=年+月+日
性质="1".."6"
印密="0"
存取行=日期+(摘要)+支出+存入+余额+操作+复核
日期=年+月+日
年="1900".."3000"　月="01".."12"　日="01".."31"
摘要=1{字母}4
支出=金额
金额="000000000.01".."999999999.99"

图 3-11　存折数据字典描述图

注:(1)1 表示普通用户,..6 表示工资用户等。(2)印密在存折上不显示。

2. 数据字典的内容

一般来说，数据字典应该由数据流、数据元素、数据存储、数据加工及外部实体 5 类元素的定义组成。

1）数据流词条的描述

对数据流词条的描述由图 3-12 定义。

数据流名：
　　说明：简要介绍作用，即它产生的原因和结果。
　　数据流来源：该数据流来自何方。
　　数据流去向：该数据流去向何处。
　　数据流组成：数据结构。
　　数据量流通量：数据量、流通量。

图 3-12　数据流词条描述

【例 3-3】　对《学生教材购销系统》中的数据流词条“发票”进行描述（见图 3-13）。

购书单 → 审查并开发票 → 发票

数据流名：发票
　　说明：用作学生已付书款的依据。
　　数据流来源：来自加工“审查并开发票”。
　　数据流去向：流向加工“开领书单”。
　　数据流组成：学号+姓名+书号+单价总价+书费合计。

图 3-13　数据流词条描述实例：发票

2）数据流分量（即数据元素）词条的描述

对数据元素词条的描述由图 3-14 定义。

数据元素名：
　　类型：数字(离散值、连续值)，文字(编码类型)。
　　长度：
　　取值范围：
　　相关的数据元素及数据结构

图 3-14　数据元素词条描述

【例 3-4】　对存折中的数据元素（年、摘要和金额）进行描述（见图 3-15）。

年=“1900”..“3000”　　月=“01”..“12”　　日=“01”..“31”
摘要=1{字母}4
金额=“00000000.01”..“999999999.99”

图 3-15　数据元素词条描述实例

3）数据存储词条的描述

对数据存储词条的描述由图 3-16 定义。

【例 3-5】　数据存储词条描述实例（见图 3-17）。

4）数据加工（或数据处理）词条的描述

对数据加工词条的描述由图 3-18 定义。

【例 3-6】　数据加工词条描述实例（见图 3-19）。

数据文件(或数据存储)名:
　　简述:存放的是什么数据。
　　输入数据:
　　输出数据:
　　数据文件组成:数据结构。
　　存储方式:顺序、直接、关键码。
　　存取频率:
　　……

图 3-16　数据存储词条描述

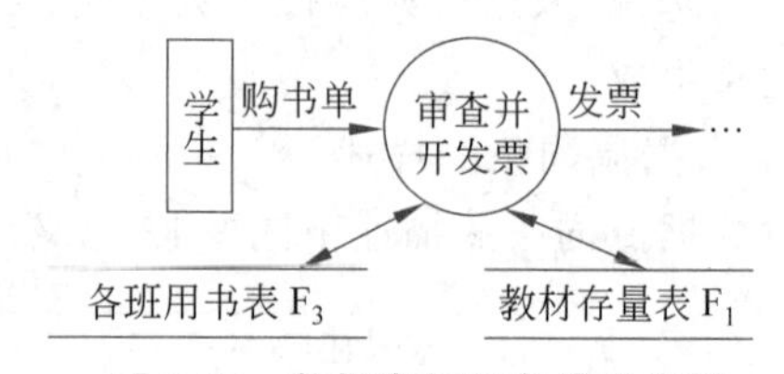

图 3-17　数据存储词条描述实例

数据加工名:
　　加工编号:反映该加工的层次。
　　简要描述:加工逻辑及功能简述。
　　输入数据流:
　　取值范围:
　　相关的数据元素及数据结构
　　……

图 3-18　数据加工词条描述

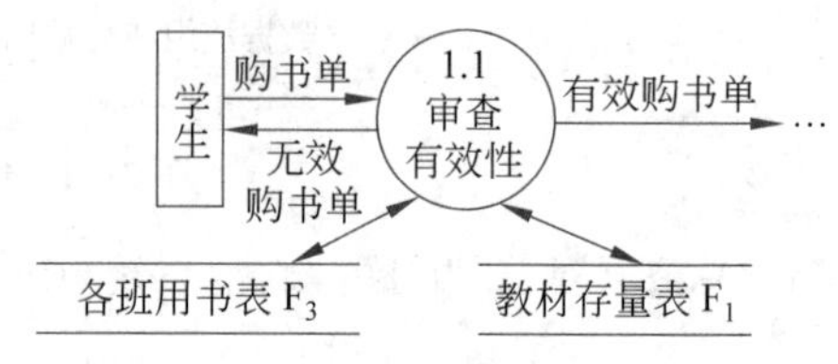

图 3-19　数据加工词条描述实例

5）外部实体词条的描述

对外部实体词条的描述由图 3-20 定义。

名称:外部实体名
　　简要描述:什么外部实体。
　　有关数据流:
　　数目:

图 3-20　外部实体词条描述

【例 3-7】 外部实体词条描述实例(见图 3-21)。

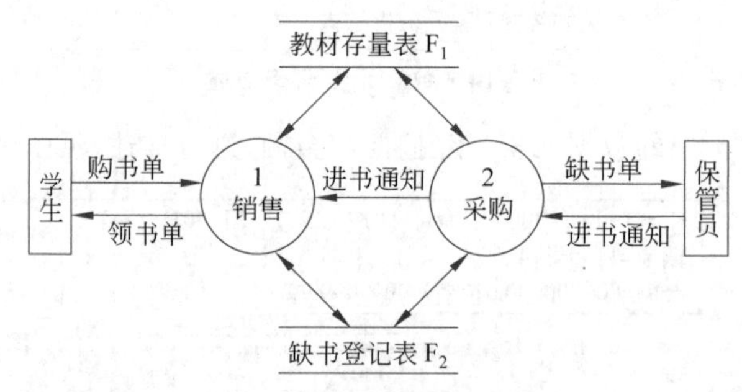

图 3-21　外部实体词条描述实例

3.3.3　层次方框图

层次方框图用树状结构的一系列多层次的矩形框描绘数据的层次结构。树状结构的顶层是一个单独的矩形框,它代表完整的数据结构,下面的各层矩形框代表这个数据的子集,最底层的各个矩形框代表组成这个数据的实际数据元素(不能再分割的元素)。

随着结构的精细化,层次方框图对数据结构也描绘得越来越详细,这种模式非常适合需求分析阶段。系统分析员从对顶层信息的分类开始,沿着图中的每条路径反复细化,直到确定了数据结构的全部细节为止。例如,图 3-22 是层次方框图的实例。

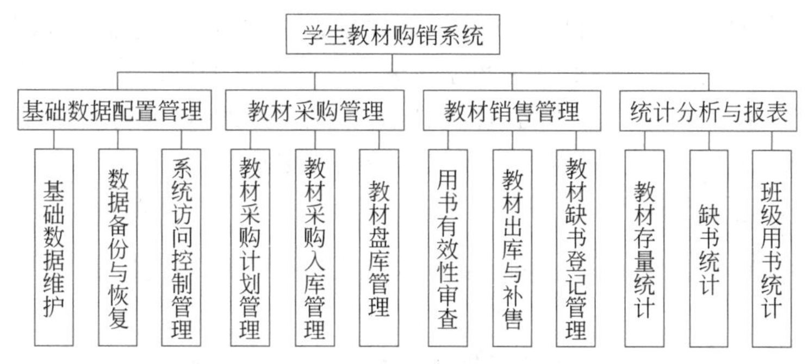

图 3-22　层次方框图的实例

3.3.4　Warnier 图

法国计算机科学家 Warnier 提出了表示信息层次结构的另一种图形工具,即 Warnier 图。Warnier 图也用树状结构描绘信息,但是这种图形工具提供了比层次方框图更加丰富的描绘手段。用 Warnier 图可以表明信息的逻辑组织,它可以指出一类信息或一个信息元素是重复出现的,还可以表示特定信息在某一类信息中是有条件出现的。重复和条件约束是说明软件处理过程的基础,所以很容易把 Warnier 图转变成软件设计的工具。图 3-23 给出了 Warnier 图实例。

软件产品 { 系统软件 { 操作系统(P_1)、编译程序(P_2)、软件工具 { 编辑程序(P_3)、测试驱动程序(P_4)、辅助设计工具(P_5) } } ⊕ 应用软件 }

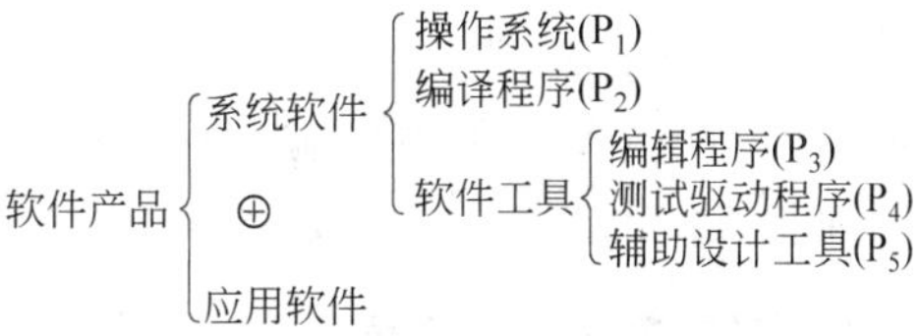

图 3-23　Warnier 图实例

图 3-23 表示一种软件产品要么是系统软件,要么是应用软件(用⊕表示这种互斥关系),系统软件中有 P_1 种操作系统、P_2 种编译程序,此外还有软件工具。软件工具是系统软件的一种,它又可以进一步细分为编辑程序、测试驱动程序和辅助设计工具,图中标出了每种软件工具的数量。

3.3.5　E-R 图

E-R 图

E-R(Entity-Relationship)图即实体-联系图,是用来建立数据模型的图形化工具。数据模型是按照用户的观点对数据建立的模型,它描绘了从用户角度看到的数据,反映了用户的现实环境,而且与在软件系统中的实现方法无关。数据模型中包含 3 种相互关联的信息,即数据对象(实体)、数据对象的属性以及数据对象间的关系。下面对它们的含义分别进行说明。

1. 数据对象

数据对象是对软件必须理解的复合信息的抽象。复合信息是指具有一系列不同性质或属性的事物。用一组树状定义的实体都可以被认为是数据对象,仅有单个值的事物(如宽度)不是数据对象。数据对象彼此间是有关联的。

2. 数据对象的属性

属性定义了数据对象的性质。必须把一个或多个属性定义为标识符,也就是说,当人们希望找到数据对象的一个实例时,用标识符属性作为关键字(通常简称键)。应该根据对所要解决的问题的理解来确定特定数据对象的一组合适的属性。例如,对于《学生教材购销系统》而言,学生具有学号、姓名、性别、年龄、专业(其他略)等属性,课程具有课程号、课程名、学分、学时数等属性,教师具有职工号、姓名、年龄、职称等属性。

3. 数据对象间的关系

数据对象间相互连接的方式称为联系,也称关系。联系可以分为以下 3 种类型。

1) 一对一联系

如一个部门有一个经理,而一个经理只在一个部门任职,则部门与经理的联系是一对一的。

2) 一对多联系

如某校教师与课程之间存在一对多的联系,"教"即每位教师可以教多门课程,但是每门课程只能由一位教师来教。

3) 多对多联系

如学生与课程间的联系"学"是多对多的,即一个学生可以学多门课程,而每门课程可以由多个学生来学。

联系也可能有属性,如学生"学"某门课程所取得的成绩,既不是学生的属性也不是课程的属性。由于"成绩"既依赖于某门特定的学生又依赖于某门特定的课程,所以它是学生与课程之间的联系"学"的属性。

4. 实体-联系图的符号

E-R 图中包含了实体(即数据对象)、关系和属性 3 种基本成分。通常用矩形框代表关系,用连接相关实体的菱形框表示关系,用椭圆形或圆角矩形表示实体(或关系)的属性,用直线把实体(或关系)与其属性连接起来,如图 3-24 所示。

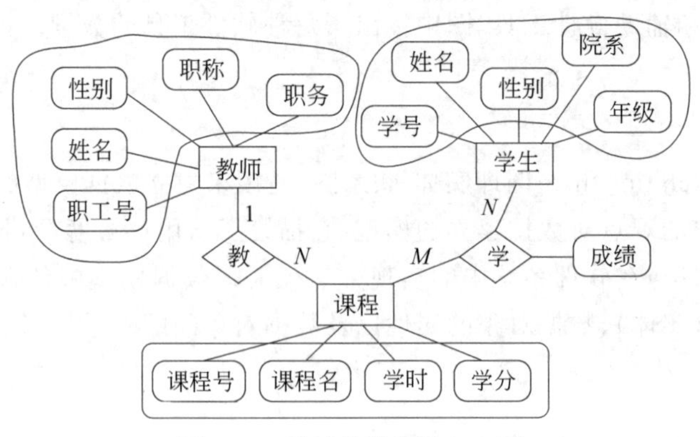

图 3-24 某校教学管理 E-R 图

在图 3-24 中用直角矩形表示对象,如教师、课程及学生等。用圆角矩形表示属性。

例如，教师包含职工号、姓名、性别、职称和职务等属性；学生包含学号、姓名、性别、院系和年级等属性；课程包含课程号、课程名、学时和学分等属性。用菱形表示关系，如“教”和“学”；关系也可以有属性，如关系“学”的属性“成绩”等。

5. **数据规范化**

将数据规范化是为了达到以下目的。

(1) 消除数据冗余，即消除表格中数据的重复。

(2) 消除多义性，使关系中的属性含义清楚、单一。

(3) 使关系的概念单一化，让每个数据项只有一个简单的数或字符串，而不是一个组项或重复组。

(4) 方便操作。使数据的插入、修改与删除操作方便、可行。

(5) 使关系模型更灵活，易于实现接近自然语言的查询方式。

那么，如何实现规范化呢？将数据的逻辑结构归结为满足一定条件的二维表(关系)，如表3-3所示。

表3-3 二维表示意图

职工号	姓名	性别	职称	职务
001	张三	男	教授	院长
002	李四	女	讲师	

从表3-3可以看出，规范化满足以下条件。

(1) 表中的每个信息项必须是一个不可分割的数据项，不可是组项。

(2) 表中每列(属性)的所有信息项必须是同一类型的，各列的名称(属性名)互异，列的次序任意。

(3) 表中各行(列表示元组)互不相同，行的次序任意。

下面用“某高校教学管理实例”来说明如何实现规范化。对于实体学生、教师和课程用以下3个关系保存它们的信息。

学生(学号，姓名，性别，年龄，年级，专业，籍贯)
教师(职工号，姓名，性别，年龄，职称，职务，工资级别，工资)
课程(课程号，课程名，学分，学时，课程类型)

为了表示实体之间的联系，又建立了两个关系：

选课(学号，课程号，听课出勤率，作业完成率，分数)
教课(职工号，课程号，授课效果)

以上5个关系组成了数据库的模型。在每个关系中，属性名下加下画线的为关键字，它能够唯一地标识一个元组。通常用范式(Normal Forms)定义消除数据冗余的程度(该内容在“数据库原理”课程中讲过)，第一范式(1NF)的数据冗余程度最大，第五范式(5NF)的数据冗余程度最小，但是需要注意以下3点。

(1) 范式级别越高，存储同样数据就需要分解成更多张表，因此“存储自身”的过程也就越复杂。

(2) 随着范式级别的提高,数据的存储结构与基于问题域的结构间的匹配程度随之下降,因此在需求变化时数据的稳定性较差。

(3) 范式级别提高则需要访问的表增多,因此性能(速度)将下降。从实用角度来看,在大多数场合选用第三范式比较恰当。

3.3.6 状态转换图

状态转换图(简称状态图)通过描述系统的状态及引起系统状态变换的事件来表示系统的行为。此外,状态图还指明了作为特定事件的结果系统将做哪些动作(如处理数据)。

1. 状态

状态是任何可以被观察到的系统行为模式,一个状态代表系统的一种行为模式。状态规定了系统对事件的响应方式。系统对事件的响应,既可以是一个(或一系列)动作,也可以是仅仅改变系统本身的状态,还可以是既改变状态又做动作。状态分为初始状态(简称初态)、最终状态(简称终态)和中间状态,一张状态图中只能有一个初态,可以有零个或多个终态。

2. 事件

事件是在某个特定时刻发生的事情,它是对引起系统做动作或(和)从一个状态转换到另一个状态的外界事件的抽象。换句话说,事件就是引起系统做动作或(和)转换状态的控制信息。

3. 符号

(1) 初态用实心圆表示,终态用一对同心圆(内圆为实心圆)表示,中间状态用圆角矩形表示,可以用两条水平横线把它分为上、中、下 3 部分。上面部分为状态的名称,这部分是必须有的,中间部分为状态变量的名称和值,这部分是可选的,下面部分是活动表,这部分也是可选的,如图 3-25 所示。

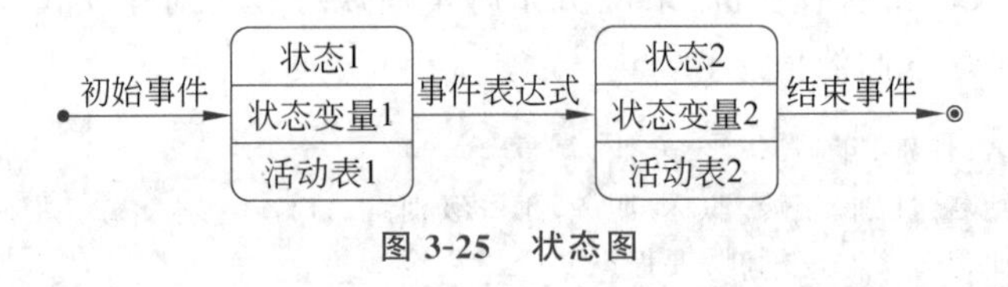

图 3-25 状态图

(2) 活动表的语法格式如下:

“事件名(参数表)/动作表达式”

其中,事件名可以是任何事件的名称。在活动表中经常使用 entry、exit 和 do 3 种标准事件:entry 事件指定进入该状态的动作,exit 事件指定退出该状态的动作,而 do 事件指定在该状态下的动作,在需要时可以为事件指定参数表。活动表中的动作表达式描述应做的具体动作。

(3) 状态图中两个状态之间带箭头的连线称为状态转换,箭头指明了转换方向。状态变迁通常是由事件触发的,在这种情况下应在表示状态转换的箭头线上标出触发转换的事件表达式，如果在箭头上未标明事件，则表示在源状态的内部活动执行完之后自动触发转换。事件表达式的语法格式如下：

```
事件说明[守卫条件]/动作表达式
```

其中，事件说明的语法格式为“事件名(参数表)”；守卫条件是一个布尔表达式。如果同时使用事件说明和守卫条件，当且仅当事件发生且布尔表达式为真时，状态转换才发生；如果只有守卫条件没有事件说明，则只要守卫条件为真状态转换就发生。

【例 3-8】 绘制拨打电话整个过程的状态图(见图 3-26)。

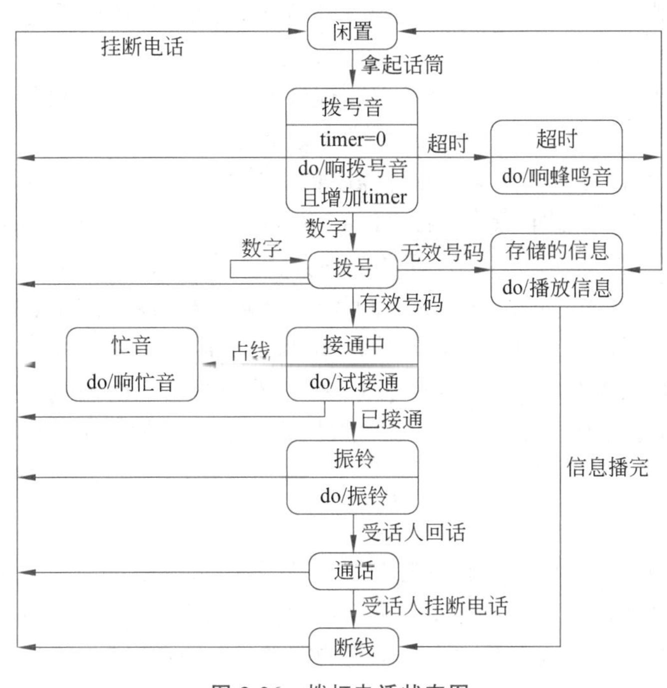

图 3-26 拨打电话状态图

3.4 需求验证

需求分析阶段解决的是软件“做什么”的问题，它是软件设计和实现的重要基础。一旦前期的需求分析出现了错误或疏漏，将会给后期的软件开发工作带来巨大的困难，不但浪费大量的人力、物力，而且软件开发工期会延后，软件质量会受到影响，严重的情况会造成整个软件开发失败。大量统计数据表明，软件系统中大约 15%的错误源于错误的需求。

为了提高软件质量，降低软件开发成本，确保软件开发顺利进行，对获取的系统需求必须严格地进行验证，以保证这些需求的正确性。软件需求验证是指在需求分析的后期阶段通过一定的途径和手段对初步确定的软件需求的一致性、完整性、有效性和现实性等进行验证，确定正确和可行的软件需求，排除含糊、不切实际和不可行的软件需求。

3.4.1 需求验证的内容

一般来讲,软件需求从以下 4 方面进行验证。

1. 一致性

一致性是指目标系统中的所有需求都必须是一致的,任何一条需求都不能和其他需求相互矛盾。当前需求分析的结果(软件需求规格说明书)大多仍然用自然语言进行描述,除了靠人工技术审查验证软件需求规格说明书的一致性之外,目前还没有其他更好的方法。自然语言描述的软件需求规格说明书是难以验证的,当目标系统规模庞大、软件需求规格说明书篇幅很长时,人工审查的质量和效果是没有保证的。为了克服自然语言描述软件需求规格说明书的二义性以及难以验证的问题,人们提出了软件需求的形式化描述方法。当软件需求规格说明书用形式化的需求陈述语言书写时,可以用软件工具验证需求的一致性,从而能够有效地保证软件需求的一致性。典型的软件需求形式化描述方法是 1977 年设计完成的需求陈述语言(Requirement Statement Language, RSL)以及美国密执安大学开发的问题陈述语言/问题陈述分析程序(Problem Statement Language/Problem Statement Analyzer, PSL/PSA)系统。软件需求的形式化描述方法的优点是能消除自然语言描述需求带来的二义性问题,能够保证文档的完整性和一致性,从而改进文档质量。该方法的缺点是开发人员需要专门学习相关的形式化描述方法,从而增加了开发人员的负担,而且采用形式化方法描述的软件需求在和用户沟通上不如自然语言方便、流畅。

2. 完整性

完整性是指目标系统的需求必须是全面的,软件需求规格说明书中应该包含用户需求的每项功能或性能需求。软件开发人员获得的需求信息主要来源于用户,而用户大多数情况下很难清楚地认识或有效地表达他们的需求。大多数用户往往只有在面对目标软件系统时才能完整、准确地表述他们的需求,因此要保证需求的完整性,开发人员必须与用户充分沟通与配合,通过合适的方法(如软件原型模型)加强用户对需求的确认和评审,尽早发现需求中的遗漏。

3. 有效性

有效性是指目标系统的需求是正确有效的,确实能够解决用户面对的问题。由于只有目标系统的用户才能真正判断软件需求规格说明书是否准确地描述了他们的需求,因此要验证需求的有效性同样只有在用户的密切配合下才能完成。

4. 现实性

现实性是指目标系统的需求可以用现有的硬件技术和软件技术实现。为了验证需求的现实性,软件开发人员应该参照以往开发类似系统的经验分析采用现有的软硬件技术实现目标系统的可能性,必要时可以通过仿真或性能模拟来辅助分析需求的现实性。

3.4.2 需求验证的方法

需求验证的方法有很多,对于用形式化语言描述的软件需求可以通过软件工具进行自动验证,由于软件需求规格说明书大多数采用自然语言描述,因此下面介绍几种常见的验证自然语言描述需求的方法。

1. 自查法

自查法是由需求分析人员对自己完成的软件需求进行审查和验证,纠正需求中存在的问题,该方法又可细分为以下 3 种方法。

(1) 小组审查法。小组审查法是由一名系统分析人员向开发小组中的其他人员介绍软件需求,小组中的成员进行提问,由介绍人员进行解答。由于集体人员的参与,在介绍过程中会发现许多潜在的需求问题。实践证明,该方法是一种十分有效的方法。

(2) 参照法。参照法通过参照已有的其他系统中相同或相似的需求,对待开发系统中存在的可疑性需求或无法验证其可行性的需求进行参照对比,实践证明该方法是可行的。

(3) 逻辑分析法。逻辑分析法是由系统分析人员按照需求与业务、需求与目标以及需求相互之间的逻辑关系进行逻辑论证,找出在逻辑上存在矛盾或不一致的需求进行重点分析。

2. 用户审查法

用户审查法是系统分析人员将需求分析文档提交给用户,由用户对需求进行审查。由于用户是需求的提出者和软件系统的最终使用者,因此由用户进行需求审查是最权威的。用户通过对需求文档进行阅读找出不符合用户意图的需求,双方对有争议的需求进行讨论,最后达成一致的意见。

3. 专家审查法

专家审查法是通过聘请业务领域、软件领域以及政策法律等方面的专家对软件系统的需求文档进行审查,专家能够对用户和开发人员存在争议的需求以及隐藏重大问题的需求进行识别和判断。

4. 原型法

原型法通过建立原型系统对存在争议或不确定的需求进行验证,以此来确定需求的正确性。原型法是验证需求的一种十分有效的方法,同时也是帮助用户理解需求的一种好的方法,但该方法需要原型生成环境的支持。

3.5 需求分析实例——《学生教材购销系统》需求规格说明书

通过上述理论部分的讲述,读者清楚了什么是软件需求,如何获取软件需求,如何对获取的软件需求进行建模以及如何对需求进行验证。本节通过对《学生教材购销系统》需求规格说明书进行描述,对上述理论知识进行应用。对于软件需求规格说明书,国家有相关的文档标准,但在实践过程中各软件开发公司根据自己的实践要求会形成略有差别的文档格式,本节的需求规格说明书文档格式便是其中之一。另外,为了描述方便,本节把软件的功能性需求和非功能性需求分为两个文档进行描述。

3.5.1 《学生教材购销系统》非功能性需求

《学生教材购销系统》

非功能性需求说明书

文档编号:XQ-001

文档创建信息

项目名称	《学生教材购销系统》		
项目经理		文档作者	×××
创建日期	2020/8/2	批准人	
文件编号	XQ-001	总页数	
正文页数		附录页数	

文档修订记录

修改日期	被修改的章节	修改类型	修改描述	修改人	审核人	版本号

修改类型分为 A-ADDED、M-MODIFIED、D-DELETED。

目　　录

1 非功能性需求

1.1 非功能性需求的适用性和性能

1.1.1 适用性

(1) 系统操作简单,初级用户能够在一周内学会使用本系统。

(2) 系统无关性,用户可以改变计算机系统的软硬件配置,在满足基本性能需求的情况下不会影响系统正常工作。

(3) 在系统最低配置要求条件下,系统启动不超过3分钟;系统保存操作不超过5秒。

(4) 通过用户手册、帮助系统、在线FAQ(Frequently Asked Questions)或者公司服务热线,用户可以得到帮助,解决系统运行过程中遇到的问题。

(5) 用户有权控制系统,系统会根据用户的指令做出相应操作。

(6) 本系统为用户提供正在进行的任务的清晰的、准确的、可以理解的信息。

1.1.2 性能

(1) 事务响应时间:平均不超过15秒,最长不超过30秒。

(2) 吞吐量:满足系统运行所需的最大吞吐量。

(3) 容量:满足系统运行所需的最大容量。

(4) 退化模式:本系统接口为系统最低运转模式。

1.1.3 可支持特性

(1) 本系统严格按照编码规范进行开发。

(2) 采用B/S体系结构。

(3) 使用C#语言、ASP.NET技术开发。

1.2 用户手册和帮助系统需求

1.2.1 用户手册

系统的每步操作通过手册体现,手册向用户介绍系统的功能,帮助用户学习系统的使用方法、操作步骤。

1.2.2 本地帮助

帮助用户学习系统的功能和系统中每个命令的作用和用法。

1.3 购买组件

本系统中使用的所有软件组件均由××公司提供。

1.4 接口

1.4.1 用户接口

本系统架设在××大学内部服务器上,供××大学内部职工使用。用户接口采用Web接入方式,Web接入方式为管理人员提供友好的管理界面来实现对服务的定制、配置等,采用ASP.NET服务器控件实现Web页面,采用ADO.NET实现数据访问。

Web接口承载业务包括权限管理、基础数据管理、教材采购(入库)管理、教材销售(出库)管理、库存管理、统计报表。

1.4.2 软件接口

服务器端:

(1) 操作系统:Windows Server 2019。

(2) IIS服务器:IIS 10.0或更高版本。

(3) 数据库服务器:SQL Server 2022或更高版本。

客户端:

(1) 操作系统:Windows 11以上。

(2) 浏览器:IE 11.0以上。

(3) 开发环境:Microsoft Visual Studio、SQL Server 2022。

1.4.3 通信接口

(1) 内部局域网。

(2) Internet接口。

2 安全可靠性

2.1 系统安全管理

要保证系统服务器主机、网络设备等安全可靠,防止网络周边环境和物理特性引起的网络设备、线路、主机和媒体资源的不可用。

要保护网络设备、设施以及其他媒体免遭地震、水灾、火灾等环境事故,人为操作失误或错误,以及各种网络犯罪行为导致破坏的过程。

系统要采用安全可靠的操作系统,提供尽可能强的访问控制和审计机制,在用户应用程序和系统硬件/资源之间进行符合安全政策的调度,限制非法的访问,在整个系统的最底层进行保护。

系统在应用级应提供定义并控制系统中包括系统服务对象和内部操作人员在内的授权用户对系统资源的访问的机制,阻止非授权用户读取敏感信息,并控制访问权限扩散;系统应使用身份来鉴别用户的身份,保证系统数据的保密性、完整性、一致性和可用性。

主机系统管理员负责主机操作系统的维护、系统备份和恢复、操作系统用户的管理等。数据库系统管理员负责数据库的日常维护,包括分配数据存储空间和计划未来的存储、数据库用户及用户权限的管理、数据库系统数据和应用数据的备份和恢复等。网络系统管理员负责网络系统和网络设备的维护和管理,保证网络的正常运行、网络流量和运行状况等。应用系统管理员负责保证应用系统的正常使用,包括应用系统的日常维护、应用系统操作用户的管理、应用系统可调参数的修改以及建立应用系统维护日志等。

应结合××大学内网和其他管理系统的建设,统一考虑系统的维护管理,以及物理安全性、网络安全性。

2.2 应用级安全

对于每个管理子系统来说,应用级安全是较关键的。应用级安全管理主要是指对于应用系统中的某些功能使用权限进行控制。应用级安全管理还包括操作日志、记录操作员进入和退出系统的时间、记录每项重要的操作,做到有据可查。

2.2.1 应用级安全管理的实现机制

应用级安全管理的对象是应用系统的操作员,他们都是应用系统的合法用户,活动的范围也限于数据库内部,因此显然不能通过操作系统的功能实现应用级安全管理。同样,应用级安全管理也不能通过数据库管理系统提供的安全机制实现,原因有以下两点。

(1) 应用系统中功能的使用权限不能完全转化为数据库的访问权限。

(2) 不能过分依赖数据库管理系统的安全机制。

数据库的安全机制要到真正访问数据库时才会发挥作用,如果在操作员进行操作时完全不加以限制,当数据要存入数据库时数据库会给出错误提示,并拒绝数据存入数据库。这种无效的数据在网络上传输是一种浪费,而且数据库给出的提示信息,如PermissionDenied或"没有足够的权限",意义不够确切,难以被操作员理解,不知具体是什么原因导致错误。

为了减少无效的网络传输,同时提高应用界面的友好程度和易用性,必须在程序中对各种操作的权限加以控制,在需要时给出确切的提示,如"无权设置系统参数"等。这种控制不能依赖数据库的安全机制。

基于以上分析,应用级安全管理的实现只能依靠应用软件实现。

2.2.2 权限管理机制

本系统采用应用安全措施是基于角色的访问控制(Role-Based Access Control, RBAC)方法。根据系统使用的要求,通过设置功能控制点(Application Function Control Point, AFCP)实施对每个功能控制点的权限控制,以实现访问控制粒度的合理性。具体来讲,应根据系统应用的具体情况对应用系统的某些处理模块、某些功能的使用权限、登录用户对于数据字典的访问权限、应用系统操作人员不同角色的处理权限等实施权限控制。

应用级的安全管理还应包括操作日志管理功能、记录操作员进入和退出的时间、记录每项重要的操作。

通过功能控制点、角色的设置管理实现权限管理。

1. 功能控制点

在应用系统中,需要有权限控制的地方(如进入某个模块、操作模块中的某项内容等)称为功能控制点,各个功能控制点表明了是否允许操作员进行某种操作。

2. 角色

由若干功能控制点构成一定的操作权限,定义为角色。一种角色可以对应多个员工,每个员工可以承担多种角色。

3. 权限管理

权限管理就是管理功能控制点和角色(员工)的关系。

通过权限管理,各应用模块只要在各自的功能控制点的程序中判断操作员的权限,然后加以相应的控制即可。有些控制点只需要在进入界面时判断一次,如对使用某些特殊菜单项的限制,判断之后将该操作员无权使用的菜单项隐藏或置为DISABLE即可,对于另一些控制点可能需要在每次操作时加以判断或在最后存盘时加以判断。

另外,为保证存储到数据库中的用户密码的安全性,建议对用户密码进行加密后再存储。

2.2.3 日志管理

通过日志管理功能,系统记录每个操作员进入和退出系统的时间,记录对业务申请的处理情况。

2.3 系统出错处理

2.3.1 出错信息分类

应用系统在运行过程中出现的错误分类如下。

(1) 数据丢失。

(2) 数据操作错误。

(3) 采集、输入的信息非法。

(4) 非法访问系统。

(5) 错误的业务逻辑数据。

2.3.2 错误代码信息存储表

数据库的数据访问主要是数据的插入、删除、修改及查询操作,数据库系统会对某条数据记录的错误操作返回错误代码和错误信息,错误信息一般是英文表达,并且是面向数据库维护人员,业务操作人员不易理解。因此建议建立数据库的错误代码信息存储表,基本信息包括错误代码和错误信息,错误信息用中文表示,并且容易被业务操作人员理解。数据库操作的全部错误代码和相关信息存入错误代码信息存储表。

进行数据操作的应用程序获得错误代码后,根据错误代码检索错误代码信息存储表的错误信息,将错误代码和错误信息提示给操作用户。

2.3.3 数据可靠性维护

数据可靠性维护设计主要包括3方面,即输入错误检查、日志审计、数据库数据的准确性保证。

输入错误检查是在凡具有数据输入的程序模块内部将输入的数据进行合法性检查,合法性检查通过的数据存储到数据库。关键数据项采用确认输入的方式以减少输入错误。

定期进行应用级的操作日志审计,发现非法的系统访问或越权访问应及时检查权限设置和其他系统漏洞。

利用数据库的数据一致性和完整性机制保证数据的准确性,至少要进行数据的唯一性、非空特性、参照完整性等设置。

2.4 备份与恢复

一般数据库系统提供故障恢复机制,特殊情况下仍会发生数据丢失,因此要建立数据后备制度,周期性地把数据库数据备份到磁盘和磁带介质上,一旦发生数据丢失立即用备份数据恢复。

2.4.1 数据备份

备份是系统故障与恢复管理最基本也是最重要的工作,备份工作是数据存储管理的基础。备份按用途可以划分为热备份和数据备份,热备份主要解决系统的可用性问题;数据备份则用于防止数据丢失、系统灾难和历史数据查询等用途,是系统运行维护的日常工作之一。本设计中数据存储管理的备份主要是指数据备份。

广义的数据备份可具体分为两类,即数据备份和数据归档。

数据备份是指将计算机硬盘上的原始数据复制到可移动媒体上,如备份硬盘、磁带等,在出现数据丢失或系统灾难时将复制在可移动媒体上的数据恢复到硬盘上,从而保护计算机的系统数据和应用数据。数据归档将硬盘数据复制到可移动媒体上,与数据备份不同的是数据归档在完成复制工作后将原始数据从硬盘上删除,释放硬盘空间。本系统的备份采用数据备份,即备份后不删除原始数据,备份周期可通过数据库管理系统进行合理设置。

2.4.2 数据恢复

对应两种类型的数据备份,数据恢复分为数据恢复和归档恢复。

数据恢复是数据备份的逆过程,即将备份的数据恢复到硬盘上的操作。归档恢复是数据归档的逆操作,将归档数据写回到硬盘上。对应的,本系统采用数据恢复。

3 故障处理

用一览表的方式说明每种可能的出错或故障情况出现时系统输出信息的形式、含义及处理方法。方式如下:

故障编号	故障名称	故障说明	处理方法
1	流程中断	因为异常原因导致流程处理中断	在一定时间段内的重新发送机制
2	时限延误	因为异常原因导致流程处理时限超出	提供异常流程删除机制
3			
4			

4 系统的安装和升级

4.1 安装

系统安装要求使用已经被广泛接受的安装过程并编写详细的安装步骤说明。

4.2 升级

根据用户的新需求,在开发过程中应保证系统架构的可扩展性和可维护性,为系统升级提供便利。

5 许可需求

本系统限于××大学使用。

6 尚未解决的问题

无。

7 法律版权及其他说明

××大学拥有版权。

8 可应用的标准

8.1 国家标准

GB/T 8566—1995《信息技术软件生存期过程》。
GB/T 8567—2006《计算机软件文档编制规范》。
GB/T 9385—2008《计算机软件需求规格说明规范》。
GB/T 11457—2006《信息技术软件工程术语》。

8.2 企业标准

××大学内部标准。

9 操作说明

保存：单击“保存”按钮，保存编辑的数据，并刷新显示。

忽略：单击“忽略”按钮，不保存数据，并关闭显示窗体或页面。

关闭：单击“关闭”按钮，保存数据，并关闭显示窗体或页面。

重置：单击“重置”按钮，清空编辑框中的数据，重新进行编辑。

增加：单击“增加”按钮，向系统增加新的数据项，并将数据记入缓存，没有单击“保存”或“关闭”按钮不保存数据。

删除：单击“删除”按钮，删除选定数据。

修改：修改当前数据。

编辑：单击“编辑”按钮，数据进入可编辑状态，可以对数据进行增加、删除、修改操作。

查询：系统根据用户输入或选择的过滤条件生成结果集的过程。

排序：系统按照用户选择或默认规则排列数据的过程。

10 附录

无。

3.5.2 《学生教材购销系统》功能性需求

《学生教材购销系统》

功能性需求说明书

文档编号：XQ-002

文档创建信息

项目名称	《学生教材购销系统》		
项目经理		文档作者	×××
创建日期	2020/8/2	批准人	
文件编号	XQ-002	总页数	
正文页数		附录页数	

文档修订记录

修改日期	被修改的章节	修改类型	修改描述	修改人	审核人	版本号

修改类型分为 A-ADDED、M-MODIFIED、D-DELETED。

目　　录

1 引言

1.1 本文目的

本文是项目需求定义期间的最终的工作成果，本文将作为项目开发和测试的主要依据。本文的目的是完成对用户需求的收集、整理与分析，弄清楚系统究竟要“干什么”及“由谁干”，并用合乎规范的文字及图表予以描述。有关文字与图表应尽量让用户便于理解。本文的预期读者包括UI人员、开发人员、测试人员、项目支持工程师、运营运维工程师。

1.2 术语、定义和缩略语

序号	术语或缩略语	说明性定义
1	补售	教材存量不够时,需要另行购买教材
2	用书有效性	学生持购书单购书时,该购书单是否有效
3	购书发票	领书需要购书发票

2 项目背景

随着信息技术的发展,传统的教材购销模式已经无法满足要求,一种迎合信息技术发展的教材购销系统应运而生。本系统是一个《学生教材购销系统》,实现教材的销售和订购。由于涉及销售和订购,因此该系统需要和学校财务处进行资金往来,由本系统向财务处提供销售数据,实行教材的安全发放和采购,并且能够和各书店联营向个别人员单独售书。该系统采用B/S结构,用ASP.NET技术进行开发。系统将对教材的订购和销售做到一体化服务,可以为学校以后订购图书提供数据支持,以最合理的方式买到最受学生欢迎的教材。

3 需求综述

《学生教材购销系统》将围绕教材购销这一主题进行详细的需求分析,以便从这些需求中提取出本系统需要实现的功能。系统功能结构图如图1所示。

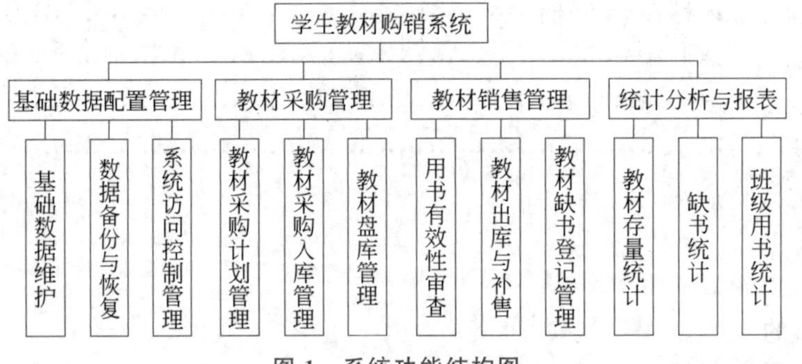

图1 系统功能结构图

为了方便提取需求分析中的功能,这里运用了数据流图来分析该系统的需求,以便读者对《学生教材购销系统》有一个明确的认识,这对接下来的开发至关重要。图2为整个系统的顶层数据流图,图3为第2层数据流图,图4和图5为第3层数据流图。

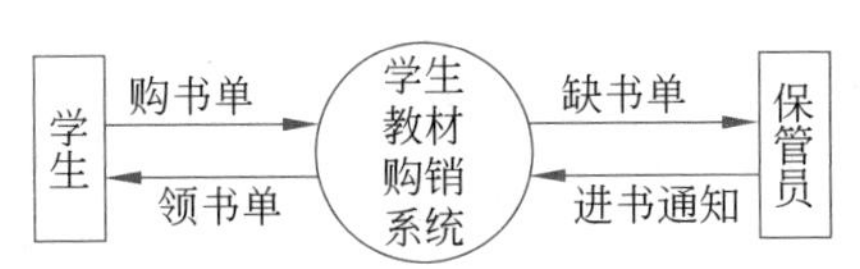

图 2　顶层(第 1 层)数据流图

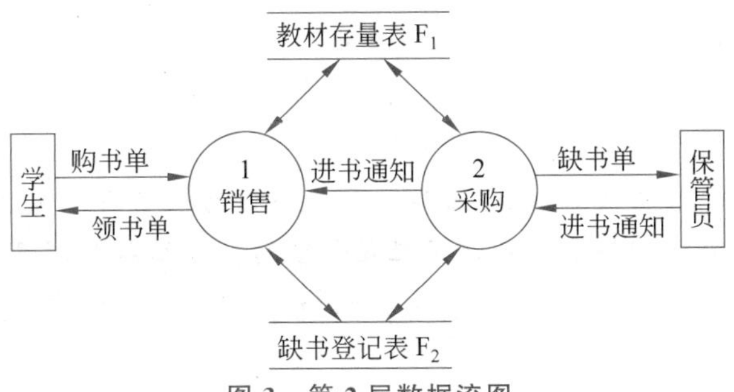

图 3　第 2 层数据流图

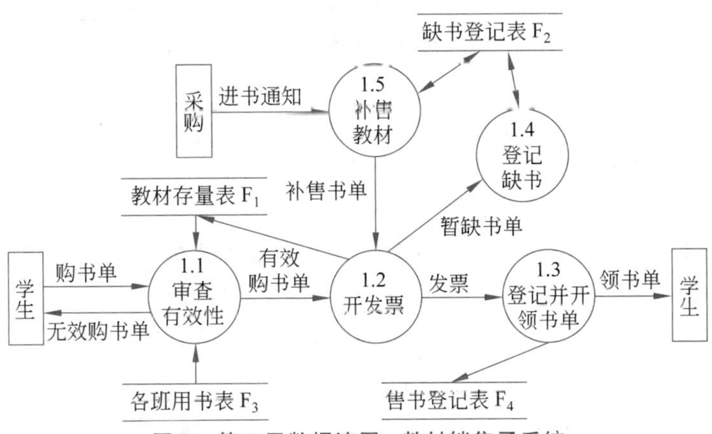

图 4　第 3 层数据流图：教材销售子系统

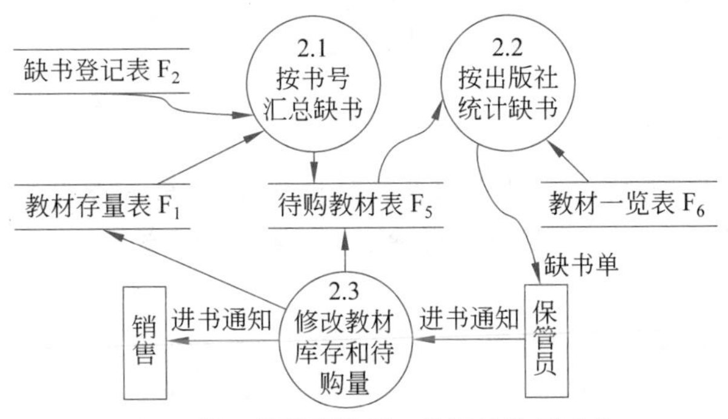

图 5　第 3 层数据流图：教材采购子系统

4 详细需求

4.1 基础数据配置管理

1. 本功能的使用者和使用频率

(1) 使用者：教材保管员。

(2) 使用频率：高。

2. 功能流程说明

基础数据配置管理包括基础数据维护、数据备份与恢复以及数据访问控制管理，是整个系统最基本的功能。整个基础数据配置管理的功能结构如图 6 所示。

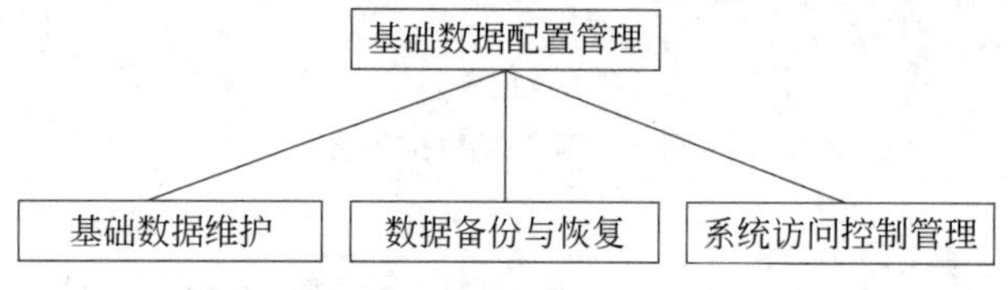

图 6 基础数据配置管理的功能结构图

4.1.1 基础数据维护

1. 用户个人数据维护

本系统主要有两个用户，即学生和保管员。在这里能够对学生和保管员的基本信息进行增加、删除、修改及查看。图 7 为用户数据维护结构图。

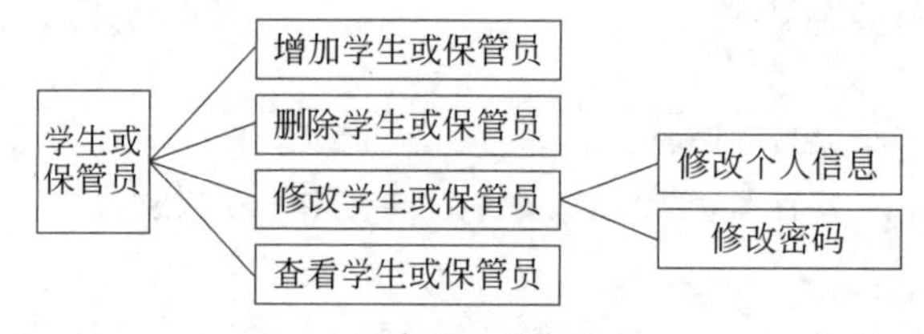

图 7 用户数据维护结构图

2. 教材信息维护

保管员登录系统后，可以对教材信息进行相应的维护，如修改出版社、作者、出版时间等，除此之外，还可以对教材库存进行增加、删除、修改、查找。

4.1.2 数据备份与恢复

1. 本功能的使用者和使用频率

(1) 使用者：教材保管员。

(2) 使用频率：高。

2. 功能流程说明

数据备份是容灾的基础，是指为防止系统出现操作失误或系统故障导致数据丢失而将全部或部分数据集合从应用主机的硬盘或阵列复制到其他的存储介质的过程。当用户由于误操作导致数据丢失时，需要用到数据恢复功能。将以前备份的数据恢复到当时备份的那个时间点，由于误操作导致的数据丢失就能够找回来了。

4.1.3 系统访问控制管理

1. 本功能的使用者和使用频率

(1) 使用者：教材保管员。

(2) 使用频率：高。

2. 功能流程说明

每个系统都有不同的登录角色，就本系统而言，有学生和保管员两个基本角色。学生登录时的界面应该与保管员登录时的界面不一样，因为他们的权限不完全一样，所以需要不同的功能界面。同时，本系统需要实现对权限的增加、删除、修改、查询功能。

4.2 教材采购管理

在教材采购子系统中需要实现的主要功能是对教材的采购。采购子系统的主要工作过程：若是脱销教材，则登记缺书，发缺书单给书库采购人员；一旦新书入库，即发进书通知给教材发行人员。

4.2.1 教材采购计划管理

1. 本功能的使用者和使用频率

(1) 使用者：教材保管员。

(2) 使用频率：高。

2. 功能流程说明

教材采购的主要来源是学生。学生手持购书单，综合教材存量表后生成缺书登记表和代购教材表，教材保管员根据代购教材表采购图书。图8为教材采购流程图。

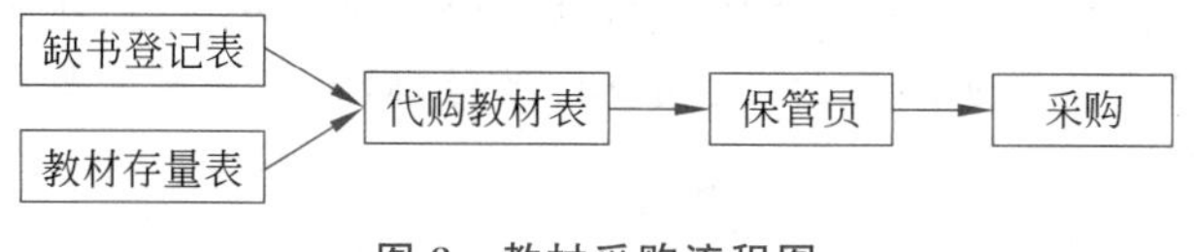

图8 教材采购流程图

4.2.2 采购教材入库管理

1. 本功能的使用者和使用频率

(1) 使用者：教材保管员。

(2) 使用频率：高。

2. 功能流程说明

学生提交教材采购信息后，由保管员进行采购，将采购后的书籍信息输入系统，实现教材的入库流程。每进行一次采购需要对库存情况进行盘点和统计，当书籍有残缺、损坏或丢失现象时进行报残处理，当完成购书和教材发放等处理后，应该对库存进行更新处理和出入库的登记,从而形成新的教材库存情况,如图9所示。

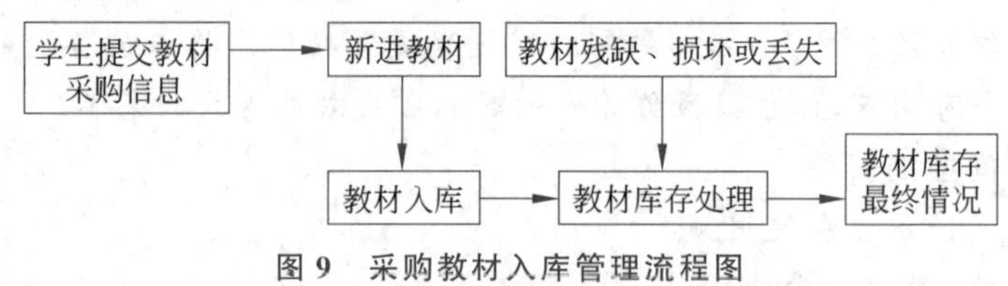

图9　采购教材入库管理流程图

4.2.3　教材盘库管理

1. 本功能的使用者和使用频率

(1) 使用者:教材保管员。

(2) 使用频率:高。

2. 功能流程说明

为保证每学年教材的订购,需要对教材至少进行一次盘库,盘库的目的在于正确掌握各种教材的真实情况,确保资料有据可查且真实可靠,为此需要做到以下3点。

(1) 提高教材盘库人员的业务素质。

(2) 建立健全有关教材管理制度,发现问题并及时处理。

(3) 加大教材库房建设的投资力度,切实做好存库教材的规范化管理。

4.3　教材销售管理

教材销售子系统主要负责对教材的销售和发放。当所订教材到货以后,教材管理中心根据教材计划通知各院、系学生领书,根据班级或学生个人提供的教材清单(在个人或班级教材需求清单的基础上进行增加或删除后形成的实际需求清单),在学生个人教材费账目上进行使用处理,同时将领用的教材进行出库处理,打印出教材实际领用汇总单和教材分类领用清单明细表,发放相应的教材,同时还要对教材库存和学生子教材费用进行相应的处理。

4.3.1　用书有效性审查

1. 本功能的使用者和使用频率

(1) 使用者:教材保管员。

(2) 使用频率:高。

2. 功能流程说明

保管员可对学生持有的购书单进行有效性审查,如果该购书单不是有效的,则退还给学生;反之说明购书单有效,可以购书,保管员开具发票。

4.3.2　教材出库与补售

1. 本功能的使用者和使用频率

(1) 使用者:教材保管员。

(2) 使用频率:高。

2. 功能流程说明

当学生手持有效购书单以及发票时，系统需要开出领书单，同时系统可输入需要出库的教材信息，还能对出库的教材信息进行修改、查询、删除等。如果有补售的教材，也需要输入系统，修改教材存量表。

4.3.3 教材缺书登记管理

1. 本功能的使用者和使用频率

(1) 使用者：教材保管员。

(2) 使用频率：高。

2. 功能流程说明

学生持有效购书单开具发票时，若教材存量不够需要补购教材，则需要生成一份暂缺书单，同时把缺书信息输入缺书登记表，学校采购办读取缺书信息并实行采购。

4.4 统计分析与报表

4.4.1 教材存量统计

1. 本功能的使用者和使用频率

(1) 使用者：教材保管员。

(2) 使用频率：高。

2. 功能流程说明

系统可对销售完后的教材进行存量统计，统计还剩多少教材，哪些教材还有存量及存量是多少，生成一份教材统计分析表，为以后购书提供数据支持。

4.4.2 缺书统计

1. 本功能的使用者和使用频率

(1) 使用者：教材保管员。

(2) 使用频率：高。

2. 功能流程说明

本部分的数据来源主要是学生持有效购书单购书时教材存量不够而产生的教材缺书登记表。本系统拥有两种缺书统计方式：一种是按照书号统计缺书；另一种是按照出版社统计缺书。将按书号统计缺书的结果输入代购教材表，将按出版社统计缺书生成的缺书单发给保管员，由保管员负责购书。

4.4.3 班级用书统计

1. 本功能的使用者和使用频率

(1) 使用者：学生(班长)。

(2) 使用频率：中。

2. 功能流程说明

系统能对出库的教材信息进行查询、统计，当班级需要统计本班用书时，可以查询出库教材表统计本班教材的领取情况。

5 参考文献

(1) ××公司需求文档模板。

(2)《软件工程导论(第 6 版)》,张海藩,清华大学出版社,2013.

小结

需求分析是软件生命周期中的一个重要阶段,它解决的是软件要"做什么"的问题。需求分析的好坏直接影响软件的设计和实现,因此系统分析人员必须准确地把握需求分析的目标和任务,遵循需求分析的原则。

由于用户对需求的认识和描述往往不够准确和全面,因此从用户方面获取需求是需要技巧的,常见的需求获取方法有用户访谈、问卷调查、专题讨论会及快速建立软件原型等。

当系统分析人员从用户处获得原始的需求之后,为了更准确形象地描述需求,系统分析人员需要用相应的图形化工具对需求进行建模。常见的需求建模方法有数据流图、数据字典、层次方框图、Warnier 图、E-R 图及状态转换图等。

系统分析人员在获取需求并对需求进行建模之后需要对该需求进行验证,以保证需求的准确和全面。一般来说,系统分析人员需要从一致性、完整性、有效性和实现性等方面对需求进行验证,常见的需求验证方法有自查法、用户审查法、专家审查法和原型法,自查法又可进一步细分为小组审查法、参照法和逻辑分析法等。

习题

1. 什么是软件需求?
2. 简述需求分析的目标和任务。
3. 需求分析的原则有哪些?
4. 简述常见的需求获取的方法。
5. 简述常见的需求建模方法的特点。
6. 简述需求验证的内容及方法。

CHAPTER

第4章 概要设计

问题定义、可行性研究和需求分析构成了软件分析阶段，在这个阶段确定了"需要做什么"的问题，制定了系统开发目标、系统需求规格。软件开发阶段的任务是回答"系统如何实现"的问题，软件开发阶段包括概要设计、详细设计、编码和测试等。

概要设计过程首先寻找各种实现目标系统的不同方案，需求分析阶段得到的数据流图是设想各种可能方案的基础。然后分析员从这些供选择的方案中选取若干合理的方案，为每个合理的方案都准备一份系统流程图，列出组成系统的所有物理元素，进行成本效益分析，并且制订实现这个方案的进度计划。分析员应该综合分析、比较这些合理的方案，从中选出一个最佳方案向用户和使用部门负责人推荐。如果用户和使用部门的负责人接受了推荐的方案，分析员应该进一步为这个最佳方案设计软件结构。通常，设计出初步的软件结构后还要进一步改进，从而得到更合理的结构，进行必要的数据库设计，确定测试要求并且制订测试计划。

学习目标：

✍ 了解概要设计的主要内容。

✍ 了解软件复用和设计模式。

✍ 掌握 MVC 模式。

✍ 掌握概要设计的原则。

✍ 掌握概要设计工具的使用方法。

4.1 概要设计概述

软件设计是把一个软件需求转换为软件表示的过程，而概要设计（又称结构设计）就是软件设计最初形成的一个表示，它描述了软件总的体系结构。简单地说，软件概要设计就是设计出软件的总体结构框架，之后对结构的进一步细化的设计就是软件的详细设计或过程设计。在概要设计中有两个主要任务：①将系统划分成物理元素，即程序、文件、数据库、文档等；②设计软件结构，即将需求规格转换为体系结构，划分出程序的模块组成、模块间的相互关系，确定系统的数据结构。

4.2 概要设计的主要内容

4.2.1 概要设计的任务和过程

1. 概要设计的任务

(1) 系统分析员审查软件计划、软件需求分析提供的文档,提出候选的最佳推荐方案,用系统流程图组成系统物理元素清单、成本效益分析、系统的进度计划供专家审定,审定后进入设计。

(2) 确定模块结构,划分功能模块,将软件功能需求分配给所划分的最小单元模块,并确定模块间的联系,确定数据结构、文件结构、数据库模式,确定测试方法与策略。

(3) 编写概要设计说明书、用户手册、测试计划,选用相关的软件工具来描述软件结构,结构图是经常使用的软件描述工具,选择分解功能与划分模块的设计原则,如模块划分独立性原则、信息隐蔽原则等。

(4) 概要设计后转入详细设计(又称过程设计、算法设计),其主要任务是根据概要设计提供的文档确定每个模块的算法、内部的数据组织,选定合适方法表达算法,以及编写详细设计说明书,详细测试用例与计划。

2. 概要设计的过程

在概要设计过程中要先进行系统设计,复审系统计划与需求分析,确定系统具体的实施方案;然后进行结构设计,确定软件结构。一般步骤如下。

1) 设计系统方案

为了实现要求的系统,系统分析员应该提出并分析各种可能的方案,从中选出最佳的方案。而在分析阶段提供的逻辑模型(用数据流图描述)是总体设计的出发点。数据流图中的某些处理可以逻辑地归并在一个边界内作为一组,另一些处理可以放在另一个边界内作为另一组,这些边界代表某种实现策略。在可供选择的多种方案中进一步设想与选择较好的系统实现方案。这个方案仅是边界的取舍,抛弃技术上行不通的方法,留下可能的实现策略,但并不评价这个方案。

2) 选取一组合理的方案

分析员在通过问题定义、可行性研究和需求分析后产生了一系列可供选择的方案,从中选取低成本、中成本、高成本3种方案,必要时再进一步征求用户意见,并准备好系统流程图、系统的物理元素清单(即构成系统的程序、文件、数据库、人工过程、文档等)、成本效益分析、系统的实现进度计划。

3) 推荐最佳实施方案

分析员综合分析各种方案的优缺点,推荐最佳方案,并做详细的实现进度计划。用户与有关技术专家认真审查分析员推荐的方案,然后提交使用部门负责人审批,审批接受分析员推荐的最佳实施方案后才能进入软件结构设计。

4）功能分解

软件结构设计，首先要把复杂的功能进一步分解成简单的功能，遵循模块划分独立性原则（即做到模块功能单一，模块与外部联系很弱，仅有数据联系），使划分过的模块的功能对大多数程序员而言都是易懂的。

5）软件结构设计

功能分解后，用层次图（Hierarchy Chart，HC）、结构图（Structure Chart，SC）来描述模块组成的层次系统，反映了软件结构。当数据流图细化到适当的层次时，由结构化的设计（Structured Design，SD）方法可以直接映射出结构图。

6）数据库设计、文件结构的设计

系统分析员根据系统的数据要求确定系统的数据结构、文件结构。对需要使用数据库的应用领域，分析员再进一步根据系统数据要求做数据库的模式设计，确定数据库物理数据的结构约束。然后进行数据库子模式设计，设计用户使用的数据视图。最后进行数据库完整性与安全性设计，改进与优化模式和子模式（用户使用的数据库视图）的数据存取。

7）制订测试计划

为保证软件的可测试性，软件设计一开始就要考虑软件测试问题。这个阶段的测试计划可仅做测试 I/O 功能的黑盒法测试计划，在详细设计时才能做详细的测试用例与计划。

8）编写概要设计文档

主要包括以下内容。

（1）用户手册。对需求分析阶段编写的用户手册进一步修订。

（2）测试计划。对测试的计划、策略、方法和步骤提出明确的要求。

（3）详细项目开发实现计划。给出系统目标、概要设计、数据设计、处理方式设计、运行设计和出错设计等。

（4）数据库设计结果。简介数据逻辑设计和物理设计等。

9）审查与复审概要设计文档

根据概要设计阶段的结果修改在需求分析阶段产生的初步的用户手册，确认好最佳实施方案后的概要设计过程如图 4-1 所示。

4.2.2 软件体系结构设计

软件体系结构设计

1. 软件体系结构概述

体系结构并非可运行软件，大家对体系结构的定义如下：软件体系结构是指系统的一个或者多个结构，结构中包括软件的构件、构件的外部可见属性以及它们之间的相互关系。确切地说，它是一种表达，使软件工程师能够：①分析设计在满足规定需求方面的有效性；②在设计变更相对容易的阶段考虑体系结构可能的选择方案；③降低与软件构件相关联的风险。

软件体系结构之所以如此重要，主要是因为：①软件体系结构的表示有助于对计算机系统开发感兴趣的各方（共利益者）展开交流；②体系结构突出了早期设计决策，这些决策对随后的所有软件工程工作有深远的影响，同时对软件作为一个可运行实体的最后成功有重要作用；③体系结构构建了一个相对小的、易于理解的模型，该模型描述了系统如何构成以及其构件如何一起工作。

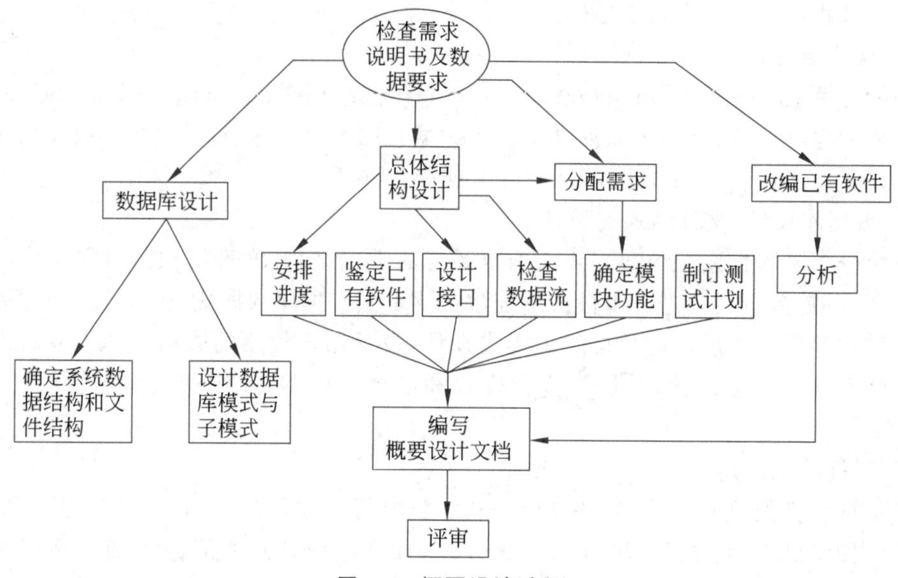

图 4-1 概要设计过程

软件体系结构是建立在系统支持环境基础上的系统基本架构，是软件系统成长必需的“骨骼”，可作为系统构建、扩充与完善的基础。分层体系是代表性的软件体系结构。图 4-2为软件分层体系，其特点是系统被划分为表示层、业务逻辑层、数据访问层，各层内部由协作元素(如子系统、组件、数据库)聚集，层面之间依靠接口实现通信。

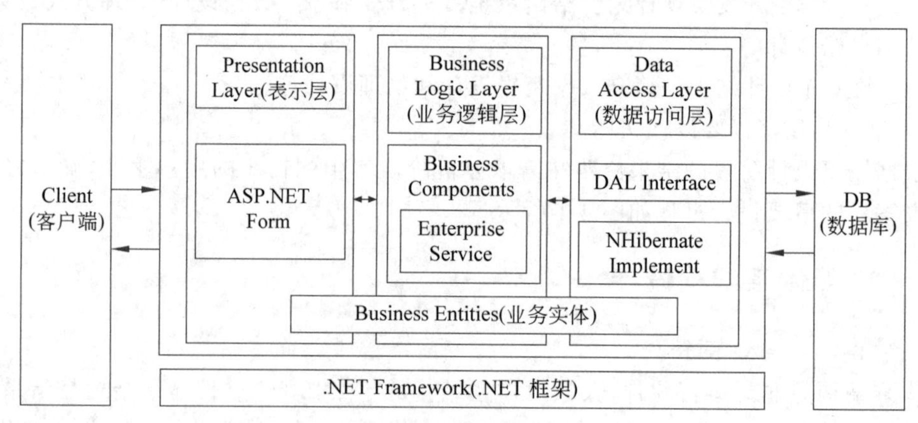

图 4-2 软件分层体系

各层的作用：①数据访问层，主要是对原始数据(数据库或者文本文件等存放数据的形式)的操作层，而不是指原始数据，也就是说，是对数据的操作，而不是数据库，具体为业务逻辑层或表示层提供数据服务；②业务逻辑层，主要是针对具体的问题的操作，也可以理解成对数据访问层的操作，对数据业务逻辑处理，如果说数据访问层是积木，那么业务逻辑层就是对这些积木的搭建；③表示层，主要表示 Web 方式，也可以表示成 Winform 方式，Web 方式也可以表现成.aspx，如果业务逻辑层相当强大和完善，无论表示层如何定义和更改，业务逻辑层都能完善地提供服务。

2. 基于软件体系结构的开发模式

随着面向对象技术的出现和广泛使用，人们发现在解决一个问题时常常重复使用过去用过的解决方案，所以把设计面向对象软件的经验记录成设计模式(Design Pattern)。通俗地讲，设计模式就是一套被反复使用的代码设计经验的总结。使用设计模式是为了可重用代码、让代码更容易被人理解、保证代码的可靠性。一般而言，一个设计模式有下面 4 个基本要素。

(1) 模式名称。它用一两个词来描述模式的问题、解决方案和效果。设计模式允许在较高的抽象层次上进行设计，模式名称可以帮助人们思考，便于我们与其他设计人员交流思想及设计结果。

(2) 问题。问题描述了应该在何时使用模式，解释了设计问题和问题存在的前因后果，它可能描述了特定的设计问题，如怎样用对象表示算法等，也可能描述了导致不灵活设计的类或对象结构。有时问题部分会包括使用模式必须满足的一系列先决条件。

(3) 解决方案。解决方案描述了设计的组成成分、它们之间的相互关系及各自的职责和协作方式。因为模式就像一个模板，可应用于多种不同场合，所以解决方案并不描述一个特定、具体的设计或实现，而是提供设计问题的抽象描述和怎样用一个具有一般意义的元素组合(类或对象组合)来解决这个问题。

(4) 效果。效果描述了模式应用的效果及使用模式应权衡的问题。尽管人们描述设计决策时并不总提到模式效果，但它们对于评价设计选择和理解使用模式的代价及好处具有重要的意义。软件效果大多关注对时间和空间的衡量，它们也表达了语言和实现问题。因为复用是面向对象设计的要素之一，所以模式效果包括它对系统的灵活性、扩充性或可移植性的影响，显式地列出这些效果对理解和评价这些模式很有帮助。

使用软件设计模式有以下几点好处。

(1) 复用解决方案。通过复用已经建立的设计可以为自己要解决的问题找到更高的起点而不需要再走弯路，因为设计模式都是前人对同一问题进行摸索之后沉淀下来的经验总结，这也是学习和使用设计模式最主要的原因。

(2) 建立通用的术语。交流和协作都需要一个共同的词汇基础、一个对问题的共同观点，设计模式在项目的分析和设计阶段为开发者提供了一个通用的参考点。

(3) 模式给设计者一个更高层次的视角。这个视角将设计者从“过早处理细节”的烦琐中解放出来。

设计模式有很多种，从对问题的抽象层次上划分，设计模式大致可以分为低级设计模式、中级设计模式和高级设计模式(架构模式)。最常见的中级设计模式是 GoF(Gang of Four)提出的 23 种设计模式，如表 4-1 所示。中级模式的组合可以产生高级模式，而 MVC 模式常常被认为是高级模式的一种，GoF 认为 MVC 模式大概等同于合成模式＋策略模式＋观察者模式。

表 4-1 GoF 的 23 种设计模式

设计模式分类	设计模式名称	
创建型模式(Creational)(共 5 个)	单例模式(Singleton)	原型模式(Prototype)
	建造者模式(Builder)	工厂方法模式(Factory Method)
	抽象工厂模式(Abstract Factory)	
结构型模式(Structural)(共 7 个)	适配器模式(Adapter)	桥接模式(Bridge)
	组合模式(Composite)	装饰模式(Decorator)
	外观模式(Facade)	享元模式(Flyweight)
	代理模式(Proxy)	
行为型模式(Behavioral)(共 11 个)	命令模式(Command)	解释器模式(Interpreter)
	迭代器模式(Iterator)	中介者模式(Mediator)
	备忘录模式(Memento)	观察者模式(Observer)
	状态模式(State)	策略模式(Strategy)
	模板方法模式(Template Method)	访问者模式(Visitor)
	职责链模式(Chain of Responsibility)	

3. MVC 模式简介

MVC 模式是 Model-View-Controller 的简称,即模型-视图-控制器。MVC 是 Xerox PARC 在 20 世纪 80 年代为编程语言 Smalltalk-80 发明的一种软件设计模式,现在已被广泛使用。MVC 强制性地把应用程序的输入、处理和输出分开,即把应用程序分成模型、视图、控制器 3 个核心模块,它们分别担负不同的任务。图 4-3 显示了这几个模块各自的功能以及它们之间的 3 个核心模块。

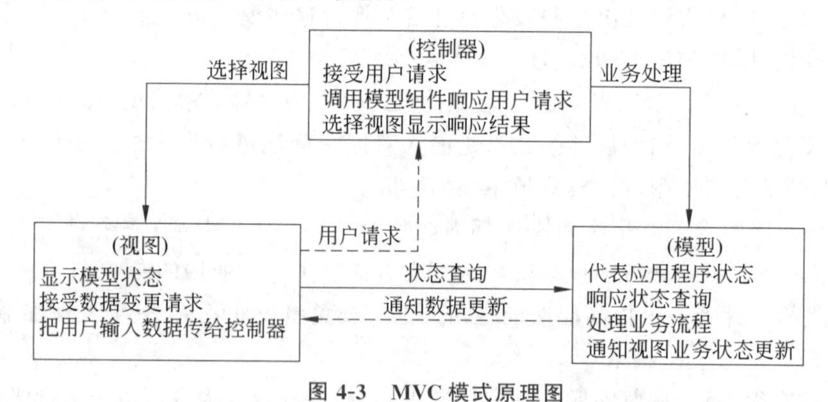

图 4-3 MVC 模式原理图

(1) 模型(Model)。模型封装了应用问题的核心数据、逻辑关系和业务规则,提供了业务逻辑的处理过程。模型一方面被控制器调用,完成问题处理的操作过程,另一方面为视图获取显示数据提供了访问数据的操作。

(2) 视图(View)。视图是在 MVC 模式下用户看到的并与之交互的界面。视图从模型处获得数据,其更新由控制器控制。视图不包含任何业务逻辑的处理,它只是作为一种输出数据的方式。

(3) 控制器(Controller)。在 MVC 模式中,控制器控制着模型和视图之间交互的过程,它接收用户的输入并调用模型和视图去完成用户的请求。当 Web 用户单击 Web 页面中的提交按钮发送表单时,控制器接受请求并调用相应的模型组件响应用户请求,然后调用相应的视图显示响应结果。也就是说,控制器决定着用户返回怎样的视图、检查通过界面输入的信息以及选择处理输入信息的模型。

4. MVC 模式和 ASP.NET Web 窗体的关系

ASP.NET 的 Web 窗体为实现 MVC 模式提供了良好的基础。每个 Web 窗体都对应一个.aspx 文件和一个类文件(如.cs 文件)。开发者可以在.aspx 页面中开发图形化的用户接口来实现视图功能,在类文件(如.cs 文件)中实现控制器和模型的功能,如图 4-4 所示。控制器负责具体的业务逻辑以及任务的分发,模型则负责具体的业务数据的处理。根据 MVC 的思想,在 ASP.NET 中可以很方便地实现一个多层系统。将用户显示视图从动作控制器中分离出来,提高了代码的重用性;将数据(模型)从对其操作的动作控制器分离出来,可以设计一个与后台存储数据无关的系统。就 MVC 的本质而言,它是一种对系统进行解耦的方法。

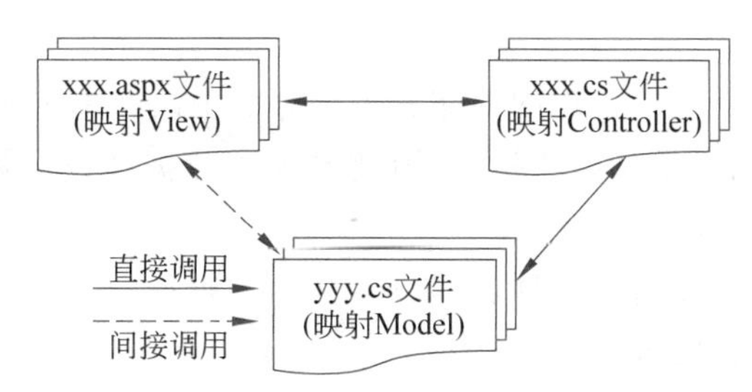

图 4-4　ASP.NET Web 窗体与 MVC 模式的对应关系

5. MVC 模式的优缺点

1) MVC 模式的优点

(1) 低耦合性。视图层和业务层分离,这样就允许更改视图层代码而不用重新编译模型和控制器代码,同样,一个应用的业务流程或者业务规则的改变只需要改动 MVC 的模型层即可。因为模型与控制器和视图相分离,所以很容易改变应用程序的数据层和业务规则。

(2) 高重用性和可适用性。随着技术的不断进步,现在需要用越来越多的方式来访问应用程序。MVC 模式允许用户使用各种不同样式的视图来访问同一个服务器端的代码。它包括任何 Web(HTTP)浏览器或者无线浏览器(WAP),例如,用户可以通过计算机也可以通过手机来订购某样产品,虽然订购的方式不一样,但处理订购产品的方式是一样的。由于模型返回的数据没有进行格式化,因此同样的构件能被不同的界面使用。例如,很多数据可能用 HTML 来表示,也有可能用 WAP 来表示,这些表示所需要的命令是改变视图层的实现方式,而控制层和模型层无须做任何改变。

(3) 较低的生命周期成本。MVC 使开发和维护用户接口的技术含量降低。

(4) 快速部署。使用 MVC 模式使开发时间得到相当大的减少,它使程序员(Java 开发人员)集中精力于业务逻辑上,界面程序员(HTML 和 JSP 开发人员)集中精力于表现形式上。

(5) 可维护性。分离视图层和业务逻辑层也使得 Web 应用更易于维护和修改。

(6) 有利于软件工程化管理。由于不同的层各司其职,每层不同的应用具有某些相同的特征,有利于通过工程化、工具化管理程序代码。

2) MVC 模式的缺点

(1) 增加了系统结构和实现的复杂性。对于简单的 Web 应用程序,按照 MVC 的原理使模型、视图和控制器分离会增加结构的复杂性,并可能产生过多的更新操作,降低运行效率。

(2) 视图对模型数据的低效率访问。依据模型操作接口的不同,视图可能需要多次调用才能获得足够的显示数据,对未变化数据的不必要的频繁访问也将损害操作性能。

(3) 目前,高级的界面设计工具或构造器不支持 MVC 模式。改造这些工具以适应 MVC 模式的需要和建立分离的部件的代价很高,从而造成使用 MVC 困难。

数据库设计

4.2.3 数据库设计

数据库设计的目标是建立合理的存储。需求分析中已经基于用户业务建立了数据库分析模型,其可作为数据库设计的依据,并因此推导出数据库设计模型,以对数据库建立严密、完整的结构定义。

数据库设计所涉及的元素有数据表、数据索引、数据视图,并需要考虑对数据的完整性制约,如数据关联、数据约束。

1. 数据表及其关联

数据表是关系数据库的基本存储结构,是一个由字段(列)、记录(行)构成的二维关系数据集。在进行数据库结构设计时,最基本的模型元素就是数据表,可以从数据库分析建模中提取数据表,分析模型中的实体、关联等可以按照以下规则映射为设计模型中的数据表。

(1) 实体可以映射为一个实体数据表,实体标识码属性(集)则映射为数据表主键字段(集)。如果实体之间是一对一关系,则两个相关实体可结合映射为一个数据表。

(2) 实体之间的多对多关系需要映射一个关联数据表。如果一个数据表中的数据会影响或制约另一个表中的数据,则两个数据表中存在主表到从表的关联。数据表之间的关联也可以从数据库分析模型中提取。

可以按照以下规则将分析模型中的实体关联映射为设计模型中的数据表主从关联。

(1) 按照实体之间的一对多关系可映射为主表到从表的关联,并且主表的主键字段(集)需要引入从表作为外键,以满足建立主表到从表的关联需要。

(2) 数据实体之间的多对多关系则需要映射为两个实体数据表到关联数据表之间的

主从关联。两个实体数据表的主键字段(集)将引入关联表作为外键,以满足建立主表到从表的关联需要,并且关联表中的诸多外键字段需要结合为关联表中的主键字段(集),以使关联表也具有实体完整性。

在第 3 章中已经分析了《学生教材购销系统》的需求,根据该需求设计的数据库 E-R 图如图 4-5 所示。该图中的教材一览表、各班用书表、教材存量表、缺书登记表、待购教材表、售书登记表等为数据表,它们均来自数据实体或数据关系映射。

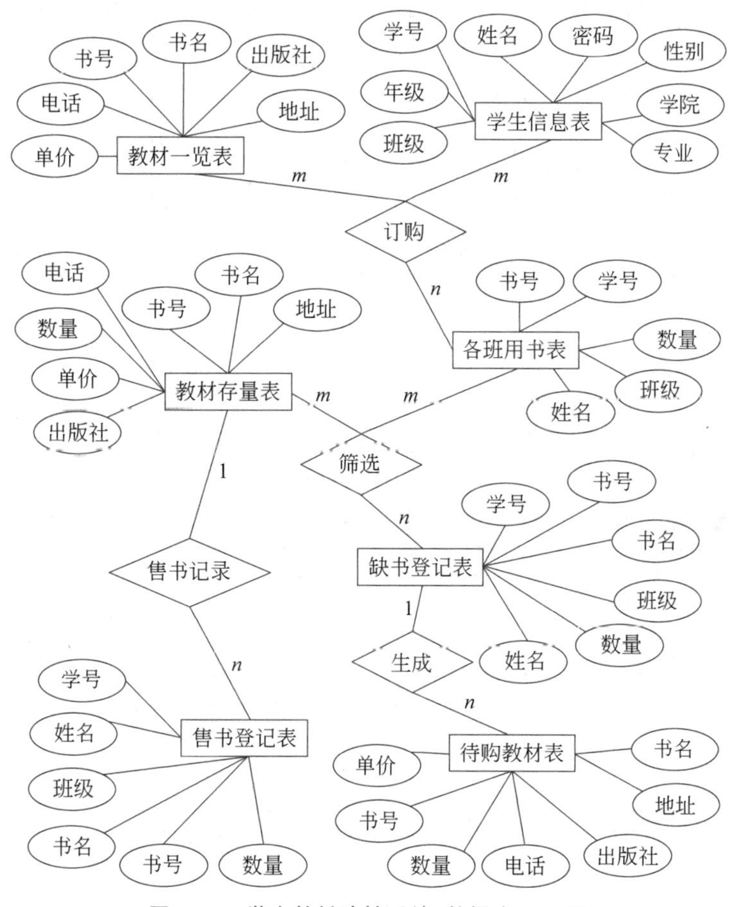

图 4-5 《学生教材购销系统》数据库 E-R 图

2. 数据约束

为了数据库中的数据便于维护,在设计时需要考虑对数据的完整性规则进行约束,涉及实体完整性、参照完整性与自定义完整性。

(1) 实体完整性。数据表中记录的唯一性约束,通过在表中设置主键字段可以使数据表获得实体完整性,以防止在表中出现重复记录。

(2) 参照完整性。主表对从表的一致性约束,通过主表到从表的关联可以建立表之间的参照完整性。

(3) 自定义完整性。字段取值上的限制。

在第 3 章中已经分析了《学生教材购销系统》的需求,表 4-2～表 4-8 就是根据该需求设计的数据表,其中包括 StudentInfo 表(学生信息表)、BookInfo 表(教材一览表)、EachClassBook 表(各班用书表)、BookReserve 表(教材存量表)、LackBookRegister 表(缺书登记表)、PurchaseBook 表(待购教材表)、SellBookRegister 表(售书登记表)等。

表 4-2 StudentInfo 表

字段名	类型	含义
StudentId	nvarchar (11)	学号(不允许为空)
StudentName	nvarchar(20)	姓名
StudentPassword	char (20)	密码
StudentSex	char(4)	性别
Academy	nvarchar(20)	学院
Major	nvarchar(20)	专业
Grade	int(4)	年级
ClassName	nvarchar(30)	班级

表 4-3 BookInfo 表

字段名	类型	含义
ISBN	char(20)	书号(不允许为空)
BookName	nvarchar(30)	书名
BookPrice	decimal(10, 2)	单价
BookPublisher	nvarchar(50)	出版社
BookPhone	nvarchar(20)	电话
BookAddress	nvarchar(100)	地址

表 4-4 EachClassBook 表

字段名	类型	含义
StudentId	nvarchar (11)	学号(不允许为空)
ISBN	char(20)	书号(不允许为空)
ClassName	nvarchar(30)	班级
StudentName	nvarchar(20)	姓名
BuyBookAmount	int(9)	数量(每本书每班学生需要买的数量)

表 4-5　BookReserve 表

字　段　名	类　　型	含　　义
ISBN	char (20)	书号(不允许为空)
BookName	nvarchar(30)	书名(不允许为空)
ReserveBookAmount	int(9)	数量(书库原本的数量)
BookPrice	decimal(10, 2)	单价
BookPhone	nvarchar(20)	电话
BookPublisher	nvarchar(50)	出版社
BookAddress	nvarchar(100)	地址

表 4-6　LackBookRegister 表

字　段　名	类　　型	含　　义
StudentId	nvarchar (11)	学号(不允许为空)
ISBN	char(20)	书号(不允许为空)
ClassName	nvarchar(30)	班级
BookName	nvarchar(30)	书名
StudentName	nvarchar(20)	姓名
PurchaseBookAmount	int(9)	数量(需要购进的书的数量)

表 4-7　PurchaseBook 表

字　段　名	类　　型	含　　义
ISBN	char (20)	书号(不允许为空)
BookName	nvarchar(30)	书名
PurchaseBookAmount	int(9)	数量
BookPrice	decimal(10, 2)	单价
BookPhone	nvarchar(20)	电话
BookPublisher	nvarchar(50)	出版社
BookAddress	nvarchar(100)	地址

表 4-8　SellBookRegister 表

字　段　名	类　　型	含　　义
StudentId	nvarchar (11)	学号(不允许为空)
ISBN	char(20)	书号
ClassName	nvarchar(30)	班级

续表

字 段 名	类 型	含 义
BookName	nvarchar(30)	书名
StudentName	nvarchar(20)	姓名
SellBookAmount	int(9)	数量(销售出去的书的数量)

3. 数据索引

在数据表的字段或字段集上还需考虑是否建立索引。索引可使数据表中的数据有更高的查询效率,然而却占用额外的磁盘空间,并会使数据更新的速度下降。因此,索引的定义需要根据实际应用进行利弊权衡。

许多数据库还提供了聚集索引功能。与一般索引相比,它能够带来更高的查询效率,但同时也会带来更大的维护开销和存储空间消耗。

4. 数据视图

在数据库设计中,一般还需要设计数据视图,以实现对数据的多表查询。数据视图是面向用户的,以满足不同用户对数据的特定需求。因此,一般需要根据不同用户的特定数据应用进行视图定义。

数据视图还可起到数据表与最终用户之间的逻辑隔离作用,因此可给数据带来更高的安全性。

5. 存储过程

数据库设计中还可能涉及存储过程,这是建立在数据库内的操作程序,能够更高效地处理数据。

通过存储过程可建立对数据的参数查询,由此可获取更小的数据查询集合。当需要通过网络远程返回查询数据时,存储过程可有效地减轻网络传输负担。

6. 触发器

数据库设计中还可能需要考虑建立触发器,这是建立在数据库内的一种专门用于响应数据变更的特定程序,可用来监控数据变化。

触发器可用来实现多表数据联动,并可用来创建一些特殊的不能依靠数据完整性规则建立的多表数据约束。

4.3 概要设计的原则

4.3.1 模块化

模块是数据说明、可执行语句等程序对象的集合,模块可以单独被命名并且可通过名称来访问,过程、函数、子程序、宏等都可以作为模块。软件系统的层次结构就是模块化的具体体现。模块化就是把程序划分成若干模块,每个模块具有一个子功能,把这些模块集合起来组成一个整体可以完成指定的功能,实现问题的要求。

在软件开发过程中,人们发现大型软件由于其控制路径多、涉及范围广且变量数目多使其总体更为复杂,这样与小型软件相比就不易被人理解。模块化是为了使一个复杂的大型程序能被人的智力所管理。如果一个大型程序仅由一个模块组成,它将很难被人理解。下面根据人类解决问题的一般规律描述上面所提出的结论。

定义函数 $C(x)$为问题 x 的复杂程度,函数 $E(x)$为解决问题 x 需要的工作量(时间)。对于问题 P_1 和问题 P_2,如

$$C(P_1) > C(P_2)$$

则有

$$E(P_1) > E(P_2)$$

由 P_1 和 P_2 两个问题组合而成一个问题的复杂程度大于分别考虑每个问题时的复杂程度之和,即

$$C(P_1 + P_2) > C(P_1) + C(P_2)$$

综上所述,可得到下面的不等式:

$$E(P_1 + P_2) > E(P_1) + E(P_2)$$

由此可知,把复杂的问题分解成许多容易解决的小问题,原来的问题也就容易解决了,这就是模块化提出的根据。

参看图 4-6,如果无限地分割软件,最后为了开发软件所需要的工作量也就小得可以忽略了。事实上,当模块数目增加时,每个模块的规模将减小,开发单个模块需要的成本(工作量)确实减少了;然而,随着模块数目增加,设计模块间接口所需要的工作量也将增加。根据这两个因素得出了图中的总成本曲线,每个程序都相应地有一个最合适的模块数目 M,使得系统的开发成本最小。

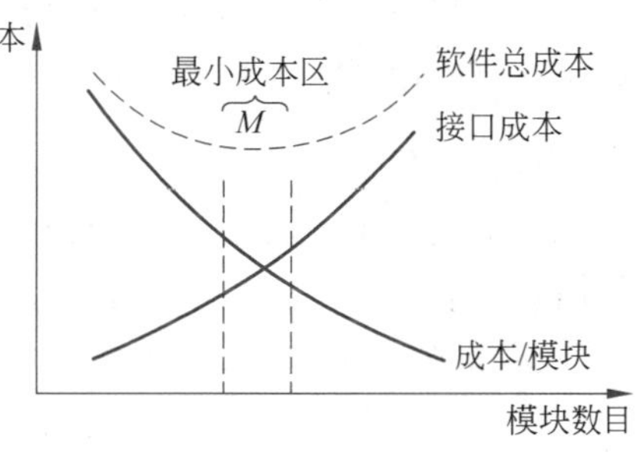

图 4-6 模块与软件耗费

虽然目前还不能精确地决定 M 的数值,但是在考虑模块化时,总成本曲线确实是有用的指南。启发式规则可以在一定程度上帮助设计者决定合适的模块数目。

采用模块化原理可以使软件结构清晰,不仅容易实现设计,也使设计出的软件的可阅读性和可理解性大大增强。这是由于程序错误通常发生在有关的模块及它们之间的接口中,所以采用了模块化技术会使软件容易测试和调试,进而有助于提高软件的可靠性。因为变动往往只涉及少数几个模块,所以模块化能够提高软件的可修改性。模块化也有助于软件开发工程的组织管理,一个复杂的大型程序可以由许多程序员分工编写不同的模块。

4.3.2 耦合

耦合

耦合是对一个软件结构内各个模块之间互联程度的度量。耦合的强弱取决于模块间接口的复杂程度、调用模块的方式以及通过接口的信息。

在软件设计中应该追求尽可能松散耦合的系统。在这样的系统中可以研究、测试或

维护任何一个模块,而不需要对系统中的其他模块有很多了解和影响。此外,由于模块间联系简单,发生在一处的错误传播到整个系统的可能性就很小。因此,模块间的耦合程度极大地影响系统的可理解性、可测试性、可靠性和可维护性。

一般来说,耦合有以下 7 种类型。

1. 非直接耦合

如果两个模块中的每个都能独立地工作而不需要另一个模块的存在,那么它们彼此完全独立,这意味着模块间无任何连接,耦合程度最低。但是,在一个软件系统中不可能所有的模块之间都没有任何连接,它们之间的联系完全通过模块的控制和调用来实现。

2. 数据耦合

如果两个模块彼此之间通过参数交换信息,而且交换的信息仅仅是数据,那么这种耦合称为数据耦合。数据耦合是低耦合。系统中至少存在这种耦合,因为只有当某些模块的输出数据作为另一些模块的输入数据时系统才能完成有价值的功能。一般来说,一个系统内可以只包含数据耦合。

3. 控制耦合

如果传递的信息中有控制信息(尽管有时这种控制信息以数据的形式出现),这种耦合称为控制耦合,如图 4-7 所示。控制耦合是中等程度的耦合,它增加了系统的复杂程度。控制耦合往往是多余的,在把模块适当分解之后通常可以用数据耦合代替它。

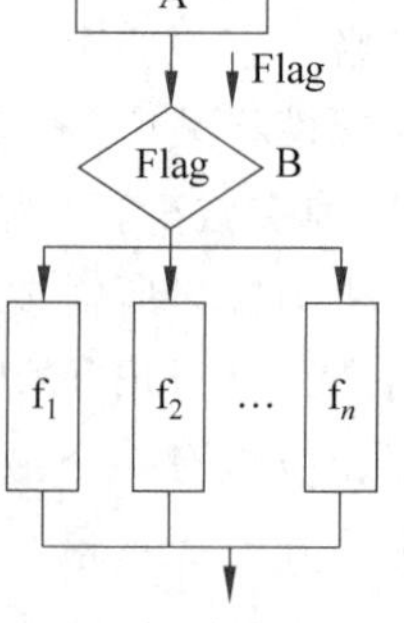

图 4-7 控制耦合

4. 公共环境耦合

当两个或多个模块通过一个公共数据环境相互作用时,它们之间的耦合称为公共环境耦合。公共环境可以是全程变量、共享的通信区、内存的公共覆盖区、任何存储介质上的文件、物理设备等。

公共环境耦合的复杂程度随耦合的模块个数变化,当耦合的模块个数增加时复杂程度显著增加。如果只有两个模块有公共环境,那么这种耦合有下述两种可能(见图 4-8)。

(1) 一个模块往公共环境送数据,另一个模块从公共环境取数据,这是数据耦合的一种形式,是比较松散的耦合。

(2) 两个模块都既往公共环境送数据又从里面取数据,这种耦合比较紧密,介于数据耦合和控制耦合之间。

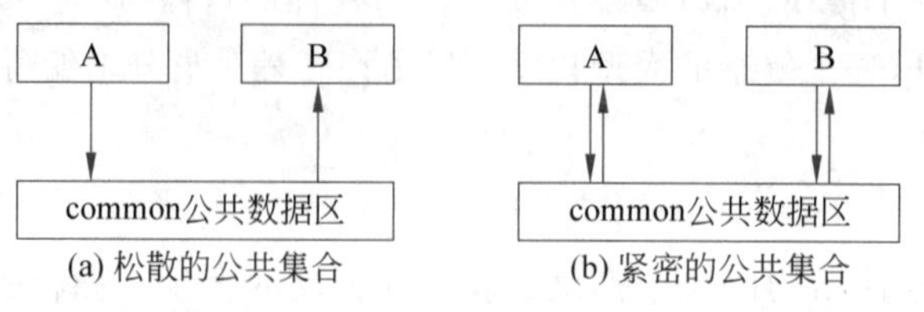

图 4-8 公共环境耦合

如果两个模块共享的数据很多,都通过参数传递可能很不方便,这时可以利用公共环境耦合。

5. 内容耦合

最高程度的耦合是内容耦合,如果出现下列情况之一(见图 4-9),两个模块之间就发生了内容耦合。

(1) 一个模块访问另一个模块的内部数据。

(2) 一个模块不通过正常入口而转到另一个模块的内部。

(3) 两个模块有一部分程序代码重叠(只可能出现在汇编程序中)。

(4) 一个模块有多个入口(这意味着一个模块有几种功能)。

应该坚决避免使用内容耦合。事实上,许多高级程序设计语言已经设计成不允许在程序中出现任何形式的内容耦合。

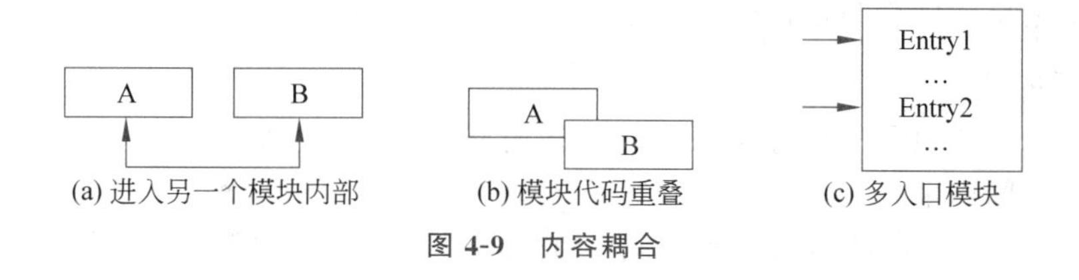

图 4-9　内容耦合

6. 标记耦合

如果一组模块通过参数表传递记录信息,也就是说,这组模块共享了这个记录,就是标记耦合。在设计中应尽量避免这种耦合。

7. 外部耦合

一组模块都访问同一全局简单变量而不是同一全局数据结构,并且不是通过参数表传递该变量的信息,则称为外部耦合。

一般模块之间的连接有 7 种,构成的耦合也有 7 种类型,如图 4-10 所示。

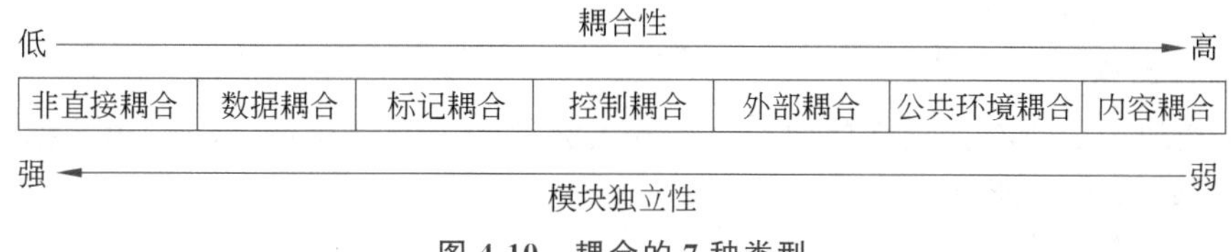

图 4-10　耦合的 7 种类型

总之,耦合是影响软件复杂程度的一个重要因素,应该采取的原则是尽量使用数据耦合,少用控制耦合,限制公共环境耦合的范围,完全不用内容耦合。

4.3.3　内聚

内聚标志了一个模块内各个元素彼此结合的紧密程度,它是信息隐蔽和局部化概念的自然扩展。简单地说,理想内聚的模块只做一件事情。

在设计时应该力求做到高内聚,通常中等程度的内聚也是可以采用的,而且效果和高内聚相差不多,但是低内聚不要使用。

内聚和耦合是密切相关的,模块内的高内聚往往意味着模块间的松耦合。内聚和耦合都是进行模块化设计的有力工具,但是实践表明内聚更重要,应该把更多的注意力集中到提高模块的内聚程度上。

内聚主要有以下 7 种类型。

1. 偶然内聚

如果一个模块完成一组任务,这些任务彼此间即使有关系,关系也是很松散的,则称为偶然内聚。有时在编写完一个程序之后发现一组语句在两处或多处出现,于是把这些语句作为一个模块以节省内存,这样就出现了偶然内聚的模块。

2. 逻辑内聚

如果一个模块完成的任务在逻辑上属于相同或相似的一类(例如,一个模块产生各种类型的全部输出),则称为逻辑内聚,如图 4-11 所示。

3. 时间内聚

如果一个模块包含的任务必须在同一段时间内执行(例如,模块完成各种初始化工作),就称为时间内聚。

在偶然内聚的模块中各种元素之间没有实质性联系,很可能在一种应用场合需要修改这个模块,在另一种应用场合又不允许这种修改,从而陷入困境。事实上,偶然内聚的模块出现修改错误的概率比其他类型的模块高得多。

在逻辑内聚的模块中,不同功能混在一起,合用部分程序代码,即使局部功能的修改有时也会影响全局。因此,这类模块的修改比较困难。

时间关系在一定程度上反映了程序的某些实质,所以时间内聚比逻辑内聚好一些。

4. 过程内聚

如果一个模块内的处理元素是相关的,而且必须以特定次序执行,则称为过程内聚。使用程序流程图作为工具设计软件时,常常通过研究流程图确定模块的划分,这样得到的往往是过程内聚的模块。

5. 通信内聚

如果模块中的所有元素都使用同一个输入数据和(或)产生同一个输出数据,则称为通信内聚,如图 4-12 所示。

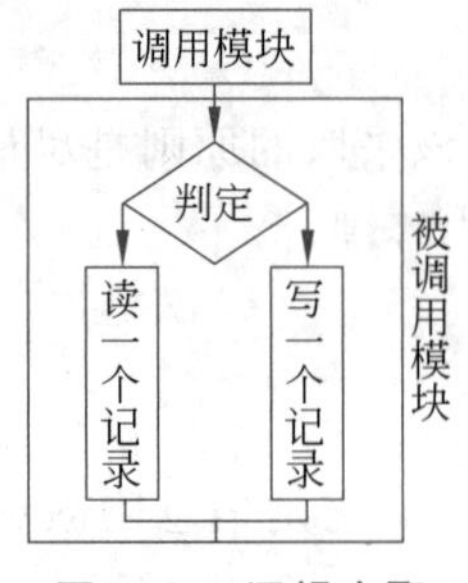

图 4-11 逻辑内聚

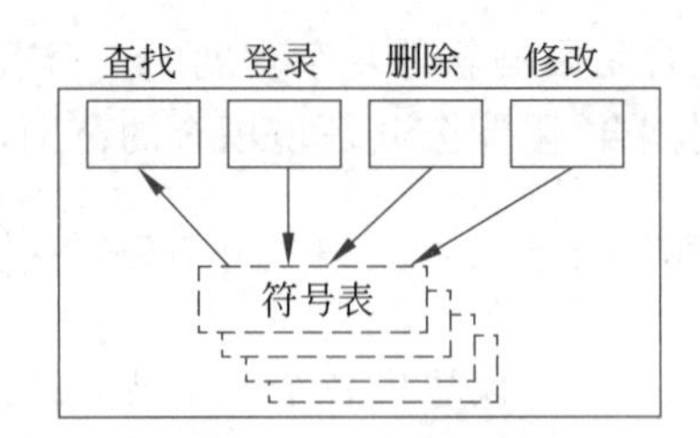

图 4-12 通信内聚

6. 信息内聚

信息内聚模块能完成多种功能,各个功能都在同一个数据结构上操作,每项功能都有一个唯一的入口点,例如图 4-12 中有 4 个功能,即这个模块将根据不同的要求确定该执行哪个功能。但这个模块都基于同一个数据结构,即符号表。

7. 功能内聚

如果模块内的所有处理元素属于一个整体,完成一个单一的功能,则称为功能内聚。功能内聚是最高程度的内聚。

内聚的 7 种类型如图 4-13 所示。

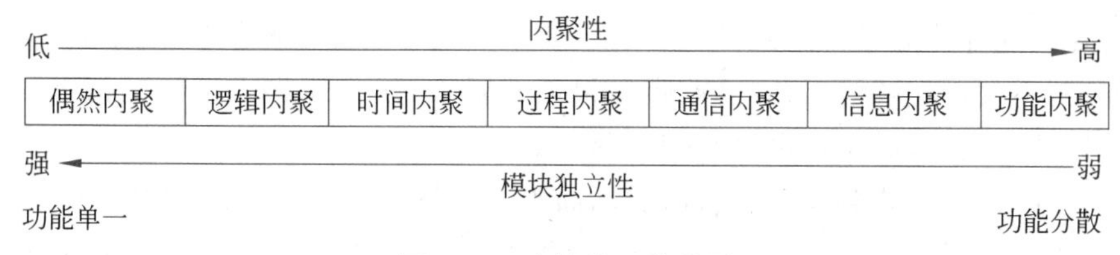

图 4-13　内聚的 7 种类型

事实上,没有必要精确确定内聚的级别。重要的是设计时力争做到高内聚,并且能够辨认出低内聚的模块,有能力通过修改设计提高模块的内聚程度、降低模块间的耦合程度,从而获得较高的模块独立性。

4.3.4　启发规则

启发式的规则是人们在使用面向对象方法的过程中所积累的经验,往往能帮助软件开发人员提高面向对象的质量。在面向对象的设计中应考虑类、服务和协议的简化,使设计变动尽可能小,并考虑设计结果的可理解性。

面向对象设计的启发规则包括以下内容。

(1) 设计结果应该清晰易懂。保证设计结果清晰易懂的主要因素有用词一致、使用已有的协议、减少消息模式的数目、避免模糊的定义。

(2) 一般具体结构的深度应适当。

(3) 设计简单的类。为了使类保持简单,应该避免包含过多的属性、有明确的定义、尽量使对象之间的合作关系简单、不要提供太多的操作。

(4) 使用简单的协议。

(5) 使用简单的操作。

(6) 把设计变动减到最小。

4.3.5　面向对象设计模式

面向对象设计模式如下。

(1) 模块化。面向对象开发方法很自然地支持了把系统分解成模块的设计原理,对象就是模块,它是把数据结构和操作这些数据的方法紧密结合在一起所构成的模块。

(2) 抽象。面向对象设计方法不仅支持过程抽象,而且支持数据抽象。类实际上是一种抽象数据模型,它对外开放的公共接口构成了类的规格说明(即协议),这些接口规定了外界可以使用的操作,利用这些操作的实现方法就可以使用类中定义的数据。此外,某些面向对象的程序设计语言还支持参数化抽象。

(3) 信息隐蔽。在面向对象中,信息隐蔽通过对象的封装性来实现。类结构分离了接口和实现,从而支持了信息隐蔽。对于类的用户来说,属性的表示方法和操作的实现算法都应该是隐蔽的。

(4) 低耦合。在面向对象方法中,对象是最基本的模块,因此,耦合主要指不同对象之间相互关联的紧密程度。低耦合是设计的一个重要标准,因为这有助于将系统中某部分的变化对其他部分的影响降到最低程度。如果一类对象过多地依赖其他对象来完成自己的工作,则不仅给理解、测试和修改带来很大的困难,而且还将大大降低该类的可重用性和可移植性。当然,对象不可能是完全孤立的,当两个对象必须相互联系、相互依赖时,应该通过类的协议(即公共接口)实现耦合,而不应该依赖于类的具体实现细节。

(5) 高内聚。在面向对象设计中存在 3 种内聚: ①操作内聚。一个操作应该完成一个且仅完成一个功能。②类内聚。设计类的原则是一个类应该只有一个用途,它的属性和操作应该是高内聚的;类的属性和操作应该全都是完成该类对象的任务所必需的,其中不包含无用的属性或操作。如果某个类有多个用途,通常把它分解成多个专用的类。③一般具体内聚。设计出的一般具体结构应该符合多数人的概念,更准确地说,这种结构应该是对应的领域知识的正确抽取。

4.4 概要设计的工具

4.4.1 层次方框图

层次方框图用树状结构的一系列多层次的矩形框描绘数据的层次结构。树状结构的顶层是一个单独的矩形框,它代表完整的数据结构,下面的各层矩形框代表这个数据的子集,最底层的各个矩形框代表组成这个数据的实际数据元素(不能再分割的元素)。

随着结构的精细化,层次方框图对数据结构描绘得越来越详细,这种模式非常适用于需求分析阶段。系统分析员从对顶层信息的分类开始沿着图中每条路径反复细化,直到确定了数据结构的全部细节为止。图 4-14 为层次方框图的实例。

4.4.2 IPO 图

IPO(Input,Processing,Output)图是输入、处理、输出图的简称,它是美国 IBM 公司提出的一种图形工具,能够方便地描绘输入数据、处理数据、输出数据的关系。

IPO 图使用的基本符号既少又简单,因此大家很容易学会使用这种工具。它的基本形式是在左边的框中列出有关的输入数据,在中间的框中列出主要的处理,在右边的框中列出产生的输出数据。处理框中列出处理的顺序,但是用这些基本符号还不足以精确地描述执行处理的详细情况。图 4-15 是一个主文件更新的例子，通过此例大家很容易了解 IPO 图的用法。

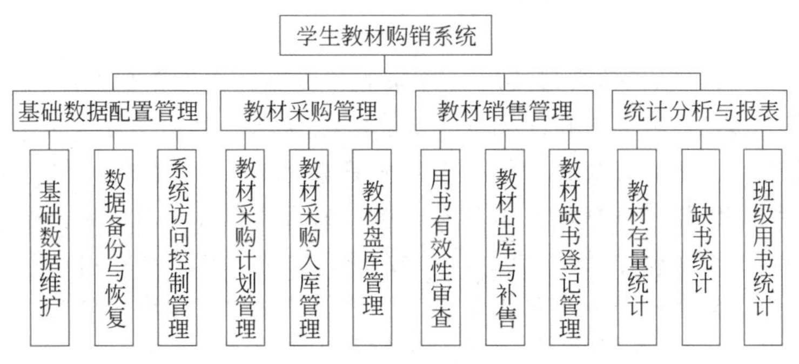

图 4-14　层次方框图实例

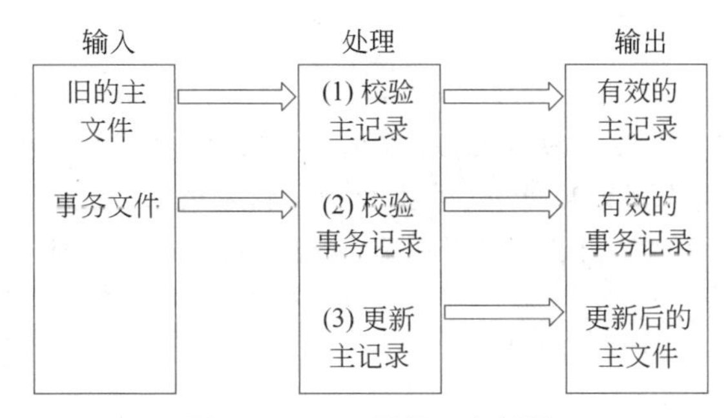

图 4-15　IPO 图的一个例子

4.4.3　HIPO 图

HIPO 图(Hierarchy Plus Input-Process-Output)是 IBM 公司于 20 世纪 70 年代中期在层次结构图的基础上推出的一种描述系统结构和模块内部处理功能的工具(技术)。HIPO 图由层次结构图和 IPO 图两部分构成，前者描述了整个系统的设计结构及各类模块之间的关系，后者描述了某个特定模块内部的输入过程、处理过程和输出关系。

4.5　概要设计实例——《学生教材购销系统》概要设计说明书

为了方便读者学习概要设计说明书的编写，这里给出一个《学生教材购销系统》概要设计说明书实例，希望通过这个实例能够帮助读者更好地学习概要设计的内容。

《学生教材购销系统》概要设计说明书

电子商务是利用现代信息网络进行商务活动的一种先进手段,作为创新的经济运行方式,其影响已经远远超出商业领域。现在各大学采取的均是学生自愿购买教材政策,所以学生会在开学时自发去学校购书处购买教材,但是由于时间相对集中,人流量在此期间过于庞大,操作烦琐的人工教材购销系统无疑会让员工出现手忙脚乱、学生缺乏秩序的状况,以至于会导致拿错教材、教材损毁、收费出现差错等问题,因此针对以上情况,我们提出了构造一个利用现代信息网络进行教材购销管理的设想。

1 引言

1.1 编写目的

(1) 阐明本文档的编写是为了完善《学生教材购销系统》软件的开发途径和应用方法,以求在最短的时间内高效地开发《学生教材购销系统》。

(2) 本设计的主要阅读对象有UI人员、开发人员、测试人员、项目支持工程师、运营运维工程师。

1.2 项目背景

(1) 本项目的名称:××大学教材购销管理系统软件。

(2) 本项目的提出者:××大学的教材购销机构。

(3) 本项目的开发者:××开发公司。

(4) 用户:××大学。

(5) 本产品是针对计算机管理教材的需求设计的,可以完成学生登记、购入教材、管理员统计销售情况、更新教材信息等主要功能。

(6) 本文用到的专业术语:

- 开发(Develop):不是单纯指开发活动,还包括维护活动。
- 项目(Project):是指向顾客或最终用户交付一个或多个产品的受管理的相关资源的集合。这个资源集合有着明确的始点和终点,并且一般是按照某项计划运行。这种计划常会形成文件,并且说明要交付或实现的产品、所用的资源和经费、要做的工作和工作进度,一个项目可能由若干项目组成。
- 项目开发计划(Project Development Plan):这是一种把项目已定义过程与项目如何推进连接起来的方案。
- 产品生命周期(Product Life Cycle):这是产品从构思到不可以再使用的持续时间。

1.3 参考资料

(1)《实用软件工程》,郑人杰等著,清华大学出版社。

(2)《软件工程》(第 2 版),李代平等著,清华大学出版社。

(3)《软件工程》(第 6 版),Roger S.Pressman 著,机械工业出版社。

(4)《软件工程课程实验指导书》,安徽工程科技学院计算机科学与工程系。

2 任务概述

2.1 目标

能够完成教材的购销操作,大大提高工作效率,节省学校人力开支。

2.2 运行环境

描述软件系统对软硬件的要求,包括以下内容。

硬件环境:

(1) CPU: Intel Core i5-11600K 及以上或其他兼容规格。

(2) 内存: 1GB 以上。

(3) 硬盘: 20GB 以上空间。

软件环境:

(1) Windows 11。

(2) SQL Server 2022。

(3) NET Framework 2.0。

2.3 需求概述

(1) 该系统能够完成教材的购销要求,主要功能包括基础数据配置管理、教材采购管理、教材销售管理、统计分析与报表。

(2) 界面要求: 简洁,美观,易操作。

(3) 本系统以后还可以和《教务管理系统》和《图书管理系统》联系起来,从而扩大本系统的使用范围。

2.4 限制描述

无。

3 总体设计

3.1 基本设计概念和处理流程

学生购买教材处理流程如图1所示;更新教材资料处理流程如图2所示。

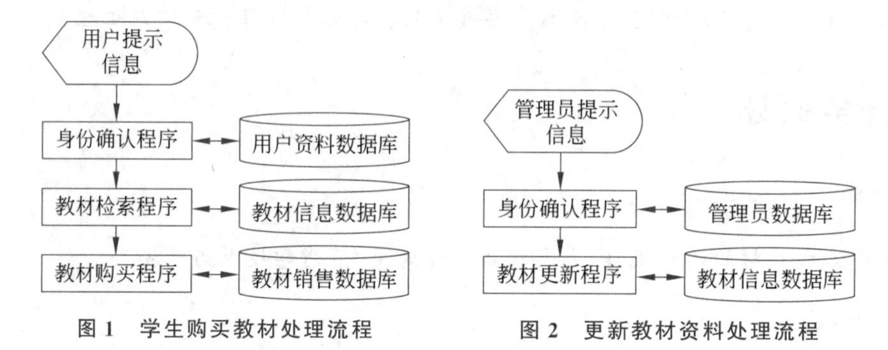

图1 学生购买教材处理流程　　图2 更新教材资料处理流程

3.2 系统总体结构和模块外部设计

系统总体结构设计如图3所示。

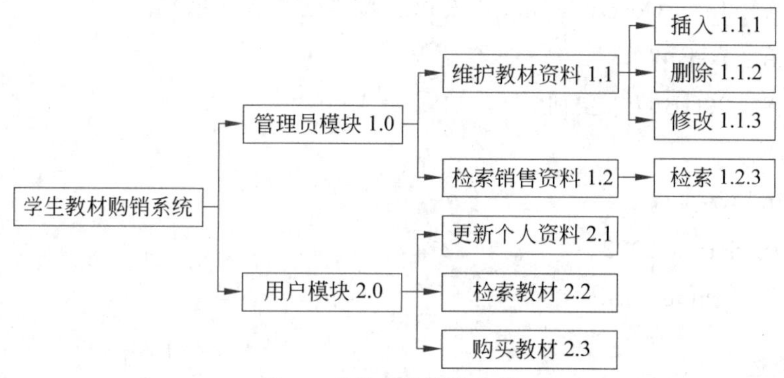

图3 系统总体结构设计

3.3 功能分配

各项功能需求的实现同各块程序的分配关系如表1所示。

表1 各项功能需求的实现同各块程序的分配关系

	创建	查找	修改	删除
维护教材资料(管理员)	√	√	√	√
检索销售信息(管理员)		√		
更新个人资料(用户)			√	
购买教材 (用户)			√	
检索教材 (用户)		√		

4 接口设计

4.1 外部接口

系统外部接口如表 2 所示。

表 2 系统外部接口

	接　　口	传递信息
硬件接口	与打印机接口	教材信息，用户信息，购买信息
	与读条码机接口	教材 ISBN，购买号
软件接口	与数据库接口	教材信息，用户信息，购买信息

4.2 内部接口

系统内部接口如表 3 所示。

表 3 系统内部接口

接　　口		传递信息
维护教材资料	添加教材信息	教材信息(书名，ISBN，定价，出版社，数量，是否可买)
维护教材资料	修改教材信息	教材信息(书名，ISBN，定价，出版社，数量，是否可买)
维护教材资料	删除教材信息	教材信息(书名，ISBN，定价，出版社，数量，是否可买)
用户主模块	更新用户资料	用户信息(ID，姓名，年龄，性别，学院，专业，年级，账户余额)
用户土模块	用户充值	金额
用户主模块	购买教材	借阅信息(ID，ISBN，数量，购买日期，金额)

5 数据结构设计

5.1 逻辑结构设计

逻辑结构设计如表 4～表 10 所示。

表 4 StudentInfo 表

字　段　名	类　　型	含　　义
StudentId	nvarchar (11)	学号(不允许为空)
StudentName	nvarchar(20)	姓名
StudentPassword	char (20)	密码
StudentSex	char(4)	性别
Academy	nvarchar(20)	学院
Major	nvarchar(20)	专业

续表

字段名	类型	含义
Grade	int(4)	年级
ClassName	nvarchar(30)	班级

表 5　BookInfo 表

字段名	类型	含义
ISBN	char(20)	书号(不允许为空)
BookName	nvarchar(30)	书名
BookPrice	decimal(10，2)	单价
BookPublisher	nvarchar(50)	出版社
BookPhone	nvarchar(20)	电话
BookAddress	nvarchar(100)	地址

表 6　EachClassBook 表

字段名	类型	含义
StudentId	nvarchar (11)	学号(不允许为空)
ISBN	char(20)	书号(不允许为空)
ClassName	nvarchar(30)	班级
StudentName	nvarchar(20)	姓名
BuyBookAmount	int(9)	数量(每本书每班学生需要买的数量)

表 7　BookReserve 表

字段名	类型	含义
ISBN	char (20)	书号(不允许为空)
BookName	nvarchar(30)	书名(不允许为空)
ReserveBookAmount	int(9)	数量(书库原本的数量)
BookPrice	decimal(10，2)	单价
BookPhone	nvarchar(20)	电话
BookPublisher	nvarchar(50)	出版社
BookAddress	nvarchar(100)	地址

表 8　LackBookRegister 表

字段名	类型	含义
StudentId	nvarchar (11)	学号(不允许为空)
ISBN	char(20)	书号(不允许为空)
ClassName	nvarchar(30)	班级
BookName	nvarchar(30)	书名
StudentName	nvarchar(20)	姓名
PurchaseBookAmount	int(9)	数量(需要购进的书的数量)

表 9 PurchaseBook 表

字 段 名	类 型	含 义
ISBN	char(20)	书号(不允许为空)
BookName	nvarchar(30)	书名
PurchaseBookAmount	int(9)	数量
BookPrice	decimal(10，2)	单价
BookPhone	nvarchar(20)	电话
BookPublisher	nvarchar(50)	出版社
BookAddress	nvarchar(100)	地址

表 10 SellBookRegister 表

字 段 名	类 型	含 义
StudentId	nvarchar (11)	学号(不允许为空)
ISBN	char(20)	书号
ClassName	nvarchar(30)	班级
BookName	nvarchar(30)	书名
StudentName	nvarchar(20)	姓名
SellBookAmount	int(9)	数量(销售出去的书的数量)

数据库 E-R 图如图 4 所示。

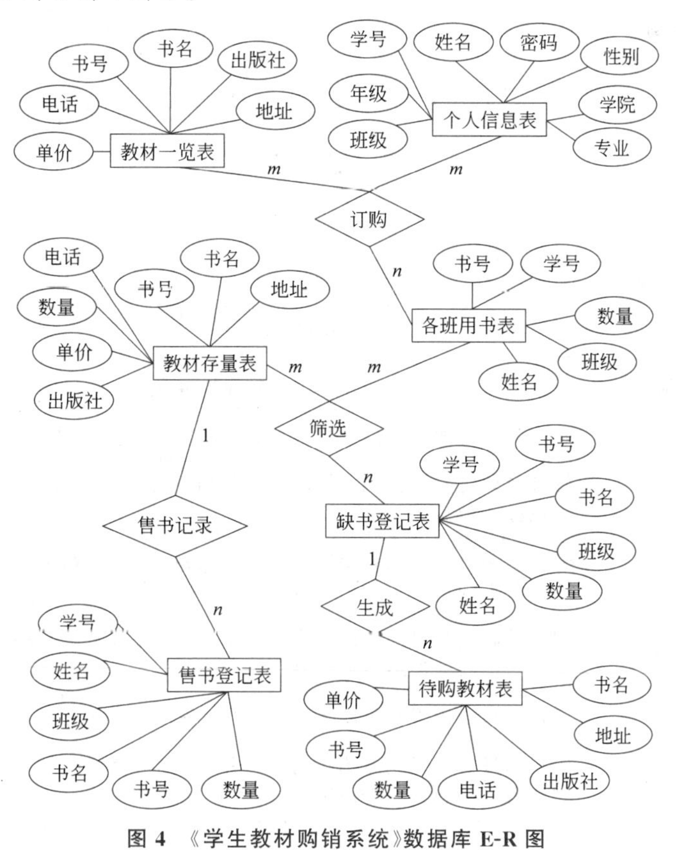

图 4 《学生教材购销系统》数据库 E-R 图

5.2 物理结构设计

无。

5.3 数据结构与程序的关系

无。

6 运行设计

6.1 运行模块的组合

施加不同的外界运行控制时所引起的各种不同的运行模块组合如表11所示。

表11 运行模块组合

	创建模块	查找模块	修改模块	删除模块
管理员添加教材信息	√			
管理员修改教材信息		√	√	
管理员删除教材信息		√		√
用户更新个人资料			√	
用户检索教材		√		
用户购买教材		√	√	

6.2 运行控制

运行控制如表12所示。

表12 运行控制

运行控制	控制方法
管理员添加教材信息	管理员填写教材信息并提交,系统在教材信息表中创建一个新数据项
管理员修改教材信息	管理员通过检索找到要修改的教材信息并修改,系统在教材信息表中写入修改后信息
管理员删除教材信息	管理员通过检索找到要删除的教材信息并删除,系统在教材信息表中删除该数据项
用户更新个人资料	用户重新填写可修改的用户资料部分并修改,系统在用户资料表中写入修改后的新数据项
用户检索教材	用户填写要检索教材的关键字,系统检索教材信息表,输出匹配条目
用户借阅教材	用户通过检索找到要购买的教材并购买,系统修改教材信息表中该教材剩余数量一项,并在教材销售表中添加销售信息

6.3 运行时间

本系统至少运行 5 年。

7 出错处理设计

7.1 出错输出信息

(1) 输入用户名不存在：说明数据库无此用户名，需开户。

(2) 密码错误：说明用户名和密码不匹配。弹出警告信息后需重新输入密码，一天内输入 10 次错误密码，将对此账户进行冻结，需持学生证解冻。

(3) 由于管理员没有及时保存数据造成的数据丢失：可通过数据还原，还原成最近的数据备份。

7.2 出错补救措施

故障出现后可能采取的补救措施如下。

(1) 后备：使用附加存储设备备份数据。备份频率为每日一次，需手动备份。

(2) 恢复及再启动：如果数据造成丢失，可使用备份数据还原。

7.3 系统恢复设计

当系统出现错误和异常时，可使用备份数据还原。

8 安全保密设计

为了安全着想，本系统设计了数据备份功能。密码采用 MD5 加密算法加密。

9 维护设计

无。

小结

软件设计的主要任务是根据需求规格说明书导出系统的实现方案。软件设计在技术上可分为总体结构设计、数据设计、过程设计和界面设计 4 个活动；在工程上可分为概要设计和详细设计两个阶段。软件设计中用到的基本概念包括抽象与逐步求精、模块化与信息隐藏、软件总体结构、数据结构与软件过程。软件过程设计中最常用的技术和工具主要规格说明书经严格复审后将作为编码阶段的输入文档。

习题

一、填空题

1. ________、________和________构成了软件分析阶段,在这个阶段确定了需要做什么,解决了系统开发目标、系统需求规格。

2. 进行软件结构设计,首先要把复杂的功能进一步分解成简单的功能,遵循________原则,使划分过的模块的功能对大多数程序员而言都是易懂的。功能的分解导致了进一步细化,并选用相应图形工具来描述。

3. 模块的独立程度可以由两个定性标准度量,这两个标准分别为________和________。

4. 对于种类繁多的程序中使用的数据结构,各数据元素之间的逻辑关系只有________、________和________ 3 种。

5. 概要设计中有两个主要任务,它们分别是________和________。

二、选择题

1. 在结构化方法中,软件结构设计、数据库设计属于软件开发的(　　)阶段。

A. 需求分析　　B. 总体设计　　C. 详细设计　　D. 运行测试

2. 面向数据流的设计方法一般是把数据流划分为(　　)。

A. 输入流、输出流　　B. 变换流、事物流

C. 数据流、事务流　　D. 变换流、数据流

3. 耦合是软件各模块间连接的一种度量。一组模块都访问同一全局数据结构属于下列(　　)。

A. 内容耦合　　B. 公共耦合　　C. 外部耦合　　D. 控制耦合

4. 在结构化设计方法中,模块化方法并不等于限制地分割软件,全面指导模块划分的重要原则是(　　)。

A. 模块高内聚　　B. 模块低耦合　　C. 功能模块化　　D. 模块独立性

5. 从 20 世纪 70 年代中期到 90 年代早期,(　　)是软件工程在设计阶段最常用的方法。

A. 结构化设计方法(SD)　　B. Jackson 方法

C. 面向对象方法　　D. Parnas 方法

6. 在软件系统中,一个模块具有什么样的功能是由(　　)决定的。

A. 需求分析　　B. 总体设计　　C. 详细设计　　D. 程序设计

三、名词解释

1. 模块独立性

2. 内聚

3. 耦合

4. 模块

5. 数据流图
6. 抽象
7. 模块化

四、简答题

1. 概要设计的任务和过程是什么？在任务设计阶段要产生什么文档？
2. 什么是模块独立性？用什么来度量？
3. 什么叫内聚？内聚有哪些种类？设计内聚时要注意的原则是什么？
4. 软件概要设计的目标是什么？设计原则是什么？
5. 什么叫耦合？具体区分模块间耦合程度的高低的标准有哪些？

CHAPTER

第5章 详细设计

详细设计又称过程设计,在概要设计阶段,已经确定了软件系统的总体结构,给出系统中各个组成模块的功能和模块间的联系。接下来的工作,就是要在上述结果的基础上考虑“怎样实现”这个软件系统,直到对系统中的每个模块给出足够详细的过程性描述。需要指出的是,这些描述应该用详细设计的表达工具来表示,它们还不是程序,一般不能够在计算机上运行。

详细设计是编码的先导,这个阶段所产生的设计文档的质量将直接影响下一阶段程序的质量。为了提高文档的质量和可读性,本章除了说明详细设计的目的、任务与表达工具外,还将扼要介绍结构化程序设计的基本原理以及如何用这些原理来指导模块内部的逻辑设计,提高模块控制结构的清晰度。

学习目标:

✍ 了解详细设计的内容与原则。

✍ 掌握数据代码设计的工具。

✍ 掌握人机界面设计和实现原则。

✍ 了解程序结构复杂性的定量度量方法。

5.1 详细设计的内容与原则

5.1.1 详细设计的内容

详细设计的目的是为软件结构图(SC图或HC图)中的每个模块确定使用的算法和块内数据结构,并用某种选定的表达工具给出清晰的描述。表达工具可以由开发单位或设计人员自由选择,但它必须具有描述过程细节的能力,进而可在编码阶段能够直接将它翻译为用程序设计语言书写的源程序。

这一阶段的主要任务如下。

(1) 为每个模块确定采用的算法,选择某种适当的工具表达算法的过程,写出模块的详细过程性描述。

(2) 确定每个模块使用的数据结构。

（3）确定模块接口的细节，包括对系统外部的接口和用户界面，对系统内部其他模块的接口，以及模块输入数据、输出数据和局部数据的全部细节。

在详细设计结束时，应该把上述结果写入详细设计说明书，并且通过复审形成正式文档，交付给下一阶段（编码阶段）作为工作依据。

（4）要为每个模块设计出一组测试用例，以便在编码阶段对模块代码（即程序）进行预定的测试，模块的测试用例是软件测试计划的重要组成部分，通常包括输入数据、期望输出等内容，其要求和设计方法将在第 7 章详细介绍，这里需要说明的一点是，负责详细设计的软件人员对模块的情况（包括功能、逻辑和接口）了解得最清楚，由他们在完成详细设计后提出对各个模块的测试要求。

5.1.2 详细设计的原则

详细设计的原则包括以下内容。

（1）由于详细设计的蓝图是给人看的，所以模块的逻辑描述要清晰易读、正确可靠。

（2）采用结构化设计方法改善控制结构，降低程序的复杂程度，从而提高程序的可读性、可测试性、可维护性。根据 E.W.Dijkstra 首先提出在高级语言中取消 GOTO 语句，Boehm 与 Jacopini 证明用顺序、选择、循环 3 种结构可构造任何程序结构，并能实现单入口、单出口的程序结构，IBM 公司的 Mills 进一步提出程序结构应该坚持单入口、单出口。Wirth 又对结构化程序设计的逐步求精抽象分解做了总结概括，从而形成结构化程序设计的基本方法与原则，其基本内容归纳为以下 5 点。

① 在程序设计语言中应尽量少用 GOTO 语句，以确保程序结构的独立性。

② 使用单入口、单出口的控制结构，确保程序的静态结构和动态执行情况相一致，保证程序易理解。

③ 程序的控制结构一般由顺序、选择、循环 3 种结构构成，确保结构简单。

④ 用“自顶向下，逐步求精”方法完成程序设计。结构化程序设计的缺点是存储容量和运行时间增加 10％～20％，但易读、易维护性好。

⑤ 经典的控制结构有顺序、IF THEN ELSE 分支、DO-WHILE 循环。扩展的控制结构有多分支 CASE、DO-UNTIL 循环结构、固定次数循环 DO-WHILE。

（3）选择恰当的描述工具描述各模块算法。

5.2 数据代码设计的工具

在理想的情况下，算法过程描述应采用自然语言来表达，这样能够使不懂软件的人较易理解这些规格说明。但是，自然语言在语法和语义上有时具有多义性，常常要参考上下文才能够把问题描述清楚，因此必须采用更严密的描述工具来表达过程细节。对详细设计的工具简述如下。

（1）图形工具：利用图形工具可以把过程的细节用图形描述出来。

（2）表格工具：可以用一张表来描述过程的细节，在这张表中列出了各种可能的操作和相应的条件。

(3) 语言工具:用某种高级语言(称伪码)来描述过程的细节。

程序流程图

5.2.1 程序流程图

程序流程图又称程序框图,它是软件开发者最熟悉的一种算法表达工具。它独立于任何一种程序设计语言,比较直观和清晰地描述过程的控制流程,易于学习掌握。因此,它至今仍是软件开发者最普遍采用的一种工具。

流程图也存在一些严重的不足,主要表现在利用流程图使用的符号不够规范,人们常常使用一些习惯性用法。特别是表示程序控制流程的箭头,使用的灵活性极大,程序员可以不受任何约束,随意转移控制。这些问题常常严重地影响了程序质量。为了消除这些不足,应严格地定义流程图所使用的符号,不允许随心所欲地画出各种不规范的流程图。

为使用流程图描述结构化程序,必须限制在流程图中只使用下述 5 种基本控制结构。

1. 顺序型

顺序型由几个连续的处理步骤依次排列构成,如图 5-1 所示。

2. 选择型

选择型是指由某个逻辑判断式的取值决定选择两个处理中的一个,如图 5-2 所示。

3. WHILE 型循环

WHILE 型循环是先判定型循环,在循环控制条件成立时重复执行特定的处理,如图 5-3 所示。

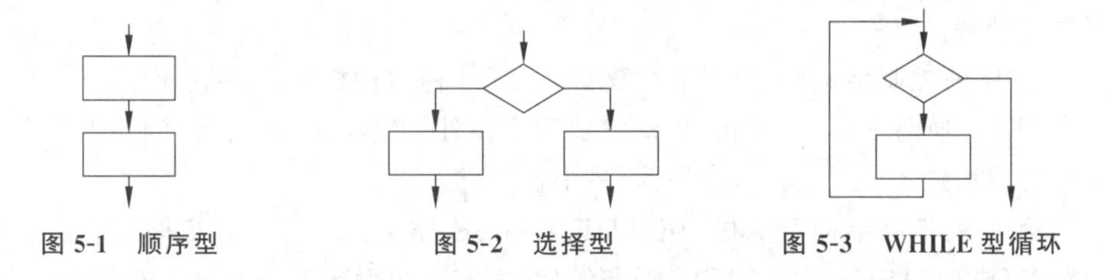

图 5-1 顺序型　　图 5-2 选择型　　图 5-3 WHILE 型循环

4. UNTIL 型循环

UNTIL 型循环是后判定型循环,重复执行某些特定的处理,直到控制条件成立为止,如图 5-4 所示。

5. 多情况型选择

多情况型选择列举多种处理情况,根据控制变量的取值选择执行其一,如图 5-5 所示。

任何复杂的程序流程图都应由上述 5 种基本控制结构组合或嵌套而成。图 5-6 是一个结构化程序流程图示例。

为了能够准确地使用流程图,要对流程图所使用的符号做出确切的规定。除了按规定使用定义了的符号之外,流程图中不允许出现其他任何符号。图 5-7 给出国际标准化组织提出的已被我国国家市场监督管理总局批准的一些程序流程图标准符号，其中大多数规定的使用方法与普通的习惯用法一致。

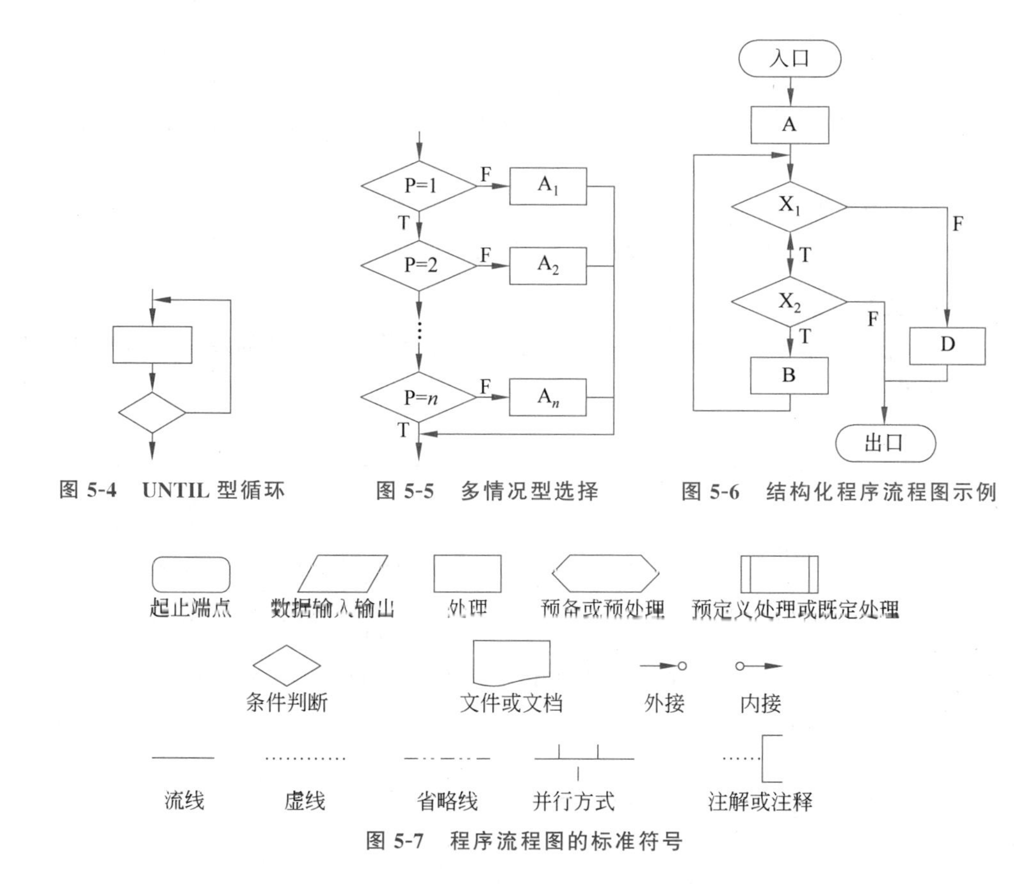

图 5-4　UNTIL 型循环　　图 5-5　多情况型选择　　图 5-6　结构化程序流程图示例

图 5-7　程序流程图的标准符号

5.2.2 N-S 图

Nassi 和 Shneiderman 提出了一种符合结构化程序设计原则的图形描述工具，称为盒图，又称 N-S 图。在 N-S 图中，为了表示 5 种基本控制结构，规定了 5 种图形构件。

1. 顺序型

如图 5-8 所示，在顺序型结构中先执行 A，后执行 B。

2. 选择型

如图 5-9 所示，在选择型结构中，如果条件 P 成立，可执行 T 下面的内容，当条件 P 不成立时，则执行 F 下面的内容。

3. WHILE 重复型

如图 5-10 所示，在 WHILE 重复型结构中先判断 P 的值，再执行 S。其中，P 是循环条件，S 是循环体。

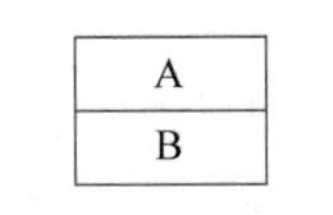

图 5-8　顺序型结构

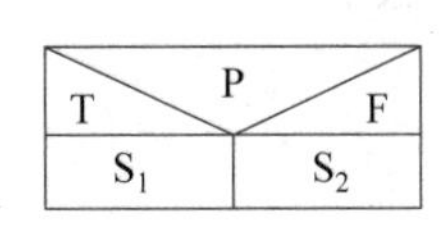

图 5-9　选择型结构

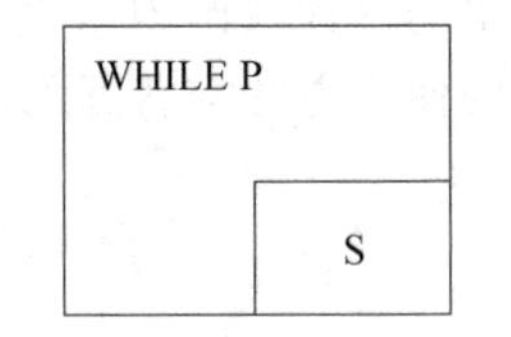

图 5-10　WHILE 重复型结构

4. UNTIL 重复型

如图 5-11 所示,在 UNTIL 重复型结构中先执行 S,后判断 P 的值。

5. 多分支选择型

图 5-12 给出了多出口的判断图形表示,P 为控制条件,根据 P 的取值相应地执行其值下面的各框内容。

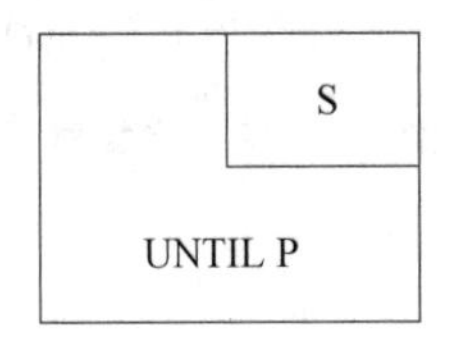

图 5-11　UNTIL 重复型结构

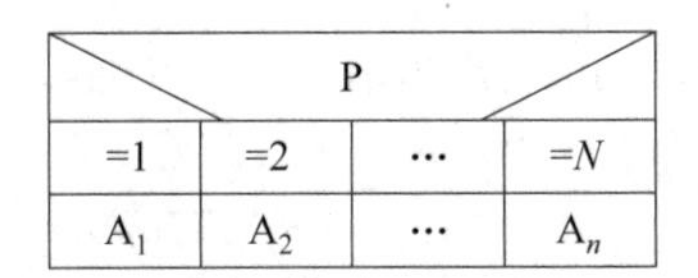

图 5-12　多分支选择型结构

【例 5-1】　将图 5-6 所示的程序流程图转化为 N-S 图的结果如图 5-13 所示。

N-S 图的特点如下。

(1) 图形清晰、准确。

(2) 控制转移不能任意规定,必须遵守结构化程序设计原则。

(3) 很容易确定局部数据和全局数据的作用域。

(4) 容易表现嵌套关系和模块的层次结构。

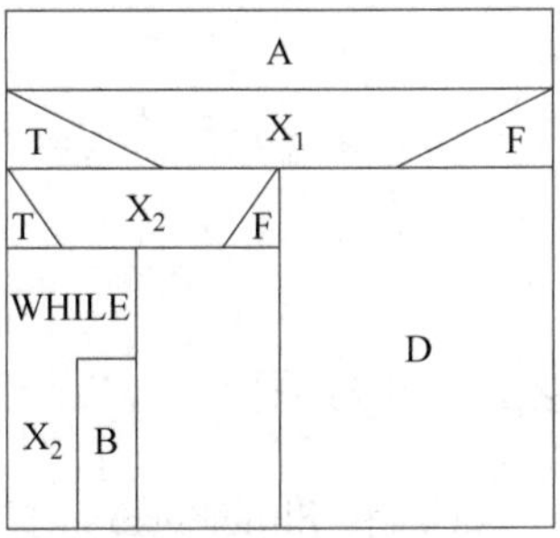

图 5-13　N-S 图示例

5.2.3　PAD

PAD 是 Problem Analysis Diagram 的英文缩写,即问题分析图,它是日本的日立公司提出的,是用结构化程序设计思想表现程序逻辑结构的图形工具。

PAD 也设置了 5 种基本控制结构的图示,并允许递归使用。

1. 顺序型

如图 5-14 所示,按顺序先执行 A,再执行 B。

2. 选择型

如图 5-15 所示,给出了判断条件为 P 的选择型结构。当 P 为真值时执行上面的 A 框的内容,当 P 取假值时执行下面的 B 框的内容。如果这种选择型结构只有 A 框,没有 B 框,表示该选择型结构中只有 THEN 后面有可执行语句 A,没有 ELSE 部分。

3. WHILE 重复型和 UNTIL 重复型

如图 5-16 所示，P 是循环判断条件，S 是循环体。循环判断条件框的右端为双纵线，表示该矩形域是循环条件，以区别于一般的矩形功能域。

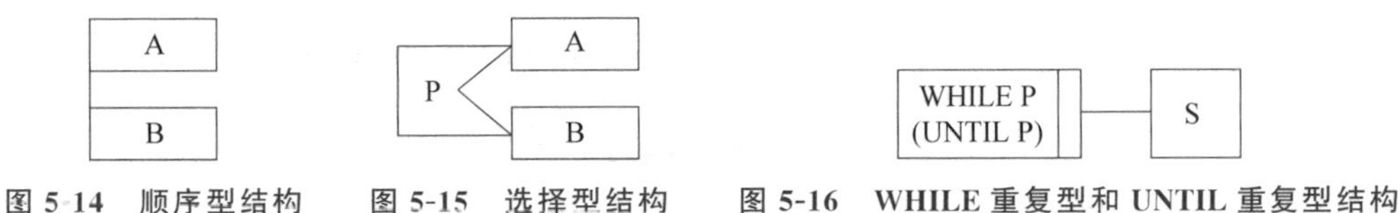

图 5-14　顺序型结构　　图 5-15　选择型结构　　图 5-16　WHILE 重复型和 UNTIL 重复型结构

4. 多分支选择型

如图 5-17 所示，多分支选择型是 CASE 型结构。当判定条件 P 等于 1 时执行 A_1 框的内容，当 P 等于 2 时执行 A_2 框的内容，当 P 等于 n 时执行 A_n 框的内容。

【例 5-2】 将图 5-6 所示的程序流程图转化为 PAD 的结果如图 5-18 所示。

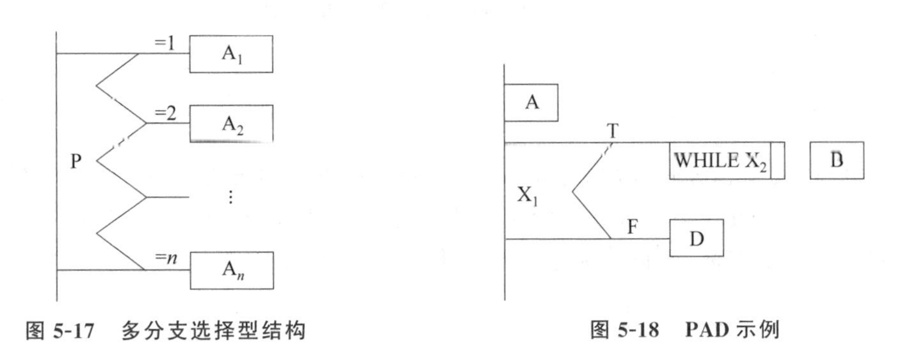

图 5-17　多分支选择型结构　　图 5-18　PAD 示例

PAD 的特点如下。

(1) PAD 的清晰度和结构化程度高。

(2) PAD 中最左端是程序的主干线，即程序的第一层结构。其后，每增加一个层次，则向右扩展一条纵线。程序中的层数就是 PAD 中的纵线数。因此，PAD 的可读性强。

(3) 利用 PAD 设计出的程序必定是结构化的程序。

(4) 利用软件工具可以将 PAD 转换成高级语言程序，进而提高软件的可靠性和生产率。

(5) PAD 支持“自顶向下，逐步求精”的方法。

下面介绍 PAD 的扩充结构。

为了反映增量型循环结构，在 PAD 中增加了对应于

FOR i:= n1 to n2 step n3 do

的循环控制结构，如图 5-19(a)所示。其中，n1 是循环初值，n2 是循环终值，n3 是循环增量。

另外，PAD 所描述程序的层次关系表现在纵线上，每条纵线表示一个层次。把 PAD 从左到右展开，随着程序层次的增加，PAD 逐渐向右展开，有可能会超过一页纸，这时，对 PAD 增加了一种如图 5-19(b)所示的扩充形式。该图中用实例说明，当一个模块 A 在一

页纸上画不下时,可在图中该模块相应位置的矩形框中简记一个 NAME A,再在另一页纸上详细地画出 A 的内容,用 def 及双下画线来定义 A 的 PAD。这种方式可使在一张纸上画不下的图在几张纸上画出,还可以用它定义子程序。

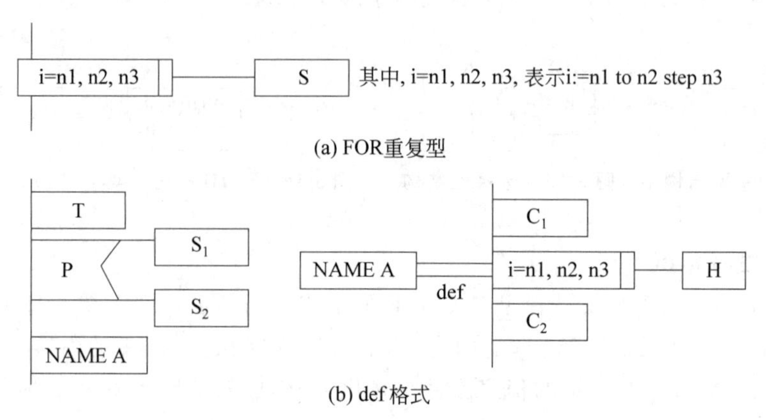

图 5-19 FOR 重复型和 def 格式

5.2.4 PDL

PDL(Procedure Design Language)为过程设计语言的英文缩写,于 1975 年由 Caine 与 Gordon 在《PDL——一种软件设计工具》一文中首先提出。PDL 是所有非正文形式的过程设计工具的统称,到目前为止已出现多种 PDL。PDL 具有"非纯粹"的编程语言的特点。

1. PDL 的特点

(1) 关键字采用固定语法并支持结构化构件、数据说明机制和模块化。

(2) 处理部分采用自然语言描述。

(3) 可以说明简单和复杂的数据结构。

(4) 子程序的定义与调用规则不受具体接口方式的影响。

2. PDL 描述选择结构

利用 PDL 描述的 IF 结构如下。

```
IF <条件>
一条或数条语句
ELSE IF <条件>
一条或数条语句
⋮
ELSE IF <条件>
一条或数条语句
ELSE
一条或数条语句
END IF
```

3. PDL 描述循环结构

对于 3 种循环结构，利用 PDL 描述如下。

1）WHILE 循环结构

```
DO WHILE <条件描述>
  一条或数条语句
ENDWHILE
```

2）UNTIL 循环结构

```
REPEAT UNTIL <条件描述>
  一条或数条语句
ENDREP
```

3）FOR 循环结构

```
DOFOR <循环变量>=<循环变量取值范围，表达式或序列>
ENDFOR
```

4. 子程序

```
PROCEDURE <子程序名> <属性表>
INTERFACE <参数表>
    一条或数条语句
END
```

其中，属性表指明了子程序的引用特性和利用的程序语言的特性。

5. 输入输出

```
READ/WRITE TO <设备>  <I/O 表>
```

综上可见，PDL 具有很强的描述功能，是一种十分灵活和有用的详细设计表达方法。

5.2.5 判定表和判定树

判定表和判定树

1. 判定表

判定表将比较复杂的决策问题简洁、明确地描述出来，它是描述条件比较多的决策问题的有效工具。如果数据流图的加工需要依赖于多个逻辑条件的取值，使用判定表来描述比较合适。

判定表的格式说明如图 5-20 所示。

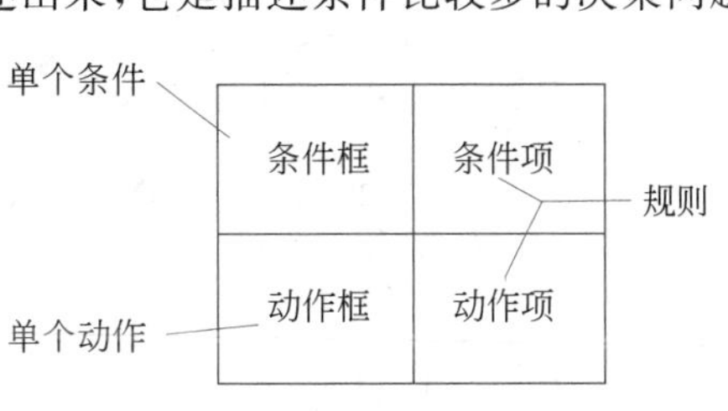

图 5-20 判定表的格式说明

例如，某仓库的发货方案如下。

(1) 客户欠款时间不超过 30 天，如果需求量不超过库存量立即发货，否则先按库存量发货，进货后再补发。

(2) 客户欠款时间超过 30 天但不超过 100 天，如果需求量不超过库存量先付款再发货，否则不发货。

(3) 客户欠款时间超过 100 天，要求先付欠款。

判定表表示如表 5-1 所示。

表 5-1　判定表表示

决策规则号		1	2	3	4	5	6
条件	欠款时间≤30 天	Y	Y	N	N	N	N
	欠款时间>100 天	N	N	Y	Y	N	N
	需求量≤库存量	Y	N	Y	N	Y	N
应采取的行动	立即发货	×					
	先按库存量发货,进货后再补发		×				
	先付款再发货					×	
	不发货						×
	要求先付欠款			×	×		

2. 判定树

判定树又称决策树,是一种描述加工的图形工具,适合描述问题处理中具有多个判断的情况,而且每个决策与若干条件有关。在使用判定树进行描述时,应该从问题的文字描述中分清哪些是判定条件,哪些是判定决策,根据描述材料中的连接词找出判定条件的从属关系、并列关系、选择关系,根据它们构造判定树。判定树用一种树状形式来表示多个条件、多个取值应采取的动作。

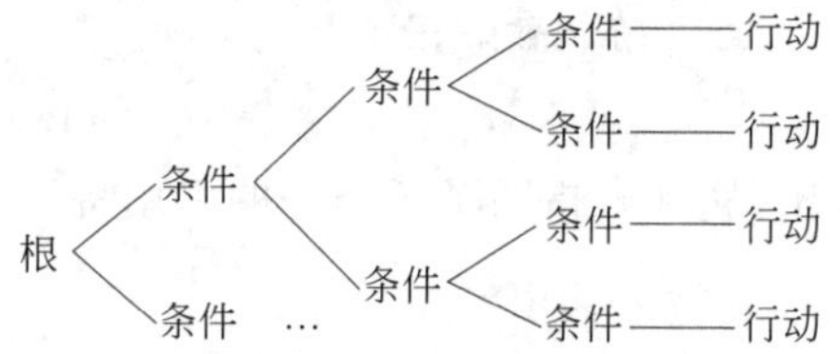

根 — 条件 — 条件 — 条件 —— 行动 / 条件 —— 行动; 条件 — 条件 —— 行动 / 条件 —— 行动; 条件 …

图 5-21　判定树的表示形式

判定树的表示形式如图 5-21 所示。

例如,以商店业务处理系统中的"检查发货单"为例:

```
IF 发货单金额超过$500 THEN
        IF 欠款超过了 60 天 THEN
                在偿还欠款前不发出批准书
        ELSE(欠款未超期)
                发出批准书,发货单
ELSE(发货单金额未超过$500)
        IF 欠款超过 60 天 THEN
                发出批准书、发货单及赊欠报告
        ELSE(欠款未超期)
                发出批准书、发货单
```

检查发货单判定树表示如图 5-22 所示。

判定表和判定树都是以图形形式描述数据流的加工逻辑,它们结构简单,易懂易读。尤其是遇到组合条件的判定,利用判定表或判定树可以使问题的描述清晰,而且便于直接映射到程序代码。在表达一个加工逻辑时,判定树、判定表都是好的描述工具,可以根据需要交叉使用。

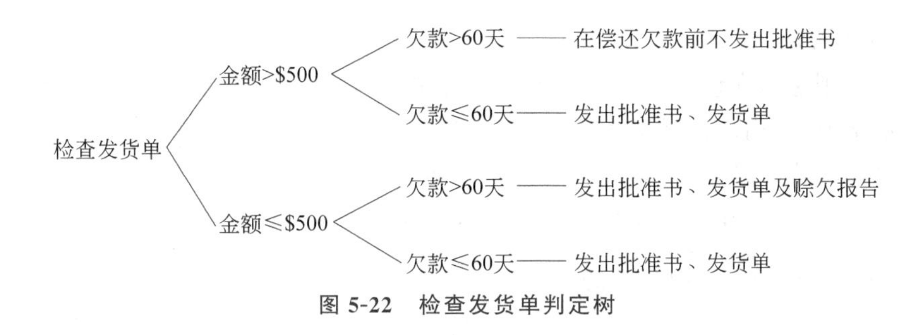

图 5-22 检查发货单判定树

5.2.6 详细设计工具的选择

在详细设计中,对一个工程设计选择的原则是使过程描述易于理解、复审和维护,过程描述能够自然地转换成代码,并保证详细设计与代码完全一致。为了达到这一原则,要求设计工具具有下述属性。

(1) 模块化。支持模块化软件的开发,并提供描述接口的机制。例如,能够直接表示子程序和块结构。

(2) 简洁。设计描述易学、易用和易读。

(3) 便于编辑。支持后续设计和维护以及在维护阶段对设计进行的修改。

(4) 机器可读性。设计描述能够直接输入,并且很容易被计算机辅助设计工具识别。

(5) 可维护性。详细设计应能够支持各种软件配置项的维护。

(6) 自动生成报告。设计者通过分析详细设计的结果来改进设计,通过自动处理器产生有关的分析报告,进而增强设计者在这方面的能力。

(7) 强制结构化。详细设计工具能够强制设计者采用结构化构件,有助于采用优秀的设计。

(8) 数据表示。详细设计具有表示局部数据和全局数据的能力。

(9) 逻辑验证。软件测试的最高目标是能够自动检验设计逻辑的正确性,所以设计描述应易于进行逻辑验证,进而增强可测试性。

(10) 可编码能力。可编码能力是一种设计描述,研究代码自动转换技术可以提高软件效率和减少出错率。

5.3 人机界面设计

用户界面是用户与程序沟通的唯一途径,能为用户提供方便、有效的服务。Theo Mandel 在关于界面设计的著作中提出了三条"黄金原则":置界面于用户的控制之下、减少用户的记忆负担、保持界面的一致性,详细来说有以下 11 点。

1. 减少记忆量

重要的是唤醒用户的识别而不是记忆,如工具栏菜单功能提示。

2. 一致性原则

一致性原则是指在设计系统的各个环节时应遵从统一的、简单的规则,保证不出现例外和特殊的情况,按用户认为最正常、最合乎逻辑的方式去做。它要求系统的命令和菜单应该有相同的格式,参数应该以相同的方式传递给所有的命令。一致的界面可以加快用户的学习速度,使用户在一个命令或应用中所学到的知识可以在整个系统中使用。

3. 应用程序和用户界面分离的原则

用户界面的功能(包括布局、显示、用户操作等)专门由用户管理系统完成,应用程序不管理交互功能,也不和界面编码混杂在一起,应用程序设计者主要进行应用程序的开发,界面设计者主要进行界面的设计。

4. 视觉效果原则

视觉效果设计强调的是色彩的使用,色彩的使用应考虑以下3方面。

(1) 选择色彩对比时以色调对比为主。

(2) 就色调而言,最容易引起视觉疲劳的是蓝色和紫色,其次是红色和橙色,而黄色、绿色、蓝绿色和淡青色等色调不容易引起视觉疲劳。

(3) 为减轻视觉疲劳,应在视野范围内保持均匀的色彩明亮度。

5. 反馈原则

反馈是指将系统输出的信息作为系统的输入,它动态地显示系统运行中所发生的一些变化,以便更有效地进行交互。反馈信息以多种形式出现,在交互中广泛应用。如果没有反馈,用户就无法知道操作是否为系统所接受、是否正确、操作效果如何等。反馈分为三级,即词法级、语法级和语义级。敲击键盘后,屏幕上将显示相应字符,用户移动鼠标定位器,光标在屏幕上移动时为词法级反馈。如果用户输入一个命令或参数,当语法有错时响铃,为语法级反馈。语义级反馈是最有用的反馈信息,它可以告诉用户请求操作已被处理,并将结果显示出来。

6. 可恢复性原则

可恢复性原则的作用是用户在使用系统时一旦出错可以恢复。界面设计能够最低限度地减少这些错误,但是错误不可能完全消除。用户界面应该便于用户恢复到出错之前的状态,常用以下两种恢复方式。

(1) 对破坏性操作的确认。如果用户指定的操作有潜在的破坏性,那么在信息被破坏之前界面应该提问用户是否确实想这样做,这样可使用户对该操作进行进一步的确认。

(2) 设置撤销功能。撤销命令可使系统恢复到执行前的状态。由于用户并不总能马上意识到自己已经犯了错误,多级撤销命令很有用。

7. 使用快捷方式

当使用频度增加时,用户希望能够减少输入的复杂性,使用快捷键可以提高输入速度。

8. 联机帮助

为用户提供联机帮助(On-Line Help)服务,能在用户操作过程中的任何时刻提供请求帮助。

9. 回退和出错处理

回退和出错处理包括两部分：一个是回退功能；另一个是出错处理功能。回退功能包括回退机制；出错功能包括取消机制、确认机制、设计好的诊断程序、提供出错消息，以及对可能导致错误的一些动作进行预测、约束(动作与对象相一致)。

10. 显示屏幕的有效利用

显示屏幕的有效利用包括以下 3 方面。

(1) 信息显示的布局合理性。

(2) 充分且正确地使用图符。一类图标是应用图符(Application Icons)，在图形制作过程中不可避免地要重复利用各种图形元素，对于重复利用的图形元素应该把它们转化为图符，然后在库中重复调用，以节约文件空间；另一类图标是控制图符(Control Icons)。在活动图中可发送和接收信号，分别用发送和接收图符表示。

(3) 恰当地使用各种表示方法进行选择性信息的显示。

11. 用户差异性原则

界面应为不同类型用户提供合适的交互功能，即提供多种方法使软件能适应不同熟练程度的用户。对于许多交互式系统而言，有各种类型的用户。有些用户是程序员用户，有些用户不是程序员用户；有些用户接受过计算机基础知识的培训；有些用户没有接受过计算机基础知识的培训；有些用户是应用开发用户，有些用户是系统开发维护用户；有些用户只是偶尔使用系统，与系统的交互是不经常的，而有些用户是经常使用系统，偶然使用系统的用户需要界面提供指导，经常使用系统的用户则需要使他们的交互尽可能便捷。此外，有些用户的身体可能有不同类型的缺陷，如果可能应该修改界面以便妥善处理这些问题。这样界面就可能需要具备某些功能，例如能够放大显示的文本、以文本代替声音、制作很大的按钮等。

用户差异性原则与其他界面设计原则有冲突，因为有些用户喜欢的是快速交互，而不是其他。同样，不同类型的用户所需指导的层次完全不同，要开发支持所有用户的界面是不可能的，界面设计者只能根据系统的具体用户做出相应调整。

5.4 程序结构复杂性的定量度量

详细设计是为了设计出高质量的软件。一个软件由多个模块构成，那么怎样判断一个模块质量的好坏呢？本节介绍两种方法，即 McCabe 方法和 Halstead 方法。

5.4.1 McCabe 方法

McCabe 方法是一种软件质量度量方法，它是基于对程序拓扑结构复杂度的分析。McCabe 于 1976 年指出：一个程序的环形复杂度取决于它的程序图(流图)包含的判定结点数量。环形复杂度是指根据程序控制流的复杂程度度量程序的复杂程度。程序图是指退化的程序流程图,仅仅描绘程序的控制流程,完全不表现对数据的具体操作以及分支或循环的具体条件。

1. 程序图

程序图具有以下 3 个特点。

(1) 它是一个简化了的流程图。

(2) 流程图中的各种处理框、判定框等都被简化成用圆圈表示的结点。

(3) 可由流程图导出或其他工具(PAD、代码等)变换获得。

程序图的基本元素如下。

(1) 圆圈为程序图的结点,表示一个或多个无分支的语句。

(2) 箭头为边,表示控制流的方向。

(3) 边和结点圈定的封闭范围称为区域。

(4) 从图论的观点来看,它是一个可以用 $G=<N,E>$ 来表示的有向图。其中,N 表示结点,E 表示有向边,指明程序的流程。

(5) 包含条件的结点称为判定结点。

图 5-23 为 4 种基本程序图。

【例 5-3】 用 McCabe 方法求出图 5-24 中的结点数、边数、判定结点数和区域数。

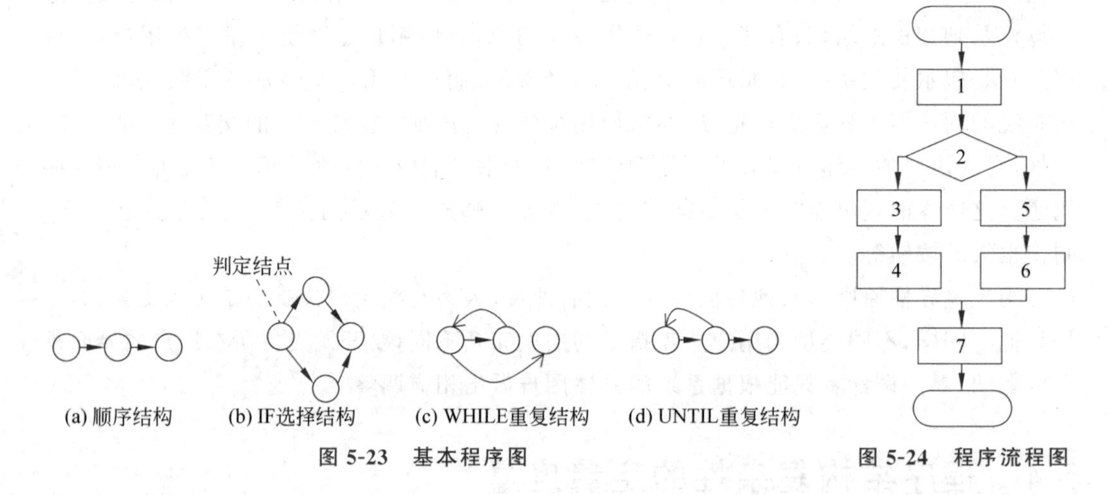

图 5-23 基本程序图　　图 5-24 程序流程图

步骤一:将图 5-24 所示的程序流程图转化为图 5-25 所示的程序图。

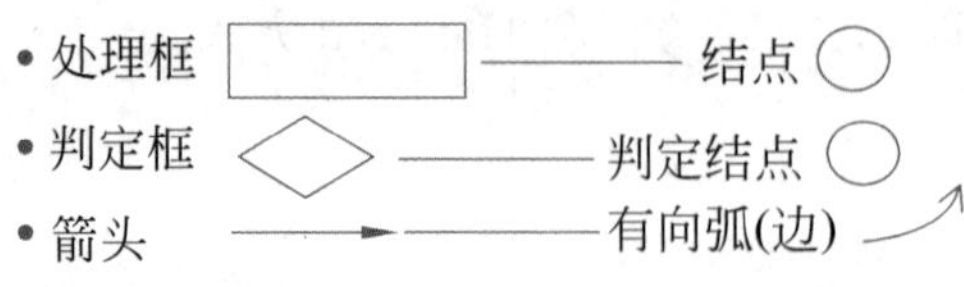

步骤二:画出程序图,如图 5-25 所示。

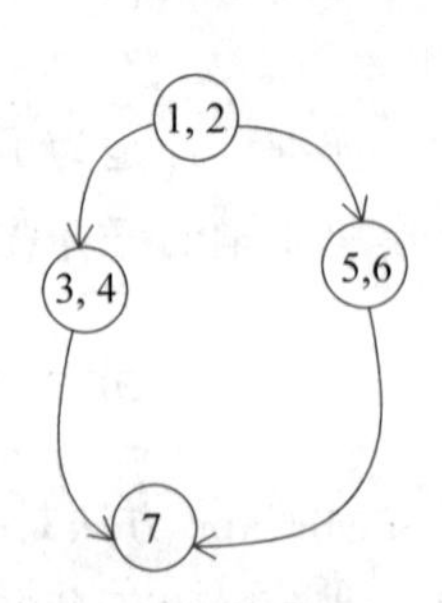

图 5-25 程序图

步骤三:根据图 5-25 得出结点数 $N=4$;边数 $E=4$;判定结点

数 $P=1$；区域数为 2。

2. **环形复杂度**

对于环形复杂度 $V(G)$ 的图论解释是强连通图 G 中线性无关的有向环的个数。环形复杂度的用途如下。

(1) 环形复杂度是对测试难度的一种定量度量。

(2) 对软件最终的可靠性给出一种预测。

(3) 软件规模以 $V(G)\leqslant 10$ 为宜。

这里给出以下 3 种计算方法。

(1) $V(G)$ = 图中平面区域的个数。

(2) $V(G)$ = P(判定结点的个数)+1。

(3) $V(G)$ = E(边数)−N(结点数)+2。

【例 5-4】 用 McCabe 方法算出图 5-26 的环形复杂度。

方法一：$V(G)$ = 图中平面区域的个数(包括图外区域)。如图 5-27 所示，$V(G)=4$。

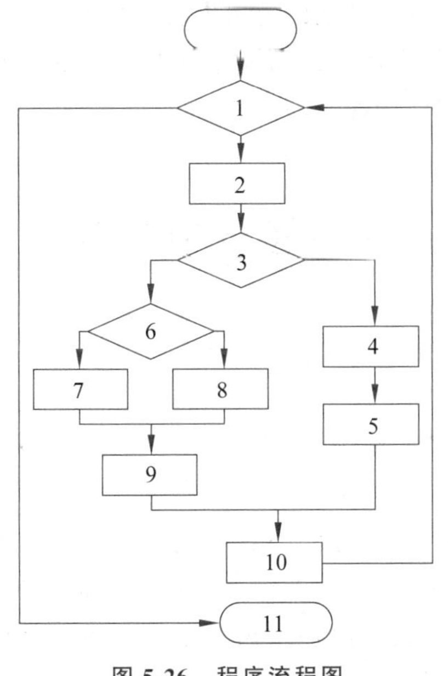

图 5-26　程序流程图

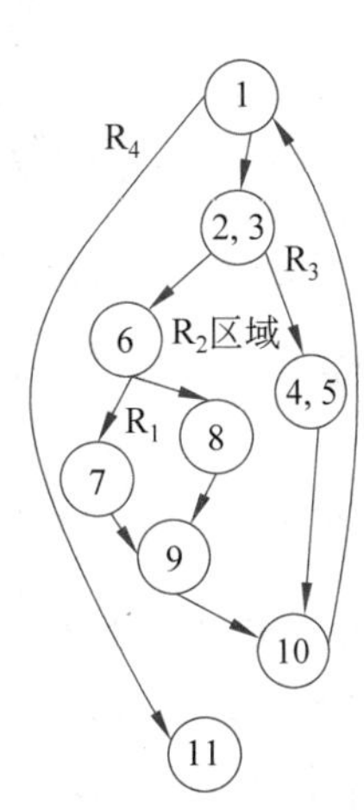

图 5-27　程序图

方法二：$V(G)$ = P(判定结点的个数)+1。如图 5-27 所示，$V(G)=3+1=4$。

方法三：$V(G)$ = E(边数)−N(结点数)+2。如图 5-27 所示，$V(G)=11-9+2=4$。

5.4.2　Halstead 方法

Halstead 度量法通过计算程序中的运算符和操作数的数量对程序的复杂度加以度量。Halstead 方法又称文本复杂度度量法，它是基于程序中操作符号(包括保留字)和操作数(即常、变量)出现的总次数来计算程序的复杂度的。

设 n_1 表示程序中不同运算符的个数,n_2 表示程序中不同操作数的个数,N_1 表示程序中实际运算符的总数,N_2 表示程序中实际操作数的总数。令 H 表示程序的预测长度,Halstead 给出 H 的计算公式为 $H=n_1\log(2n_1)+n_2\log(2n_2)$;令 N 表示实际的程序长度,其定义为 $N=N_1+N_2$。Halstead 的重要结论之一是程序的实际长度 N 与预测长度非常接近。这表明即使程序还未编写完也能预先估计程序的实际长度 N。Halstead 还给出了另一些计算公式,包括程序容量 $V=N\log(2(n_1+n_2))$,程序级别 $L=(2/n_1)\cdot(n_2/N_2)$,程序中的错误数预测值 $B=N\ \log(2(n_1+n_2))/3000$。

Halstead 度量法实际上只考虑了程序的数据流没有考虑程序的控制流,因而不能从根本上反映程序的复杂度。

5.5 详细设计实例——《学生教材购销系统》详细设计说明书

建立设计文档的目的是把设计师的思想告诉其他的有关人员。程序是由计算机执行的,但提高可读性便于维护。详细设计阶段的文档是详细设计说明书,它是对程序工作过程的描述。下面是《学生教材购销系统》详细设计说明书。

《学生教材购销系统》详细设计说明书

1 引言

1.1 编写目的

(1) 在前面(《学生教材购销系统》需求规格说明书)已明确了系统的主要功能,解决了系统"做什么"的问题,在概要设计阶段,我们对设计方案进行了概述。在这个阶段,需要确定如何具体地实现所要求的系统,因此要详细设计系统的各个模块,主要工作有画出软件模块层次结构图,描述所有模块清单(名称、功能、I/O),从而在编码阶段就可以把这个描述直接翻译成具体的程序语言书写的程序设计页面。

(2) 详细设计说明书的读者对象有 UI 人员、开发人员、测试人员、项目支持工程师、运营运维工程师。

1.2 项目背景

待开发软件的名称:《学生教材购销系统》。

本项目的名称: ××大学教材购销管理系统软件。

本项目的提出者：××大学的教材购销机构。

本项目的开发者：××公司。

用户：××大学。

本产品是针对用计算机管理教材的需求设计的，可以完成学生登记、购入教材、管理员统计销售情况、更新教材信息等主要功能。

1.3 术语说明

数据流图：数据流图描绘系统的逻辑模型，图中没有任何具体的物理元素，只是描绘信息在系统中流动和处理的情况。

系统流程图：系统流程图是描绘物理系统的传统工具。它的基本思想是用图形符号以黑盒子的形式描绘系统中的每个部件(程序、文件、数据库、表格、人工过程等)。

1.4 参考资料

编写软件详细设计说明时所参考的资料主要如下。

(1)《学生教材购销系统》可行性研究报告。

(2)《学生教材购销系统》需求规格说明书。

(3)《学生教材购销系统》概要设计说明书。

2 软件结构

2.1 需求概述

(1) 该系统能够完成教材的购销要求，主要功能包括基础数据配置管理、教材采购管理、教材销售管理、统计分析与报表。

(2) 界面要求：简洁、美观、易操作。

(3) 本系统以后还可以和《教务管理系统》、《图书管理系统》联系起来，从而扩大本系统的使用范围。

2.2 软件结构

1. 本系统的功能结构图

《学生教材购销系统》将围绕教材购销这一主题进行详细的需求分析，以便从这些需求中提取出本系统需要实现的功能。系统的功能结构图如图 1 所示。

2. 系统概图

为了方便用户和读者充分认识本系统的最初实现情况并对系统有个初步的了解，同时也为了方便开发人员把握开发方向，这里给出系统的初步概图，如图 2 所示。

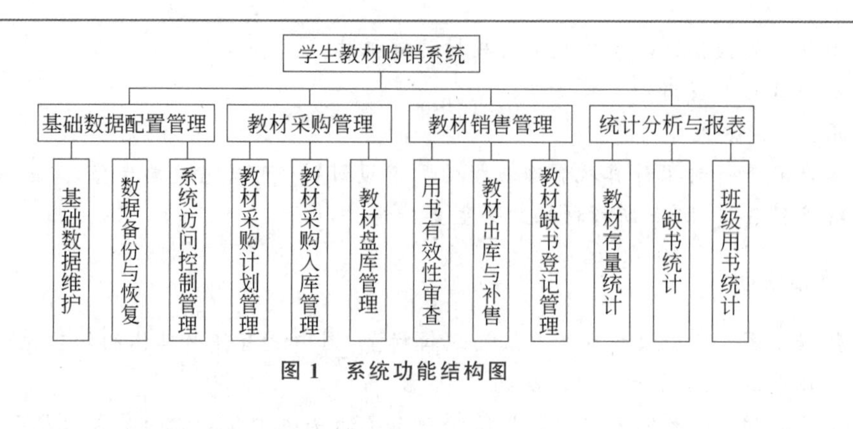

图1　系统功能结构图

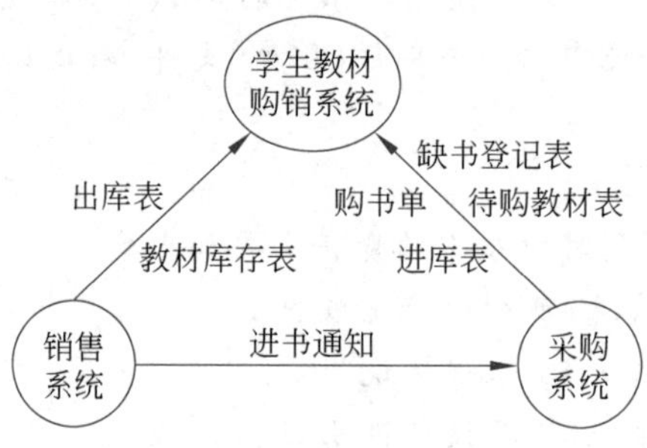

图2　学生教材购销系统概图

3　购书单审核模块程序设计说明

3.1　模块描述

本程序将常驻内存,可与其他模块同时运行。教材发行人员通过本程序对学生或教师的购书申请进行审核,验证购书单的合法性。对于合法的信息,查看是否有库存,如无库存,则登记缺书;如有库存,则生成领书单。对于不合法的购书单则生成不合法购书单通知,以便学生或教师及时修改。

购书单审核模块的数据流图如图3所示。

3.2　功能

(1) 审核学生或教师的购书信息是否有效。

(2) 生成领书单和缺书单。

(3) 返回购书单。

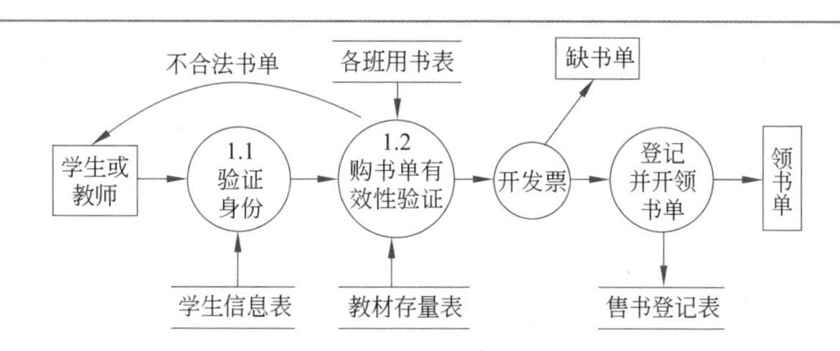

图 3　购书单审核模块数据流图

3.3　性能

(1) 严格的安全控制。

(2) 领书单发放及时。

3.4　输入项

购书信息、购书单、学生或教师信息。

3.5　输出项

合法购书单或缺书单、不合法购书单通知。

3.6　算法与程序逻辑

购书单审核模块程序流程图如图 4 所示。

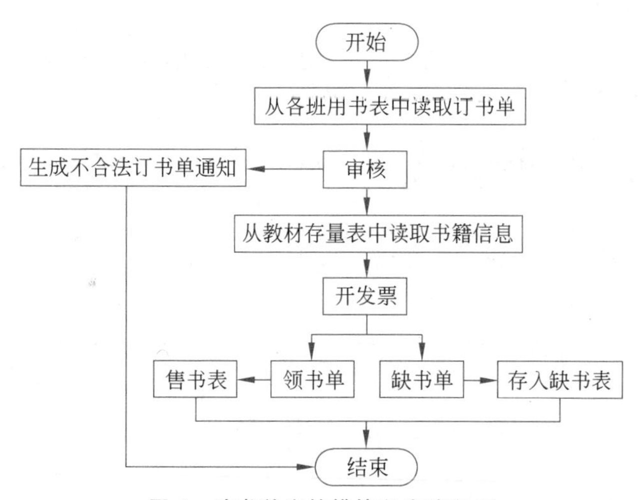

图 4　购书单审核模块程序流程图

3.7　接口

购书单审核模块由系统教材管理人员进行审核的相关操作，根据各班用书表和教材信息表审核是否发领书单或者是返回购书单。

3.8 存储分配

购书单审核模块由系统自动分配内存。

3.9 注释设计

购书单审核模块首部的注释：系统审核模块。

3.10 限制条件

无。

3.11 测试要点

进入系统后，学生和教师输入购书单，能够看到领书单或者返回购书单，如表1所示。

表1 购书单审核测试用例

测试项目名称：《学生教材购销系统》——购书单审核功能
测试用例编号：1
测试内容：教材管理人员验证购书单的合法性
测试输入数据： 学号 书号(ISBN) 姓名 班级名 数量 11306070 9787303051489 小红 信息082班 45本 33306070 小玉 29本
测试次数：执行测试过程两次
预期结果：当购书单合法时产生有效购书单，不合法的购书单则生成不合法购书单通知，以便学生或教师及时修改
测试过程：进入审核界面时，将对应的数据输入相关项目中，单击"审核"按钮
测试结论：当输入"11306070 小红 女 信息082班 45本"时出现有效购书单 当输入"33306070 小玉 29本"时出现不合法购书单通知
备注：无

4 教材销售子系统程序设计说明

4.1 系统描述

教材销售子系统主要完成教材销售的工作。首先由教师或学生提交购书单，经教材发行人员审核是有效购书单后开发票、登记并返给教师或学生领书单，教师或学生即可去书库领书，并且同时修改销售表信息。如果购书单有效但是书库中没有这本书则需要进行缺书登记，输入缺书登记表中。

教材销售子系统数据流图如图 5 所示。

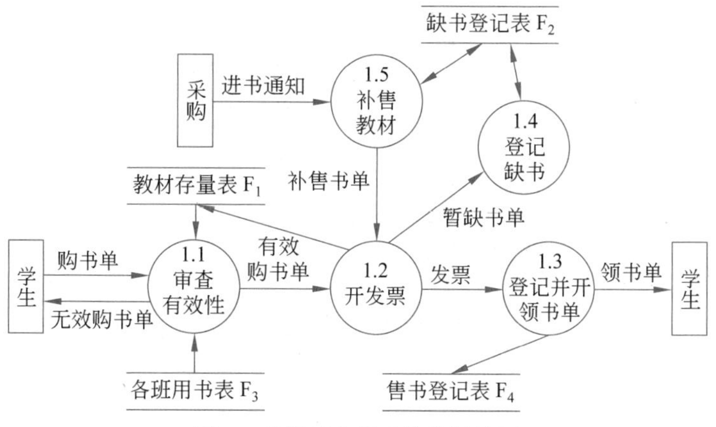

图 5 教材销售子系统数据流图

4.2 功能

（1）系统根据有效购书单登记售书和打印领书单。

（2）如果书库没书，系统进行缺书登记，并打印缺书单。

（3）系统根据进书单打印补售通知单。

4.3 性能

对于系统中输入的数据要按照数据字典的规定严格输入，尽量避免数据溢出和数据的不合法性。

4.4 输入项

购书信息、书号、书名等。

4.5 输出项

购书单、检索结果缺书单、补售通知单。

4.6 算法与程序逻辑

教材销售子系统程序流程图如图 6 所示。

4.7 接口

教材销售子系统是教材工作人员进行销售的相关操作，对教材的补售和缺书的登记需要购书单和售书登记表的数据信息。

4.8 存储分配

教材销售子系统由系统自动分配内存。

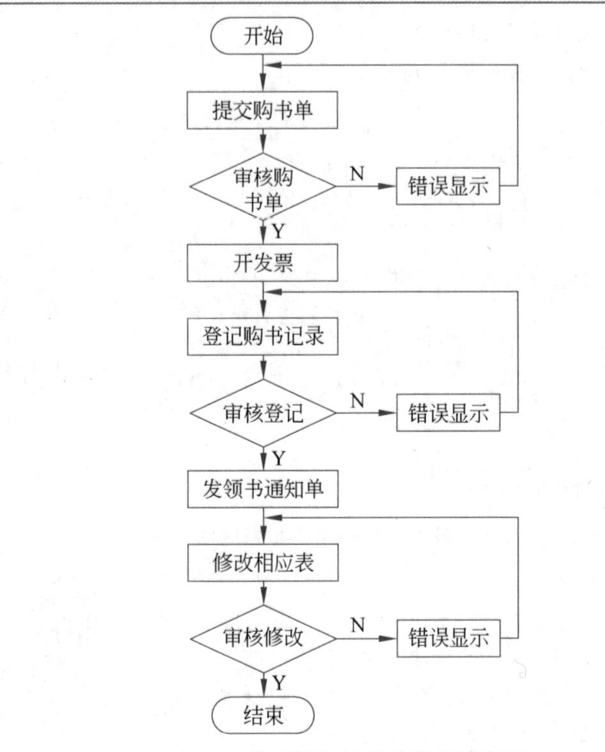

图 6　教材销售子系统程序流程图

4.9　注释设计

教材销售子系统首部的注释：销售子系统。

4.10　限制条件

无。

4.11　测试要点

(1) 教材工作人员审核购书单发现缺书后是否产生补售通知。

(2) 是否有缺书登记，如表 2 所示。

表 2　教材销售子系统测试用例

测试项目名称：《学生教材购销系统》——教材销售子系统功能				
测试用例编号：2				
测试内容：管理人员能否顺利地进入销售主界面，并且能否顺利地进行书籍的销售				
测试输入数据：				
学号	书号(ISBN)	姓名	班级名	数量
11306070	9787303051489	小红	信息 082 班	45 本
22306070	9787303051489	小强	计算机 091 班	30 本
33306070	9787303051489	小玉	数学 081 班	29 本

续表

教材存量表已有数据： 书号　　书名　　出版社　　单价　　数量 9787303051489　数据库　清华大学出版社　32.00　90
测试次数:执行测试过程 3 次
预期结果:当输入的购书单有效时,可以进行登记售书并打印领书单; 否则,输出教材缺书登记并向系统发出采购补售通知
测试过程: (1) 以管理人员的身份进入客户界面。 (2) 对于"9787303051489　数据库　清华大学出版社　32.00",单击"销售"按钮,此时进入销售主界面,显示"9787303051489　数据库　清华大学出版社　32.00　90",剩余 90 本,并显示用户信息"11306070　9787303051489　小红　信息 082 班　45 本"和"22306070　9787303051489　小强　计算机 091 班　30 本",单击"确认"按钮,产生需要采购的书籍数量"45 本"和"30 本",分别单击"确认销售"按钮。 (3) 单击"返回"按钮,进入客户界面,对于同一条记录"9787303051489　数据库　清华大学出版社　32.00",单击"销售"按钮,再次进入客户销售界面,显示"9787303051489　数据库　清华大学出版社　32.00　15",此时显示用户信息"33306070　9787303051489　小玉　数学 081 班　29 本",单击"确认"按钮,产生需要采购的书籍数量"29 本",单击"确认销售"按钮
测试结论: (1) 对于输入信息"11306070　9787303051489　小红　信息 082 班　45 本"和"22306070　9787303051489　小强　计算机 091 班　30 本",单击"销售"按钮能出现销售成功的提示信息。 (2) 对于输入信息"33306070　9787303051489　小玉　数学 081 班　29 本",单击"销售"按钮,不能继续销售操作,出现"002A　数据库　张三 清华大学出版社 32.00 缺书 14 本 ,请及时补售教材"的通知
备注:出现的信息如果与预想的不相符,还需更进一步修改

5　教材采购子系统程序设计说明

5.1　系统描述

教材采购子系统主要完成教材采购的工作。若是脱销教材,则登记缺书,发缺书单给书库采购人员;一旦新书入库,即发进书通知给教材发行人员,并同时修改教材存量表。

教材采购子系统的数据流图如图 7 所示。

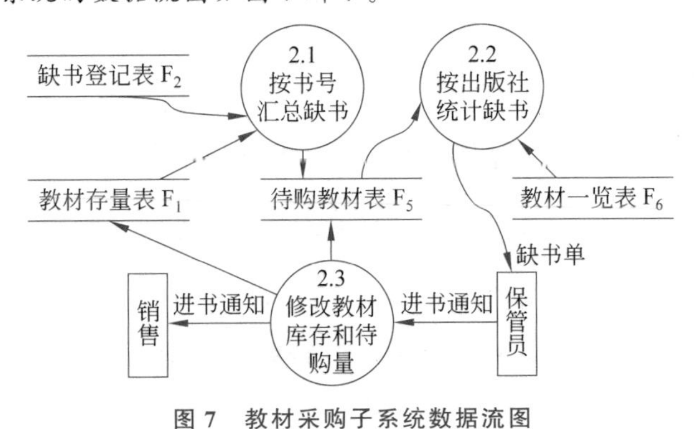

图 7　教材采购子系统数据流图

5.2 功能

(1) 汇总缺书。

(2) 采购学校教学用书。

(3) 若是脱销教材,则登记缺书,发缺书单给书库采购人员。

(4) 一旦新书入库,即发进书通知给教材保管员。

5.3 性能

对于系统中输入的数据要按照数据字典的规定严格输入,尽量避免数据溢出和数据的不合法性。

5.4 输入项

缺书单、个人信息表、教材信息表、教材存量表、待购教材表。

5.5 输出项

购书单、教材信息表、教材存量表。

5.6 算法与程序逻辑

教材采购子系统程序流程图如图 8 所示。

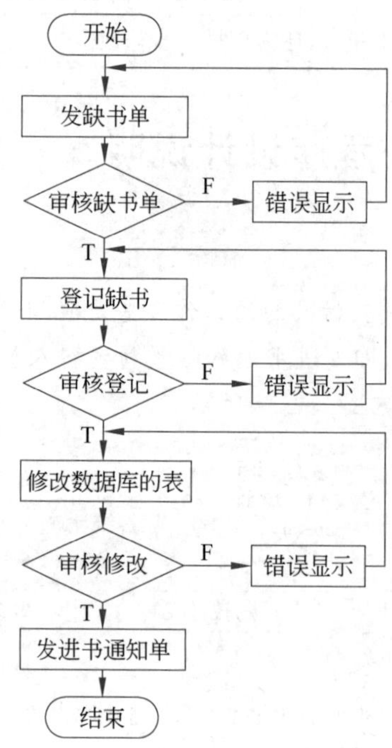

图 8　教材采购子系统程序流程图

5.7 接口

教材采购子系统是系统用户进行采购的相关操作，需要用户提交自己需要的采购信息，整理完后生成待采购表，如果信息无误则系统将信息存入用户表。

5.8 存储分配

教材采购子系统由系统自动分配内存。

5.9 注释设计

教材采购子系统首部的注释：采购子系统。

5.10 限制条件

无。

5.11 测试要点

(1) 进入采购界面后输入正确的客户信息进行订购，看能否出现提示成功的信息。

(2) 返回采购界面，输入错误的客户信息进行订购，看系统是否提示错误，并阻止动作的进一步进行，如表3所示。

表3 教材采购子系统测试用例

<table>
<tr><td>测试项目名称:《学生教材购销系统》——教材采购子系统功能</td></tr>
<tr><td>测试用例编号:3</td></tr>
<tr><td>测试内容:采购者能否顺利地进入采购主界面,并且能否顺利地采购书籍</td></tr>
<tr><td>测试输入数据：
学号 书号(ISBN) 姓名 班级名 数量
11306070 9787303051489 小红 信息082班 45本
22306070 9787303051489 小强 计算机091班 30本
33306070 9787303051489 小玉 其他 29本
教材存量表已有数据：
书号 书名 出版社 单价 数量
9787303051489 数据库 清华大学出版社 32.00 0</td></tr>
<tr><td>测试次数:执行测试过程两次</td></tr>
<tr><td>预期结果：当输入正确的用户信息时可以进行采购；
当输入错误的用户信息时不能进行采购</td></tr>
<tr><td>测试过程：
(1) 以采购者的身份进入客户界面。
(2) 对于“9787303051489 数据库 清华大学出版社 32.00”,单击“订购”按钮,此时进入客户订购界面,输入正确的用户信息“11306070 9787303051489 小红 信息082班 45本”和“22306070 9787303051489 小强 计算机091班 30本”,单击“确认采购”按钮。</td></tr>
</table>

续表

(3) 单击“返回”按钮,进入客户界面,对于同一条记录“9787303051489 数据库 清华大学出版社 32.00”,单击“订购”按钮,再次进入客户订购界面,输入错误的用户信息“33306070 9787303051489 小玉 其他 29本”,单击“确认采购”按钮
测试结论: (1) 当输入“11306070 9787303051489 小红 信息082班 45本”和“22306070 9787303051489 小强 计算机091班 30本”时能出现采购成功的提示信息。 (2) 当输入“33306070 9787303051489 小玉 其他 29本”时不能继续采购操作,并且不会出现相应的提示信息
备注:无

5.12 尚未解决的问题

输入错误用户信息时,虽然不能进行正常的采购操作,但是不会提示相关的信息。

小结

详细设计的关键任务是确定怎样具体地实现所要求的目标系统,也就是要设计出程序的“蓝图”。除了应该保证程序的可靠性之外,使将来编写出的程序的可读性好,以及容易测试、修改和维护是详细设计最重要的目标。

程序流程图、N-S图、PAD、判定表、判定树和PDL等都是完成详细设计的工具,选择合适的工具并且正确地使用它们是十分重要的。用模块开发文件夹的形式组织管理与一个模块有关的全部文档可能是一个行之有效的方法。

习题

一、填空题

1. 详细设计的目的是为________中的每个模块确定使用的算法和块内的数据结构,并用某种选定的表达工具给出清晰的描述。

2. 在程序流程图中只能使用5种基本控制结构,它们分别是________、________、________、________、________。

3. 程序流程图又称________,它是软件开发者最熟悉的一种算法表达工具。它独立于任何一种程序设计语言,比较直观和清晰地描述过程的________,易于学习和掌握。因此,它至今仍是软件开发者最普遍采用的一种工具。

4. 任何复杂的程序流程图都应由________组合或嵌套而成。

5. N-S图的特点是________、________、________、________。

6. 详细设计的原则是________易于理解、复审和维护,过程描述能够自然地转换

成 ________,并保证详细设计与代码完全一致。

7. PAD 是一种由左向右展开的二维树状结构,图中的竖线为程序的________ 。

二、选择题

1. 软件设计将涉及软件的结构、过程和模块设计,软件过程是指(　　)。

A. 模块之间的关系　　B. 模块的操作细节

C. 软件总体设计过程　　D. 软件详细设计过程

2. 软件设计包括总体设计和详细设计,用于详细设计的工具有(　　)。

A. 程序流程图、方框图、PAD 和伪码

B. 功能模块图、数据流程图、结构图和伪码

C. 系统结构图、PAD、层次方框图、数据流程图

D. 系统结构图、PAD、层次方框图、N-S 图

3. 结构化流程图一般包含 3 种基本结构,下面结构中不属于其基本结构的是(　　)。

A. 顺序结构　　B. 嵌套结构　　C. 条件结构　　D. 选择结构

4. 结构化设计方法的基本要求是,在详细设计阶段为了确保逻辑清晰,所有的模块应该只使用顺序、循环和(　　)3 种基本控制结构。

A. 分支　　B. 循环 GOTO　　C. 单入口　　D. 单出口

5. 为最终实现目标系统,必须设计出组成这个系统的所有程序和文件,通常分为两个阶段完成,即(　　)。

A. 结构设计和过程设计　　B. 程序设计和过程设计

C. 结构设计和程序设计　　D. 详细设计和总体设计

6. 下列不是 N-S 图的构件的是(　　)。

A.
A
B

B.
A
B

C.
WHILE X
B

D.
UNTIL Y

三、名词解释

1. 程序流程图。

2. N-S 图。

3. PAD。

四、简答题

1. 详细设计的任务是什么?

2. 比较程序流程图与 PAD 的特点。

3. 结构化程序设计方法采用哪几种控制?画出每种控制结构的示意图。

4. 结构化程序设计的原则是什么?其内容有哪些?

5. 详细设计说明书包括哪些内容?

五、编程题

1. 根据伪码画出 PAD。

```
START
SWITCH P
CASE 1:   A; break;
CASE 2:   B; break;
CASE 3:   C; break;
Default;
STOP
```

2. 根据伪码画出 N-S 图。

```
START
IF A THEN
X1
DO UNTIL B
ELSE
X2
Y
END IF
Z
STOP
```

CHAPTER

第 6 章

编　　码

用户与计算机交流信息必须使用程序设计语言，这就会涉及编码。编码是把软件设计的结果翻译成计算机可以“理解”的形式，即用某种程序设计语言书写的程序。作为软件工程的一个步骤，编码是软件设计的结果，因此，程序的质量主要取决于软件设计的质量。但是，程序设计语言的特性和编码途径会对程序的可靠性、可读性、可测试性和可维护性产生深远的影响。

学习目标：

✍ 了解什么是程序设计语言。

✍ 知道编码风格的意义和内容。

✍ 掌握程序编写效率的准则。

✍ 理解算法对效率的影响。

6.1　程序设计语言

编码的目的是指挥计算机按人的意志正确工作，即使用选定的程序设计语言把模块过程描述翻译为用程序设计语言书写的源程序。程序设计语言是人和计算机通信的最基本的工具，程序设计语言的特性不可避免地会影响人的思维和解决问题的方式，会影响人和计算机通信的方式和质量，也会影响他人阅读和理解程序的难易程度，因此，在编码之前的一项重要工作就是选择一种适当的程序设计语言。本节将从软件工程的观点简单介绍几个和程序设计语言有关的问题，以保证编码阶段工作的顺利进行。

6.1.1　程序设计语言的分类

程序设计语言的分类

自 1960 年以来人们已经设计和实现了数千种不同的程序设计语言，但是其中只有很少一部分得到了比较广泛的应用。现有的程序设计语言品种繁多，基本上可以分为面向机器语言和高级语言（包括超高级语言 4GL）两大类。

1. 面向机器语言

面向机器语言包括机器语言和汇编语言。这两种语言的选择依赖于相应的机器结构，其语句和计算机硬件操作相对应。每种汇编语言都是支持该语言的计算机所独有的,因此,其指令系统因机器而异,难学难用。从软件工程学观点来看,其生产率低、容易出错、维护困难,所以现在的软件开发一般不会使用汇编语言。它的优点是易于系统接口,编码译成机器语言效率高,因而在某些使用高级语言不能满足用户需要的个别情况下可以使用汇编语言编码。

2. 高级语言

高级语言的出现大大提高了软件生产率。高级语言使用的概念和符号与人们通常使用的概念和符号比较接近,它的一条语句往往对应若干机器指令,一般来说,高级语言的特性不依赖于实现这种语言的计算机,通用性强。对于高级语言还应该进一步分类,以加深对它们的了解。可以分别从应用特点和语言内在特点两个不同角度对高级语言进行分类。

从应用特点来看,高级语言可以分为基础语言、现代语言和专用语言 3 类。

(1) 基础语言。

基础语言是通用语言,它们的特点是出现早、应用广泛,有大量软件库,被许多人熟悉和接受,属于这类的语言有 FORTRAN、COBOL、BASIC 和 ALGOL 等。这些语言创始于 20 世纪 50 年代或 60 年代,部分性能已老化,但随着版本的更新与性能的改进,至今仍被使用。

FORTRAN 是使用最早的高级语言,它适合于科学计算。其缺点是数据类型不丰富,对复杂数据结构也缺乏支持。

COBOL 创建于 20 世纪 50 年代,是商业数据库处理中应用最广的高级语言。它广泛支持与事物数据处理有关的各种过程技术。其优点是数据部、环境部、过程部分开,程序适应性强、可移植性强,且使用近似于自然语言的语句,易于理解。其缺点是计算功能弱、编译速度慢、程序不够紧凑等。

BASIC 是 20 世纪 60 年代为适应分时系统而设计的一种交互式语言,用于一般数值计算与事务处理。其优点是简单易学,具有交互功能,因此成为许多程序设计初学者的入门语言,对计算机的普及起到巨大的作用。

ALGOL 包括 ALGOL 60 和 ALGOL 68,是一种描述计算过程的算法语言。它对 PASCAL 语言的产生有强烈的影响,被认为是结构化语言的前驱。其缺点是缺少标准的输入输出和结构使用的换名参数。

(2) 现代语言。

现代语言又称结构化语言,它也是通用语言。这类语言的特点是直接提供结构化的控制结构,具有很强的过程能力和数据结构能力。ALGOL 是最早的结构化语言(同时又是基础语言),由它派生出来的 PASCAL、C 以及 Ada 等语言正被应用在非常广泛的领域中。

PASCAL 是第一个系统地体现结构化程序设计概念的现代高级语言。它的优点主要是模块清晰、控制结构完备、数据结构和数据类型丰富,且表达能力强、可移植性好,因此在科学计算、数据处理及系统软件开发中应用广泛。

C 语言最初是作为 UNIX 操作系统的主要语言开发的,现在已独立于 UNIX 操作系统成为通用的程序设计语言，适用于多种微机与小型计算机系统。它具有结构化语言的公共特征，表达简洁，控制结构、数据结构完备，运算符和数据类型丰富，而且可移植性强、编译质量高。其改进型 C++ 已成为面向对象的程序设计语言。

Ada 是迄今为止最完善的面向过程的现代语言，适用于嵌入式计算机系统。它支持并发处理与过程间通信，支持异常处理的中断处理，并且支持由汇编语言实现的低级操作。Ada 是第一个充分体现软件工程思想的语言，它既是编码语言又可作为设计表达工具。

(3) 专用语言。

专用语言的特点是具有为某种特殊应用设计的独特的语法形式，一般来说，这类语言的应用范围比较狭窄。例如，APL 是为数组和向量运算设计的简洁且功能很强的语言，但是它几乎不提供结构化的控制结构和数据类型；FORTH 是为开发微处理机软件而设计的语言，它的特点是以面向堆栈的方式执行用户定义的函数，因此能提高速度和节省存储；LISP 和 PROLOG 两种语言特别适合于人工智能领域的应用。

从语言的内在特点来看，高级语言可以分为系统实现语言、静态高级语言、块结构高级语言和动态高级语言 4 类。

(1) 系统实现语言是为了克服汇编程序设计的困难而从汇编语言发展起来的。这类语言提供控制语句和变量类型检验等功能，同时也允许程序员直接使用机器操作。例如，C 语言就是著名的系统实现语言。

(2) 静态高级语言给程序员提供某些控制语句和变量说明的机制，但是程序员不能直接控制由编译程序生成的机器操作。这类语言的特点是静态地分配存储。这种存储分配方法虽然方便了编译程序的设计和实现，但是对使用这类语言的程序员施加了较多限制。因为这类语言是第一批出现的高级语言，所以使用非常广泛。COBOL 和 FORTRAN 是这类语言中最著名的例子。

(3) 块结构高级语言的特点是提供有限形式的动态存储分配，这种形式称为块结构。存储管理系统支持程序的运行，每当进入或退出程序块时，存储管理系统分配存储或释放存储。程序块是程序中界限分明的区域，每当进入一个程序块时就中断程序的执行，以便分配存储。ALGOL 和 PASCAL 属于这类语言。

(4) 动态高级语言的特点是动态地完成所有存储管理，也就是说，执行个别语句可能引起分配存储或释放存储。一般来说，这类语言的结构和静态的或块结构的高级语言的结构不同，实际上这类语言中的任何两种语言的结构彼此间也很少类似。这类语言一般是为特殊应用设计的，不属于通用语言。

综上所述，从软件工程的观点来看，程序设计语言的分类可由图 6-1 简单表示。其中，

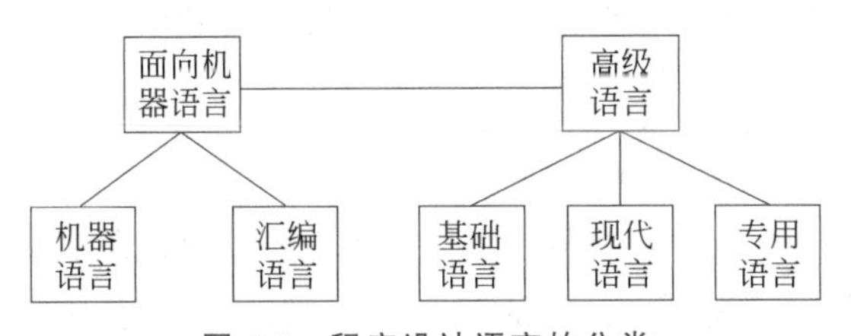

图 6-1　程序设计语言的分类

高级语言的分类可由图 6-2 表示。

- 高级语言
  - 从应用特点分
    - 基础语言，如BASIC
    - 现代语言，如PASCAL、C
    - 专用语言，如APL
  - 从内在特点分
    - 系统实现语言，如C
    - 静态高级语言，如COBOL
    - 块结构高级语言，如PASCAL
    - 动态高级语言，不属于通用语言

图 6-2　高级语言的分类

程序设计语言的特点

6.1.2　程序设计语言的特点

程序设计语言是人与计算机交流的媒介。软件工程师应该了解程序设计语言各方面的特点，以及这些特点对软件质量的影响，以便在需要为一个特定的开发项目选择语言时能做出合理的选择。下面从几个不同侧面简单讨论程序设计语言的特点。

1. 名称说明

预先说明程序中使用的对象的名称，使编译程序能检查程序中出现的名称的合法性，从而能帮助程序员发现和改正程序中的错误。某些语言(如 FORTRAN 和 BASIC)并不要求用户显式地说明程序中所有对象的名称，第一次使用一个名称被看作对这个名字的说明。然而在输入源程序时如果拼错了名称，特别是如果错输入的字符和预定要使用的字符非常相像(例如，字母 o 和数字 0，小写字母 l 和数字 1)，那么因此而造成的错误是较难诊断的。

2. 类型说明

类型说明和名称说明是紧密相连的，通过类型说明，用户定义了对象的类型，从而确定了该对象的使用方式。编译程序能够发现程序中对某个特定类型的对象使用不当的错误，因此有助于减少程序错误，规定必须预先说明对象的类型还有助于减少阅读程序时的歧义性。类型检查的概念最早是在 ALGOL 60 中引入的，以后又显著地强化了这个概念，像 PASCAL 这样的程序设计语言，还允许用户定义与他们的特定应用有关的类型，并且可以用自己定义的类型说明其他程序对象。用户甚至可以定义记录、链表和二叉树等复杂的结构类型。程序设计语言中的类型说明不仅仅是一种安全措施，还是一种重要的抽象机制。对类型名称的定义使得用户可以引用某些复杂的实体，而不必考虑这些实体的表示方法。

3. 初始化

程序设计中最常见的错误之一是在使用变量之前没对变量初始化，为减少发生错误的可能性，应该使程序员对程序中说明的所有变量初始化。另一个办法是在说明变量时由系统给变量赋一个特殊的、表明它尚未初始化的值，以后如果没给这个变量赋值就企图使用它的值，系统会发出出错信号。

4. 程序对象的局部性

程序设计的一般原理是,程序对象的名称应该在靠近使用它们的地方引入,并且应该只在程序中真正需要它们的那些部分才能访问它们。通常有两种提供局部变量的途径,FORTRAN 等绝大多数系统实现语言提供单层局部性,块结构语言提供多层局部性。如果名称的特性在靠近使用这些名称的地方说明,程序的阅读者就很容易获得有关这些名称的信息,因此多层次的局部性有助于提高程序的可读性,此外,具有多层次局部性的语言鼓励程序员尽量使用局部的对象(变量或常量),这不仅有助于提高可读性,而且有助于减少差错和提高程序的可修改性。但是,在块结构语言中如果内层模块说明的名称和外层模块中说明的名称相同,则在内层模块中这些外层模块的对象就变成不可访问的了。当模块多层嵌套时,可能会因为疏忽了在内层模块中说明了和外层模块中相同的名称而引起差错。特别是在维护阶段,维护人员往往不是原来编写程序的人,更容易出现这种差错。虽然用单层局部性语言编写的程序可读性不如多层局部性的,但是却容易实现程序单元的独立编译。

5. 程序模块

块结构语言提供了控制程序对象名称可见性的某些手段,主要是在较内层程序块中说明的名称不能被较外层的程序块访问。此外,由于动态存储分配的缘故,在两次调用一个程序块的间隔中不能保存局部对象的值。因此,即使是只有一两个子程序使用的对象,如果需要在两次调用这些子程序的过程中保存这个对象的值,也必须把这个对象说明成全过程的,也就是程序中的所有子程序都可以访问,然而这将增加维护时发生差错的可能性。从控制名称的可见性这个角度来说,块结构语言提供的机制是不完善的,需要某种附加的机制,以允许用户指定哪些局部名称可以从说明这些名称的程序块外面访问,还应该能够要求某个局部变量在两次调用包含它的程序块的过程中保存它的值。

6. 循环控制结构

最常见的循环控制结构有 FOR 语句(循环给定次数)、WHILE-DO 语句(每次进入循环体之前测试循环结束条件)和 REPEAT-UNTIL 语句(每执行完一次循环体后测试循环结束条件)。但是,实际上有许多场合需要在循环体内的任意一点测试循环结束条件,如果使用 IF-THEN-ELSE 语句和附加的布尔变量实现这个要求,则将增加程序长度并降低程序的可读性。

7. 分支控制结构

IF 型分支语句通常并不存在什么实际问题,多分支的 CASE 型语句可能存在下述两个问题:第一,如果 CASE 表达式取的值不在预先指定的范围内,则不能决定应该做的动作;第二,在某些程序设计语言中,由 CASE 表达式选定执行的语句,取决于所有可能执行的语句的排列次序,如果语句次序排错了,在编译和运行时系统并不能发现这类错误。PASCAL 的 CASE 语句,用 CASE 表达式的值和 CASE 标号匹配的办法选择应该执行的语句,从而解决了上述第二个问题。Ada 语言的 CASE 语句还进一步增加了补缺标号

(OTHER),从而解决了上述的第一个问题。

8. 异常处理

程序运行过程中发生的错误或意外事件称为异常。多数程序设计语言在检测和处理异常方面几乎没给程序员提供任何帮助,程序员只能使用语言提供的一般控制结构检测异常,并在发生异常时把控制转移到处理异常的程序段。但是,当程序中包含一系列子程序的嵌套调用时,并没有方便而又可靠的方法把出现异常的信息从一个子程序传送到另一个子程序。使用一般控制结构加布尔变量的方法会明显增加程序的长度,并且使程序的逻辑变得更加复杂。

9. 独立编译

独立编译意味着能分别编译各个程序单元,然后把它们集成为一个完整的程序。典型的例子是,一个大程序由许多不同的程序单元(过程、函数、子程序或模块)组成,如果修改了其中任何一个程序单元都需要重新编译整个程序,这将大幅增加程序开发、调试和维护的成本;反之,如果可以独立编译,则只需要重新编译修改了的程序单元,然后重新连接整个程序即可。由此可见,一个程序设计语言如果没有独立编译的机制,就不是适合软件工程使用的优秀语言了。

6.1.3 程序设计语言的选择

在编写程序时,由于程序员们都习惯使用自己熟悉的语言,因此目前的计算机上所配备的程序设计语言越来越多。开发软件系统时必须做出的一个重要抉择是使用什么样的程序设计语言实现这个系统。适宜的程序设计语言能使根据设计完成编码时的困难最少,可以减少需要的程序测试量,并且可以得出更容易阅读和更容易维护的程序。由于软件系统的绝大部分成本用在生命周期的测试和维护阶段,因此容易测试和容易维护是尤其重要的。

使用汇编语言编码需要把软件设计翻译成机器操作的序列,这两种表示方法有很大不同,因此汇编程序设计既困难又容易出错。一般来说,高级语言的源程序语句和汇编代码指令之间有一句对多句的对应关系。统计资料表明,程序员在相同时间内可以写出的高级语言语句数和汇编语言指令数大体相同,因此用高级语言写程序比用汇编语言写程序效率可以提高好几倍。高级语言一般都允许用户给程序变量和子程序赋予含义鲜明的名称,通过名称很容易把程序对象和它们所代表的实体联系起来。此外,高级语言使用的符号和概念更符合人的习惯。因此,用高级语言书写的程序可阅读性、可测试性、可调试性和可维护性强。

总体来说,高级语言明显优于汇编语言。因此,除了在很特殊的应用领域(例如,对程序执行时间和使用的空间都有很严格限制的情况;需要产生任意的甚至非法的指令序列;体系结构特殊的微处理机,在这类机器上通常不能实现高级语言编译程序等)外应该采用高级语言书写。

在选择与评价语言时,首先要从问题入手,确定它的要求是什么,这些要求的相对重要性如何,再根据这些要求和相对重要性来衡量能采用的语言。在种类繁多的高级语言中究竟选择哪一种,可以参照以下标准。

1. 理想标准

(1) 所选用的高级语言应该有理想的模块化机制以及可读性好的控制结构和数据结构,以使程序容易测试和维护,同时减少软件生命周期的总成本。

(2) 所选用的高级语言应该使编译程序能够尽可能多地发现程序中的错误,以便调试和提高软件的可靠性。

(3) 所选用的高级语言应该有良好的独立编译机制,以降低软件开发和维护的成本。

2. 实践标准

1) 语言自身的功能

从应用领域角度考虑,各种语言都有自己的适用领域。例如,在科学计算领域,FORTRAN 占优势,PASCAL 和 BASIC 也常用;在事务处理方面,COBOL 和 BASIC 占优势;在系统软件开发方面,C 语言占优势,汇编语言也常用;在信息管理、数据库操作方面,SQL 和 Visual FoxPro、Oracle 等占优势。从算法与计算复杂性角度考虑,FORTRAN、BASIC 及各种现代语言都支持较复杂的计算与算法,而 COBOL 及大多数数据库语言只能支持简单的运算。从数据结构的复杂性角度考虑,PASCAL 和 C 语言都支持数组,记录(在 C 语言中称结构)与带指针的动态数据结构适合于书写系统程序和需要复杂数据结构的应用程序,而 BASIC 和 FORTRAN 等语言只能提供简单的数据结构——数组。从系统效率的角度考虑,有些实时应用要求系统具有快速的响应速度,此时可选用汇编语言、Ada 语言或 C 语言。

2) 系统用户的要求

如果所开发的系统由用户自己负责维护,通常应该选择他们熟悉的语言来编写程序。

3) 编码和维护成本

选择合适的程序设计语言可大大减少程序的编码量,降低日常维护工作中的困难程度,从而使编码和维护成本降低。

4) 软件的兼容性

虽然高级语言的适应性很强,但不同机器上所配备的语言可能不同。另外,在一个软件开发系统中可能会出现各子系统之间或主系统与子系统之间所采用的机器类型不同的情况。

5) 可以使用的软件工具

有些软件工具(如文本编辑、交叉引用表、编码控制系统及执行流分析等工具)在支持程序过程中将起到重要作用,这类工具对于所选用的具体的程序设计语言是否可用决定了目标系统是否容易实现和测试。

6) 软件可移植性

如果系统的生命周期比较长,应选择一种标准化程度高、程序可移植性好的程序设计语言,以使所开发的软件将来能够移植到不同的硬件环境下运行。

7) 开发系统的规模

如果开发系统的规模很大,而现有的语言又不完全适用,那么就要设计一个能够实现这个系统的专用的程序设计语言。

8）程序设计人员的知识水平

在选择语言时还要考虑程序设计人员的知识水平，即他们对语言掌握的熟练程度及实践经验。

6.2 编程风格

编码风格又称程序设计风格。风格原指作家、画家在创作时喜欢和习惯使用的表达自己作品题材的方式，编码风格实际上指编程的原则。

有相当长的一段时间，许多人认为程序只是给机器执行的，而不是供人阅读的，所以只要程序逻辑正确，能被机器理解并依次执行就足够了，至于"文体（即风格）"如何无关紧要。但随着软件规模增大、复杂性增加，人们逐渐看到，在软件生命周期中需要经常阅读程序，特别是在软件测试阶段和维护阶段，编写程序的人和参与测试、维护的人都要阅读程序。人们认识到，阅读程序是软件开发和维护过程中的一个重要的组成部分，而且读程序的时间比写程序的时间还要多。因此，程序实际上也是一种供人阅读的文章。

既然如此，就有一个文章的风格问题。20 世纪 70 年代初，有人提出在编写时应该使程序具有良好的风格，这个想法很快就被人们所接受。人们认识到，程序员在编写程序时应当意识到今后会有人反复阅读这个程序，并沿着自己的思路理解程序的功能。所以应当在编写程序时多花些工夫，讲究程序的风格，这将大幅地减少人们读程序的时间，从整体上看，效率是较高的。

20 世纪 70 年代以后，编码的目标从强调效率转变为强调清晰。人们逐步意识到良好的编码风格能在一定程度上弥补语言存在的缺陷，如果不注意风格就很难写出高质量的程序。尤其当多个程序员合作编写一个很大的程序时，需要强调良好、一致的编码风格，以便相互通信，减少因不协调而引起的问题。总之，良好的编码风格有助于编写出可靠而又容易维护的程序，编码的风格在很大程度上决定着程序的质量。

良好的编程风格不仅方便程序员自己以后阅读，也方便和其他程序员之间交流。要做到这一点，程序员应遵循一定的编程规范并贯穿程序的始终。首先要考虑的是程序的可行性、可读性、可移植性、可维护性及可测试性，这是总则。

唐纳德 · 克努特是算法和程序设计技术的先驱，是斯坦福大学计算机程序设计艺术的荣誉退休教授。他认为计算机程序设计现在既是一门科学，也是一门艺术，且这两方面彼此很好地相互补充。唐纳德 · 克努特工作的主要目标是帮助人们编写漂亮的程序。"我的感觉是，当我编写一个程序时，它可能是像写诗或谱曲一样。"他提议：如同艺术作品那样，计算机程序员应该开始出售自己的原始程序给那些收藏家。

本节将从 4 方面讨论编码风格，即源程序文档化、数据说明、语句结构和输入输出，进而从编码原则探讨提高程序的可读性、改善程序质量的方法。

1. 源程序文档化

大家知道一句名言"软件＝程序＋文档"。虽然编码的目的是产生程序，但是为了提高程序的可维护性，源代码也需要实现文档化，这称为内部文档编制。源程序文档化包括选择标识符（变量和标号）的名称、安排注释以及程序的视觉组织等。

1）符号名的命名

符号名即标识符，包括模块名、变量名、常量名、标号名、子程序名及数据区名、缓冲区名等。这些名称应能反映它所代表的实际东西，应有一定的实际意义，使其能够见名知意，有助于对程序功能的理解。例如，平均值用 Average 表示，和用 Sum 表示，总量用 Total 表示。

2）程序的注释

程序中的注释是程序员与程序读者之间通信的重要手段。正确的注释能够帮助读者理解程序，并为后续测试和维护提供明确的指导信息，因此注释是十分重要的。大多数程序设计语言提供了使用自然语言来写注释环境的功能，这给阅读程序带来很大的方便。注释分为序言性注释和功能性注释两种类型。

（1）序言性注释。序言性注释通常位于每个程序模块的开头部分，它给出程序的整体说明，对于用户理解程序具有引导作用。有些软件开发部门对序言性注释做了明确而严格的规定，要求程序编制者逐项列出。有关项目包括程序标题；有关该模块功能和目的的说明；主要算法；接口说明（包括调用形式、参数描述、子程序清单）；有关数据描述（重要的变量及其用途、约束或限制条件，以及其他有关信息）；模块位置（在哪个源文件中或隶属于哪个软件包）；开发简历（模块设计者、复审者、复审日期、修改日期）等。下面给出一个序言性注释的例子。

```
Name of module: Push
Name of author: Petter
Date of complition 2023.9.11
Functions performed: TO add an item into a stack, and return a zero for
normal opration
variable names:
ITEN is the stack value
INDEX is the stack pointer
STACK is an array
ERRFLAG is the error flag
Calling routine: MAIN
Called routine: none
ERRFLAG returns 1 when stack is full
```

（2）功能性注释。功能性注释嵌在源程序体中，用于描述其后的语句或程序段是在做什么工作，也就是解释下面要“做什么”，或是执行了下面的语句会怎么样，而不解释下面怎么做，因为解释怎么做常常是与程序重复的，并且对于阅读者理解程序没有什么帮助。例如，对于“ave=tal/num”的注释应该是“总量除以人数求得均值”，而不应该是“tal 除以 num 得 ave”。

对于书写功能性注释，用户要注意以下 5 点。

（1）用于描述一段程序，而不是每条语句。

（2）用缩进和空行，使程序与注释容易区别。

（3）注释要正确。

(4) 有合适的、有助于记忆的标识符和恰当的注释就能得到比较好的源程序内部的文档。

(5) 有关设计的说明,也可作为注释,嵌入源程序体内。

3) 标准的书写格式

应用统一的、标准的格式来书写源程序清单有助于改善程序的可读性。常用的方法如下。

(1) 用分层缩进的写法显示嵌套结构层次。

(2) 在注释段周围加上边框。

(3) 在注释段与程序段以及不同的程序段之间插入空行。

(4) 每行只写一条语句。

(5) 在书写表达式时适当使用空格等作为隔离符。

一个程序如果写得密密麻麻,分不出层次常常是很难看懂的,优秀的程序员在利用空格、空行和缩进的技巧上显示出了他们的经验。恰当地利用空格可以突出运算的优先性,避免发生运算的错误。自然的程序段之间可用空行隔开。

缩进也称向右缩格或移行,它是指程序中的各行不必都在左端对齐,都从第一格起排列,因为这样做会使程序完全分不清层次关系。因此,对于选择语句和循环语句,把其中的程序段语句向右做阶梯式移行,这样可使程序的逻辑结构更加清晰、层次更加分明。下面是常见的两重选择结构嵌套的例子,但如果不这样写,会有一大堆 IF、THEN、ELSE、END IF,实在是太容易使人混乱了。

```
IF(…)
THEN
IF(…)
THEN
…
ELSE
…
END IF
…
ELSE
…
END IF
```

2. 数据说明

虽然在设计阶段已经确定了数据结构的组织及其复杂性,但在编写程序时,仍需要注意数据说明的风格。为了使程序中的数据说明更易于理解和维护,程序员必须注意以下4点。

(1) 数据说明的次序应当规范化。这样使数据属性容易查找,也有利于测试、排错和维护。

(2) 说明的先后次序固定。例如,按常量说明、简单变量类型说明、数组说明、公用数据块说明、所有的文件说明的顺序排列。在类型说明中还可进一步要求。例如,可按整型量说明、实型量说明、字符量说明、逻辑量说明的顺序排列。

(3) 当用一条语句说明多个变量名时，应当对这些变量按字母的顺序排列。例如，把 int、total、sum、num、amon、ave 写成 amon、ave、int、num、sum、total。

(4) 对于复杂数据结构，应利用注释说明这个数据结构的特点。

例如，对于 C 语言中的链表结构应当在注释中做必要的说明，进而增强程序的可阅读性。

3. 语句结构

在设计阶段确定软件的逻辑结构，但编码阶段的任务是构造单条语句。构造的语句要力求简单、直接，不能为了片面追求效率而使语句更为复杂。

1) 使用标准的控制结构

在编码阶段，要继续遵循模块逻辑中采用单入口、单出口标准结构的原则，以确保源程序清晰可读。

在尽量使用标准结构的同时，还要避免使用容易引起混淆的结构和语句。例如：

```
IF a>b
THEN
IF x>y
THEN
b=y;
ELSE
a=x;
END IF;
ELSE
a=b;
END IF;
```

此例中，THEN 后面紧接着又出现了 IF。这种结构含义模糊，不易分清后面的 ELSE 与哪个 IF 对应。下面改写后的程序，不仅可以消除模糊含义，还可以提高可读性。

```
IF a>b
THEN
a=b;
ELSE
IF x>y
THEN
b=y;
ELSE
a=x;
END IF;
END IF;
```

避免使用空的 ELSE 语句和 IF-THEN IF 语句。在早期使用 ALGOL 时就发现这种结构容易使读者产生误解。例如，写出了如下 BASIC 语句：

```
IF(CHAR>="A")THEN
IF(CHAR<="Z")THEN
PRINT "This is a letter."
ELSE
PRINT "This is not a letter."
```

这里的ELSE到底否定的哪一个IF？语言处理程序约定，否定离它最近的那个未带ELSE的IF，但是不同的读者可能会产生不同的理解，也出现了二义性问题。

另外，在一行内只写一条语句，并采取适当的缩进格式，使程序的逻辑和功能变得更加明确。例如，许多程序设计语言允许在一行内写多条语句，但这种方式会使程序的可读性变差。

2）尽可能使用库函数

尽量用公共过程或子程序代替重复的功能代码段。要注意，这段代码应具有一个独立的功能，不要只因代码形式一样便将其抽出组成一个公共过程或子程序。通过调用公共函数代替重复使用的表达式，通过逻辑表达式代替分支嵌套，尽量减少使用“否定”条件的条件语句，同时避免采用过于复杂的条件测试。

3）编写程序首先应当考虑可读性

以前，为了能在小容量的低速计算机上完成工作量很大的计算，必须考虑尽量节省存储，提高运算速度。因此，对于程序必须精心制作，注意程序设计技巧的研究。但是近年来硬件技术的发展已为软件人员提供了十分优越的开发环境，在大容量和高速度的条件下，程序设计人员完全不必在程序中精心设置技巧。与此相反，软件工程技术要求软件生产工程化、规范化，为了提高程序的可读性、减少出错的可能性、提高测试与维护的效率，要求把程序的清晰性放在首位。

例如下面的C语言程序段：

```
FOR(i=1 to 5) i++
FOR(j=1 to 5) j++
a[i][j]=(i/j) * (j/i);
```

读者可能花很大力气也弄不明白其究竟是什么功能。执行后可发现，如打印a[i][j]则得到一个5×5的单位矩阵。再研究程序可发现，整除运算“/”的结果i=j时a[i][j]=1，i≠j时a[i][j]=0。其功能确实是实现单位矩阵的。但是，这个程序虽然构思巧妙，却不易理解，从而给软件维护带来很大的困难。而写成下面这样的通常形式，就能让读者很容易地了解程序员的设计思想了。

```
FOR (i=1 to 5) i++
FOR (j=1 to 5) j++
IF i==j
THEN a[i][j]=1;
ELSE a[i][j]=0;
END IF;
```

编写程序要做到可读性第一，效率第二，不要为了追求效率而忽略了程序的可读性。事实上，程序效率的提高主要通过选择高效的算法来实现。通过对程序代码的某些语句进行优化，有时可提高一些效率，但与用选择好的算法来提高效率相比，在保持程序清晰性的前提下宁可选择后者。程序编写得要简单清楚，直截了当地说明程序员的用意。首先要保证程序正确，然后才要求提高速度。换句话说，在使程序高速运行时首先要保证它是正确的。

4）注意 GOTO 语句的使用

GOTO 语句不宜多使用，也不能完全禁止。事实上，在现代语言中也可以用 GOTO 语句和 IF 语句组成用户定义的新控制结构。

（1）不要使 GOTO 语句相互交叉。

（2）避免不必要的转移，并且如果能保持程序的可读性，则不必用 GOTO 语句。

（3）程序应当简单，不必过于深奥，避免使用 GOTO 语句绕来绕去。

5）其他需要注意的问题

（1）避免使用 ELSE GOTO 和 ELSE RETURN 结构。

（2）避免过多的循环嵌套和条件嵌套。

（3）数据结构要有利于程序的简化。

（4）要模块化，使模块功能尽可能单一化，使模块间的耦合能够清晰可见。

（5）对递归定义的数据结构尽量使用递归过程。

（6）不要修补不好的程序，要重新编写，也不要一味地追求代码的复用，要重新组织。

（7）利用信息隐蔽确保每个模块的独立性。

（8）对于太大的程序，要分块编写、测试，然后再集成。

（9）注意计算机浮点数运算的特点，尾数位数一定，则浮点数的精度受到限制。

（10）避免不恰当地追求程序效率，在改进效率前，要做出有关效率的定量估计。

（11）确保所有变量在使用之前都进行初始化。

（12）遵循国家标准。

4. 输入输出

输入输出信息是与用户的使用直接相关的。输入输出的方式和格式应当尽量做到对用户友好（User Friendly），尽可能方便用户的使用。一定要避免因设计不当给用户带来的麻烦，这就要求源程序的输入输出风格必须满足人体工程学（Human-Engineering）的需要。因此，在软件需求分析阶段和设计阶段就应基本确定输入输出的风格。

输入输出的风格随着人工干预程度的不同而有所不同。例如，对于批处理的输入输出，总是希望它能按逻辑顺序要求组织输入数据，具有有效的输入输出出错检查和出错恢复功能，并有合理的输出报告格式。而对于交互式的输入输出来说，应是简单且带提示的输入方式，完备的出错检查和出错恢复功能，以及通过人机对话指定输出格式和输入输出格式的一致性。

在设计和程序编码时都应考虑下列原则。

（1）对所有的输入数据都进行检验，从而识别错误的输入，以保证每个数据的有效性。

（2）检查输入项的各种重要组合的合理性，必要时报告输入状态信息。

（3）使得输入的步骤和操作尽可能简单，并保持简单的输入格式。

（4）输入数据时，应允许使用自由格式输入。

（5）应允许默认值。

（6）输入一批数据时，最好使用输入结束标志，而不要由用户指定输入数据数目。

(7) 在以交互式输入输出方式进行输入时,要在屏幕上使用提示符明确提示交互输入的请求,指明可使用选择项的种类和取值范围。同时,在数据输入的过程中和输入结束时,也要在屏幕上给出状态信息。

(8) 当程序语言对输入格式有严格要求时,应保持输入格式与输入语句要求的一致性。

(9) 给所有的输出加注释,并设计输出报表格式。

输入输出风格还受到许多其他因素的影响,如输入输出设备、用户的熟练程度以及通信环境等。在交互式系统中,这些要求应成为软件需求的一部分,并通过设计和编码在用户和系统之间建立良好的通信接口。

总之,要从程序编码的实践中积累编写程序的经验,培养和学习良好的程序设计风格,进而使编写出来的程序清晰易懂、易于测试和维护。

6.3 程序效率

程序效率是指程序的执行速度及程序占用的存储空间。程序编码是最后提高运行速度和节省存储空间的机会,因此在此阶段不能不考虑程序的效率。

6.3.1 程序效率准则

(1) 效率是一个性能要求,目标值应当在需求分析阶段给出。软件效率以需求为准,不应以人力所及为准。

(2) 好的设计可以提高效率。

(3) 程序的效率与程序的简单性相关。

一般来说,任何对效率无重要改善且对程序的简单性、可读性和正确性不利的程序设计方法都是不可取的。

6.3.2 算法对效率的影响

源程序的效率与详细设计阶段确定的算法的效率直接相关。在详细设计翻译转换成源程序代码后,算法效率反映为程序的执行速度和存储容量的要求。转换过程中的指导原则如下。

(1) 在编程前,尽可能化简有关的算术表达式和逻辑表达式。

(2) 仔细检查算法中嵌套的循环,尽可能将某些语句或表达式移到循环外面。

(3) 尽量避免使用多维数组。

(4) 尽量避免使用指针和复杂的表达式。

(5) 采用“快速”的算术运算。

(6) 不要混淆数据类型,避免在表达式中出现类型混杂的情况。

(7) 尽量采用整数算术表达式和布尔表达式。

(8) 选用等效的高效率算法。

许多编译程序具有"优化"功能,可以自动生成高效率的目标代码。它可删除重复的表达式计算,采用循环求值法、快速的算术运算,以及采用一些能够提高目标代码运行效率的算法来提高效率。对于效率至上的应用来说,这样的编译程序是很有效的。

6.4 编码实例分析——《学生教材购销系统》编码规范说明

为了帮助大家更好地理解编码规范的书写,这里举出了《学生教材购销系统》编码规范说明,其中包含约定、命名规范、类文件命名规范、注释规范以及书写规范,每个规范里面都列举了相对应的实例说明。

《学生教材购销系统》编码规范说明

1 程序结构

所有源代码的结构均采用以下顺序布局,对于没有具体内容的部分可以省略,以便阅读代码。

```
//===========================================================================
#region Constant
#endregion Constant
//---------------------------------------------------------------------------
#region Members
#endregion Members
//---------------------------------------------------------------------------
#region Defaults
#endregion Defaults
//---------------------------------------------------------------------------
#region Properties
#endregion Properties
//===========================================================================
#region Constructors
#endregion Constructors
//---------------------------------------------------------------------------
#region InterfaceMethods
#endregion InterfaceMethods
//---------------------------------------------------------------------------
```

```
#region StaticMethods
#endregion StaticMethods
//------------------------------------------------------------------
#region OverrideMethods
#endregion OverrideMethods
//------------------------------------------------------------------
#region PrivateMethods
#endregion PrivateMethods
//------------------------------------------------------------------
#region ProtectedMethods
#endregion ProtectedMethods
//------------------------------------------------------------------
#region PublicMethods
#endregion PublicMethods
//==================================================================
#region Events
#endregion Events
//==================================================================
```

2 命名规则和风格

(1) 类、方法、常量采用 PASCAL 风格命名：

```
public class SomeClass
{
    const int DefaultSize=100;

    public SomeMethod()
    {
    }
}
```

(2) 成员变量采用 Camel 风格命名，但前面加一个下画线：

```
public class SomeClass
{
    int _port=5000;
    public SomeMethod()
    {
    }
}
```

(3) 局部变量和方法参数采用 Camel 风格命名：

```
public class SomeClass
{
    public SomeMethod(int len)
    {
        string sLine;
    }
}
```

（4）接口采用 I 作为前缀命名：

```
interface IMyInterface
{
}
```

（5）自定义属性类型以 Attr 作为后缀命名。

（6）自定义异常类型以 Ex 作为后缀命名。

（7）采用动名词命名方法，如 ShowDialog()。

（8）有返回值的方法的命名应该能够描述其返回值，例如 GetObjectState()。

（9）采用描述性的变量名。

① 避免采用单字母的变量名，如 i 或 t；而是采用 index 或 temp。

② 对 public 和 protected 成员避免采用匈牙利命名法，如采用 Port 而不采用 nPort。

③ 尽量不要采用缩写（如将 number 缩写为 num）。

（10）总是使用 C# 预定义的类型，而不是使用 System 命名空间中的别名。例如，采用 object 而不用 Object，采用 string 而不用 String，采用 int 而不用 Int32。

（11）对于泛型类型采用大写字母。当处理.NET 类型的 Type 时保留其后缀 Type。

```
// 正确方法
public class LinkedList<K,T>
{…}
// 避免使用
public class LinkedList<KeyType,DataType>
{…}
```

（12）采用有意义的命名空间名，如产品名称或公司名称。

（13）避免使用类的全称，而是采用 using 声明。

（14）避免在命名空间内使用 using 语句。

（15）把所有系统框架提供的名称空间组织到一起，把第三方提供的名称空间放到系统名称空间的下面。

```
using System;
using System.Collection.Generic;
using System.ComponentModel;
```

```
using System.Data;
using MyCompany;
using MyControls;
```

(16) 使用代理推导而不要显式地实例化一个代理(C#2.0 新特性)。

```
delegate void SomeDelegate();
public void SomeMethod()
{…}
SomeDelegate someDelegate=SomeMethod;
```

(17) 使用 Tab 缩进,缩进 4 个空格。

(18) 总是把花括号"{"和"}"独立放在新的一行。

(19) 一个文件名应该能够反映它所对应的类名。

3 编码实践

(1) 避免在同一个文件中放置多个类。

(2) 避免在一个文件内写多于 500 行的代码(机器自动生成的代码除外)。

(3) 避免写超过 25 行代码的方法。

(4) 避免写超过 5 个参数的方法,如果要传递多个参数,应使用结构。

(5) 运算符的两边均应插入一个空格,便于阅读代码。

(6) 注释时,在注释符号后面插入一个空格,便于阅读代码。

```
// 自定义类
public class MyClass
{
    …
}
```

(7) 不要手动去修改任何机器生成的代码。

① 如果修改了机器生成的代码,则修改自己的编码方式来适应这个编码标准。

② 尽可能使用 partial classes 特性,以提高可维护性(C#2.0 新特性)。

(8) 避免对那些很直观的内容添加注释,代码本身应该能够解释其本身的含义。由可读的变量名和方法名构成的优质代码应该不需要注释。

(9) 注释应该只说明操作的一些前提假设、算法的内部信息等内容。

(10) 避免对方法进行注释。

① 使用充足的外部文档对 API 进行说明。

② 只有对那些其他开发者的提示信息才有必要放到方法级的注释中来。

(11) 除了 0 和 1,绝对不要对数值进行硬编码,应通过声明一个常量来代替该数值。

(12) 只对那些亘古不变的数值使用 const 关键字,如一周的天数。

(13) 避免对只读(Read-Only)的变量使用const关键字。在这种情况下,直接使用readonly关键字。

```
public class MyClass
{
    public const int DaysInWeek=7;
    pubic readonly int Number;
    public MyClass(int someValue)
    {
        Number=someValue;
    }
}
```

(14) 对每个假设进行断言。平均起来,每5行应有一个断言。

```
using System.Diagnostics;
object GetObject()
{…}
object someObject=GetObject();
Debug.assert(someObject!=null);
```

(15) 每行代码都应该以白盒测试的方式进行审读。

(16) 只捕捉那些自己能够显式处理的异常。

(17) 如果在catch语句块中需要抛出异常,则只抛出该catch所捕捉到的异常(或基于该异常而创建的其他异常),这样可以维护原始错误所在的堆栈位置。

```
catch(Exception ex)
{
    MessageBox.Show(ex.Message);
    throw; //或 throw exception;
}
```

(18) 避免利用返回值作为函数的错误代码。

(19) 避免自定义异常类。

(20) 当自定义异常类时:

① 让自定义的异常类从Exception类继承;

② 提供自定义的串行化机制。

(21) 避免friend assemblies,因为这会增加程序集之间的耦合性。

(22) 避免让自己的代码依赖于运行在某个特定地方的程序集。

(23) 在application assembly(EXE client assemblies)中最小化代码量。使用类库来包含业务逻辑。

(24) 避免显式指定枚举的值。

```
// 正确
public enum Color
{
    Red,Green,Blue
```

```
}

// 避免
public enum Color
{
    Red=1, Green=2, Blue=3
}
```

(25) 避免使用三元条件操作符。

(26) 避免利用函数返回的 Boolean 值作为条件语句。把返回值赋给一个局部变量,然后再检测。

```
Bool IsEverythingOK()
{…}

// 避免
if(IsEverythingOk())
{…}

//正确
bool ok=IsEverythingOK();
if (ok)
{…}
```

(27) 总是使用以零为基数的数组。

(28) 总是使用一个 for 循环显式地初始化一个引用成员的数组。

```
public class MyClass
{}
const int ArraySize=100;
MyClass[] array=new MyClass[ArraySize];
For (int index=0;index<array.Length;index++)
{
    array[index]=new MyClass();
}
```

(29) 使用属性来替代 public 或 protected 类型的成员变量。

(30) 不要使用继承下来的 new 操作符,应使用 override 关键字覆写 new 的实现。

(31) 避免显式类型转换。使用 as 关键字安全地转换到另一个类型。

```
Dog dog=new GermanShepherd();
GermanShepherd shepherd=dog as GermanShepherd;
if (shepherd!=null)
{…}
```

(32) 在调用一个代理前,总是检查它是否为 null。

(33) 不要提供 public 的事件成员变量。改用 Event Accessor。

```
Public class MyPublisher
{
```

```
    MyDelegate m_SomeEvent;
    Public event MyDelegate SomeEvent
    {
        add
        {
            m_SomeEvent+=value;
        }
        remove
        {
            m_SomeEvent-=value;
        }
    }
}
```

(34) 避免定义事件处理代理。应使用 EventHandler<T>或者 GenericEventHandler。

(35) 避免显示触发事件。应使用 EventsHelper 安全地发布事件。

(36) 总是使用接口。

(37) 接口和类中方法和属性的比应该在 2∶1 左右。

(38) 避免只有一个成员的接口。

(39) 努力保证一个接口有 3～5 个成员。

(40) 不要让一个接口中成员的数量超过 20,而 12 则是更为实际的限制。

(41) 避免在接口中包含事件。

(42) 当使用抽象类时,提供一个接口。

(43) 在类继承结构中暴露接口。

(44) 推荐使用显式接口实现。

(45) 从来不要假设一个类型支持某个接口。在使用前总是要询问一下。

```
SomeType obj1;
ImyInterface obj2;
// Some code to initialize obj1,then:
obj2=obj1 as ImyInterface;
if(obj2!=null)
{
    obj2.Method1();
}
else
{
    // Handle erro in expected interface
}
```

(46) 不要硬编码那些可能会随发布环境变化而变化的字符串,例如数据库连接字符串。

(47) 使用 String.Empty 取代""。

```
// 避免
string name="";
```

```
// 正确
string name=String.Empty;
```

(48) 在使用一个超过 80 个字符的长字符串时，使用 StringBuilder 代替 string。

(49) 避免在结构中提供方法。

① 参数化的构造函数是鼓励使用的。

② 可以重载运算符。

(50) 当早绑定(Early-Binding)可能时就尽量不要使用迟绑定(Late-Binding)。

(51) 让自己的应用程序支持跟踪和日志。

(52) 总在 switch 语句的 default 情形提供一个断言。

```
int number=SomeMethod();
swith(number)
{
case 1:
    trace.WriteLine("Case 1:")
    break;
case 2:
    trace.Writeline("Case 2:”);
    break;
default:
    debug.Assert(false);
    break;
}
```

(53) 除了在一个构造函数中调用其他的构造函数之外，不要使用 this 关键字。

```
// Example of proper use of 'this'
public class MyClass
{
    public MyClass(string message)
    {…}

    public MyClass():this("Hello")
    {…}
}
```

(54) 不要使用 base 关键字访问基类的成员，除非在调用一个基类构造函数时要决议一个子类的名称冲突。

```
// Example of proper use of 'base'
public class Dog
{
    public Dog(string name)
    {…}
    virtual public void Bark(int howlong)
    {…}
}
public class GermanShepherd:Dog
```

```
{
    public GermanShepherd(string name):base(name)
    {…}
    override public void Bark(int howLong)
    {
        base.Bark(howLong)
    }
}
```

(55) 基于 *Programming .NET Components 2nd*(Juval Low 著，O'REILLY 出版社出版)中第4章的内容实现 Dispose()和 Finalize()方法。

(56) 总是在 unchecked 状态下运行代码(出于性能的原因)，但是为了防止溢出或下溢操作，要果断地使用 checked 模式。

```
Int CalcPower(int number,int power)
{
    int result=1;
    for (int count=1;count<=power;count++)
    {
        checked
        {
            result*=number;
        }
    }
    return result;
}
```

(57) 使用条件方法来取代显式进行方法调用排除的代码(#if-#endif)。

4 控件命名

4.1 数据类型命名

数据类型命名如表1所示。

表1 数据类型命名

数据类型	数据类型简写	标准命名举例
Boolean	b	bIsPostBack
Integer	n	nRowCounter
Long	l	lPos
Single	f	fMaxX
Double	d	dMaxValue
Char	c	cDelimiter

续表

数据类型	数据类型简写	标准命名举例
String	s	sFirstName
DateTime	dt	dtStartDate
Byte	byt	bytPixelValue
Decimal	dec	decAverage
Short	sht	shtAverage
Object	obj	objReturnValue
Array	后面加 s	students
ArrayList	前面加 array	arrayStudent
List	前面加 list	listStudent

4.2 Win 控件命名

Win 控件命名如表 2 所示。

表 2 Win 控件命名

数据类型	数据类型简写	标准命名举例
Label	lbl	lblMessage
LinkLabel	llbl	llblToday
Button	btn	btnSave
TextBox	txt	txtName
MainMenu	mn	mnFile
MenuItem	mi	miFileOpen
PopupMenu	pm	pmPrint
CheckBox	chk	chkStock
RadioButton	rdo	rdoSelected
GroupBox	gbo	gboMain
PictureBox	pic	picImage
Panel	pnl	pnlBody
DataGrid	grd	grdView
ListBox	lst	lstProducts
CheckedListBox	lst	lstChecked
ComboBox	cbo	cboMenu
ListView	lvw	lvwBrowser
TreeView	tvw	tvwType

续表

数 据 类 型	数据类型简写	标准命名举例
TabControl	ctl	ctlSegyInfo
TabPage	Tab	tabTrackInfo
DateTimePicker	dtp	dtpStartDate
HscrollBar	hsb	hsbImage
VscrollBar	vsb	vsbImage
Timer	tim	timCount
ImageList	img	imgList
ToolBar	tlb	tlbManage
StatusBar	stb	stbFootPrint
OpenFileDialog	dlg	dlgOpen
SaveFileDialog	dlg	dlgSave
FoldBrowserDialog	dlg	dlgBrowser
FontDialog	dlg	dlgFont
ColorDialog	dlg	dlgColor
PrintDialog	dlg	dlgPrint

4.3 Web 控件命名

Web 控件命名如表 3 所示。

表 3 Web 控件命名

数 据 类 型	数据类型简写	标准命名举例
AdRotator	adrt	adrtDiscount
Button	btn	btnSubmit
Calendar	cal	calMettingDates
CheckBox	chk	chkBlue
CheckBoxList	chkl	chklFavColors
CompareValidator	valc	valcValidAge
CustomValidator	valx	valxDBCheck
DataGrid	dgrd	dgrdTitles
DataList	dlst	dlstTitles
DropDownList	drop	dropCountries

续表

数据类型	数据类型简写	标准命名举例
HyperLink	lnk	lnkDetails
Image	img	imgAuntBetty
ImageButton	ibtn	ibtnSubmit
Label	lbl	lblResults
LinkButton	lbtn	lbtnSubmit
ListBox	lst	lstCountries
Panel	pnl	pnlForm2
PlaceHolder	plh	plhFormContents
RadioButton	rad	radFemale
RadioButtonList	radl	radlGender
RangeValidator	ravd	ravdAge
RegularExpression	rgep	rgepvaleEmail_Validator
Repeater	rpt	rptQueryResults
RequiredFieldValidator	valr	valrFirstName
Table	tbl	tblCountryCodes
TableCell	tblc	tblcGermany
TableRow	tblr	tblrCountry
TextBox	txt	txtFirstName
ValidationSummary	vals	valsFormErrors
XML	xmlc	xmlcTransformResults

4.4 ADO.Net 控件命名

ADO.Net 控件命名如表 4 所示。

表 4 ADO.Net 控件命名

数据类型	数据类型简写	标准命名举例
Connection	con	conNorthwind
Command	cmd	cmdReturnProducts
Parameter	par	parProductID
DataAdapter	da	daProducts
DataReader	dr	drProducts

续表

数 据 类 型	数据类型简写	标准命名举例
DataSet	ds	dsNorthWind
DataTable	dt	dtProduct
DataRow	row	rowRow98
DataColumn	col	colProductID
DataRelation	rel	relMasterDetail
DataView	vw	vwFilteredProducts

4.5　希腊字母命名

希腊字母命名如表 5 所示。

表 5　希腊字母命名

希腊字母	英文拼写	希腊字母	英文拼写	希腊字母	英文拼写
α	Alpha	ι	Iota	ρ	Rho
β	Beta	κ	Kappa	σ	Sigma
γ	Gamma	λ	Lambda	τ	Tau
δ	Delta	μ	Mu	υ	Upsilon
ε	Epsilon	ν	Nu	ϕ	Phi
ζ	Zeta	ξ	Xi	χ	Chi
η	Eta	ο	Omicron	ψ	Psi
θ	Theta	π	Pi	ω	Omega

小结

编码设计的目的是把详细设计的结果翻译成用选定的语言书写的源程序，程序的质量主要是由设计的质量决定的，但是编码的风格和使用的语言对编码的质量也有重要的影响。

良好的编码风格应该以程序结构设计的原则为指导。使用单入口、单出口的控制结构，尽量少用 GOTO 语句，以及提倡源代码的文档化是实现良好风格的重要途径。同样重要的是，程序的输入输出应该充分考虑人体工程学的要求，在满足数据可靠性的前提下尽量做到对用户友好。

语言的演变主要经历了汇编语言、高级语言等阶段。第三代语言是过程化语言，第四代语言是非过程化语言，后者的发展正在逐步改变程序设计的习惯和面貌。

习题

一、填空题

1. 程序设计语言的特性和编码途径可对程序的________、________、________和________产生深远的影响。

2. 程序设计语言基本上可分为________和________两大类。

3. 面向机器语言包括________和________。

4. 注释分为________和________。

二、选择题

1. 世界上第一个被正式推广应用的计算机语言是(　　)语言。

A. FORTRAN　B. 汇编　C. PASCAL　D. C

2. 迄今为止完善的面向过程的现代语言是(　　)语言。

A. C　B. PASCAL　C. Ada　D. ALGOL

3. 序言性注释的主要内容不包括(　　)。

A. 模块的接口　B. 数据的描述

C. 模块的功能　D. 数据的状态

4. 功能性注释的主要内容不包括(　　)。

A. 程序段的功能　B. 语句的功能

C. 模块的功能　D. 数据的状态

5. 下列关于注释的说法正确的是(　　)。

A. 序言性注释应嵌入在源程序的内部

B. 修改程序也应修改注释

C. 每行程序都要加注释

D. 功能性注释可说明数据状态

6. 影响输入输出风格的因素不包括(　　)。

A. 数据状态　B. 通信环境　C. 用户经验　D. 输入输出设备

三、名词解释

1. 编码。

2. 注释。

3. 程序效率。

4. 编码风格。

四、问答题

1. 程序设计语言可分为几类？分别是什么？

2. 评价、选择可用编程语言的准则是什么？

3. 为什么要强调编码风格？

4. 编码风格有哪几方面？分别需要注意哪些问题？

5. 标准的书写格式的常用方法有哪些？

6. 什么是程序效率？讨论程序效率的准则有哪些？

CHAPTER

第7章 测试

软件测试是为了发现错误而执行程序的过程，是根据软件开发各阶段的规格说明和程序的内部结构设计一批测试用例，并利用这些测试用例运行程序，以发现程序错误的过程。测试是指输入数据及其预期的输出结果，测试的目的是尽可能发现软件存在的问题，而不是证明软件正确。

要完成有效的软件测试，必须首先分析软件开发过程中可能出现的一些错误，如判定错误、算法错误、设计错误、逻辑错误、语法错误、编译错误、输入错误、输出错误等。在测试阶段进行穷举测试是不现实的，为了节省时间和资源，提高测试效率，必须精心设计测试用例，这样才能以最少的时间和人力系统地找出软件中潜在的各种错误和缺陷，取得最佳的测试效果。

在软件测试活动中，找出错误的活动称为测试，定位和纠正错误的活动称为调试。

学习目标：

✍ 了解软件测试的定义、对象和准则。

✍ 掌握软件测试的方法。

✍ 了解单元测试、集成测试、确认测试，掌握白盒测试和黑盒测试。

✍ 了解调试过程、技术和原则。

7.1 软件测试概述

7.1.1 软件测试的定义

软件测试的早期定义是为了发现错误而执行程序的过程。这个定义有不完善之处，例如测试文档属于软件测试，但它不一定需要执行程序。现在软件测试的标准定义为使用人工或自动手段来运行或测试某个系统的过程。简而言之，软件测试是为了发现错误而执行程序的过程。这个定义明确指出寻找错误是测试的目的。

软件测试是软件过程的一个重要阶段，在软件投入运行前，对软件需求分析、设计和编码各阶段产品的最终检查是为了保证软件开发产品的正确性、完全性和一致性，从而进行检测错误以及修正错误的过程。从用户的角度来看，普遍希望通过软件测试找出软件中隐藏的错误，所以软件测试应该是为了发现错误而执行程序的过程。软件测试应该根据软件开发各阶段的规格说明和程序的内部结构精心设计一批测试用例（即输入数据及其预期的输出结果），并利用这些测试用例运行程序，以发现程序中隐藏的错误。软件测试的主要作用如下。

（1）测试是执行一个系统或者程序的操作。

（2）测试是带着发现问题和错误的意图来分析和执行程序。

（3）测试结果可以检验程序的功能和质量。

（4）测试可以评估项目产品是否获得预期目标和可以被客户接受的结果。

（5）测试不仅包括执行代码，还包括对需求等编码以外的测试。

7.1.2 软件测试的对象

软件开发期间的任何一个环节发生了问题都可以在测试中表现出来，软件测试应该贯穿整个软件开发过程。因此需求分析、概要设计、详细设计及编码等各阶段所得到的文档，包括需求规格说明、概要设计规格说明、详细设计规格说明及源程序，都是软件测试的对象。

7.1.3 软件测试的准则

（1）尽早不断测试的原则。应当尽早不断地进行软件测试。据统计，约 60％的错误来自设计以前，并且修正一个软件错误所需的费用将随着软件生命周期的进展而上升。错误发现得越早，修正它所需的费用就越少。

（2）IPO 原则。测试用例由输入数据、测试执行步骤和与之对应的预期输出结果 3 部分组成。

（3）独立测试原则。独立测试原则是指软件测试工作由在经济上和管理上独立于开发机构的组织进行。程序员应避免检查自己的程序，程序设计机构也不应测试自己开发的程序。软件开发者难以客观、有效地测试自己的软件，找出那些因为对需求的误解而产生的错误就更加困难。

（4）合法和非合法原则。在设计时，测试用例应当包括合法的输入条件和不合法的输入条件。

（5）错误群集原则。软件错误呈现群集现象。经验表明，某程序段剩余的错误数目与该程序段中已发现的错误数目成正比，所以应该对错误群集的程序段进行重点测试。

（6）严格性原则。严格执行测试计划，排除测试的随意性。

（7）覆盖原则。应该对每个测试结果做全面的检查。

（8）定义功能测试原则。检查程序是否做了要做的事仅是成功的一半，另一半是看程序是否做了不属于它做的事。

（9）回归测试原则。应妥善保留测试用例，不仅可以用于回归测试，也可以为以后的测试提供参考。

（10）错误不可避免原则。在测试时不能首先假设程序中没有错误。

7.1.4 软件测试的方法

软件测试的主要方法可以分为静态测试和动态测试两种。静态测试可以分为静态分析和代码审查,动态测试可以分为白盒测试、黑盒测试和穷尽测试。下面从软件各开发阶段出发来探讨其和软件测试之间的关系。

1. 软件测试与软件开发各阶段的关系

软件开发是一个“自顶向下”“逐步求精”的过程,首先在软件计划阶段定义了软件的作用域,然后进行需求分析,建立软件的数据域、功能和性能需求、约束和一些有效性准则。接着进入软件开发阶段,首先是软件设计,然后再把设计用某种程序设计语言转换成程序代码表现出来。而测试过程则是按相反的顺序安排的“自底向上”“逐步集成”的过程。低一级测试为上一级测试准备条件,进行确认测试。二者也可以进行平行的测试。

进行软件测试,首先要对每个程序模块进行单元测试,消除程序模块内部在逻辑上和功能上的错误。其次对照软件进行集成测试,检测和排除子系统在系统结构上的错误。随后再对照需求进行确认测试。最后从系统全体出发运行系统,检查是否满足要求。软件测试与软件开发过程的关系如图 7-1 所示。

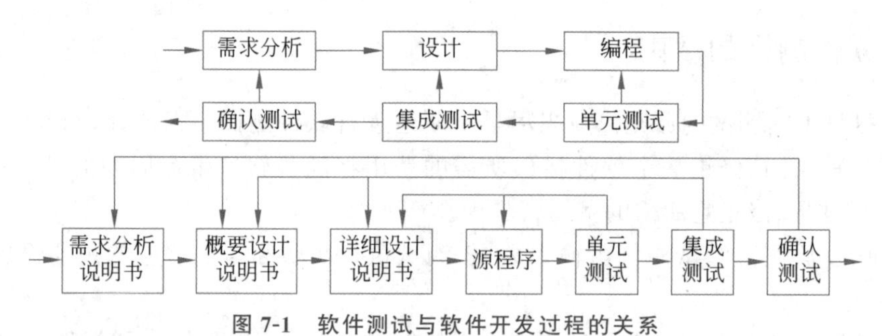

图 7-1　软件测试与软件开发过程的关系

2. 静态分析

静态分析是一种计算机辅助静态分析方法,主要对程序进行控制流分析、数据流分析、接口分析和表达式分析等。静态分析的对象是计算机程序,程序设计语言不同,相应的静态分析工具也就不同。目前,具备静态分析功能的软件测试工具有 Purify、McCabe 等。

3. 动态测试

动态测试是指通过运行软件来检验软件的动态行为和运行结果的正确性。动态测试有两个基本要素,即被测试程序和测试数据(测试用例)。

4. 代码走查

代码走查是一种人工测试方法,包括代码评审和走查,主要依靠有经验的程序设计人员根据软件设计文档,通过阅读程序发现软件缺陷。

5. 白盒测试

白盒测试又称结构测试、玻璃盒测试或基于覆盖的测试。

白盒测试是一种按照程序内部的逻辑结构设计测试的方法，在计算机上进行测试，以证实每种内部操作是否符合设计规格要求，所有内部成分是否已经通过检查，检验程序的每条通路是否按预期正常进行，力求提高测试覆盖率。

白盒测试把测试对象看作一个打开的盒子，允许测试人员利用程序内部的逻辑结构及有关信息设计或选择测试用例，对程序的所有逻辑路径进行测试，通过在不同点检查程序的状态确定实际的状态是否与预期的状态一致。

6. 黑盒测试

黑盒测试又称功能测试、数据驱动测试或基于规格说明书的测试。

黑盒测试是一种从软件需求出发，根据软件需求规格说明设计测试用例，并按照测试用例的要求运行被测程序的测试方法。它根据软件产品的功能设计规格，在计算机上进行测试，以证实每个已经实现的功能是否符合要求。

黑盒将被测试程序对象看作黑盒子，不考虑其内部程序结构和处理过程，仅仅对于程序接口进行测试，即检查适当的输入是否能够产生适当的输出。

7. 穷尽测试

不论黑盒测试还是白盒测试都不能进行穷尽测试，所以软件测试不可能发现程序中存在的所有错误，因此需要精心设计测试方案，力争用尽可能少的次数测出尽可能多的错误。

7.2 软件测试过程

结构化软件测试过程分为 4 个基本步骤，即单元测试、集成测试、系统测试和确认测试，每个步骤是前一个步骤的继续，其顺序关系如图 7-2 所示。在软件系统底层进行的测试为单元测试，单元测试集中对用源代码实现的每个程序单元进行测试，检查各个程序模块是否正确地实现了规定的功能；集成测试根据设计规定的软件体系结构把已测试过的模块组装起来，在组装过程中检查程序组装的正确性；系统测试则是要检查已实现的软件是否满足了需求规定中确定了的各种需求，以及软件配置是否完全、正确；最后是确认测试，把经过系统测试的软件在实际运行环境中进行测试，检验其是否满足最终用户实际的需求。

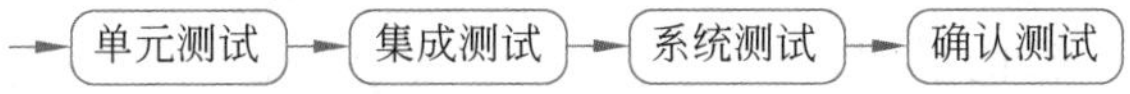

→单元测试→集成测试→系统测试→确认测试

图 7-2 软件测试过程

7.2.1 单元测试

单元测试(也称软件组件测试)针对最小的程序设计单元进行正确性的验证，目的在于发现各模块内部可能存在的各种缺陷。单元测试需要从程序的内部逻辑结构出发设计测试用例，在单元测试阶段多个组件可并行运行。

单元测试一般由开发组特别是编写该程序的程序员执行，该程序员负责设计和运行一系列的测试以确保该单元符合需求。

单元测试主要是对被测模块的接口、局部数据结构、重要执行路径、异常处理和边界5方面进行测试。

1. 接口测试

由于模块接口是数据出入模块的通道,接口不正常,其他测试则无从进行,所以在其他测试开始之前首先要对通过模块接口的数据进行测试。接口测试应做以下考虑。

(1) 模块接收参数个数是否与模块形式参数个数一致,实际参数和形式参数的属性是否匹配,实际参数和形式参数的单位是否一致。

(2) 在调用其他模块时,所给的实际参数个数是否与所给的形式参数个数一致,实际参数的属性是否与被调模块的形式参数属性匹配,实际参数的单位是否与被调模块的形式参数单位匹配。

(3) 调用内部函数所用参数的个数、属性和次序是否正确。

(4) 是否存在与当前入口点无关的参数引用。

(5) 输入是否仅改变了形式参数。

(6) 全程变量在各模块中的定义是否一致。

(7) 常数是否当作变量传送。

若一个模块需要完成外部的输入输出,还应检查下列各点。

(1) 文件属性是否正确。

(2) OPEN/CLOSE 语句是否正确。

(3) 格式说明与 I/O 语句是否匹配。

(4) 缓冲器大小是否与记录长度匹配。

(5) 文件是否先打开后使用。

(6) 文件结束的条件是否处理过。

(7) I/O 的错误是否处理过。

(8) 输出信息中是否有正文的错误。

2. 局部数据结构测试

检查局部数据结构是为了保证临时存储在模块内的数据在程序执行过程中完整、正确。局部数据结构往往是错误的根源,应仔细设计测试用例,力求发现以下错误。

(1) 不正确或不一致的说明。

(2) 错误的初始化或错误的默认值。

(3) 拼写错误或截短的变量名。

(4) 不一致的数据类型。

(5) 上溢、下溢和地址错误。

除了局部数据结构外,如有可能,单元测试还应考虑全局数据对相关模块的影响。

3. 重要执行路径测试

在模块中应对每条执行路径进行测试,单元测试的基本任务是保证模块中的每条语句至少执行一次,此时,设计测试用例是为了因错误计算、不正确的比较和不适当的控制流造成的错误。此时,基本路径测试和循环测试是最常用、最有效的测试技术。

在计算中常见的错误如下。

(1) 算术运算优先次序不正确或理解错误。

(2) 运算方式不正确。

(3) 初始化不正确。

(4) 精度不够。

(5) 表达式的符号表示错误。

比较判断和控制流常常紧密相关,因此测试用例还应致力于发现下列错误。

(1) 不同的数据类型比较。

(2) 逻辑运算不正确或优先次序错误。

(3) 因为精度错误造成本应相等的量不相等。

(4) 比较不正确或变量不正确。

(5) 循环不终止或循环终止不正确。

(6) 当遇到分支循环时,出口错误。

(7) 错误修改循环变量。

4. 异常处理测试

一个好的测试应能预见各种出错条件,并预设各种出错处理路径。对于出错处理路径同样需要认真测试,测试应着重检查下列问题。

(1) 错误描述难以理解。

(2) 错误提示与实际错误不相符。

(3) 在程序自定义的出错处理段运行之前系统已介入。

(4) 对错误的处理不正确。

(5) 提供的错误信息不足,无法确定错误位置。

5. 边界测试

边界测试是单元测试中重要的任务。众所周知,软件通常容易在边界上失效,因而,采用边界值分析技术针对边界值及其左右附近值设计测试用例很有可能发现新的错误。

单元测试首先应按照图 7-3 配置测试环境,设计辅助测试模块——驱动(Drive)模块和桩(Stub)模块。驱动模块用来调用被测模块,主要用来接收测试数据,启动被测模块,打印测试结果。桩模块接收被测模块的调用,用来模拟被测模块的调用模块。其次,要编写测试数据,根据单元测试要解决的测试问题设计测试用例,然后用测试用例运行待测程序,进行动态测试,并给出单元测试报告。

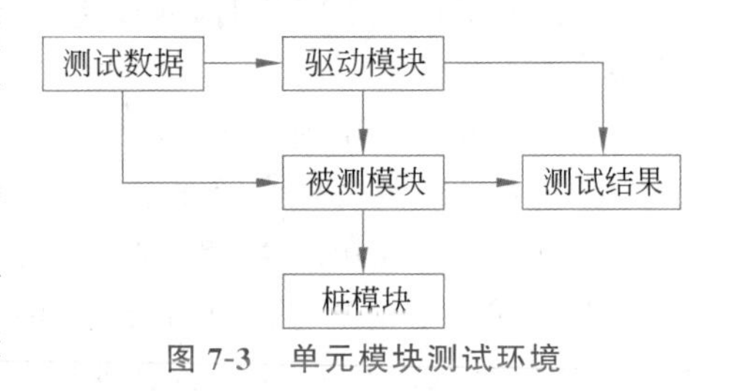

图 7-3 单元模块测试环境

7.2.2 集成测试

集成测试也称组装测试或综合测试。集成测试是按设计要求把通过单元测试的各个模块组装在一起之后进行测试,以便发现与接口有关的各种错误。在进行集成测试时,常需考虑的相关问题：数据经过接口传送是否会丢失；一个模块对另一个模块是否造成不应有的影响；几个子功能组合起来能否实现主功能；误差不断积累是否达到不可接受的程度；全局数据结构是否有问题。

集成测试又分为非渐增式测试和渐增式测试。

非渐增式测试方法是先分别测试每个模块，再把所有模块按设计要求集成在一起，组合成所要的程序再进行测试，但一次集成所有模块不利于错误定位。

渐增式测试是逐步将待测模块同已测试好的模块集成起来进行测试。使用渐增方式把模块集成到软件系统时有自顶向下和自底向上两种组合方法。

1. 自顶向下方法

自顶向下集成从主控模块(主程序)开始，沿着软件的控制层次从上往下集成模块并进行测试，可采用深度优先和广度优先两种策略。

深度优先策略按照系统的纵向路径逐步集成测试系统，先组装系统结构的一条主控路径上的所有模块。主控路径的选择取决于软件的应用特性，如选取最左边的路径，先组合模块 M_1、M_2 和 M_5，接着是 M_8，如果 M_2 的某个功能需要，可组合 M_6，然后再构造中央和右侧的控制通路，如图 7-4 所示。

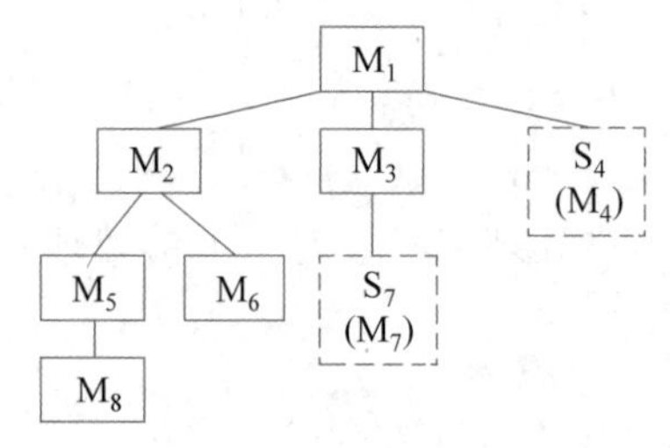

图 7-4　自顶向下集成测试

广度优先策略沿系统结构的水平方向集成测试系统，逐层将高层模块与下一层次的所有模块组装起来，直到所有的模块都被组装。对于图 7-4 来说，先集成模块 M_1、M_2、M_3 和 M_5；然后将 M_2、M_5 和 M_6 集成在一起，将 M_3 和 M_7 集成在一起；最后组装 M_5 和 M_8。S_4 和 S_7 分别是替代 M_4、M_7 的桩模块。由于在模块组装时下层被调用模块尚未完成测试，因此自顶向下的集成测试需要桩程序替代，但不需要驱动程序。

自顶向下综合测试可归纳为以下 5 个步骤。

(1) 用主控制模块做测试驱动程序，把对主控制模块进行单元测试时引入的所有桩模块用实际模块替代。

(2) 依据所选的集成策略(深度优先或广度优先)，每次只用一个实际模块替换一个桩模块。

(3) 每集成一个模块立即测试一遍。

(4) 只有每组测试完成后才用实际模块替换下一个模块。

(5) 为避免引入新错误，需不断进行回归测试(即全部或部分重复已做过的测试)。

按照集成策略重复进行，直到整个系统组装完毕。在图 7-4 中，实线表示已完成的部分，若采用深度优先策略，下一步就要用 M_7 来代替桩模块 S_7。S_7 本身可能又带桩模块，随后将被对应的实际模块一一替代。

自顶向下集成的优点在于能尽早地对程序的主要控制和决策机制进行检验，因而能较早地发现错误。其缺点在于测试较高层模块时，底层模块采用桩模块来替代，这并不能够反映实际情况，重要数据不能及时回送到上层模块，因而测试并不充分和完善。另外，测试需要开发能模拟真实模块的桩模块，无疑要大幅增加开销，而采用层次结构的底部向上装配软件(即自底向上方法)比较切实可行。

2. 自底向上方法

自底向上测试是从软件结构最底层的模块开始向上组装模块,进行集成测试,当测试到较高模块时,所需的下层模块均已测试完毕,因而不再需要桩模块。自底向上测试可归纳为以下4个步骤。

(1) 把底层模块组合成一个特定软件子系统,如图7-5中的模块族1、2、3。

(2) 为每个模块族设计一个驱动软件作为测试的控制程序,以协调测试用例的输入输出。在图7-5中,虚线连接的D_1、D_2、D_3是各个族的驱动程序。

(3) 对模块族进行测试。

(4) 按系统结构逐层向上用实际模块替换驱动程序,将模块族集成起来组装成新的模块族进行测试,直到全部完成。例如,在图7-5中,族1、族2属于M_a,因而去掉D_1和D_2将这两个族直接与M_a接口;同样,族3与M_b接口前将D_3去掉;M_a与M_b最后与M_c接口。

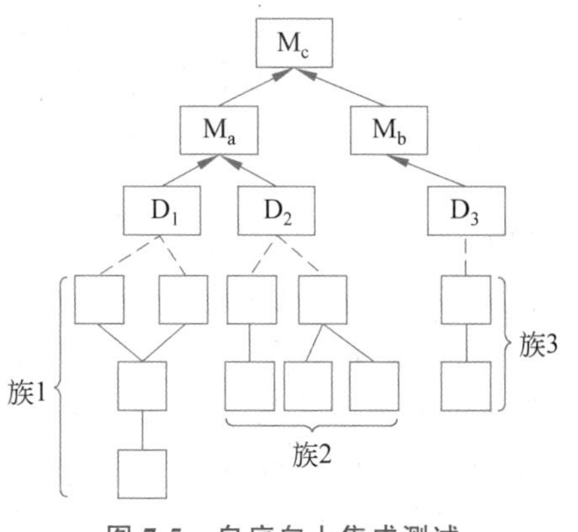

图7-5 自底向上集成测试

采用自底向上方法,越向上层测试,所需的驱动程序越少。若软件结构的最上两层用自顶向下方法进行装配,则将大大减少驱动程序的数目,同时族的组装也会大大简化。

自顶向下方法不需驱动模块的设计,可在程序测试的早期实现并验证系统的主要功能,及早发现上层模块的接口错误。但自顶向下方法必须设计桩模块,使底层关键模块中的错误发现较晚,并且不能在早期很快且充分地展开测试的人力。自底向上方法与自顶向下方法相比,它的优缺点与自顶向下方法相反,一般在实际应用中,采用两种方法相结合的混合法,即对软件结构的较上层使用自顶向下的方法,对下层使用自底向上的方法,以充分发挥两种方法的优点,尽量避免其缺点。

7.2.3 系统测试

系统测试是软件开发生命周期中的一个关键阶段,它旨在验证整个软件系统是否满足其设计和功能规格的要求。系统测试侧重于测试整个应用程序或系统的各个组件之间的交互和功能,以确保系统能够按照用户需求和预期的方式运行。

系统测试的主要目标是验证系统是否符合其需求规格和设计文档中定义的功能、性能要求。测试团队会根据这些要求制定测试用例和测试计划。系统测试通常在单元测试和集成测试之后进行。在集成测试中,单个模块或组件的功能被测试,而在系统测试中,整个系统的功能被综合测试。

系统测试包括测试系统在不同操作系统、浏览器、设备和网络环境下的兼容性,以确保系统在多样化的使用环境中都能表现良好。同时,为提高效率和覆盖率,可以使用自动化测试工具来执行系统测试用例,特别是对于重复性测试任务。在系统测试完成后,通常会进行验收测试,由项目的利益相关者验证系统是否满足他们的需求和期望。

7.2.4 确认测试

确认测试又称有效性测试、合格测试或验收测试,是软件交付前的最后测试。实际上,对于软件开发人员来说,不可能完全预见用户实际使用程序的情况。例如,用户可能会使用一些非常规的数据组合,也可能难以理解系统给出的输出或提示信息等。因而,当开发者为用户建立其软件后,还要由用户建立一系列的确认测试,以确保用户的所有需求都得到满足。

确认测试既可以是非正式的测试,也可以是有计划、有步骤的测试。确认测试阶段,软件中所有的模块已被组装成为完整的软件包,并已消除了接口的错误。确认测试是在实际运行环境中进行的测试,由用户参与测试,其目标是保证软件系统能真正满足用户的需要,是保证软件质量的最后关键环节。

确认测试过程的时间可以从数周到数月,在这期间不断暴露出错误,也不可避免地使得开发周期延长。因此,让每个用户都进行测试是不实际的。大多数软件产品的开发者使用 α 测试和 β 测试(Alpha-Testing and Beta-Testing)来发现只有用户才能发现的错误。

α 测试是由用户在开发环境下进行的测试,也可以是开发机构内部的人员在模拟实际操作环境下进行的测试。α 测试的关键在于尽可能逼真地模拟实际运行环境和对用户软件产品的操作,并尽最大努力涵盖所有可能的用户操作方式。α 测试是在一个受控制环境下的测试。

β 测试是由软件的多个用户在一个或多个用户的实际使用环境下进行的测试。与 α 测试不同的是,开发者一般不在现场。因此,β 测试是软件不在开发者控制的环境下的自由应用。用户记录在 β 测试过程中遇到的所有问题(包括真实的以及主观认定的),定期向开发者报告。开发者在综合用户报告之后,必须做出相应的修改,然后才能将软件产品交付给全体用户使用。

7.3 白盒测试

如果已知软件内部结构和算法,就可以测试其内部是否符合设计要求,这种测试方法称为白盒测试(White-Box Testing),它是对软件的过程性细节进行检验。

白盒测试又称结构测试或逻辑驱动测试,是将测试对象比作一个打开的盒子,它允许测试人员利用程序内部的逻辑结构和相关信息来设计或选择测试用例,对软件的逻辑路径进行测试,可以在不同点检查程序的状态,以确定实际状态与预期状态是否一致。

软件人员使用白盒测试程序模块,主要包括对程序模块的所有独立执行路径至少测试一次;对所有的逻辑判定,取“真”与取“假”两种情况都至少测试一次;在循环的边界和运行边界内执行循环体,测试内部数据的有效性等。

从表面来看,白盒测试是可以进行完全测试的,从理论上讲也应该如此。只要能确定测试模块的所有逻辑路径,并为每条逻辑路径设计测试用例,评价所得到的结果,就可得到 100% 正确的程序。但在实际测试中,这种穷举法是无法实现的,因为即使是很小的程序,也可能会出现数目惊人的逻辑路径。图 7-6 是一个小程序的流程图。

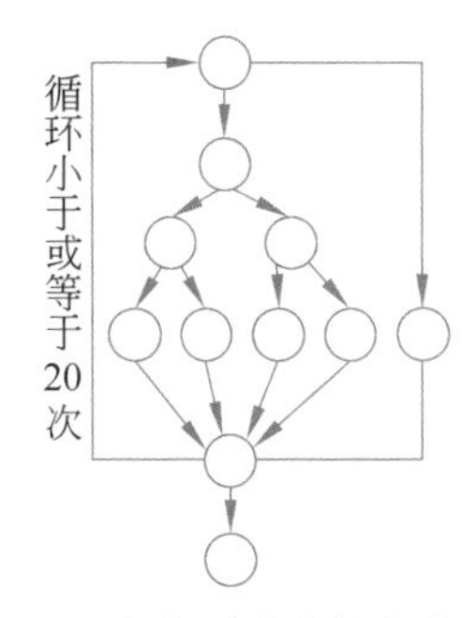

图 7-6 白盒测试中的穷举测试

在该图中,一个圆圈代表一行源程序代码(或一个语句块)。其中有 5 条路径,左边折线箭头表示执行次数不超过 20 次。这样执行路径就有 5^{20} 个,近似为 10^{14} 个可能的路径。如果 1ms 完成一个测试,由此测试程序需要 3170 年。

由此可以看出,实行穷举测试工作量大、需要的时间长,实施起来并不现实。因此,为了节省时间和资源,提高测试效率,必须设计测试用例。需从大量的可用测试用例中精选出少量的测试数据,使得采用这些测试数据能够达到最佳的测试效果,即能高效地、尽可能多地发现隐藏的错误。

这里主要介绍 3 种白盒测试技术,即基本路径测试、逻辑覆盖测试和循环测试。

1. **基本路径测试**

基本路径测试是 Tom Mecabe 提出的一种白盒测试技术,其基本思想是以软件过程描述(如详细设计的程序流程图、PDL 或源代码图等)为基础,通过分析它的控制流程计算复杂度,导出基本路径集合,并设计一组测试用例,确保程序中的每条语句至少执行一次,每条路径至少通过一次。路径测试的测试用例设计可借助于程序流图。

程序流图(或控制流图)简称流图,它将程序流程图或程序中的结构化元素转换为一个有向图,可以认为是流程图的简化形式。

在程序控制结构中,分支、循环结点被称为谓词结点。在将程序转换为程序流程图时,每个谓词结点对应于程序流图中的一个结点,不含谓词结点的多个结点、多个顺序语句可映射为流图的一个结点;如果分支判断条件中含有复合条件,则要增加谓词结点。

图 7-7 为由程序流程图导出的程序流图。

在确立程序流图后,可根据程序流图找出需测试的基本路径,在此基础上设计测试用例。因此,基本路径测试主要有下面 4 个步骤。

(1) 根据详细设计或源程序代码结果导出程序流图。例如,图 7-8 为一个根据求平均值程序导出的程序流图。

(2) 计算需测试的基本路径数,这可以通过计算环路复杂性达到。根据 Mecabe 的定义,环路复杂性根据程序流图边数和结点数来计算:

$$V(G) = E - N + 2$$

其中,E 是程序流图边数;N 是程序流图结点数。

该公式适用于结构化程序,即程序仅含一个入口、一个出口。环路复杂性 $V(G)$ 还可以用谓词结点数来计算,则 $V(G)$ = 谓词结点数 + 1。因此,图 7-8 所对应的程序流图的环路复杂性为

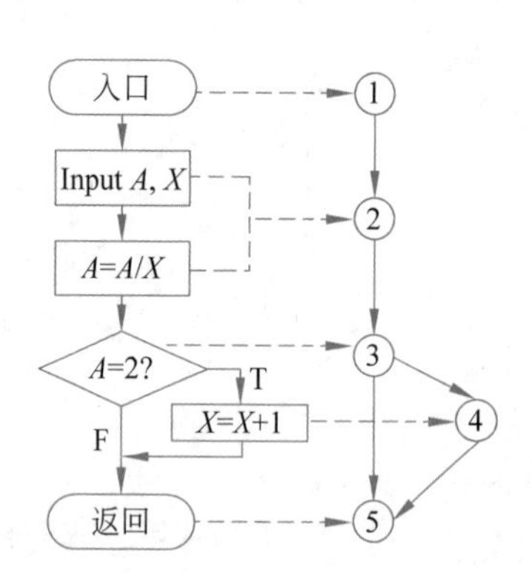

图 7-7 程序流程图导出的程序流图

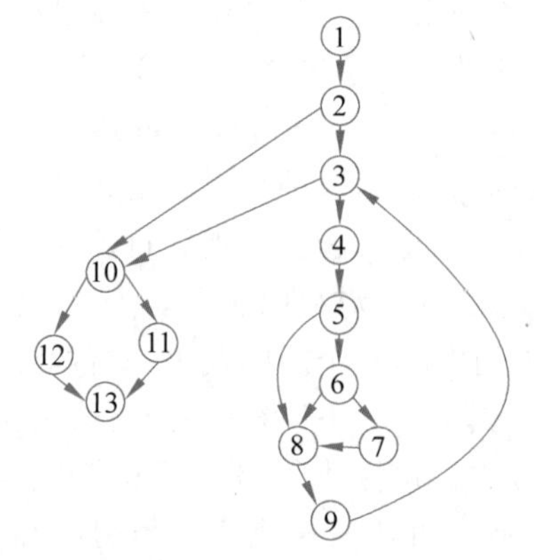

图 7-8 根据求平均值程序导出的程序流图

$$V(G)=17-13+2=6$$

或

$$V(G)=\text{谓词结点数}+1=5+1=6$$

环路复杂性确立了需要测试的基本路径数,在本例中至少应测试 6 条基本路径。环路复杂性同样是度量一个程序复杂度的重要指标,其数值越大,程序的复杂度越高。

(3) 确立线路的基本路径集,即独立路径集。独立路径是指至少引入程序的一个新处理程序集合或一个新条件的路径。如果使用程序流图术语描述,独立路径至少包含一条在定义该路径之前不曾用过的边。

利用环路复杂性可以导出程序基本路径集合中独立的路径数,这是保证程序中每条语句至少执行一次所需的测试路径数量的下限。

根据上面的计算,图 7-8 有 7 条独立路径。

路径 1:1→2→10→11→13

路径 2:1→2→10→12→13

路径 3:1→2→3→10→11→13

路径 4:1→2→3→10→12→13

路径 5:1→2→3→4→5→8→9→3→…

路径 6:1→2→3→4→5→6→8→9→3→…

路径 7:1→2→3→4→5→6→7→8→9→3→…

(4) 设计测试用例。软件测试人员可以根据判断点给出的条件选择适当数据作为测试用例,以保证每条路径可以被测试。

每个测试用例执行后,与预期的结果进行比较,如果所有的测试用例执行完毕,则可以确信程序中的所有可执行语句至少被执行了一次。值得注意的是,有一些独立路径往往不是完全独立的(如路径 1),它可能是程序正常控制的一部分。在测试时,这些路径可以是另一条路径测试的一部分。

2. 逻辑覆盖测试

逻辑覆盖是一组测试方法的总称,它以程序的内部逻辑结构为基础设计测试用例,具体可分为语句覆盖、判定覆盖、条件覆盖、判定-条件覆盖、条件组合覆盖等。

图 7-9 给出了一个小程序的流程图。

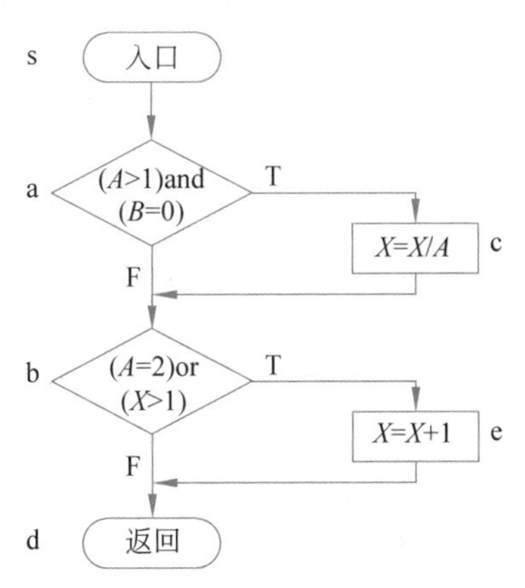

图 7-9 一个小程序的流程图

语句覆盖要选择足够的测试用例，使得被测程序的每条语句至少执行一次。

例如，可以选取测试用例的输入为 $A=2,B=0,X=3$，可覆盖路径 sacbed，则可以执行程序的每条语句，达到语句覆盖的标准。语句覆盖是比较弱的覆盖标准。

判定覆盖又称分支覆盖，它是选择足够的测试用例，使得程序中的每个判定至少取值一次真和一次假，从而使每个判定框的每个分支至少执行一次。

例如，为了使 $(A>1)$ and $(B=0)$ 出现一次真，也出现一次假，同时使 $(A=2)$ or $(X>1)$ 出现一次真，也出现一次假。又因为 $A=3,X=1$ 使 $(A=2)$ or $(X>1)$ 真。所以，综合起来可以选取 $A=3,B=0,X=1$，覆盖路径 sacbd；选取 $A=2,B=1,X=1$，覆盖路径 sabed。这时，用例测试可以不考虑 $X>1$ 和 $X<1$ 的情况。

条件覆盖是选择足够的测试用例，使程序判定中的每个条件取真、假各一次。

例如，在 a 点的判断条件要考虑 $A>1,B=0,A\leqslant1,B\neq0$ 分别出现一次。

同理，在 b 点的判断条件要考虑 $A=2,X>1,A\neq2,X\leqslant1$ 分别出现一次。

根据条件覆盖的标准，测试用例可以选取：$A=2,B=0,X=1$（满足 $A>1,B=0,A=2,X\leqslant1$ 的条件）；$A=1,B=1,X=2$（满足 $A\leqslant1,B\neq0,A\neq2,X\leqslant1$ 的条件）。

显然，这一组数据满足了条件覆盖的标准，但不满足判定覆盖的标准，因为在第二个判定点 b 中只执行了真值的分支。

按照判定覆盖标准选取的测试用例不一定能满足条件覆盖标准，反之，用条件覆盖标准选取的测试用例不一定能满足判定覆盖标准。判定-条件覆盖就是同时以这两种标准来选取测试用例的。

判定-条件覆盖是选用足够的测试用例，使得判定表达式中的每个条件都取各种可能的值，并且每个判定表达式也都取各种可能的结果。

按照这个标准，可以选用下面的测试用例：

$A=2,B=0,X=3$（满足 $A>1,B=0,A=2,X>1$ 的条件），覆盖路径 sacbed；

$A=1,B=1,X=1$（满足 $A\leqslant1,B\neq0,A\neq2,X\leqslant1$ 的条件），覆盖路径 sabd。

条件组合覆盖是选择足够的测试用例，使得每个表达式中条件的可能组合都至少出现一次，表 7-1 列出了对应此例的 8 种组合及测试用例。

选择测试用例时应基于用尽量少的测试用例覆盖尽可能多的条件组合，因此表中选取一个测试用例覆盖了两种条件组合。

注意，能满足条件组合覆盖标准的测试用例同时也满足判定覆盖、条件覆盖和判定-条件覆盖标准，显然，它是这几种标准覆盖中最强的。

表 7-1　条件组合覆盖及测试用例

条件组合	测试用例	执行路径
$A>1,B=0$ $A=2,X>1$	$A=2,B=0,X=4$	sacbed
$A>1,B\neq 0$ $A=2,X\leqslant 1$	$A=2,B=1,X=1$	sabed
$A\leqslant 1,B=0$ $A\neq 2,X>1$	$A=1,B=0,X=2$	sabed
$A\leqslant 1,B\neq 0$ $A\neq 2,X\leqslant 1$	$A=1,B=1,X=1$	sabd

3. 循环测试

在程序中，除了选择结构外，循环也是一种重要的逻辑结构。循环测试是白盒测试的一种技术，它注重测试循环结构的有效性。

对于单个循环，假设 n 是允许通过循环的最大次数，应该进行下列测试。

(1) 跳过整个循环(零循环)。

(2) 只执行循环一次(一次循环)。

(3) 执行循环两次(两次循环)。

(4) 执行循环 m 次，其中 $m<n-1$(某个中间次数循环)。

(5) 执行循环 $n-1$、n、$n+1$ 次(比最大次数少一次、最大次数、比最大次数多一次循环)。

对于嵌套循环，应该进行下列测试。

(1) 从最内层循环开始测试，把其他循环都设置为最小值。

(2) 对最内层循环使用简单测试方法，使外层循环的迭代参数取最小值，并且为越界或非法值增加一些额外的测试。

(3) 由内向外对下一个循环进行测试，保持它的所有外层的循环变量为最小值，其他的嵌套循环的循环变量取“典型”值。如此连续进行，直到测试完所有循环。

黑盒测试

7.4 黑盒测试

黑盒测试注重测试软件中的功能需求，所以又称功能测试。它不涉及软件的内部逻辑结构，以程序的功能作为测试的依据对程序进行测试。测试者要研究软件功能说明和设计的有关功能、性能、输入输出之间的关系，只根据程序接口来设计测试用例，并将测试的结果与期望的结果进行分析。

根据黑盒测试法的基本思想，软件测试人员应该把程序看成一个黑盒，完全不考虑程序的内部结构和处理过程，以程序的外部功能为依据，检查程序是否能完成所规定的功能，证实软件功能的可操作性，程序是否可以很好地接收输入数据，产生正确的输出结果。另外，还要验证它是否做了不该做的事，证实模块信息的完整性，即模块运行过程中要保持外部信息的完整性。黑盒测试主要检查以下错误。

(1) 功能不正确或者不完整。

(2) 界面错误。

(3) 数据结构或者外部数据访问错误。

(4) 性能错误。

(5) 初始化或者终止错误。

1. 等价类划分法

等价类划分法把所有可能的输入数据划分成若干等价类(子类、子集)，每个类中的任何一个元素在测试中的作用等价于这一类中的其他元素。也就是说，如果用等价类中的一个元素作为测试用例能检测出程序中的某个错误，那么这一类中的其余元素作为测试用例也能发现同样的错误；反之，如果用等价类中的元素不能检测程序中的某个错误，那么采用这个等价类中的其余元素也不能发现程序中同样的错误，除非某一个测试用例属于几个等价类的交集。

在等价类划分时根据输入条件可把数据划分为有效等价类(合法输入类)和无效等价类(非法输入类)等。

有效等价类是指相对软件的规格说明而言是合理的、有意义的输入数据的集合。选用这些数据验证程序是否实现了软件需求规格说明定义的功能和性能。

无效等价类是指相对软件需求规格说明而言是不合理的、没有意义的数据的集合。选用这些数据验证程序实现的功能和性能是否符合软件需求规格说明的要求。

如何划分等价类是一个重要问题，用户可参考以下 7 条原则。

(1) 如果输入条件规定了取值范围或者值的个数，可以确定一个有效等价类和两个无效等价类。例如，假设输入条件规定的范围是 0～150，则有效等价类定义是 $0 \leqslant x \leqslant 150$，无效等价类是 $x > 150$ 和 $x < 0$，如图 7-10 所示。

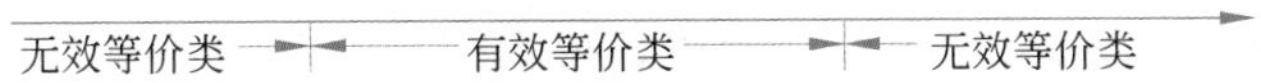

无效等价类 ←→ 有效等价类 ←→ 无效等价类

图 7-10 取值范围

(2) 如果规定了输入数据的一组值，而且程序要对每个输入值分别进行处理，这时可以为每个允许输入的值定义一个有效等价类，把所有不允许输入的值的集合定义为一个无效等价类。例如，在学校内对教授、副教授、讲师、助教进行统计，则定义教授、副教授、讲师、助教 4 个有效等价类，把所有不符合这 4 类人员的输入值定义为一个无效等价类。

(3) 如果规定了输入条件值是一个布尔量，则可以定义一个有效等价类和一个无效等价类。

(4) 如果规定了输入数据必须遵循的规则，则可以定义一个有效等价类和若干无效等价类，即把符合规则的输入定义为一个有效等价类，把从各种不同角度违反规则的输入分别定义为一个无效等价类。

(5) 如果已划分的等价类中的各个元素在程序中不同,则应将此等价类进一步划分成更小的等价类。

(6) 设计一个新的测试用例,使得尽可能多地覆盖尚未被覆盖的有效等价类。重复这一步,直到所有等价类都被覆盖为止,即有效等价类的测试用例尽量公用,以减少测试次数。

(7) 设计一个新的测试用例,使得覆盖一个且只覆盖一个尚未被覆盖的无效等价类。重复这一步,直到所有无效等价类都被覆盖为止。

也就是说,无效等价类至少每类一例,以防止漏掉本来可能发现的错误。

2. 边界值分析法

经验表明,编程人员往往会在边界数据上出现问题,边界值的相邻数据都属于敏感区,如一组数据的上界、下界、循环变量的终值,因此有必要在设计测试用例时考虑边界数据,选用边界值作为测试数据更有效,有利于发现更多的错误。这种在边界值上选取测试用例的方法称为边界值分析法。边界值分析法属于一种特殊的等价类划分法,是用得最多的方法之一。

在使用边界值分析方法选择测试用例时可以参考以下 4 个原则。

(1) 如果输入条件规定了值的范围,则应选取刚好到达该范围的边界值和刚好超过该范围的边界值作为测试用例。例如,若输入数据的范围是整数 1~99,则等价类的划分:1~99 是有效等价类;小于 1 和大于 99 是两个无效等价类。应在 1 和 99 的边界分别选取测试用例,可选择 0、1、2、98、99、100 等。

(2) 如果输入条件规定了值的个数,则应选取最大个数、最小个数、比最大个数多一个、比最小个数少一个等作为测试用例。例如,若输入的数据规定为 1~229 个,则可以选用 1 个、229 个、0 个、230 个数据作为测试用例。

(3) 如果输出条件规定了值的范围和个数,可以分别参考原则(1)和原则(2)。

(4) 如果程序中使用的数据有预定义边界(如定义数组有 100 项),则应在该边界测试数据结构。

为了说明黑盒测试方法,这里综合利用等价类划分法和边界值分析法实现对一个查找关键字过程函数 Search 进行等价类划分并产生相应的测试用例。

下列文本框内为 Search 过程的接口定义,对于黑盒测试来说,仅需要根据待测程序的接口产生黑盒测试用例,因此文本框内并不包含完整的程序或程序内部的实现结构。

该接口定义表明 Search 有两个输入参数 Key 和 T,分别为需查找的关键字和待查找的数组序列;两个输出参数 Found 和 L,分别返回查找的结果和相匹配的关键字在数组中的定位。在这个接口定义中有严格的前置和后置条件定义。

查找关键字过程函数接口定义:

```
procedure Search(Key:ELEM;T:ELEM_ARRAY;
    Found : in out BOOLEAN;L : in out ELEM_INDEX);
    Pre_condition
```

```
--the array has at least one element
T'FIRST<=T'LAST
Post-condition
--the element is found and is referenced by L
(Found and T(L)=Key)
or
--the element is not in the array
(not Found and
not (exists i,T'FIRST>=i<=T'LAST,T(i)=Key))
```

等价类可以分为有效等价类和无效等价类两类，由于该程序为一个过程函数，查找关键字 Key 为调用者给定的符号类型定义的参数，类型前置条件说明有待查找的数组 T 不会为空，至少有一个元素，因此输入参数不存在无效等价类；对于输出应考虑查找到匹配元素和未查找到匹配元素两种情况；再结合边界值分析，包括数组仅包含一个元素、与 Key 匹配的元素在数组的第一个或最后一个。这里给出如表 7-2 所示的等价类，共分为 6 个等价类。

表 7-2　Search 过程的等价类划分

T	Key
仅包含一个元素	查找到匹配元素
仅包含一个元素	未查找到匹配元素
包含一个以上的元素	匹配元素为数组的首元素
包含一个以上的元素	匹配元素为数组的最后一个元素
包含一个以上的元素	匹配元素为数组中的某个元素
包含一个以上的元素	无匹配元素

根据表 7-2 定义的等价类，可以产生如表 7-3 所示的测试用例。

表 7-3　Search 过程的黑盒测试用例

T(Input)	Key(Input)	Found(Output)	L(Output)
17	17	true	1
17	0	false	未定位成功
17,29,21,23	17	true	1
41,18,9,31,30,16,45	45	true	7
17,18,21,23,29,41,38	23	true	4
21,23,29,33,38	25	false	未定位成功

3. 错误猜测法

人们在长期实践中积累的经验是宝贵的，错误猜测法实际上就是猜错。猜错是凭实践经验和感觉猜测被测试程序哪些地方最容易出错,并且以此来设计测试用例。

错误猜测法的基本思想是,凭经验列举出程序中可能有错误的地方和最容易产生错误的情况,并且以它们为依据选择测试用例。

7.5 调试过程、技术与原则

7.5.1 调试过程

通过软件测试可发现软件错误,在发现程序错误之后,还需要修正程序错误。调试就是在测试发现一个错误后消除错误的过程。

程序调试一般涉及以下两个任务。

(1) 诊断。诊断是指确定程序错误的性质和位置。

(2) 排错。排错是指对出现错误的程序段进行修改,由此排除错误。

在程序调试的上述两个任务中,诊断是关键。实际上,当程序中出现错误的性质和位置被诊断出来后,改错只是一件相对比较简单的工作。

7.5.2 调试技术

1. 诊断方法

1) 在程序中插入输出语句

在源程序的关键位置插入输出语句,由此获取关键变量的中间值,这种方法能够对程序的执行情况进行一定的动态跟踪,能够显示程序的动态行为,而且给出的信息能够和程序中的每条语句对应。

该方法的缺点如下。

(1) 可能会输出大量的需要分析的信息,对于大型系统来说,情况更是如此。

(2) 必须修改源程序才能插入输出语句,有可能改变一些关键的时间关系,从而可能覆盖错误。

2) 使用自动调试工具

使用自动调试工具进行程序调试是目前使用最多的调试方法。在一些集成开发环境中,自动调试工具往往和整个程序创建工作结合在一起,因此可以非常有效地提高程序调试速度与质量。自动调试程序一般具有对程序的动态调试功能,能够发现程序运行过程中出现的错误。自动调试工具主要的调试功能包括逐行或逐过程地执行源程序,在源程序中设置中断点,设置需要监控的变量和表达式等。

2. 调试策略

调试策略即调试程序时可采取的方法、措施与对策。一些常用的调试策略有试探法、回溯法、对分查找法、归纳法、演绎法。

1）试探法

调试人员分析错误征兆，猜测发生错误的大致位置，然后使用合适的诊断方法检测程序中被怀疑位置附近的信息，由此获得对程序错误的准确定位。

2）回溯法

调试人员分析错误征兆，确定最先发现"症状"的位置，然后人工沿程序的控制流程往回追踪程序，直到找出错误根源或确定故障范围为止。

对于代码行不是很多的程序块，回溯法是一种比较好的调试程序策略，往往能把故障范围缩小为程序中的一小段代码，然后仔细分析这段代码，即可确定故障的准确位置。然而，对于涉及很多模块的复杂程序，由于执行路线太复杂，以至于回溯变得非常困难。

3）对分查找法

如果已经知道每个变量在程序内若干关键点的正确值，则可以用赋值语句或输入语句在程序待测位置附近"注入"这些变量的正确值，然后检查程序的输出。如果输出结果是正确的，则故障在程序的前半部分；反之，故障在程序的后半部分。

对于程序中有故障的部分再重复使用这个方法，直到把故障范围缩小到容易诊断的程度为止。

4）归纳法

归纳法是一种从个别推断一般错误的定位方法，其特点是以程序的错误征兆为线索，分析这些线索之间的关系并由此找出故障。归纳法一般涉及以下 4 个步骤。

(1) 收集数据。需要收集与程序运行有关的数据，并确认哪些是正确的数据，哪些是错误的数据。

(2) 组织数据。分类整理数据，以方便发现规律。

(3) 进行推断。分析数据关系，寻找数据规律，然后以此为依据推断故障原因。如果无法推断，则可以重新设计测试用例，或获取更多测试数据，然后再进行推断。

(4) 证明推断。推断不等于事实，不经证明就根据推断排除故障，可能只能改正部分错误，因此，需要对推断进行合理性证明。证明推断的方法是用它解释所有原始测试结果，如果能圆满地解释一切现象，则推断得到证实，否则推断不完备。

5）演绎法

演绎法则从一般原理或前提出发，通过将错误问题细化来推导原因。在使用演绎法寻找错误根源时，需要先列出所有看来可能成立的原因或假设，然后逐个地排除不可能的原因，并证明剩下的原因确实是错误的根源。演绎法一般涉及以下 4 个步骤。

(1) 根据错误排除信息，将所有可能的原因以假设形式列出。

(2) 排除不能成立的假设。如果所有列出的假设都被排除了，则需要提出新的假设；如果剩下的假设多于一个，则首先选取最有可能成为出错原因的那个假设。

(3) 利用已知线索使用价值的假设细节化、具体化。

(4) 证明剩下的假设即是错误的根源。论证方法类似于归纳法的第(4)步。

7.5.3 调试原则

在软件调试方面,许多原则实际上是心理学方面的问题。因为调试活动由对程序中错误的诊断(定性、定位)和排错两部分组成,因此调试原则也从以下两方面考虑。

(1) 确定错误的性质和位置时的注意事项。

① 分析、思考与错误征兆有关的信息。

② 避开死胡同。

③ 只把调试工具当作辅助手段来使用。

④ 避免用试探法,最多只能把它当作最后的手段。

(2) 修改错误的原则。

① 在出现错误的地方很可能还有其他错误。经验表明,错误有群集现象,当在某一程序段发现有错误时,在该程序段中还存在其他错误的概率也很高。因此,在修改一个错误时,还要观察和检查相关的代码,看是否还有其他错误。

② 修改错误的一个失误是只修改了这个错误的征兆或这个错误的表现,而没有修改错误本身。如果提出的修改不能解释与这个错误有关的全部现象,那就表明只修改了错误的一部分。

7.6 测试实例——《学生教材购销系统》测试报告

通过前面的介绍,大家对软件测试的理解还不够透彻。为了帮助大家更好地理解软件测试的相关内容,这里以《学生教材购销系统》测试报告为例详细介绍怎么把软件测试的理论知识应用到具体的项目中。

《学生教材购销系统》
测试报告

1 引言

1.1 编写目的

软件测试的目的是发现软件设计和实现过程中的疏忽所造成的错误,但是进行测试应该制订正式的测试计划,若测试是无计划进行,既浪费时间又浪费不必要的劳动。测试报告是将软件测试团队的具体测试做法文档化,主要包括制订描述整体策略的计划、定义特定测试步骤的规程及规定将要进行的测试。

1.2 背景

说明被测试软件名称，任务提出者、开发者和使用者。

1.3 定义

Exception：异常抛出事件的引用。
Session：用来设置是否需要使用内置的Session。
Request：用来返回客户端的请求。
Response：用来返回服务器对客户端的响应。

1.4 参考资料

列出要用到的参考资料。
(1) 本项目的已核准的计划任务书或合同、上级机关的批文。
(2) 属于本项目的其他已发表的文件。
(3) 本文件中各处引用的文件、资料，包括所要用到的软件开发标准，列出这些文件的标题、文件编号、发表日期和出版单位，说明能够得到这些文件资料的来源。
(4) 本报告引用的其他资料、采用的开发标准或开发规范。

2 测试计划的执行情况

2.1 测试目的

(1) 验证用户功能。用户登录时进行相关测试验证是否可以正常登录。
(2) 购书单审核功能。教材管理人员验证购书单的合法性。
(3) 销售功能。管理人员能否顺利进入销售主界面，并且是否能够顺利地进行书籍的销售；教材工作人员审核购书单发现缺书后是否产生补售通知；是否有缺书登记。
(4) 采购功能。用户登录之后，采购者能否顺利进入采购主界面，并且是否能够顺利地进行采购书籍；进入采购界面后，输入正确的客户信息进行订购，看能否出现提示成功的信息；返回采购界面，输入错误的客户信息进行订购，看系统是否提示错误，并阻止动作的进一步进行。

2.2 测试机构及人员

测试机构名称：××测试机构
负责人：张三
参与测试的人员名单：张三、李四

2.3 测试用例与结果

(1) 验证用户功能，如表1所示。

表 1　验证用户功能

测试项目名称:《学生教材购销系统》——验证用户功能
测试用例编号:1
测试内容:验证用户是否可以用不同的账户和密码登录并且具有不同的权限
测试输入数据:账户 jark　密码 123 账户 neal　密码 abc
测试次数:执行测试过程两次
预期结果:当用正确的账户和密码时可以登录系统,用错误的账户和密码则不能
测试过程:进入系统登录界面时,将对应的数据输入相关项目中,单击"登录"按钮
测试结论:当输入账户和密码分别为 jark 和 123 时,能够进入系统; 当输入账号和密码分别为 neal 和 abc 时,不能进入系统
备注:无

(2) 购书单审核功能,如表 2 所示。

表 2　购书单审核功能

测试项目名称:《学生教材购销系统》——购书单审核功能
测试用例编号:2
测试内容:教材管理人员验证购书单的合法性
测试输入数据: 学号　书号(ISBN)　姓名　班级名　数量 11306070　9787303051489　小红　信息 082 班　45 本 33306070　小玉　29 本
测试次数:执行测试过程两次
预期结果:当购书单合法时产生有效购书单,若购书单不合法则生成不合法购书单通知书以便学生或教师及时修改
测试过程:进入审核界面时,将对应的数据输入相关项目中,单击"审核"按钮
测试结论:当输入"11306070　小红　女　信息 082 班　45 本"时出现有效购书单; 当输入"33306070　小玉 29 本"时出现购书单不合法
备注:无

(3) 销售子系统功能,如表 3 所示。

表3 销售子系统功能

<table>
<tr><td>测试项目名称:《学生教材购销系统》——销售子系统功能</td></tr>
<tr><td>测试用例编号:3</td></tr>
<tr><td>测试内容:管理人员能否顺利进入销售主界面,并且是否能够顺利地销售书籍</td></tr>
<tr><td>测试输入数据:
学号 书号(ISBN) 姓名 班级名 数量
11306070 9787303051489 小红 信息082班 45本
22306070 9787303051489 小强 计算机091班 30本
33306070 9787303051489 小玉 数学081班 29本
教材存量表已有数据:
书号 书名 出版社 单价 数量
9787303051489 数据库 清华大学出版社 32.00 90</td></tr>
<tr><td>测试次数:执行测试过程3次</td></tr>
<tr><td>预期结果:当输入的购书单有效时,可以进行登记售书并打印领书单;
否则,输出教材缺书登记并向系统发出采购补售书的通知</td></tr>
<tr><td>测试过程:
(1) 以管理人员的身份进入客户界面。
(2) 对于"9787303051489 数据库 清华大学出版社 32.00",单击"销售"按钮,此时进入销售界面,显示"9787303051489 数据库 清华大学出版社 32.00 90",剩余90本,并显示用户信息"11306070 9787303051489 小红 信息082班 45本"和"22306070 9787303051489 小强 计算机091班 30本",单击"确认"按钮,产生需要采购的书籍数量"45本"和"30本",分别单击"确认销售"按钮。
(3) 单击"返回"按钮,进入客户界面,对于同一条记录"9787303051489 数据库 清华大学出版社 32.00",单击"销售"按钮,再次进入客户销售界面,显示"9787303051489 数据库 清华大学出版社 32.00 15",此时显示用户信息"33306070 9787303051489 小玉 数学081班 29本",单击"确认"按钮,产生需要采购的书籍数量"29本",单击"确认销售"按钮</td></tr>
<tr><td>测试结论:
(1) 当对输入信息"11306070 9787303051489 小红 信息082班 45本"和"22306070 9787303051489 小强 计算机091班 30本"单击"销售"按钮时能出现销售成功的提示信息;
(2) 当对输入信息"33306070 9787303051489 小玉 数学081班 29本"单击"销售"按钮时不能继续销售操作,出现"002A 数据库 张三 清华大学出版社 32.00 缺书14本,请及时补售教材"</td></tr>
<tr><td>备注:出现的信息如果与预想的不相符,还需更进一步修改</td></tr>
</table>

(4) 采购子系统功能,如表4所示。

表4 采购子系统功能

测试项目名称:《学生教材购销系统》——采购子系统功能
测试用例编号:4
测试内容:采购者能否顺利进入采购主界面,并且是否能够顺利地采购书籍

测试输入数据：

学号	书号(ISBN)	姓名	班级名	数量
11306070	9787303051489	小红	信息 082 班	45 本
22306070	9787303051489	小强	计算机 091 班	30 本
33306070	9787303051489	小玉	其他	29 本

教材存量表已有数据：

书号	书名	出版社	单价	数量
9787303051489	数据库	清华大学出版社	32.00	0

测试次数：执行测试过程两次

预期结果：当输入正确的用户信息时，可以进行采购；
否则，输入错误的用户信息不能进行采购

测试过程：
(1) 以采购者的身份进入客户界面。
(2) 对于"9787303051489 数据库 清华大学出版社 32.00"，单击"订购"按钮，此时进入客户订购界面，输入正确的用户信息"11306070 9787303051489 小红 信息 082 班 45 本"和"22306070 9787303051489 小强 计算机 091 班 30 本"，单击"确认采购"按钮。
(3) 单击"返回"按钮，进入客户界面，对于同一条记录"9787303051489 数据库 清华大学出版社 32.00"，单击"订购"按钮，再次进入客户订购界面，输入错误的用户信息"33306070 9787303051489 小玉 其他 29 本"，单击"确认采购"按钮

测试结论：
(1) 当输入"11306070 9787303051489 小红 信息 082 班 45 本"和"22306070 9787303051489 小强 计算机 091 班 30 本"时能出现采购成功的提示信息；
(2) 当输入"33306070 9787303051489 小玉 其他 29 本"时不能继续采购操作，且不会出现相应的提示信息

备注：无

2.4 局限性

本系统目前还不具备和其他系统(《图书管理系统》和《教务管理系统》)合并在一起的可能。

2.5 测试资源消耗

本系统的测试人员对测试的内容和原则还不是很熟悉，在熟悉该原则的过程中增加了整个测试消耗的时间。

3 评价

3.1 软件能力

(1) 验证用户部分基本满足需求分析的要求，只是用户账户和密码的加密部分尚不完善。

(2) 购书单审核,提交购书单后,检查购书单是否有效。对于无效购书单,提示相关信息,并返回给用户,使其进行修改。

(3) 对销售功能和采购功能的各具体功能的分析如下。

① 增加。增加成功时不能提示是否保存,之前填写的内容已经部分丢失,需要用户重新输入,并且没有设计增加信息之后可以显示刚刚增加的信息的功能。

② 查询。查询教材时对组合条件的输入功能完成得不完善。

③ 删除。输入错误编号时不能进行删除,且不会提示相关的信息。

④ 修改。输入错误编号时,不能进行修改,但是不会提示相关的信息;输入其他的错误信息进行修改的处理没有考虑到。

3.2 缺陷和限制

通过对软件功能测试结果的分析,可以得出以下结论。

本系统对于教材信息的增加、查询、删除、修改操作基本完成,但是对于购书单、领书单等单据的增加、查询、删除、修改等操作考虑得却很少,下一步准备改进。另外,系统还存在其他的不足,如在采购功能中,用户输入错误信息时虽然不能进行正常的采购操作,但是不会提示相关的信息。

3.3 建议

(1) 查询功能可以实现智能查找以及可以显示历史查询记录。

(2) 用户输入错误信息时不能进行正常的采购,并会提示相关的信息。

3.4 测试结论

经过本组设计人员的多次测试,发现《学生教材购销系统》基本上能实现需求分析阶段期望的功能,如管理人员的登录,用户和管理人员对教材信息的增加、查询、删除、修改等操作,订购者对订购信息的确认等功能。但同时本系统还有一些不足之处,在上面的分析中已经给出了详细的讲解,有待进一步的改进。

小结

本章详细介绍了下面内容。

(1) 测试目的、计划与方法。软件测试的根本目的是发现软件中的错误。软件测试需要事先制订计划,如测试时间、测试任务、测试目标、责任人等,都需要通过测试计划提前确定下来。

软件测试分为白盒测试和黑盒测试两种。白盒测试以详细设计中的程序算法说明为测试内容,主要用于程序单元测试。黑盒测试以概要设计中的模块定义为测试内容,主要用于用户确认测试、系统集成测试。

(2) 测试任务。软件测试任务有单元测试、集成测试、确认测试。

单元测试以基本模块为测试对象，一般以白盒测试为主、黑盒测试为辅，主要测试内容有接口、局部数据结构、重要执行路径、异常处理、边界等。

诸多单元模块可按照设计好的体系结构进行装配，在此过程中需要进行集成测试，以发现模块之间是否有连接错误。常用的集成策略有非渐增式测试与渐增式测试两种。非渐增式测试是一次性把所有模块组合在一起。渐增式测试则是将每个单元模块逐个集成到系统中。

系统完成集成后，接下来需要进行确认测试，以确认用户需求是否得到实现。测试内容有软件有效性验证、软件配置复查。测试方法有 α 测试、β 测试。

(3) 程序调试。诊断发现错误并排错就是程序调试。其中，诊断是关键。如果错误的性质与位置被诊断出来，则排错是一件相对比较简单的工作。

主要诊断方法有在程序中插入输出语句、使用自动调试工具。程序调试策略有试探法、回溯法、对分查找法、归纳法和演绎法。

习题

一、简答题

1. 简述软件测试的定义、对象、准则及方法。

2. 什么是渐增式测试？自顶向下渐增和自底向上渐增有什么不同？

3. 软件测试分哪几个步骤？各自关注的重点是什么？

4. 单个组件经过代码审查和单元测试，其有效性得到了全面验证，解释为什么仍然需要进行集成测试。

5. 什么是黑盒测试？什么是白盒测试？为什么黑盒测试不能替代白盒测试？

6. 说明回溯法调试程序的特点。

二、程序设计题

以下面的程序设计几组白盒测试用例，分别要求达到语句覆盖、判定覆盖、条件覆盖。

```
void grade(int x)
{
    If(x>100||x<0) printf("无效数据");
    else if(x>=85&&x<=100) printf("优秀\n");
    if(x>=60&&x<85) printf("合格\n");
    else if(x>=0&&x<60) printf("不合格\n");
}
```

CHAPTER

第8章 维　　护

在软件系统完成开发并交付用户以后，软件就进入运行维护阶段。这时的软件已脱离开发环境，但维护中仍会涉及开发问题，如修正软件运行错误、为软件增加新功能，并且诸多开发方法也都可以应用到软件维护中。实际上，软件的每次维护就相当于一次较小规模的开发，需进行问题分析、遵循技术规范、有过程支持。

学习目标：

✍ 了解软件维护的分类和特点。

✍ 了解维护任务的实施过程。

✍ 了解软件的可维护性和软件维护的副作用。

✍ 掌握软件再工程。

8.1 软件维护概述

8.1.1 软件维护的分类

软件主要涉及以下 4 方面的维护，即改正性维护、完善性维护、适应性维护、预防性维护。

1. 改正性维护

由于诸多条件限制，软件难免会遗留一些错误到运行阶段。然而这些隐藏的错误有可能在某个特定的条件下暴露出来，并因此影响软件的正常使用。显然，软件开发者有义务对软件进行维护，以消除这些错误，这就是改正性维护。改正性维护主要发生在软件使用初期的磨合阶段，随着软件错误的消除，改正性维护会随之减少。

2. 完善性维护

用户在使用软件的过程中难免会提出新的软件需求，如要求改进现有功能、增加新的功能、提高执行效率、有更大规模的执行效率、有更大规模的数据处理能力等。显然，要满足用户的这些要求，也必须进行软件维护改造，这就是完善性维护。

完善性维护大多发生在软件运行维护中期。通常,在进入软件正常使用期后,随着软件用户对软件认识的深入会产生新的需求意愿,软件完善性维护也随之发生。

3. 适应性维护

软件的工作环境有可能发生改变。实际上,软件所要依赖的硬件设备、操作系统、数据环境、网络环境、业务环境都有可能发生改变。显然,为了使软件能在这种新的环境下继续工作,必须要进行软件维护改造,这就是适应性维护。适应性维护大多发生在软件运行维护后期,使用多年的软件通常已不能较好地适应环境,因此需要进行适应性维护。

4. 预防性维护

为了使软件具有更好的可维护性、可靠性,需要对所开发软件有事先的维护准备,如完善配置管理、设计可扩充的体系结构,这就是预防性维护。预防性维护自软件开发之日起即已发生。实际上,在软件的整个生命周期内都需要进行预防性维护。

8.1.2 软件维护的特点

1. 结构化维护和非结构化维护

图 8-1 为结构化维护(图左)和非结构化维护(图右)的比较。

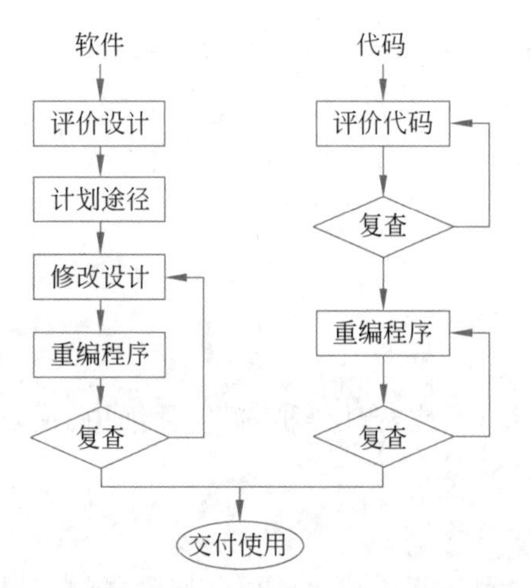

图 8-1 结构化维护和非结构化维护的比较

如果软件配置的唯一成分是程序代码,那么维护活动相当困难。由于没有内部文档,评价工作很难进行。如果对软件结构、数据结构、系统接口、性能和设计约束等的特点不清楚,程序代码就很难搞清楚。如果没有保存测试记录,回归测试无法进行,所以改变程序代码所引起的后果难以确定,不仅浪费了人力、物力,还影响了维护人员的积极性,这是不使用软件工程方法开发软件的结果。

如果有一个完整的软件配置,维护就可以从评价软件设计文档开始根据文档来确定该软件的结构特性、性能特性及接口特性;改正或修改可能带来的影响,并且准备一个处理方法;然后修改设计,进行评审,编写新的源代码程序和进行回归测试;最后交付使用。使用软件工程方法开发的软件虽然不能保证维护没有问题,但可以减少维护的工作量,并提高质量。

2. 维护的代价

维护费用只是软件维护最明显的代价,其他一些隐含的无形代价将来可能更被人们所关注。其他无形的代价如下。

(1) 当看来合理的有关改错或修改的要求不能及时满足时将引起用户不满。

(2) 由于维护时的改动,在软件中引入了潜伏的故障,从而降低了软件的质量。

(3) 当把软件工程师调去从事维护工作时,将在开发过程中造成混乱。

软件维护的最后一个代价是生产率的大幅度下降,这在维护旧程序时经常发生。维护工作可以分为生产性活动(如分析评价、修改设计和编写程序代码等)和非生产性活动(如理解程序代码的功能,解释数据结构、接口特点和性能限度等)。下列表达式给出了维护工作量的一个模型:

$$M = P + K \times \exp(c - d)$$

式中,M 是维护的总工作量;P 是生产性工作量;K 是经验常数;c 是复杂程度(非结构化设计和缺少文档都会增加软件的复杂程度);d 是维护人员对软件的熟悉程度。

上面的模型表明,如果没有使用软件工程方法,而且原来的开发人员没有参加维护工作,那么维护工作量和费用将呈指数增加。

3. 维护的问题

与软件维护有关的绝大多数问题都可归于软件定义和软件开发方法的缺点。与软件维护有关的部分问题如下。

(1) 理解别人编写的程序通常十分困难,特别是一些非结构化程序。如果只有程序代码没有说明文档,那么困难较大。

(2) 软件开发人员经常流动,所以当要求对软件进行维护时不可能依靠原开发人员提供对软件的解释。

(3) 没有文档或文档严重不足。认识到软件必须编制文档是第一步,第二步是文档必须是可以理解的,同时还要与源程序代码相一致,否则没有任何价值。

(4) 绝大多数软件在设计时不考虑以后可能还要修改。除非强调模块独立的方法,否则软件的修改将是困难的,而且容易引入新的错误。

(5) 通过多种版本要追踪软件的演化变得很困难,甚至不可能,而修改又没有足够的文档。

(6) 追踪软件的建立过程非常困难,或根本做不到。

(7) 维护被看作是无吸引力的工作,主要是因为维护工作经常受阻。

8.2 维护任务的实施

在软件维护时,必然对源程序进行修改。为了正确、有效地进行修改,需要经历以下步骤。

(1) 分析和理解程序。

(2) 修改程序。

(3) 设计修改计划。

(4) 向用户提供回避措施。

(5) 修改代码。

(6) 重新验证程序。

8.2.1 维护组织

软件维护阶段相对来说是漫长而且不定期的,长期以来很少建立正式的维护组织,然而对于一个小的软件开发队伍而言,非正式地定岗定责绝对必要。图 8-2 给出了维护的一种组织模式。

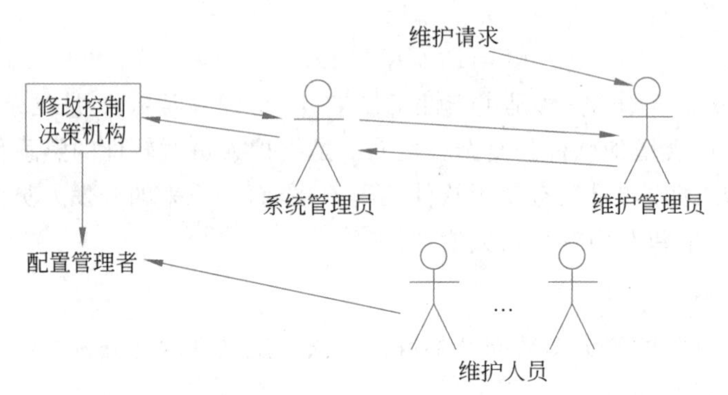

图 8-2　维护的一种组织模式

维护请求通过维护管理员转告给系统管理员,系统管理员一般都是对程序特别熟悉的技术人员,他们对维护申请及可能引起的软件修改进行评估,并向修改控制决策机构(一个或一组管理者)报告,由该机构最后确定是否采取行动。按这样的组织方式开展维护活动,能减少混乱和盲目性,避免因小失大的情况发生。当然,上述各个岗位都不需要专职人员,但必须为胜任者,并且要早在活动开始之前就明确各自的责任,避免互相推诿的现象发生。

8.2.2 维护报告

应该用标准的格式提出软件维护的申请。维护申请报告是由软件组织外部提交的文档,它是软件维护工作的基础。维护组织接到的申请报告由维护管理员和系统管理员研究处理。

软件维护申请报告应说明产生错误的情况,如输入的数据、错误的清单等。如果申请的是适应性和完善性维护,用户必须提出一份修改说明书,列出所有希望的修改。

维护申请报告是由软件组织外部提交的文档,它是计划维护的基础。软件组织内部应相应地做出软件修改报告(Software Change Report,SCR),指明以下问题。

(1) 所需要修改的性质。

(2) 申请修改的优先级。

(3) 为满足某项维护申请所需要的工作量。

(4) 预计修改后的状况。

软件修改报告应提交修改负责人,经批准后才能进一步安排维护工作。

8.2.3 维护过程

软件维护过程又称软件维护活动。由于在软件的运行过程中需要不断地进行修改和完善，使得维护工作量逐年上升。软件维护过程与软件类型、软件开发过程及人员因素有着密切的关系。

软件维护过程由一系列变更请求触发。变更请求可能来自系统用户、管理层或者客户。一旦变更请求获得批准，就要对系统规划一个新版本，然后实现这个变更。软件维护过程的参考模型如图 8-3 所示。

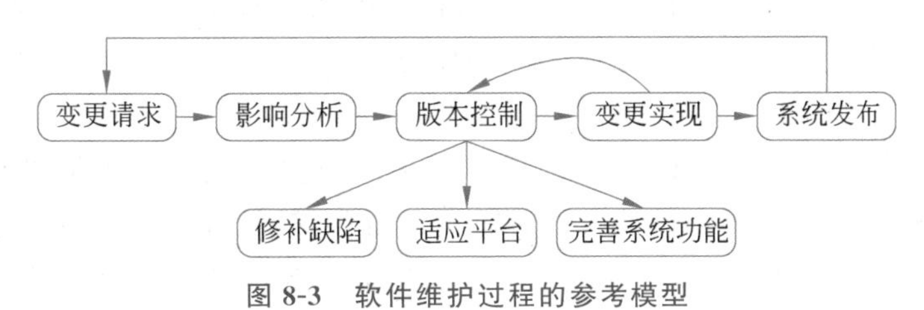

图 8-3 软件维护过程的参考模型

8.3 软件的可维护性

8.3.1 软件可维护性的定义

软件可维护性是指维护人员对软件系统进行修正、调整、改进的难易程度。显然，软件应该具有较高的可维护性。可维护性是指导软件工程各个阶段的基本原则，也是软件工程追求的目标之一。

8.3.2 影响软件可维护性的因素

软件的可维护性受各种因素的影响。在设计、编码和测试时不认真，软件配置不全，都将给维护带来困难。除了与开发方法有关的因素外，还有下列与开发环境有关的因素。

(1) 是否拥有一组训练有素的软件人员。

(2) 系统结构是否可理解。

(3) 是否使用标准的程序设计语言。

(4) 是否使用标准的操作系统。

(5) 文档的结构是否标准化。

(6) 测试用例是否合适。

(7) 是否已有嵌入系统的调试工具。

(8) 是否有一台计算机可用于维护。

除此之外，软件开发时的原班人员是否能参加维护也是一个值得考虑的因素。

8.3.3 提高软件可维护性的方法

要使编写的软件具有较强的可维护性,设计人员必须从软件的方案设计开始树立起软件维护的概念,只有这样,才有可能在以后的程序设计中给软件维护预留出操作空间。

1. 合理的程序结构

合理的程序结构不仅有利于软件的维护工作,同时也是团队集体创作的前提。

(1) 软件的模块化。根据需求,将软件划分为几个相互独立的模块,定义各模块间的调用关系和数据交换方式。这样,不仅可以使创作团队中的各成员并行、独立地编写其中的一个或几个模块,还可以使以后的软件维护以较小的模块为单位进行,并且不必因为一个小小的维护修改全部的软件代码。

(2) 预留出一定的空余编码以供扩展。空余编码包括程序空余编码和数据空余编码。由于用户对需求的模糊和设计人员对需求理解的偏差,在编写软件之初不可能把所有需求全部实现,这就要求设计人员在设计方案时除了完成已知的需求任务外,必须预留充足的编码空间,使得软件的扩展相当容易(甚至可以不用修改任何控制代码,只在指定的表格中添加一些数据)。

(3) 函数体(对象)的封闭性。函数体(对象)的封闭性是指该段代码在程序控制方面不影响其他代码的执行,在数据方面除了接口数据以外不影响其他数据。这一点对日后改进软件算法至关重要,只有这样,才有可能对某一函数进行修改且不意外地破坏整个软件。

2. 程序控制的数据化

实际上,对控制代码的修改不仅烦琐,而且出错的概率也会增大,降低软件的可靠性,不利于软件的维护。因此在软件维护时,如果能不修改控制代码就尽量不修改。一般设想仅改变程序中的数据就可以实现对程序控制的修改,这就是程序控制的数据化。

3. 实用的注释

程序的注释是对程序代码进行解释、对编程思想进行阐述的有效手段。在编写程序时,应该养成即时书写程序注释的习惯,程序注释对以后维护软件有相当大的帮助。程序注释的书写应遵循以下 4 个原则。

1) 使用容易理解的变量名

不要以为程序注释仅仅是程序行尾部的说明,容易理解且与其作用关联的变量名也是一种非常好的注释。使用短的变量名,虽然易于输入,但却使代码难以理解;使用具有描述性的长的变量名,虽然可以使程序变得容易理解,但它们的输入却成了编程者的一种负担,同时也增加了误输入的机会。

这里向读者介绍匈牙利命名法,这种方法在一个较长的并具有描述性名称前加上一个短的前缀来产生有用的变量名,前缀描述了该变量的数据类型,甚至可以描述该变量的使用方法。例如:

```
char ch;
char achFile[12];
char far * lpszName;
int cbName;
```

注意：前缀都是小写的，而长的变量名却是大小写结合的。上面第一个变量 ch 是字符类型的前缀，它直接用作变量名；变量名 achFile 的前缀有两部分，其中，a 意味着这是一个数组，而 ch 则给出了这个变量的数据类型；同样，变量名 lpszName 的前缀也有两部分，lp 指出这是一个长指针，sz 说明该变量是一个以空字符结尾的字符串；变量名 cbName 的前缀 cb 则告诉用户该变量保存了对字节的计数。使用这种命名方法有助于用户理解编写的程序。表 8-1 中列出了一些常用变量命名前缀。

表 8-1　常用变量命名前缀

前　缀	数据类型	前　缀	数据类型
a	数组(复合类型)	n	整型
ch	字符	np	近指针
cb	字节计数	pt	一个(x,y)点
dw	无符号长型	r	一种矩形结构
i	索引(复合类型)	sz	以空字符为结束符的字符串
l	长整型	w	无符号整型
lp	长指针		

2）对变量做出详细的解释

匈牙利命名法虽有助于用户对变量的理解，但其毕竟是一种缩写符号，并不能完全解释一个变量的用法，为了日后的软件维护，在变量定义时，应尽可能对其做详细的解释，包括它的作用、变化范围和用法。

3）对函数做出详细的解释

上面说了应该对变量进行较为详细的解释，同样，在定义函数时，对于函数也应该有一定的解释。对函数的解释主要是对它的功能、输入输出关系、调用参数和调用后会影响的全局变量进行描述，使他人在不分析该函数代码的情况下能迅速了解这个函数，维护软件的其他部分，这也是函数封闭性的一种要求和体现。

4）描述程序设计思路

对于一个软件功能的实现，每个人有每个人的编制方法，即便是同一个人，在不同的时间段编写的程序的思路也不同，因此，及时记录下自己在编写程序时的想法对以后软件代码的改进是十分必要的，它比根据程序绘制详细的程序流程图更为重要。

一般来说，由于这种设计思路大多不是一两句话能够说清楚的，因此它不一定记录在编写的程序中，可以另外记录在一个单独的软件文档中，它不仅有利于软件维护，同时也是一种编程积累。

4. 编写必要的技术说明和文档

现在的软件并不仅仅是指程序员编写的程序代码，还包括技术说明、文档、使用手册等一系列文字资料，这也是增强软件可维护性的要求。在程序代码中加入解释是一种简单、实用的方法，有一些技术资料是在程序注释中无法表达的。例如，软件需求分析、总体设计的思想、各函数之间的关系定义、数据通信的格式、关键数据的格式和用法等。技术说明和文档要与软件的设计同步，甚至要比程序的编写还要超前，要养成及时编写文档的习惯，不要在程序编写、调试完毕后再回过头来补写文档，那样的文档多半过于简单，不能实际反映编写程序时的正确思路和过程，没有现实意义。在技术说明和文档的编写上，要力求简单、详细、明了，以便随时查询和修改；对于不再使用的文档资料，要及时标明或予以销毁。

5. 采用自适应构件

一个软件在交付使用以后不可能是一成不变的，硬件结构可能会改变，软件也可能需要应各种要求增加、删除某些功能。如何使软件维护中对软件的修改尽可能少（这可大大减少软件出错的机会，提高软件的可靠性），采用自适应构件技术是一种非常好的方法。

6. 设计调试模块

在许多情况下，不可能有太多的机会进行客户机-服务器（Client/Server，C/S）方式的软件测试，这就要求程序员在脱机的状态下用计算机来模拟整机工作环境，但不可能为此编写两套软件。一是这样做太烦琐，只能在迫不得已时采用；二是两套软件稍不注意就会产生代码和数据的不一致性，增加软件出错的概率，降低软件的可靠性。

这时就需要在程序代码中编写调试模块，利用条件编译可以方便地分别产生调试代码和实际代码。两种代码的入口函数、出口函数完全一致，仅是内部处理不一样，这样其他代码在调用它们时是完全透明的，就如同在调用同一种代码一样。

8.4 软件维护的副作用

软件修改是一件很危险的工作，对一个复杂的逻辑过程，仅仅做一个微小的改动都可能引入潜在的错误。虽然设计文档化和细致的回归测试有助于排除错误，但是维护仍然会产生副作用。软件维护的副作用是指由于维护或在文档化过程中其他一些不期望的行为引入的错误，副作用大致分为 3 类，即修改代码的副作用、修改数据的副作用以及修改文档的副作用。

8.4.1 修改代码的副作用

虽然每次修改代码都可能引入潜在的错误，但是下列修改最易出错。

（1）修改或删除子程序。

（2）修改或删除语句标号。

（3）修改或删除标识符。

(4) 为提高执行效率所做的修改。

(5) 修改文件的 open、close 操作。

(6) 修改逻辑操作符。

(7) 由设计变动引起的代码修改。

(8) 修改边界值测试。

修改代码的副作用有时可通过回归测试发现,此时应立即采取补救措施,然而有时直到交付运行后才暴露出来,故对代码进行上述修改时应特别慎重。

8.4.2 修改数据的副作用

在维护阶段一旦修改了数据结构,软件设计和数据可能就不再匹配,错误随即出现。修改数据的副作用是指因修改软件的信息结构而带来的不良后果。容易引起数据副作用的修改如下。

(1) 局部或全局变量的再定义。

(2) 记录或文件格式的再定义。

(3) 增减数据或其他复杂数据结构的体积。

(4) 修改全局数据。

(5) 重新初始化控制标志和指针。

(6) 重新排列 I/O 表或子程序参数表。

设计文档化有助于限制修改数据的副作用,因为设计文档中详细地描述了数据结构并提供了一个交叉访问表,把数据和引用它们的模块对应起来。

8.4.3 修改文档的副作用

维护应统一考虑整个软件配置,而不仅仅是源代码,否则,由于在设计文档和用户手册中未能准确反映修改情况而引起修改文档的副作用。

对软件的任何修改都应在相应的技术文档中反映出来,如果设计文档不能与软件当前的状况相对应,则比没有文档更困难。对用户来讲,若使用说明中未能反映修改后的状况,那么用户在这些问题上必会出错。一次维护完成后,在交付软件之前应仔细检查整个软件配置,有效地减少修改文档的副作用。某些维护申请不必修改设计和代码,只需整理用户文档就可以达到维护的目的。

8.5 软件再工程

逆向工程与再工程是目前软件预防性维护采用的主要技术。通常意义上的软件开发是正向工程,其过程方向是从设计模型到源程序,再到最终产品。逆向工程的过程方向与此相反,是从软件产品到源程序,再到设计模型。

实际上,逆向工程就像是一个魔术管道,从管道一端流入的是一些非结构化的无文档的目标程序、源代码,从管道另一端流出的是有关软件的设计模型。

理想情况下,逆向工程过程至少应当能够从源代码中反向导出程序流程设计(最底层抽象)、数据结构(底层抽象)、数据和控制流模型(中层抽象)、实体-联系模型(高层抽象)。因此,逆向工程过程可以给软件工程师带来许多有价值的信息。

但在实际应用中,逆向工程的反向导出功能一般都会随着抽象层次的增加而减少。例如,给出一个源程序清单,也许可以利用它得到比较完全的程序流程设计,但是,要通过它得到一个比较完整的数据流图就比较困难了。

逆向工程的最初用途是用来破解竞争对手的软件产品的秘密,但是在目前,逆向工程已被更多地用到工程创建上。

许多软件工具具有逆向工程功能,如 Rational Rose、Microsoft Visio,它们既可进行 UML 正向工程建模,也可进行 UML 逆向工程创建,因此可以依据已建软件系统反向导出它们的 UML 设计模型。

图 8-4 为逆向工程的工作流程。

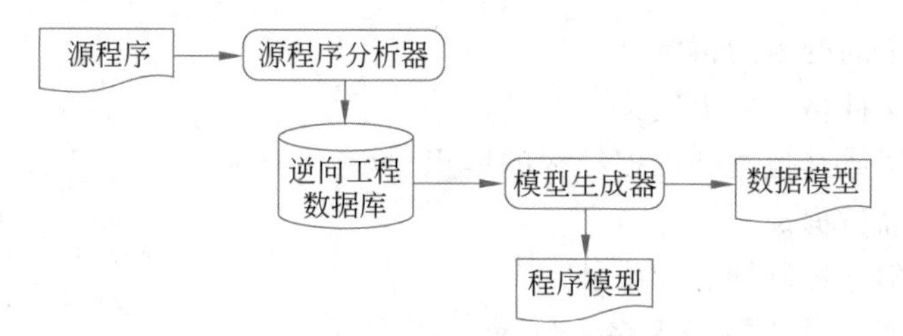

图 8-4　逆向工程的工作流程

逆向工程可被应用到软件维护上。一些旧系统可能只有源程序,缺少设计说明,因此维护更加困难。逆向工程可以从旧系统的源程序中提取程序流程设计、系统结构设计,因此能够给旧系统的维护带来方便。

当通过逆向工程重新构造或重新生成系统时,这个过程称为再工程。再工程也称修复和改造工程,它是在逆向工程所获信息的基础上修改或再生已有的系统,产生系统的一个新版本。

再工程不仅能从已存在的程序系统中重新获得设计信息,而且能使用这些信息来创建或重建现有的系统,使其获得更有价值的应用。

8.6　维护实例——《学生教材购销系统》软件维护报告

为了方便大家对软件维护过程的理解,这里给出《学生教材购销系统》软件维护报告,这是一个相对简单的版本,希望能对大家有所帮助。

软件维护是软件变更的一个常规过程。软件维护不包括体系结构上的改变,软件维护中的变更仅是修改系统中已有的模块和增加新的模块。

《学生教材购销系统》

软件维护报告

拟 制 人______________________

审 核 人______________________

批 准 人______________________

2023 年 11 月 10 日

目　录

1. 登记号

ISPD465-BF598-078。

2. 登记日期

2023 年 11 月 10 日。

3. 时间

2023 年 11 月 10 日。

4. 报告人

报告人：开发小组成员。

5. 子系统名

修改的子系统名：系统登录模块。

6. “软件维护报告”的编号

ISPD465-BF598-078P。

7. 修改

将数据库 book_purchase 进行修改。

8. 修改描述

根据主要问题所在对数据库中的 users 表进行修改，以便与前台设计相适应。

9. 程序名

被修改的数据库的名称：book_purchase。

10. 旧修订版

V1.0(版本号)。

11. 新修订版

V1.1(版本号)。

12. 数据库修改报告

ISPD465-BF598-079P。

13. 文件

本次没有对文件进行修改。

14. 文件更新

本次没有文件更新通知单的编号。

15. 修改是否已测试

已对修改做了子系统测试,测试成功。

16. “软件问题报告”是否给出问题的准确描述

是。

17. 问题注释

要维护的问题是数据库中的 users 表,避免数据丢失的问题。

18. 问题源

问题来自数据库的连接与更新。

19. 资源

完成修改所需资源的估计，即总的人时数开销：两人。

计算机时间开销：12 小时。

小结

软件进入使用期后，由于新的需求和运行环境变化，软件系统不可能不变更。通过软件维护、软件体系结构进化和软件再工程可以变更软件系统，达到软件系统的可用性。

本章主要介绍了软件的维护、逆向工程和再工程等内容。通过对上述内容的学习，读者可以掌握软件维护的基本理论，为做好软件的维护工作奠定基础。

习题

1. 什么是软件的可维护性？系统为什么越大越难以维护？
2. 软件维护分为几类？软件维护有什么特点？
3. 对软件维护的实施过程进行说明。
4. 什么是逆向工程？什么是再工程？为什么可通过逆向工程改善对旧系统的维护？

CHAPTER

第9章 软件项目管理

软件项目管理是对软件工程项目开发过程的管理。具体地说,就是对整个软件生命周期的一切活动进行管理,以达到提高生产率、改善产品质量的目的。

管理作为一门学科,是在大工业出现以后逐步形成的。在当今的信息化社会中,管理的重要性日益为人们所认识,尤其为决策人员所重视。对于任何工程来说,工程的成败都与管理的好坏有密切关系,软件工程更不例外。一个软件项目的成败在很大程度上取决于项目负责人的管理水平和管理艺术。现在,软件项目管理已开始引起软件开发人员的重视。

软件项目管理是软件产业发展的关键,软件项目的规模越大,所需要支持管理的工作量就越大。统计资料表明,在软件项目的规模达到一定程度时所需要的软件项目管理工作量将达到总工作量的一半。

软件项目管理在软件开发过程中协调人们的共同劳动,通过管理,保证在给定资源与环境下能够在预期的时间内有效地组织人力、物力、财力完成预定的软件项目。

学习目标:

✍ 了解什么是软件项目管理。

✍ 掌握软件进度计划编制方法及知道怎么控制软件整体的进度。

✍ 掌握软件质量管理,知道什么是能力成熟度模型。

✍ 掌握软件成本管理,知道软件成本分析、估计和控制的方法。

✍ 了解配置管理,知道配置管理的主要活动。

✍ 掌握人力资源管理,知道怎么合理地安排人员。

9.1 软件项目管理概述

1. 软件项目管理的特点

与其他任何产业的产品不同,软件产品是非物质性的产品,是知识密集型的逻辑思维产品,是将思想、概念、算法、流程、组织、效率和优化等因素综合在一起的难以理解和驾驭的产品。软件的这种独特性,使软件项目管理过程更加复杂和难以控制。

软件项目管理的主要特点包括以下 4 方面。

(1) 软件项目管理涉及的范围广,涉及软件开发进度计划、人员配置与组织、项目跟踪和控制等。

(2) 应用到多方面的综合知识,特别是要涉及社会的因素、精神的因素、认知的因素,这比技术问题复杂得多。

(3) 人员配备情况复杂多变,组织管理难度大。

(4) 管理技术的基础是实践,为取得管理技术成果必须反复实践。

2. 软件项目管理的主要活动

为使软件项目开发成功,必须对软件开发项目的工作范围、可能遇到的风险、需要的资源、要实现的任务、经历的里程碑、花费的工作量及进度的安排等做到心中有数,而软件项目管理可以提供这些信息。

软件项目管理的对象是软件工程项目,因此,软件项目管理涉及的范围覆盖了整个软件工程过程。软件项目管理的主要活动如下。

(1) 软件可行性分析。即从技术、经济和社会等方面对软件开发项目进行估计,避免盲目投资,减少损失。

(2) 软件项目的成本估计。从理论到具体的模型在开发前估计软件项目的成本,减少盲目工作。

(3) 软件生产率。通过对影响软件生产率的 5 种因素(人、问题、过程、产品和资源)进行分析,以在软件开发时更好地进行软件资源配置。

(4) 软件项目质量管理。软件项目质量管理也是软件项目开发的重要内容,影响软件质量的因素和质量的度量都是质量管理的基本内容。

(5) 软件计划。开发软件项目的计划涉及实施项目的各环节,有全局的性质。计划的合理性和准确性往往关系着项目的成败。

(6) 软件开发人员管理。软件开发的主体是软件开发人员,对软件开发人员的管理十分重要,它直接关系到如何发挥最大的工作效率和软件项目能否开发成功。

其中,软件项目的成本估计重要的是对所需资源的估计。软件项目资源估计是指在软件项目开发前对软件项目所需的资源进行估计。软件开发所需的资源一般采用金字塔形表示,如图 9-1 所示。

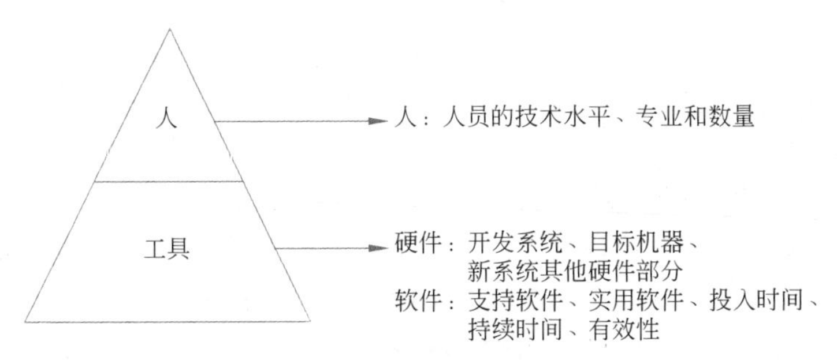

图 9-1　软件开发所需的资源

3. 软件风险管理

项目风险是影响项目进度或质量的不利因素产生的可能性。项目风险是一种潜在的危险。由于其自身的不确定性、不可见性和人员流动性等特点,软件项目存在风险,甚至是灾难性的风险。

大量的研究数据统计揭示:

(1) 30%~40%的IT项目在结束前就已经失败;

(2) 50%的IT项目超出成本预算和时间预算200%或以上;

(3) 即使技术和工具改进仍然不能从根本上解决问题,问题和失败案例仍在不断出现。

研究发现很多IT项目的失败在于没有好的软件风险管理过程。全面风险管理作为项目管理的重要组成部分,能显著降低或规避项目灾难的发生,由此说明软件风险管理的重要性。软件风险管理主要包括风险标识、风险估计、风险评价、风险监控和管理。

9.2 软件进度计划管理

9.2.1 软件进度计划管理概述

在软件开发过程中,软件项目开发处于十分重要的地位,涉及实施项目的各环节,是有条不紊地开展软件项目活动的基础,是跟踪、监督、评审计划执行情况的依据。没有完善的工作计划常常会导致事倍功半,或者使项目在质量、进度和成本上达不到要求,甚至使软件项目失败。因此,制订周密、简洁和精确的软件项目计划是成功开发软件产品的关键。

软件项目计划的目标是提供一个能使项目管理人员对资源、成本和进度做出合理估计的框架。这些估计应当在软件项目开始的一个时间段内做出,并随着项目的进展定期更新。具体地讲,软件项目计划的主要内容包括确定软件范围(确定需要进行哪些活动,明确每项活动的职责,明确这些活动的完成顺序),估计资源、成本和进度,编制软件进度表等。

1. 确定软件范围

确定软件范围是软件项目计划的首要任务,是制订软件开发计划的依据,是整个软件生命周期中估计、计划、执行和跟踪软件项目活动的基础。因此,应该从管理角度和技术角度出发,对软件工程中分配给软件的功能和性能进行评价,确定明确的、可理解的项目范围。具体地讲,软件范围包括功能、性能、限制、接口和可靠性。

软件范围的确立首先需要说明项目的目标与要求,给出该软件的主要功能描述(只涉及高层和较高层的系统功能),指明总的性能特征及其约束条件。

在估计项目之前,应对软件的功能进行评价,并对其进行适当细化,以便提供更详细的细节。由于成本和进度的估计都与功能相关,因此常常采用功能分解。软件性能需考虑包括处理和响应时间的需求。约束条件则标识外部硬件、可用存储器或其他现行系统的限制，如主存、数据库、通信效率和负荷限制等。功能、性能和约束必须在一起进行评价，因为当性能不同时，为实现同样的功能，开发工作量可能相差一个数量级。

其次，给出系统接口描述与该软件有关的其他系统之间的关系。对于每个接口都要考虑其性质和复杂性，以确定对开发资源、成本和进度的影响。接口可以细分为运行软件的硬件(如处理机和外设)及由该软件控制的各种间接设备；必须与该软件连接的现有软件(如操作系统、数据库、共用应用软件等)；通过终端或输入输出设备使用该软件的操作人员。

同时，软件范围还必须描述软件质量的某些因素，如可靠性、实时性、安全性等。

2. 估计项目

软件项目计划的第二个任务就是估计该软件项目的规模及完成该软件项目所需的资源、成本和进度。

项目规模的度量可以是软件的功能点、特征点、代码行的数目。规模估计涉及的产品和活动有运行软件和支持软件、可交付的和不可交付的产品、软件和非软件工作产品(如文档)、验证和确认工作产品的活动。为便于估计项目的规模，需要将软件工作产品分解到满足估计对象所需要的粒度。

为了使开发项目能够在规定的时间内完成，而且不超过预算，工作量与成本的估计和管理控制是关键。但影响软件工作量和成本的因素众多，因此对项目的工作量、人员配置和成本的估计有一定难度，其方法目前还不太成熟。如果可能，应利用类似项目的经验导出各种活动的时间段，做出工作量、人员配置和成本估计在软件生命周期上的分布。

项目所需资源包括人力资源、硬件资源和软件资源。对于每种资源都应说明资源的描述、资源的有效性、资源的开始时间和持续时间，后两个特性又统称时间窗口。

软件项目是智力密集、劳动密集型项目，受人力资源的影响很大。项目成员的结构、责任心、能力和稳定性对项目质量及项目是否成功有着决定性的影响。因此，在项目计划中必须认真考虑人员的技术水平、专业、人数及在开发过程各阶段对各种人员的需要。对于具有一定规模的项目来说，在软件开发的前期和后期(即软件计划与需求分析阶段和软件检测、评价与验收阶段)，管理人员和高级技术人员需要投入大量精力，而初级技术人员参与较少。在详细设计、编码和单元测试阶段，大量的工作由初级技术人员完成，高级人员主要进行技术把关。

在软件开发中，硬件也是一种软件开发工具。硬件资源包括宿主机(指软件开发阶段所使用的计算机和外围设备)、目标机(指运行所开发软件的计算机和外围设备)、其他硬件设备(指专用软件开发时所需要的特殊硬件资源)。

在软件开发过程中需要使用许多软件开发工具来帮助软件开发，这些软件开发工具就是软件资源，主要的软件资源有业务数据处理工具、项目管理工具、支持工具、分析和设计工具、编程工具、组装和测试工具、原型化和模拟工具、维护工具、框架工具等。

为了提高软件生产率和软件质量，应该建立可复用的软件标准件/部件库。当需要时，根据具体情况，对软件部件稍作加工、修改，就可以构成所需的软件。但有时在修改时可能出现新的问题,所以应特别小心。

3. 编制软件进度表

软件进度表与软件产品的规模估计、软件工作量和成本估计有关。在编制软件进度表时,若有可能,要利用类似项目的经验。应注意的是,软件进度表受规定的里程碑日期、关键的相关日期及其他限制,软件进度表中的活动要有合适的时间间隔,里程碑要以适当的时间长度分开。关于怎样编制进度计划将在 9.2.2 节介绍。

9.2.2 软件进度计划编制方法

进度计划是软件计划工作中最困难的一项工作。做计划的人员要把可用资源和项目工作量协调好;要考虑各项工作之间的相互依赖关系,并且尽可能地平行运行;预见可能出现的问题和项目的"瓶颈",并提出处理意见;规定进度、评审和应交付的文档。图 9-2 给出了一个典型的由多人参加的软件项目的任务图。

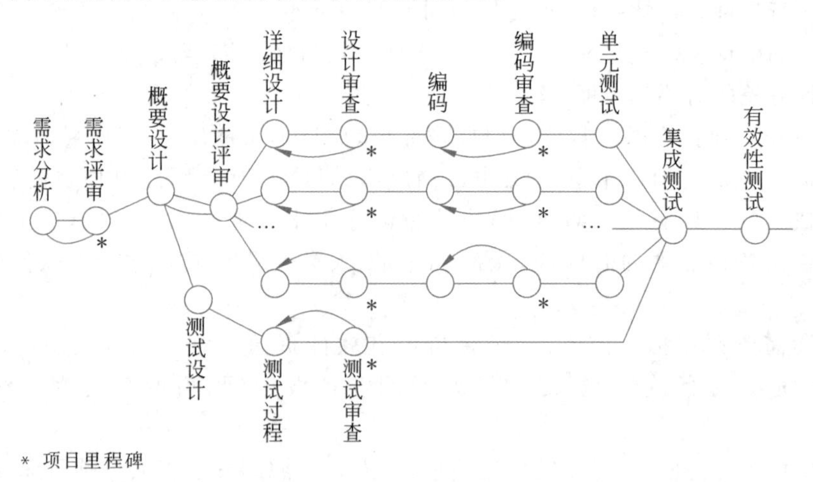

图 9-2 软件项目的任务图

在软件项目的各种活动中,首先是进行项目的需求分析和评审,此项工作是以后工作的基础。只要软件的需求分析通过评审,系统概要设计和测试计划制订工作就可以并行进行。如果系统模块结构已经建立,则对各模块的详细设计、编码、单元测试等工作就可以并行运行。等到每个模块都已经测试完成,就可以组装、测试,最后确认测试,以便软件交付。

从图 9-2 可以看出,在软件开发过程中设置了许多项目里程碑,项目里程碑为管理人员提供了指示项目进度的可靠数据。当一个软件工程任务成功地通过了评审并产生了文档时,就完成了一个项目里程碑。

软件项目并行性对进度提出了要求,要求进度计划必须决定任务之间的从属关系,确定各任务的先后次序和衔接,确定各任务完成的持续时间,确定构成关键路径的任务。

编制项目进度计划的第一步就是估计每项活动从开始到完成所需的时间,即估计工期。工期估计和预算分摊估计可以采用两种办法：一是自上而下法，即在项目建设总时间和总成本之内按照每一工作阶段的相关工作范围来考察，按项目总时间或总成本的一定比例分摊到各工作阶段中；二是自下而上法，由每一工作阶段的具体负责人进行工期和预算估计，然后进行平衡和调整。

经验表明，行之有效的方法是由某项工作的具体负责人进行估计，因为这样做既可以得到该负责人的承诺，产生有效的参与激励，又可以减少由项目经理独自估计所有活动的工期所产生的偏差。在此估计的基础上，项目经理完成各工期累计和分摊预算累计，并与项目总建设时间和总成本进行比较，根据一定的规则进行调整。

在进度安排中，为了清楚地表达各项任务之间进度的相互依赖关系，通常采用图示方法，采用的图示方法有甘特图和网络图。在这些图示中，必须明确标明以下信息。

(1) 各个任务计划的开始时间、结束时间。

(2) 各个任务完成的标志。

(3) 各个任务与参与工作的人数、与工作量之间的衔接情况。

(4) 完成各个任务所需的物理资源和数据资源。

1. 甘特图

甘特图又称条形图，如图 9-3 所示。它用水平线段表示任务的工作阶段，线段的起点和终点分别对应任务的开始时间和结束时间，线段的长度表示完成任务所需的时间。甘特图的优点是标明了各任务的计划进度和当前进度，能动态地反映软件开发的进展情况，缺点是难以反映多个任务之间存在的复杂的逻辑关系。

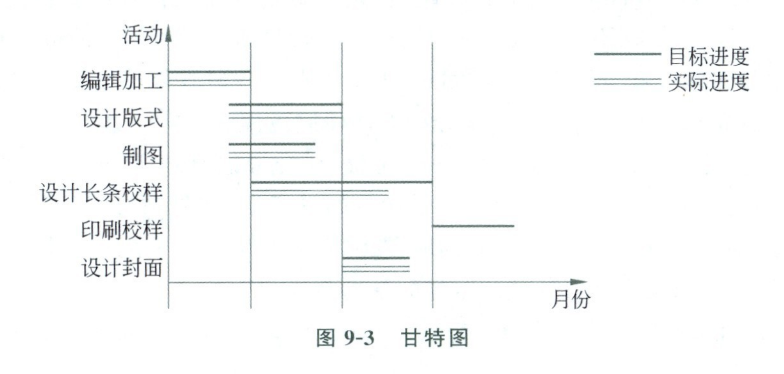

图 9-3 甘特图

2. 网络图

计划评审技术或关键路径法都是采用网络图来描述项目的进度安排，即活动的顺序流程及它们之间的相互关系。网络图是一种在项目的计划、进度安排和控制工作中很有用的技术，它由许多相互关联的活动组成。通常用两张图来定义网络图：一张图绘出某一特定软件项目的所有任务，即任务分解结构；另一张图给出应该按照什么次序来完成这些任务，给出各个任务之间的衔接关系。

图 9-4 为旧木板房刷漆的工程网络图。在该图中，1～11 为刷漆工程中分解得到的不同任务。

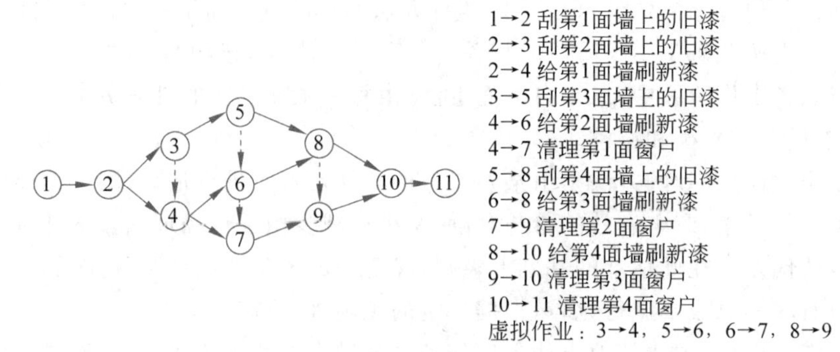

图 9-4 旧木板房刷漆的工程网络图

9.2.3 软件进度计划控制

在编制完进度计划后，一般严格按照进度计划要求控制项目的进度。控制进度计划的方法很多，这里介绍两种最通用的方法。

1. 关键路径法

关键路径法(Critical Path Method,CPM)是软件项目管理中最常用的一种数学分析技术，即根据指定的网络顺序、逻辑关系和单一的历时估计每个活动(任务)的最早开始时间和最迟完成时间。

CPM 的核心是计算浮动时间，确定哪些活动的进度安排灵活性小。在使用 CPM 技术时必须注意，CPM 是在不考虑资源约束的情况下计算所有项目活动的最早开始时间和最迟完成时间，计算出来的日期不是项目的进度计划，仅仅是计划的重要依据之一。基本的 CPM 技术经常结合其他类型的数学分析方法一起应用。

在计算出作业时间、结点时间和活动时间后，结合考虑时差，可求出项目关键路径。时差为零的活动是关键活动，其周期决定了项目的总工期，如果项目的计划安排很紧，要使项目的总工期最短，那么就要有一系列时差为零的活动。这一系列关键活动组成的路径就是关键路径。求某个项目的关键路径的基本步骤如下。

(1) 求出各活动的最早开始(Earliest Start,ES)时间和最早完成(Earliest Finish,EF)时间。

(2) 求出各活动的最迟完成(Latest Completion,LC)时间和最迟开始(Latest Start,LS)时间。

(3) 计算时差。

(4) 确定关键路径。

2. 计划评审技术

计划评审技术(Program Evaluation and Review Technique,PERT)是 20 世纪 50 年代末美国海军部开发“北极星”潜艇系统时为协调 3000 多个承包商和研究机构而开发的，其理论基础是假设项目持续时间及整个项目完成时间是随机的，且服从某种概率分布，PERT 可以估计整个项目在某个时间内完成的概率。PERT 和 CPM 在项目的进度规划中应用非常广，CPM 主要应用于以往在类似项目中已取得一定经验的项目，PERT 则更多应用于研究与开发项目，更注重对各项工作安排的评价和审查。

PERT 对各个项目活动的完成时间按以下 3 种不同情况估计。

(1) 乐观时间(Optimistic Time)。任何事情都顺利的情况下完成某项工作的时间。

(2) 最可能时间(Most Likely Time)。正常情况下完成某项工作的时间。

(3) 悲观时间(Pessimistic Time)。最不利情况下完成某项工作的时间。

假定 3 个估计服从 β 分布，由此可算出每个活动的期望 t_i，即

$$t_i = \frac{a_i + 4m_i + b_i}{6}$$

式中，a_i 表示第 i 项活动的乐观时间；m_i 表示第 i 项活动的最可能时间；b_i 表示第 i 活动的悲观时间。

根据 β 分布的方差计算方法，第 i 项活动的持续时间方差为

$$\sigma_i^2 = \frac{(b_i - a_i)^2}{36}$$

同时，PERT 认为整个项目的完成时间是各个活动完成时间之和，且服从正态分布。

在实际的项目管理中，往往需要将 CPM 和 PERT 结合使用，用 CPM 求出关键路径，再对关键路径上的各个活动用 PERT 估计完成期望和方差，最后得出项目在某一时间段内完成的概率。

9.3 软件质量管理

9.3.1 软件质量

1. 软件质量的定义

在众多关于软件质量的定义中，较权威的有 ANSI/IEEE Std 729—1983 定义软件质量：与软件产品满足规定的和隐含的需求的能力有关的特征或特性的全体；M.J.Fisher 定义软件质量为：所有描述计算机软件优秀程度的特性的组合。也就是说，为满足软件的各项精确定义的功能、性能需求，符合文档化的开发标准，需要相应地给出或设计一些质量特性及其组合作为在软件开发与维护中的重要考虑因素。如果这些质量特性及其组合都能在产品中得到满足，则这个软件产品质量就是高的。软件质量反映了以下 3 方面的问题。

(1) 软件需求是度量软件质量的基础，不符合需求的软件就不具备质量。

(2) 在各种标准中定义了一些开发准则，用来指导软件人员用工程化的方法开发软件。如果不遵守这些开发准则，软件质量就得不到保证。

(3) 往往会有一些隐含的需求没有明确地提出来。例如，软件应具备良好的可维护性。如果软件只满足那些精确定义了的需求而没有满足这些隐含的需求，软件质量也不能保证。

软件质量是各种特性的复杂组合,它随着应用的不同而不同,随着用户提出的质量要求的不同而不同,因此有必要讨论各种质量特性及评价质量的准则。

2. 影响软件质量的因素

目前,人们对软件开发项目提出的要求往往只强调系统必须完成的功能、应该遵循的进度计划,以及生产这个系统花费的成本,很少注意在整个生命周期中软件系统应该具备的质量标准。这种做法的后果是许多系统的维护费用非常昂贵,为了把系统移植到另外的环境中或者使系统和其他系统配合使用,必须付出很高的代价。

1) 影响软件质量的主要因素

虽然软件质量是难以定量度量的软件属性,但是仍然能够提出许多重要的软件质量指标。从管理角度对软件质量进行度量,可以把影响软件质量的主要因素分成以下13类。

(1) 正确性。系统满足规格说明和用户目标的程度,即在预定环境下能正确地完成预期功能的程度。

(2) 健壮性。在硬件发生故障、输入的数据无效或操作错误等意外环境下,系统能做出适当响应的程度。

(3) 效率。为了完成预定的功能,系统需要的计算资源的多少。

(4) 完整性(安全性)。对未经授权的人使用软件或数据的企图,系统能够控制(禁止)的程度。

(5) 可用性。系统在完成预定功能时令人满意的程度。

(6) 风险。按预定的成本和进度把系统开发出来,并且用户满意的概率。

(7) 可理解性。理解和使用该系统的容易程度。

(8) 可维护性。诊断和改正在运行现场发现的错误所需要的工作量的大小。

(9) 灵活性(适应性)。修改或改进正在运行的系统需要的工作量的多少。

(10) 可测试性。软件容易测试的程度。

(11) 可移植性。把程序从一种硬件配置和(或)软件系统环境转移到另一种配置和环境时需要的工作量的多少。有一种定量度量的方法是用原来程序设计和调试的成本除移植时需用的费用。

(12) 可再用性。在其他应用中该程序可以被再次使用的程度(或范围)。

(13) 互运行性。把该系统和另一个系统结合起来的工作量的多少。

总之,软件产品的质量是软件工程开发工作的关键问题,也是软件工程生产中的核心问题。计算机软件质量是计算机软件内在属性的组合,包括计算机程序、数据、文件等多方面的可理解性、正确性、可用性、可移植性、可维护性、可修改性、可测试性、灵活性、可再用性、完整性、适用性、健壮性、可靠性、效率与风险等特性。

在软件项目的开发过程中往往强调软件必须完成的功能、进度计划、花费的成本,而忽略软件工程生命周期中各阶段的质量标准。对于软件质量与提高软件质量的途径在软件工程行业中存在着不同的看法与做法,发展的趋势是从研究管理问题(资源调度与分配)、产品问题(正确性、可靠性)转向过程问题(开发模型、开发技术),从单纯的测试、检验、评价、验收深入设计过程中。

2）软件质量讨论评价应遵守的原则

(1) 应强调软件总体质量(低成本高质量)，而不应片面强调软件正确性，忽略其可维护性与可靠性、可用性与效率等。

(2) 应在软件工程化生产的整个周期的各个阶段都注意软件的质量，而不能只在软件最终产品验收时注意软件的质量。

(3) 应制定软件质量标准，定量地评价软件质量，使软件产品评价走上评测结合、以测为主的科学轨道。

3. 软件质量的保证标准

质量保证系统可以被定义成用于实现质量管理的组织结构、责任、规程、过程和资源。ISO 9000 标准以一种能够适用于任何行业(无论提供的是何种产品或服务)的一般术语描述了质量保证的要素。

为了登记成为 ISO 9000 中包含质量保证系统模型中的一种，一个公司的质量体系和操作应该被第三方审计者仔细检查，查看其与标准的符合性及操作的有效性。成功登记之后，这一公司将收到由审计者所代表的登记实体颁发的证书，此后每半年进行一次检查性审计将持续保证该公司的质量体系与标准是相符的。

1）ISO 质量保证模型

ISO 9000 质量保证模型将一个企业视为一个互联过程的网络。为了使质量体系符合 ISO 标准，这些过程必须与标准中给出的区域对应，并且必须按照描述文档化和实现。对一个过程文档化将有助于组织的理解、控制和改进，理解、控制和改进过程网络的机能为设计和实现符合 ISO 的质量体系的组织提供了最大的效益。

ISO 9000 以一般术语描述了一个质量保证系统的要素。这些要素包括用于实现质量计划、质量控制、质量保证和质量改进所需的组织结构、规程、过程和资源。但是 ISO 9000 并不描述一个组织应该如何实现这些质量体系要素。因此，真正的挑战在于如何设计和实现一个能够满足标准并适用于公司的产品、服务和文化的质量保证系统。

2）ISO 9001 标准

ISO 9001 是应用于软件工程的质量保证标准。这一标准中包含了高效的质量保证系统必须体现的 20 条需求。因为 ISO 9001 标准适用于所有的工程行业，所以为了在软件使用的过程中帮助解释该标准专门开发了一个 ISO 指南的子集(即 ISO 9000-3)。

由 ISO 9001 描述的 20 条需求所面向的问题如下。

(1) 管理责任。

(2) 质量系统。

(3) 合同复审。

(4) 设计控制。

(5) 文档和数据控制。

(6) 采购。

(7) 对客户提供的产品的控制。

(8) 产品标识和可跟踪性。

(9) 过程控制。

(10) 审查和测试。

(11) 审查、度量和测试设备的控制。

(12) 审查和测试状态。

(13) 对不符合标准产品的控制。

(14) 改正和预防行动。

(15) 处理、存储、包装、保存和交付。

(16) 质量记录的控制。

(17) 内部质量审计。

(18) 培训。

(19) 服务。

(20) 统计技术。

软件组织为了通过 ISO 9001,必须针对上述每条需求建立相关政策和过程,并且有能力显示组织活动的确是按照这些政策和过程进行的。

9.3.2 软件质量保证措施

为了在软件开发过程中保证软件的质量,主要采取下述措施。

1. 审查

审查就是在软件生命周期的每个阶段结束之前正式使用结束标准对该阶段生产出的软件配置成分进行严格的技术审查。

审查小组通常由 4 个人组成,即组长、作者和两名评审员。组长负责组织和领导技术审查,作者是开发文档或程序的人,两名评审员提出技术评论。建议评审员由和评审结果利害攸关的人担任。

审查过程可能有以下 6 个步骤。

(1) 计划。组织审查组、分发材料、安排日程等。

(2) 概貌介绍。当项目复杂、庞大时,可考虑由作者介绍概貌。

(3) 准备。评审员阅读材料取得有关项目的知识。

(4) 评审会。目的是发现和记录错误。

(5) 返工。作者修正已经发现的问题。

(6) 复查。判断返工是否真正解决了问题。

在生命周期的每个阶段结束之前,应该进行一次正式的审查,在某些阶段可能需要进行多次审查。

2. 复查和管理复审

复查即检查已有的材料,以断定某阶段的工作是否能够开始或继续。每个阶段开始时的复查是为了肯定前一个阶段结束时确实进行了认真的审查,已经具备了开始当前阶段工作所必需的材料。管理复审通常指向开发组织或使用部门的管理人员,提供有关项目的总体状况、成本和进度等方面的情况,以便他们从管理角度对开发工作进行审查。

3. 测试

测试就是用已知的输入在已知环境中动态地执行系统或系统的部件。如果测试结果与预期结果不一致,则表明系统中可能出现了错误。在测试过程中将产生下述基本文档。

(1) 测试计划(通常包括单元测试和集成测试)。确定测试范围、方法和需要的资源等。

(2) 测试过程。详细描述与每个测试方案有关的测试步骤和数据(包括测试数据及预期的结果)。

(3) 测试结果。把每次测试运行的结果归入文档,如果运行出错,则应产生问题报告,并且通过调试解决所发现的问题。

4. 评审

人的认识不可能 100%符合客观实际,因此在软件生命周期每个阶段的工作中都可能引入人为的错误。在某一阶段中出现的错误如果得不到及时纠正,就会传播到开发的后续阶段中,并在后续阶段中引出更多的错误。实践证明,提交给测试阶段的程序中包含的错误越多,经过同样时间的测试后,程序中仍然潜伏的错误也越多。所以,必须在开发时期的每个阶段(特别是设计阶段结束时)进行严格的技术评审,尽量不让错误传播到下一个阶段。

评审是以提高软件质量为目的的技术活动。为此,首先要明确什么是软件的质量。缺乏质量概念的技术评审只是一种拘于形式的为评审而评审的盲目工作。通常,把质量定义为用户的满意程度。为了使用户满意,有以下两个必要条件。

(1) 设计的规格说明要符合用户的要求。

(2) 程序要按照设计规格说明所规定的情况正确执行。

把上述第一个条件称为设计质量,第二个条件称为程序质量。如图 9-5 所示,优秀的程序质量是构成好的软件质量的必要条件,但不是充分条件。

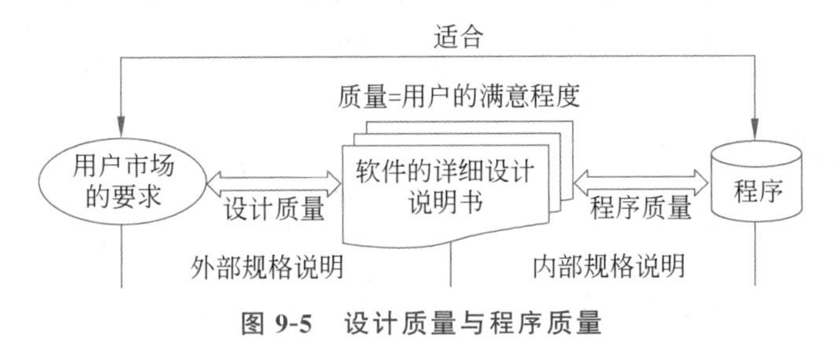

图 9-5 设计质量与程序质量

9.3.3 能力成熟度模型

1. 能力成熟度模型简介

能力成熟度模型(Capability Maturity Model,CMM)是对软件组织在定义、实施、度量、控制和改善其软件过程的实践中各个发展阶段的描述。CMM 的核心是把软件开发视为一个过程,并根据这一原则对软件开发和维护进行过程监控和研究,以使其更加科学化、标准化,使企业能够更好地实现商业目标。

在信息时代,软件质量的重要性越来越为人们所认识。软件是产品、是装备、是工具,其质量使得顾客满意,是产品市场开拓、事业得以发展的关键。软件工程领域在1992—1997年取得了前所未有的进展,其成果超过软件工程领域过去15年来的成就总和。

软件项目管理引起人们广泛注意是在20世纪70年代中期。当时美国国防部曾立题专门研究软件项目做不好的原因,发现70%的项目是因为管理不善引起的,并不是因为技术实力不够,进而得出一个结论,即管理是影响软件研发项目全局的因素,而技术只影响局部。到了20世纪90年代中期,软件项目管理不善的问题仍然存在,大约只有10%的项目能够在预定的费用和进度下交付。软件项目失败的主要原因有需求定义不明确;缺乏一个好的软件开发过程;没有一个统一领导的产品研发小组;子合同管理不严格;没有经常注意改善软件过程;对软件构架很不重视;软件界面定义不合理且缺乏合适的控制;软件升级暴露了硬件的缺点;关心创新而不关心费用和风险;军用标准太少且不够完善;等等。在关系到软件项目成功与否的众多因素中,软件度量、工作量估计、项目规划、进展控制、需求变化和风险管理等都是与工程管理直接相关的因素。由此可见,软件项目工程的意义至关重要。

1987年,美国卡内基-梅隆大学软件研究所(Software Engineering Institute,SEI)受美国国防部的委托,率先在软件行业从软件过程能力的角度提出了CMM,随后在全世界推广实施一种软件评估标准,用于评价软件承包能力并帮助其改善软件质量的方法。它主要用于对软件开发过程和软件开发能力的评价和改进。它侧重于软件开发过程的管理及工程能力的提高与评估。CMM自1987年开始实施认证,现已成为软件业最权威的评估认证体系。CMM包括5个等级,共计18个过程域、52个目标、300多个关键实践。

2. CMM的等级划分

CMM的基本思想是,因为问题是由管理软件过程的方法引起的,所以新软件技术的运用不会自动提高生产率和利润率。CMM有助于组织建立一个有规律的、成熟的软件过程。改进的过程将会生产出质量更好的软件,使更多的软件项目免受时间和费用的超支之苦。

软件过程包括各种活动、技术和用来生产软件的工具。因此,它实际上包括了软件生产的技术方面和管理方面。CMM策略力图改进软件过程的管理,而在技术上的改进是其必然的结果。

大家必须牢记,软件过程的改善不可能在一夜之间完成,CMM是以增量方式逐步引入变化的。CMM明确地定义了5个不同的“成熟度”等级,一个组织可按一系列小的改良性步骤向更高的成熟度等级前进。

1) 等级1:初始级(Initial)

处于这个最低级的组织,基本上没有健全的软件工程管理制度,每件事情都以特殊的方法来做。如果一个特定的工程碰巧由一个有能力的管理员和一个优秀的软件开发组来做,则这个工程可能是成功的。然而通常的情况是,由于缺乏健全的总体管理和详细计划,时间和费用经常超支。结果,大多数的行动只是应付危机,而非事先计划好的任务。处于成熟度等级1的组织,由于软件过程完全取决于当前的人员配备,因此具有不可预测性，人员变化了，过程也跟着变化。结果，要精确地预测产品的开发时间和费用之类的重要项目是不可能的。

2）等级 2：可重复级(Repeatable)

在这一级，有些基本的软件项目的管理行为、设计和管理技术是基于相似产品中的经验，故称为可重复。在这一级采取了一定的措施，这些措施是实现一个完备过程必不可少的一步。典型的措施包括仔细地跟踪费用和进度。不像在等级 1 那样，在危机状态下行动，管理人员在问题出现时便可发现，并立即采取修正行动，以防它们变成危机。关键的一点是，如果没有这些措施，要在问题变得无法收拾前发现它们是不可能的。在一个项目中采取的措施也可用来为未来的项目拟订实现的期限和费用计划。

3）等级 3：已定义级(Defined)

等级 3 已为软件生产的过程编制了完整的文档，对软件过程的管理方面和技术方面都明确地做了定义，并按需要不断地改进过程，而且采用评审的办法来保证软件的质量。在这一级，可引用 CASE 软件开发环境进一步提高质量和生产率。而在等级 1 过程中，高技术只会使这一危机驱动的过程更混乱。

4）等级 4：已定量管理级(Managed)

一个处于等级 4 的公司对每个项目都设定质量和生产目标。这两个量将被不断地测量，当偏离目标太多时，就采取行动来修正。利用统计质量控制，管理部门能区分出随机偏离和有深刻含义的质量或生产目标的偏离(统计质量控制措施的一个简单例子是每千行代码的错误率，相应的目标就是随时间推移减少这个量)。

5）等级 5：优化级(Optimizing)

等级 5 组织的目标是连续地改进软件过程，这样的组织使用统计质量和过程控制技术作为指导。从各方面中获得的知识将被运用在以后的项目中，从而使软件过程融入正反馈循环，使生产率和质量得到稳步改进。整个企业将会把重点放在对过程进行不断优化，采取主动的措施找出过程的弱点与长处，以达到预防缺陷的目标。同时，分析各有关过程的有效性资料，做出对新技术成本与效益的分析，并提出对过程进行修改的建议。达到该级的公司可自发地不断改进，防止同类缺陷二次出现。

CMM 并不详细描述所有软件开发和维护有关的过程活动，但是，有一些过程是决定过程能力的关键因素，这就是 CMM 所称的关键过程域，如图 9-6 所示。

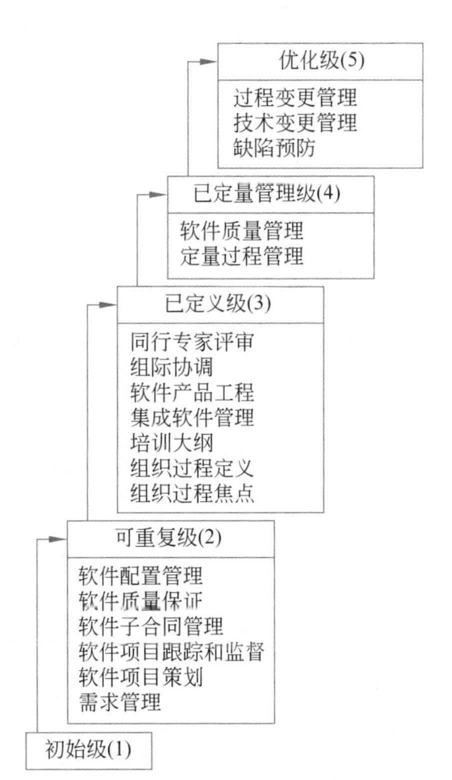

图 9-6　CMM 等级划分及关键过程域

3. CMM与ISO 9000的主要区别

(1) CMM是专门针对软件产品开发和服务的,而ISO 9000涉及的范围相当宽。

(2) CMM强调软件开发过程的成熟度,即过程的不断改进和提高,而ISO 9000强调可接受的质量体系的最低标准。

4. 实施CMM的意义

软件开发的风险之所以大,是由于软件过程能力低,其中最关键的问题在于软件开发组织不能很好地管理其软件过程,从而使一些好的开发方法和技术起不到预期的作用。而且项目的成功也是通过工作组的杰出努力,所以仅仅建立在可得到特定人员上的成功不能为全组织的生产和质量的长期提高打下基础,必须在建立有效的软件(如管理工程实践和管理实践的基础设施)方面坚持不懈地努力才能不断改进,才能持续成功。

软件质量是一个模糊的、捉摸不定的概念。人们常常听说某某软件好用,某某软件不好用;某某软件功能全、结构合理,某某软件功能单一、操作困难……这些模模糊糊的语言不能算作是软件质量评价,更不能算作是软件质量科学的、定量的评价。软件质量,乃至于任何产品质量,都是一个很复杂的事物性质和行为。产品质量包括软件质量,是人们实践产物的属性和行为,是可以认识,可以科学地描述的,可以通过一些方法和人类活动来改进质量。

实施CMM是改进软件质量的有效方法,可以控制软件生产过程、提高软件生产者的组织性和个人能力,对软件公司、软件项目发包单位和软件用户都有不同寻常的作用。

1) 对软件公司

(1) 提高软件公司软件开发的管理能力,因为CMM可提供软件公司自我评估的方法和自我提高的手段。

(2) 提高软件生产率。

(3) 提高软件质量。

(4) 提高软件公司的国内和国际竞争力。

2) 对软件项目发包单位和软件用户

提供了对软件开发商开发管理水平的评估手段,有助于软件开发项目的风险识别。

5. CMM的应用

CMM主要应用在两方面,即能力评估和过程改善。

1) 能力评估

CMM是基于政府评估软件承包商的软件能力发展而来的,有两种通用的评估方法用于评估组织软件过程的成熟度,即软件过程评估和软件能力评价。

(1) 软件过程评估。软件过程评估用于确定一个组织当前的软件工程过程的状态及组织所面临的软件过程的优先改善问题,为组织领导层提供报告以获得组织对软件过程改善的支持。软件过程评估集中关注组织自身的软件过程,在一种合作的、开放的环境中进行。评估的成功取决于管理者和专业人员对组织软件过程改善的支持。

(2) 软件能力评价。软件能力评价用于识别合格的软件承包商或者监控软件承包商开发软件的过程状态。软件能力评价集中关注预算和进度要求范围内制造出高质量的软件产品的软件合同及相关风险。评价在一种审核的环境中进行,重点在于揭示组织实际执行软件过程的文档化的审核记录。软件能力评价是 SEI 开发的一种基于 CMM 面向软件能力评价的方法。

2）过程改善

软件过程改善是一个持续的、全员参与的过程。CMM 建立了一组有效地描述成熟软件组织特征的准则。该准则清晰地描述了软件过程的关键元素,包括软件工程和管理方面的优秀实践。

9.4 软件成本管理

9.4.1 软件成本分析

对于一般的软件项目而言,项目的成本主要由项目直接成本、管理费用和期间费用等构成。项目直接成本主要是指与项目有直接关系的费用,是与项目直接对应的,包括直接人工成本、直接材料费用、其他直接费用等。

软件项目管理费用是指为了组织、管理和控制项目所发生的费用,项目管理费用一般是项目的间接费用,主要包括管理人员费用支出、差旅费用、固定资产和设备使用费用、办公费用、医疗保险费用,以及其他一些费用等。

期间费用是指与项目的完成没有直接关系,基本上不受项目业务量增减所影响的费用。这些费用包括公司的日常行政管理费用、销售费用、财务费用等,这些费用已经不再是项目费用的一部分,而是作为期间费用直接计入公司的当期损益。

IT 软件项目由于项目本身的一些特点,对整个项目的预算和成本控制尤为困难。IT 项目经理需要负责控制整个项目的预算支出,要做到这一点,必须能够正确估计软件开发或者部分软件开发的成本费用。

通常,IT 项目的成本主要由以下 4 部分构成。

(1) 硬件成本。硬件成本主要包括实施 IT 软件项目所需要的所有硬件设备、系统软件、数据资源的购置、运输、仓储、安装、测试等费用。对于进口设备,还包括国外运费、保险费、进口关税、增值税等费用。

(2) 差旅及培训费用。培训费用包括软件开发人员和用户的培训费用。

(3) 软件开发成本。对于软件开发项目,软件开发成本是最主要的人工成本,付给软件工程师的人工费用占了开发成本的大部分。

(4) 项目管理费用。项目管理费用用于项目组织、管理和控制的费用支出。

尽管硬件成本、差旅及培训费用可能在项目总成本中占较大的一部分,但最主要的成本还是在项目开发过程中所花费的工作量及相应的代价,它不包括原材料及能源的消耗,主要是人的劳动消耗。

最重要的一点是,IT 项目的产品生产不是一个重复的制造过程,软件的开发成本是以“一次性”开发过程中所花费的代价来计算的。因此,IT 项目开发成本估计应该以项目识别、设计、实施、评估等整个项目开发全过程所花费的人工代价作为计算的依据,并且可以按阶段进行估计，这个估计的阶段恰好与软件的生命周期的主要活动相对应，如图 9-7 所示。

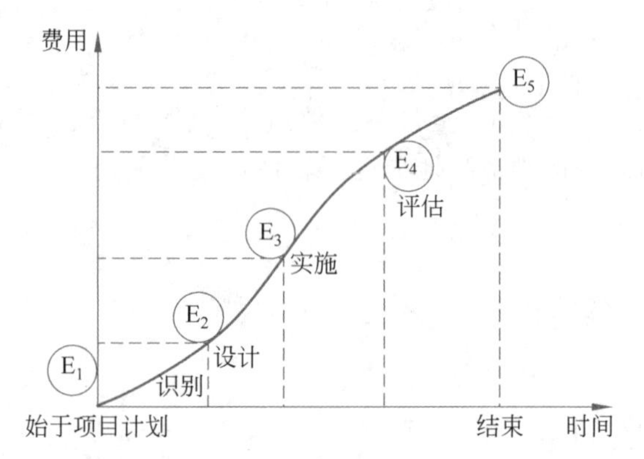

图 9-7　项目成本和活动相对应的关系

9.4.2　软件成本估计

对于一个大型的软件项目，由于项目的复杂性，开发成本的估计不是一件简单的事情，要进行一系列的估计处理，主要靠分解和类推的手段进行。基本估计方法分为以下 3 类。

(1) 自顶向下的估计方法。自顶向下的估计方法是从项目的整体出发进行类推，即估计人员根据已完成项目所耗费的总成本(或总工作量)推算将要开发的软件的总成本(或总工作量)，然后按比例将它分配到各开发任务中，再检验它是否能满足要求。这种方法的优点是估计量小、速度快；缺点是对项目中的特殊困难估计不足，估计出来的成本盲目性大，有时会遗漏被开发软件的某些部分。

(2) 自底向上的估计方法。自底向上的估计方法是把待开发的软件细分，直到每个子任务都已经明确所需要的开发工作量，然后把它们加起来，得到软件开发的总工作量。这是一种常见的估计方法，它的优点是估计各部分的准确性高；缺点是不仅缺少各项子任务之间相互联系所需要的工作量，还缺少许多与软件开发有关的系统级工作量(配置管理、质量管理、项目管理)，所以往往估计值偏低，必须用其他方法进行校验和校正。

(3) 差别估计法。差别估计法综合了上述两种方法的优点，是把待开发的软件项目与过去已完成的软件项目进行比较，对于不同的部分则采用相应的方法进行估计。这种方法的优点是可以提高估计的准确程度，缺点是不容易明确"类似"的界限。

除了基本的估计方法以外还有一种比较常用的估计方法，即专家判定技术。

专家判定技术即专家估计法，是指由多位专家进行成本估计。由于单独一位专家可能会有种种偏见，因此由多位专家进行估计，取得多个估计值。有多种方法把这些估计值合成一个估计值。例如，一种方法是简单地求各估计值的中值或平均值，其优点是简便，缺点是可能会由于受一两个极端估计值的影响而产生严重的偏差；另一种方法是召开小组会,使各位专家统一或至少同意某一个估计值,其优点是可以提供理想的估计值,缺点是一些组员可能会受权威的影响。为避免上述不足,Rand 公司提出了 Delphi 技术作为统一专家意见的方法。用 Delphi 技术可得到极为准确的估计值,Delphi 技术的步骤如下。

(1) 组织者发给每位专家一份软件系统的规格说明书(略去名称和单位)和一张记录估计值的表格,请他们进行估计。

(2) 专家详细研究软件规格说明书的内容,然后组织者召集小组会议,在会上,专家们与组织者一起对估计问题进行讨论。

(3) 各位专家对该软件提出 3 个规模的估计值。

① a_i:该软件可能的最小规模(最少源代码行数)。

② m_i:该软件最可能的规模(最可能的源代码行数)。

③ b_i:该软件可能的最大规模(最多源代码行数)。

无记名地填写表格,并说明做此估计的理由。

(4) 组织者对各位专家在表中填写的估计值进行综合和分类并做以下工作。

① 计算各位专家(序号为 i,$i=1,2,\cdots,n$)的估计期望值 E_i 和估计值的期望中值 E,即

$$E_i=\frac{a_i+4m_i+b_i}{6}$$

$$E=\frac{1}{n}\sum_{i=1}^{n}E_i \quad (n\text{ 为专家数})$$

② 对专家的估计结果进行分类摘要。

(5) 组织者召集会议,请专家们对其估计值有很大变动之处进行讨论。专家对此估计值另做一次估计。

(6) 在综合专家估计结果的基础上组织专家再次无记名地填写表格。

从步骤(4)~(6)适当重复几次类比,根据过去完成项目的规模和成本等信息推算该软件每行源代码所需成本,然后再乘以该软件源代码行数的估计值,得到该软件的成本估计值。

9.4.3 软件成本控制

下面简单介绍几种著名的成本估计与控制模型,读者若需要详细了解它们,请参阅有关资料。

1. IBM 模型

1977 年 Walston 和 Felix 总结了 IBM 联合系统分部(FSD)负责的 60 个项目的数据。其中,源代码为 400~467 000 行,工作量为 12~11 758 人月,共使用 29 种不同语言和 66 种计算机。用最小二乘法拟合,可以得到与 $ED=rSc$ 相同形式的估计公式(又称为

静态变量模型):

$$E = 5.2 \times L0.91$$
$$D = 4.1 \times L0.36 = 2.47 \times E0.35$$
$$S = 0.54 \times E0.6$$
$$\text{DOC} = 49 \times L1.01$$

式中,E 为工作量(单位为人月);D 为项目持续时间(单位为月);S 为工作人员要求;文档页数 DOC 为所估计的源代码行数的函数建立的模型。另外,D 和 S 可以根据 E 来估计。$E=5.2\times L0.91$ 近似于 $M = L / P$ 的线性关系。L 为指令数;P 为一个常量,单位为指令数/人日,M 为人力。考虑到这个最佳拟合偏差,模型使用了生产率指标 I,它是由下述的方程从 29 个成本因素中得到的。

$$I = \sum_{i=1}^{29} W_i X_i$$

式中,X_i 的取值为-1、0 或$+1$,取决于第 i 个因素对项目的影响情况;加权值 W_i 由下式给出:

$$W_i = 0.5 \times \log_{10}(\text{PC}_i)$$

式中,PC_i 是生产率的比值,它与第 i 项成本因素(由经验数据决定)从低到高成比例变化;每天可交付的代码行的实际生产率与 I 为线性关系。

2. COCOMO 模型

TRW 公司开发的结构性成本模型(Constructive Cost Model,COCOMO)是最精确、最易于使用的成本估计方法之一,1981 年 Boehm 在他的著作中对其进行了详尽的描述。

Boehm 定义了基本的、中间的和详细的 3 种形式的 COCOMO 模型,其核心是根据方程 ED=rSc 和 TD=a(ED)b(开发时间)给定的幂定律关系定义,其中,经验常数 r、c、a 和 b 取决于项目的总体类型,即结构型(Structural)、半独立型(Semidetached)或嵌入型(Embedded),如表 9-1 和表 9-2 所示。

表 9-1 项目总体类型

特 性	结构型	半独立型	嵌入型
对开发产品目标的了解	充分	很多	一般
与软件系统有关的工作经验	广泛	很多	中等
为软件一致性需要预先建立的需求	基本	很多	完全
为软件一致性需要的外部接口规格说明	基本	很多	完全
关联的新硬件和操作过程的并行开发	少量	中等	广泛
对改进数据处理体系结构、算法的要求	极少	少量	很多
早期实现费用	较少	中等	较高
产品规模(交付的源指令数)	少于 5 万行	少于 30 万行	任意

续表

特　　性	结构型	半独立型	嵌入型
实例	批数据处理	大型的事务处理系统	大而复杂的事务处理系统
	科学模块 事务模块	新的操作系统 数据库管理系统	大型的操作系统
	熟练的操作系统、编译程序	大型的编目、生产控制	宇航控制系统
	简单的编目生产控制	简单的指挥系统	大型指挥系统

表 9-2　工作量和进度的基本 COCOMO 方程

开 发 类 型	工 作 量	进　　度
结构型	$ED=2.4S1.05$	$TD=2.5(ED)0.38$
半独立型	$ED=3.0S1.12$	$TD=2.5(ED)0.35$
嵌入型	$ED=3.6S1.20$	$TD=2.5(ED)0.32$

通过引入与 15 个成本因素有关的 r 作用系数将中间模型进一步细化，这 15 个成本因素列于表 9-3 中。根据各种成本因素将得到不同的系数，虽然中间 COCOMO 估计方程与基本 COCOMO 方程相同，但系数不同，由此得出中间 COCOMO 估计方程，如表 9-4 所示。对于基本和中间模型，根据经验数据和项目的类型及规模来安排项目各个阶段的工作量和进度。将这两种估计方程应用到整个系统，并以自顶向下的方式分配各种开发活动的工作量。

表 9-3　影响 r 值的 15 个成本因素

类　　型	成 本 因 素
产品属性	要求的软件可靠性 数据库规模 产品复杂性
计算机属性	执行时间约束 主存限制 虚拟机变动性 计算机周转时间
人员属性	分析员能力 应用经验 程序设计人员能力 虚拟机经验 程序设计语言经验
工程属性	最新程序设计实践 软件工程的作用 开发进度限制

表 9-4　中间 COCOMO 估计方程

开发类型	工作量方程
结构型	$(ED)\mathrm{NOM}=3.2S1.05$
半独立型	$(ED)\mathrm{NOM}=3.0S1.12$
嵌入型	$(ED)\mathrm{NOM}=2.8S1.20$

详细的 COCOMO 模型应用自底向上的方式，首先把系统分为系统、子系统和模块多个层次，然后先在模块层应用估计方法得到它们的工作量，再估计子系统，最后算出系统层。详细的 COCOMO 对于生命周期的各个阶段使用不同的工作量系数。

COCOMO 模型已经用 63 个 TRW 项目的数据库进行过标定，它们列于 Boehm 的著作中，从中可以了解使用数据库对该模型进行标定的详细方法。

3. Balley-Basili 原模型

Balley-Basili 原模型提供了最适用于给定的开发环境中工作量估计方程的开发方法，结果类似于 IBM 和 COCOMO 模型。

4. Schneider 模型

上述所有模型完全是经验性的，1978 年 Schneider 根据 1977 年 Halstead 的软件科学理论推导出几种估计方程，得到的工作量方程与幂定律算式相同。

9.5　配置管理

9.5.1　配置管理概述

软件生命周期各阶段的交付项包括各种文档和所有可执行代码（代码清单和磁盘），它们组成整个软件配置，配置管理就是讨论对这些交付项的管理问题。软件配置管理（Software Configuration Management，SCM）是贯穿于整个软件过程中的保护性活动。因为变化可能发生在任意时间，SCM 活动被设计来标记变化、控制变化、保证变化被适当地实现、向其他可能有兴趣的人员报告变化。

明确区分软件维护和软件配置管理是很重要的。维护是发生在软件已经被交付给用户，并投入运行后的一系列软件工程活动；软件配置管理则是随着软件项目的开始而开始，并且仅当软件退出后才终止的一组跟踪和控制活动。

软件配置管理的主要目标是使改进变化可以更容易被适应，并减少当变化必须发生时所花费的工作量。

9.5.2　配置管理的组织

1. 基线

变化是软件开发中必然的事情。客户希望修改需求，开发者希望修改技术方法，管理者希望修改项目方法。这些修改是为什么？回答实际上相当简单，因为随着时间的流逝，所有相关人员也就知道更多信息（关于客户需要什么、什么方法最好及如何实施并赚钱），这些附加的知识是大多数变化发生的推动力，并导致这样一个对于很多软件工程实践者而言难以接受的事实：大多数变化是合理的。

基线是软件配置管理的概念，它帮助用户在不严重阻碍合理变化的情况下来控制变化。IEEE(IEEE Std.610.12—1990)定义基线：已经通过正式复审和批准的某规约或产品，它可以作为进一步的基础，并且只能通过正式的变化控制过程的改变。

一种描述基线的类比方式：考虑某大饭店的厨房门，为了减少冲突，一个门被标记为“出”，其他门被标记为“进”，门上有机关，允许它们仅能朝适当的方向打开。如果某侍者从厨房里拿起一盘菜，将它放在托盘里，然后，他意识到拿错了盘子，他可以迅速而非正式地在他离开厨房前变成正确的盘子。然而，如果他已经离开了厨房，并将菜端给了顾客，然后被告知他犯了一个错误，那时他就必须遵循下面一组规程：①查看账单以确定错误是否已经发生；②向顾客道歉；③通过“进”门返回厨房；④解释该问题；等等。

基线类似于饭店中从厨房里端出去的盘子，在软件配置项变成基线前变化可以迅速而非正式地进行，然而一旦基线已经建立，就得像通过一个单向开的门那样，变化可以进行，但必须应用特定的、正式的规程来评估和验证每个变化。

在软件工程的范围内，基线是软件开发的里程碑，其标志是有一个或多个软件配置项的交付，并且这些SCI已经经过正式技术复审获得认可。例如，某设计规约的要素已经形成文档并通过复审，错误已被发现并纠正，一旦规约的所有部分均通过复审、纠正、认可，则该设计规约就变成了一个基线。任何对程序体系结构(包括在设计规约中)进一步的变化只能在每个变化被评估和批准之后方可进行。虽然基线可以在任意的细节层次上定义，但最常见的软件基线如图9-8所示。

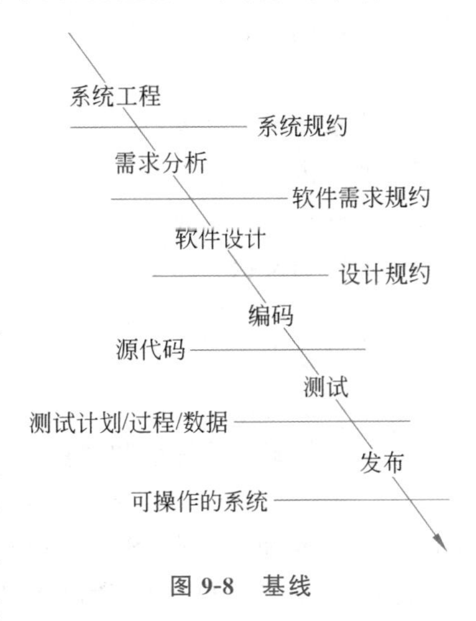

图9-8 基线

2. 软件配置项

软件配置项（Software Configuration Items，SCI）定义为部分软件过程中创建的信息，在极端情况下，一个SCI可被考虑为某个大的规约中的某个单独段落，或在某个大的测试用例集中的某种测试用例。更实际的，一个SCI是一个文档、一个全套的测试用例，或一个已命名的程序构件。

以下的SCI成为配置管理技术的目标并成一组基线。

(1) 系统规约。

(2) 软件项目计划。

(3) 软件需求规约。

① 图形分析模型。

② 处理规约。

③ 原型。

④ 数学规约。

(4) 初步的用户手册。

(5) 设计规约。

① 数据设计描述。

② 体系结构设计描述。

③ 模块设计描述。

④ 界面设计描述。

⑤ 对象描述(如果使用面向对象技术)。

(6) 源代码清单。

(7) 测试规约。

① 测试计划和过程。

② 测试用例和结果记录。

(8) 操作和安全手册。

(9) 可执行程序。

① 模块的可执行代码。

② 连接的模块。

(10) 数据库描述。

① 模块和文件结构;

② 初始内容。

(11) 联机用户手册。

(12) 维护文档。

① 软件问题报告。

② 维护请求。

③ 工程变化命令。

(13) 软件工程的标准和规程。

除了上面列出的 SCI,很多软件工程组织也将软件工具列入配置之中,即特定版本的编辑器、编译器和其他 CASE 工具被“固定”作为软件配置的一部分。因为这些工具被用于生成文档、源代码和数据,所以当对软件配置进行改变时,必须要用到它们。虽然问题并不多见,但某些工具的新版(如编辑器)可能产生和原版不同的结果。为此,工具就像它们辅助产生的软件一样,可以被基线化,并作为综合的配置管理过程的一部分。

在实现 SCM 时,把 SCI 组织成配置对象,在项目数据库中用一个单一的名称组织它们。一个配置对象有一个名称和一组属性,并通过某些联系“连接”到其他对象,如图 9-9 所示。

图 9-9 中分别对配置对象的设计规格说明、数据模型、模块 N、源代码和测试规格说明进行了定义,每个对象与其他对象的联系用箭头表示。这些箭头指明了一种构造关系,即数据模型和模块 N 是设计规格说明的一部分。双向箭头则表明一种相互关系。如果

对源代码对象做了一个变更，软件工程师就可以根据这种相互关系确定其他哪些对象可能受到影响。

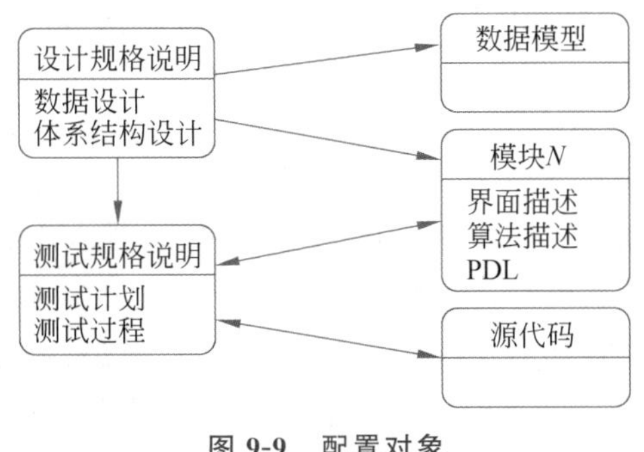

图 9-9　配置对象

9.5.3　配置管理的主要活动

SCM 除了担负控制变化的责任外，还要担负标识单个的 SCI 和软件的各种版本、审查软件配置(以保证开发得以正常进行)及报告所有加在配置上的变化等任务。

对于 SCM 需要考虑以下问题。

(1) 采用什么方式标识和管理许多已存在的程序的各种版本，使得变化能够有效地实现?

(2) 在软件交付用户之前和之后如何控制变化?

(3) 谁有权批准和对变化安排优先级?

(4) 如何保证变化得以正确地实施?

(5) 利用什么办法估计变化可能引起的其他问题?

这些问题归结到 SCM 的 5 个任务，即标识配置对象、版本控制、修改控制、配置审计和配置状况报告。

1. 标识配置对象

为了控制和管理的方便，所有 SCI 都应按面向对象的方式命名并组织。此时，对象分为基本对象和组合对象。基本对象指在分析、设计、编码或测试阶段由开发人员创建的某个单位正文描述。例如，需求说明书中的某节，某个模块的源代码，或按等价分类法制定的一套测试用例。组合对象指由若干基本对象和复合对象组合而成的对象，如图 9-9 中的设计规格说明即为复合对象，它由数据模型和模块 N 等基本对象组合而成。

每个配置对象都拥有名称、描述、资源列表和实际存在体 4 部分。对象名称一般为字符串；对象描述包括若干数据项，它们指明对象的类型(如是文档、程序还是数据)、所属工程项目的标志及变动和版本的有关信息；资源列表给出该对象的要求、引用、处理和提供的所有实体，如数据类型、特殊函数等，有时变量也被看作资源；只有基本对象才有实际存在体，它是指向该对象单元正文描述的一个指针，复合对象此时取 null 值。

除了标识配置对象外，还必须指明对象之间的关系，一个对象可标识为另一复合对象的一部分，即这两个对象之间存在一个＜part-of＞关系。若干＜part-of＞关系可定义出对象之间的分层结构。例如：

"E-R 图×.×"＜part-of＞"数据模型"

"数据模型"＜part-of＞"设计规格说明"

可描述由 3 个对象组成的层次结构。多数情况下，因为一个配置对象可能与其他多个对象有关系，所以 SCI 的分层结构不一定是简单的树状结构，而是更一般的网状结构。

此外，在标识对象时还应考虑对象随着开发过程的深入不断演进的因素。为此，可为每个对象创建如图 9-10 所示的一个进化图，它概述某对象演化的历史，图中的每个结点都是 SCI 的一个版本。至于开发人员如何寻找与具体的 SCI 版本相协调的所有相关的 SCI 版本，市场部门又怎样得知哪些顾客有哪个版本，以及怎样通过选择合适的 SCI 版本配置一个特定的软件系统等问题，都需要通过有效的标识和版本控制机制解决。

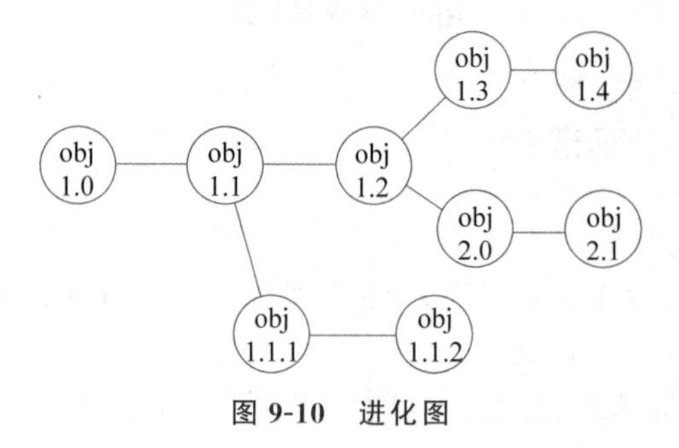

图 9-10　进化图

2. 版本控制

在理想情况下，每个 SCI 只需保存一个版本。实际上，为了纠正和满足不同用户的需求，往往一个项目保存多个版本，并且随着系统开发的展开，版本数目明显增多。配置管理的版本控制主要解决下列问题。

(1) 根据不同用户的需要配置不同的系统。

(2) 保存系统旧版本，为以后调查问题使用。

(3) 建立一个系统新版本，使它包括某些决策而抛弃另一些决策。

(4) 支持两位以上的工程师同时在一个项目工作。

(5) 高效存储项目的多个版本。

为此，一般版本控制系统都为配置对象的每个版本设置一组属性，这组属性既可以是简单的版本号，也可以是一串复杂的布尔变量，用于说明该版本功能上的变化。上面介绍的进化图也可用于描述一个软件系统的不同版本，此时，图中的每个结点都是软件的一个完整版本。软件的一个版本由所有协调一致的软件配置项组成(包括源代码、文档和数据)。此外，一个版本还允许有多种变形。例如，一个程序的某个版本由 A、B、C、D、E 5 个部件组成，部件 D 仅在系统配有彩显时使用，部件 E 则适用于单显，那么该版本就有两种变形，一种由 A、B、C、D 4 个部件组成，另一种由 A、B、C、E 4 个部件组成。

3. 修改控制

在一个大型软件开发过程中无控制地修改会迅速导致混乱。修改控制即把人的努力与自动工具结合起来建立一套机制，有意识地控制软件修改，其过程如图 9-11 所示。

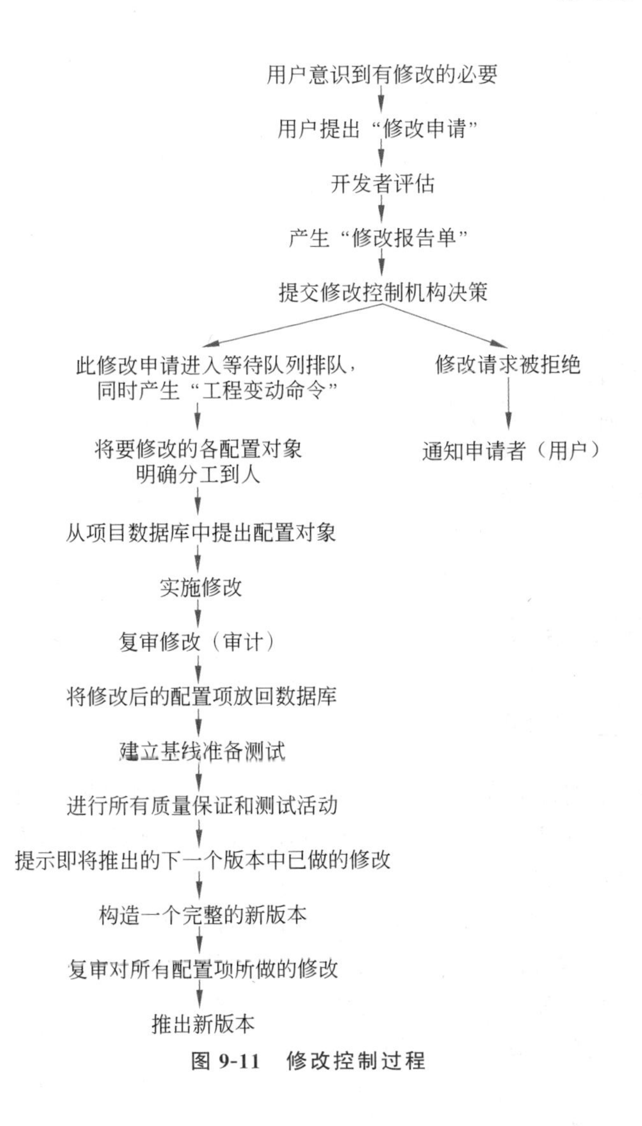

图 9-11　修改控制过程

4. 配置审计

确认修改是否已正确实施有两种措施：一种是通过正式的技术复审；另一种是通过软件配置审计。

正式的技术复审着重考虑所修改对象在技术上的正确性，复审人员应对该对象是否与其他 SCI 协调及在修改中可能产生的疏忽和副作用进行全面的评估。

软件配置审计作为一种补救措施，主要考虑下列在正式技术复审中未考虑的因素。

(1) 控制变动命令(ECO)指出的修改是否都已完成？还另加了哪些修改？

(2) 是否做过正式技术复审？

(3) 是否严格遵守软件工程标准？

(4) 修改过的 SCI 是否做了特别标记？修改的日期和执行修改的人员是否已经注册？该 SCI 的属性是否能够反映本次修改的结果？

(5) 是否完成与本次修改有关的注释、记录和报告等事宜？

(6) 所有相关的 SCI 是否已一并修改?

5. 配置状况报告

配置状况报告(Configuration Status Reporting,CSR)作为软件配置管理的一项任务,主要概述下列问题。

(1) 发生了什么事情。

(2) 谁做的。

(3) 何时发生的。

(4) 有什么影响。

CSR 的时机与图 9-11 所示的过程紧密相关,当某个 SCI 被赋予新标记或更新标记时,或 CCA 批准一项修改申请(即产生一个 ECO)时,或配置审计完成时都将执行一次 CSR。CSR 的输出可放在联机数据库中,供开发人员随时按关键字查询,这样可以减少大型软件开发项目中由于人员缺乏而造成的盲目行为。

9.6 人力资源管理

9.6.1 软件项目人力资源的特征

项目人力资源管理是指根据项目的目标、项目活动的进展情况和外部环境的变化采取科学的方法对项目团队成员的行为、思想和心理进行有效的管理,充分发挥他们的主观能动性,实现项目的最终目标。

在考虑各种软件开发资源时,人是最重要的资源。在安排开发活动时必须考虑人员的技术水平、专业、人数及在开发过程各阶段中对各种人员的需要。计划人员首先估计范围并选择为完成功能开发工作所需要的技能,还要在组织状况和专业两方面做出安排。软件项目人力资源表现为以下几个特征。

(1) 软件是一个劳动密集型和智力密集型产品,所以受人力因素影响极大。

(2) 软件项目中的人既是成本又是资本。

(3) 软件项目的成功取决于项目成员的结构、责任心和稳定性。

(4) 尽量使人力资源投入最小。

(5) 尽量发挥资本的价值,使人力资本产出最大。

9.6.2 人力资源管理的主要内容

人力资源管理在各个阶段都不同。在软件的计划和需求分析阶段,主要工作是管理人员和高级技术人员对软件系统进行定义,初级技术人员参与较少。在对软件进行具体设计、编码及测试时,管理人员逐渐减少对开发工作的参与,高级技术人员主要在设计方面把关,对具体编码及测试参与较少,大量的工作将由初级技术人员去做。到了软件开发的后期,需要对软件进行检验、评价和验收,管理人员和高级技术人员都将投入很多的精力。

人力资源管理各个阶段的主要内容如下。

1）启动阶段

（1）确定项目经理。

（2）获取人员，建立一个合适的团队。

2）计划阶段

（1）在项目范围和工作说明中考虑人力资源因素。

（2）在工作分解结构中考虑人力资源因素。

（3）编制项目的人力资源管理计划。

（4）在成本估计中考虑人力资源因素。

（5）在制订项目进度计划中考虑人力因素。

（6）在编制项目预算中考虑人力资源因素。

3）实施阶段

（1）团队建设与沟通。

（2）计划跟踪中的人力资源因素。

（3）质量管理中的人力资源因素。

（4）变更控制中的人力资源因素。

4）收尾阶段

项目总结和考核奖罚。

9.6.3 人员的组织与分工

如何将参加软件项目的人员组织起来发挥他们的最大作用，对于软件项目的开发能够顺利进行是非常重要的。人员组织的安排要针对软件项目的特点来决定，同时要参考每个参加人员的技术水平。

在软件开发的各个阶段，合理地配备人员是保质、保量完成软件项目的重要保证，因为软件是由人来开发生产的。合理地配备各阶段人员是指按各阶段不同的特征，根据人员自身的素质恰当掌握用人标准，组成项目开发组织。这里介绍一下各种软件开发团队组织的策略。

1. 软件团队中的角色

一个富有工作效率的软件项目团队应当包括负责各种业务的人员。每位成员扮演一个或多个角色。例如，可能由一个人专门负责项目管理，其他人则积极地参与系统的设计与实现。常见的一些项目人员承担的岗位有分析师、策划师、数据库管理员、设计师、操作/支持工程师、程序员、项目经理、项目赞助者、质量保证工程师、需求分析师、主题专家（用户）、测试人员。

2. 开发人员的组织

项目团队的组织可采用水平方案、垂直方案或混合方案。按水平方案组织的团队，其成员由各方面的专家组成，每个成员充当一两个角色。按垂直方案组织的团队，其特点是成员由多面手组成，每个成员都充当多重角色。以混合方案组织的团队既包括多面手，又包括专家。

通常，在进行方案选择时，着重考虑可供选择的人员的素质。同样，如果大多数人员是专家，则采用水平方案。如果大多数人员是多面手，则往往需要采用垂直方案。如果正引入一些新人，即使这些人员都是合同工，仍然需要优先考虑项目和组织。

1）水平团队方案

水平团队由专家组成。此类团队同时处理多个用例，每个成员都从事用例中有关其自身的方面。

优点：

(1) 能高质量地完成项目各方面(需求、设计等)的工作。

(2) 一些外部小组，如用户或操作人员，只需要与了解他们确切要求的一小部分专家进行交互。

缺点：

(1) 专家们通常无法意识到其他专业的重要性，导致项目的各方面之间缺乏联系。

(2) “后端”人员所需的信息可能无法由“前端”人员来收集。

(3) 由于专家们的优先权、看法和需求互不相同，因此项目管理更加困难。

方案成功的关键因素：

(1) 团队成员之间需要有良好的沟通，这样他们才能彼此了解各自的职责。

(2) 需要制定专家们必须遵循的工作流程和质量标准，从而提高移交给其他专家的效率。

一种较为极端的水平团队的组织形式是基于“主程序员”开发方式。这种组织方式往往是在开发小组有且仅有一个技术核心，且其技术水平和管理水平较他人明显高出一大截的情况下实施的。这个核心就是主程序员。在这种组织方式中，主程序员负责规划、协调和审查小组的全部技术活动；其他人员，包括程序员、后备工程师等，都是主程序员的助手。其中，程序员负责软件的分析和开发；后备工程师的作用相当于副主程序员，其在必要时能代替主程序员领导小组的工作并保持工作的连续性。同时，还可以根据任务需要配备有关专业人员，如数据库设计人员、远程通信和协调人员，以提高工作效率。这一方式的成败主要取决于主程序员的技术和管理水平。

2）垂直团队方案

垂直团队方案其组织形式是建立软件民主开发小组。这种组织结构是无核心的，每个人都充当开发的多面手。在开发过程中，用例分配给了个人或小组，然后由他们从头至尾实现用例。这一组织形式强调组内成员人人平等，组内问题均由集体讨论决定。

优点：

(1) 有利于集思广益，组内成员互相取长补短，开发人员能够掌握更广泛的技能。

(2) 以单个用例为基础实现平滑的端到端开发。

缺点：

(1) 多面手通常是一些要价很高并且很难找到的顾问。

(2) 多面手通常不具备快速解决具体问题所需的特定技术专长。

(3) 主题专家可能不得不和若干开发小组人员一起工作，从而增加了他们的负担。

(4) 所有多面手水平各不相同。

方案成功的关键因素：

(1) 每个成员都按照一套共同的标准与准则工作。

(2) 开发人员之间需要进行良好的沟通，以避免公共功能由不同的组来实现。

(3) 公共和达成共识的体系结构需要尽早地在项目中确立。

3) 混合团队方案

混合团队由专家和多面手共同组成。多面手继续操作一个用例的整个开发过程，支持并处理多个用例中各部分的专家们一起工作。

这个方案拥有前两种方案的优点：

(1) 外部小组只需要与一小部分专家进行交互。

(2) 专家们可集中精力从事他们所擅长的工作。

(3) 各个用例的实现都保持一致。

缺点：

(1) 拥有前两种方案的缺点。

(2) 多面手仍然很难找到。

(3) 专家们仍然不能认识到其他专家的工作并且无法很好地协作，尽管这应该由多面手来调节。

(4) 项目管理仍然很困难。

方案成功的关键因素：

(1) 项目团队成员需要良好的沟通。

(2) 需要确定公共体系结构。

(3) 必须适当地定义公共流程、标准和准则。

此外，多数项目成功只意味着项目按时完成、费用在预算内及满足用户的需要。但是，在如今得到好的软件专业人员较为困难的情况下，必须要将项目成功地定义扩展为包括项目团队的士气。一个软件项目开发完成后，开发组内的优秀的开发人员能够感到满意，并继续参加项目的工作，是一个项目管理成功的极为重要的条件。如果一个软件项目虽然顺利完成，但却因为待遇的不公而使组织失去了重要的开发人员。衡量项目成功与否的一个重要因素是项目结束后团队的士气。在项目结束之际，项目团队的各个成员是否觉得他们从自己的经历中学到了一些知识，是否喜欢为这次项目工作，以及是否希望参与组织的下一个项目都是非常重要的指标。

3. 服务保障人员配备

软件项目或软件开发小组可以配置若干秘书、软件工具员、测试员、编辑和律师等服务保障人员。其主要职责如下。

(1) 负责维护和软件配置中的文档、源代码、数据及所依附的各种磁介质。

(2) 规范并收集软件开发过程中的数据;规范并收集可重用软件,对它们分类并提供检索机制。

(3) 协助软件开发小组准备文档,对项目中的各种参数(如代码行、成本、工作进度等)进行估计。

(4) 参与小组的管理、协调和软件配置的评估。

大型软件项目需专门配置一个或几个管理人员,专门负责软件项目的程序、文档和数据的各种版本控制,保证软件系统的一致性与完整性。

4. 各阶段人员需求

软件项目的开发实践表明,软件开发各个阶段所需要的技术人员类型、层次和数量是不同的。

(1) 软件项目的计划与分析阶段。此时只需要少数人,主要是系统分析员、从事软件系统论证和概要设计的软件高级工程师和项目高级管理人员。

(2) 项目概要设计。此时要增加一部分高级程序员。

(3) 详细设计。此时要增加软件工程师和程序员。

(4) 编码和测试阶段。此时要增加程序员、软件测试员。

可以看出,在上述过程中软件开发管理人员和各类专门人员逐渐增加,直到测试阶段结束时,软件项目开发人员的数量达到最多。

在软件运行初期,参加软件维护的人员比较多,过早解散软件开发人员会给软件维护带来意想不到的困难。软件运行一段时间以后,由于软件开发人员参与纠错性维护,软件出错率会很快减少,这时软件开发人员就可以逐步撤出。如果系统不做适应性或完善性维护,需要留守的维护人员就不多了。

由此可见,在软件开发过程中,人员的选择、分配和组织是涉及软件开发效率、软件开发进度、软件开发过程管理和软件产品质量的重大问题,必须引起项目负责人的高度重视。

9.7 软件项目管理实例——《学生教材购销系统》项目管理方案

对软件项目的有效管理取决于对项目的全面计划,也就是说,需要有一个行之有效的解决方案。统计表明,因软件项目管理方案不当而造成的项目失败数占失败总数的一半以上。

为了帮助大家更好地了解项目管理这一方面的知识,这里给出《学生教材购销系统》项目管理方案,供大家学习参考。

软件项目管理方案

项目名称:《学生教材购销系统》

时间：2023 年 9 月 25 日

目　　录

1　简介

1.1　项目概述

本项目要开发一个《学生教材购销系统》,随着新学期的到来,学生需要订购教科书来完成新学期的学业。作为学生买书的主要媒体之一的学校教材订购管理部门,管理数量、规模比以往任何时候都大得多,为此,学校教材订购管理部门需要使用方便而有效的方式来管理自己的书单。以前单一的手工管理已不能满足要求,为了教材订购的及时性、准确性。学校教材订购管理部门需要有效的订单管理软件。

本学校《学生教材购销系统》软件是一套功能比较完善的数据管理软件,具有数据操作方便、高效迅速等优点。该软件采用功能强大的数据库软件开发工具进行开发,具有很好的可移植性,可在应用范围较广的DOS、Windows系列等操作系统上使用。

1.2 项目交付产品

(1) 提交文档。项目管理计划、需求规格说明、设计规格说明、测试报告、用户使用手册和项目个人总结。其中,项目个人总结为每人一份,每个小组所有成员的总结装订在一起,其余文档每组提交一份。每个团队可将各小组的文档综合到一起,各小组也可自行分开提交,具体方式由团队内部协商确定。所有文档需要提交电子版和打印稿。

(2) 源程序检查。一共两次,第一次检查每个小组的子系统运行情况。第二次检查每个团队内 6 个小组集成后完整的《人力资源管理系统》的运行情况,检查完成后需要提交程序源文件和可执行的系统。程序检查安排在上机时间进行。

1.3 参考资料

(1)《软件项目管理原理分析》(第 3 版),肖来元主编,清华大学出版社。

(2)《软件工程导论》(第 6 版),张海藩编著,清华大学出版社。

2 项目组织

2.1 过程模型

2.2 团队的分工与合作

团队的分工与合作如表 1 所示。

表 1 团队的分工与合作

关键时间	任务	要求
第三周	制订项目管理计划初稿	电子版提交给组长,由组长汇总检查并提交
第五周	完成需求规格说明初稿	电子版提交给组长,由组长汇总检查并提交
第六周	完成设计报告初稿	电子版提交给组长,由组长汇总检查并提交
第九周	进行子系统运行检查	以组为单位进行,由组长及其他组组长组成评审团,对子系统进行运行测试检查
第十一周	进行系统集成后的运行检查	由组长和主程序员参加,对整个《人力资源管理系统》进行集成、运行测试检查,同时对提交各种文档的电子版、提交电子版源代码和可执行系统进行最后的修改
第十二周	交付软件项目	由组长和主程序员参加,利用上机时间进行产品的交付与发布,提交各种文档的电子版和打印稿,提交电子版源代码和可执行系统

主程序员负责制。本团队的组织关系如表 2 所示。

表 2　本团队的组织关系

成员	角色	职责
王振武	组长、主程序员	领导项目团队、执行和管理团队、负责软件的交付工作,同时作为主程序员还要负责软件设计和编写代码,并撰写软件设计报告
卜异亚	程序员、文档维护员	整理需求分析并撰写需求分析报告、维护并及时修改和发布已更新技术文档,作为程序员还要参与软件设计和代码开发
孙佳骏	软件测试员、秘书、美工	主要负责软件代码测试和用户测试,并撰写测试文档初稿,对界面美工负主要责任,作为秘书要主持每周的讨论会及团内沟通工作

3　管理过程

3.1　管理目标及优先级

基本管理原则:每位组成员既是积极的建言者,又是负责的合作者,同时也是决策的制定者。决策应在充分讨论的基础上由大家共同做出决策,一旦做出就必须及时、有效地执行,禁止再有异议。

目标 1:按时、按量完成项目的基本功能,按时发布产品及文档,这是本团队的最高目标。

目标 2:遵循规范化的项目运作标准,文档严谨完整,代码注释充分,便于后续维护。

目标 3:产品运行稳定,界面友好,用户易操作,尽量从用户的角度看问题,并提出解决问题的方案。

目标 4:注重团队建设,成员分工合理,团队成员合作默契,气氛融洽,每周的讨论会积极建言,在开发过程中积极协作。

目标 5:在项目设计和开发上尽量有创新、有亮点。

3.2　风险管理

本次开发过程中存在以下风险。

(1) 开发技术熟练程度不够。

(2) 需求变更频繁。

(3) 缺乏足够的美工支持。

(4) 由于课程紧张导致项目最后无法按期完成。

(5) 最后进行系统集成时出现重大失误。

风险规避方法如下。

(1) 由于部分组员对开发技术和工具不熟练可能对整个项目有着灾难性的影响,为了将这种影响降到最低,本小组决定提前制订好两周的学习计划,各组员要对开发工具 Visual Studio 2022 和 SQL Server 2022 进行快速的学习，尽快掌握其中的要点，同时在软件的设计上尽可能降低难度，使项目最后能成功完成。

(2) 在设计开发过程中可能发现原有需求不容易转化为设计稿，在测试体验过程中可能发现系统界面并不友好，也不易操作，这都会带来需求的重新变更。对于这两种情况，尤其是后一种情况要尽量避免，以免带来重复开发的浪费。因此，在前期的软件设计工作上要求各组员尽可能地提出具有前瞻性和预见性的建议，同时与其他团队进行充分讨论，设计方案要留有变更的余地。

(3) 由于本小组成员对美工技术的不足，可能导致最后的软件界面并不友好、美观，也不易操作，因此要求组员深入学习关于美工的知识，如 CSS、Photoshop 及 Flash 技术，并积极寻求外援帮助。

(4) 由于课程紧张可能使项目延期。如果出现必须延期的情况，组长需及时向老师解释清楚，并申请延期时间。

(5) 最后进行系统集成时出现重大失误，如不能共用数据库等。为规避这类风险，组长将协同团队中其他组的成员共同设计整个系统需求分析及总体设计，并共同开发使用同一个数据库，开放源代码与其他组员共享开发成果。

3.3 监督及控制机制

报告机制如下。

(1) 要求各组员以周为单位记录工作进展，形成开发日志，并以电子文档的形式提交给秘书进行整理，最后由文档维护员进行维护。

(2) 每周例会上各位组员积极对当前的开发工作进行评审和建言，由组长做最后的口头总结，由秘书主持会议并记录和整理会议的内容。文档维护员修改和维护相应的文档，并交由小组进行会议评审给出意见。

(3) 组成员都要密切监控风险状态，发现风险后提交风险报告，由秘书定期提交风险报告，必要时将突发风险通知所有组员，并由组长做出临时处理决定。然后在该周例会上由组成员共同讨论对风险的处理意见，并形成风险处理的日志作为以后的经验。

报告格式：报告主题，时间段，发现人，报告内容，审核意见。

评审机制如下。

每周例会上小组讨论形成一致意见后即为通过，相关负责人针对改进意见开展下一周工作，严格执行例会上所制定的决策，小组会议持续评估其成效。每一项目阶段结束之前(里程碑前后)组织一次阶段评审会，评估整个阶段的工作效率和成果质量。尽量与项目例会合并，并邀请组长和其他组成员参加评议，也可询问老师的意见。对于重大的风险处理意见，应该由组长及其他组组长组成评审团对处理意见进行审议和评估，并以评审团的决议(也可根据老师的建议)作为重要参考来制定决策。

3.4 人员计划

C♯程序员：王振武、卜异亚、孙佳骏。

要求：熟悉 C#编程和 ASP 开发平台。

界面设计员：卜异亚、孙佳骏。

要求：熟悉 CSS、Photoshop。

数据库设计员：王振武。

要求：熟悉 SQL 语句，熟练使用 SQL Server 2022。

文档维护员：卜异亚。

要求：熟悉使用 Word 及 PowerPoint。

沟通交流员：王振武。

要求：有较强的沟通能力，能及时调解组内以及组与组之间的矛盾。

软件测试人员：全体组员，由卜异亚负责。

要求：熟练使用开发工具的 debug 工具，有耐性。

3.5 培训计划

C#及 ASP 编程培训

培训对象：全体组员。

培训内容：熟练掌握 C#编程、基本了解 ASP 开发平台的特性，于第一周、第二周完成。

美工培训：全体组员。

培训内容：熟悉 CSS 及 Photoshop、了解 Flash 及 Dreamweaver 的基本操作，于第二周完成。

4 技术过程

4.1 开发工具、方法和技术

本小组的团队组织结构为主程序员式组织结构；编程语言为 C#；采用面向对象的分析设计方法；利用 Windows ASP 开发平台作为开发平台；使用 SQL Server 2022 作为数据库管理系统图；并采用统一的 C#标准的文件命名方式、代码版式、注释等编码规范；编码人员对代码进行严格检查后再进行代码编译；测试人员根据测试文档进行单元测试；最后实现软件的交付。

开发环境：SQL Server 2022+Visual Studio 2022

4.2 软件需交付的文档

1. 软件项目管理计划

该文档由组长完成，介绍项目的整个管理过程。该文档在软件设计需求分析初级阶段完成，后续阶段由文档维护员进行相应的更新。

2. 需求规格说明初稿

在需求分析阶段，由全体小组成员采集分析用户的需求，并在例会上做出决策，由文档维护员撰写整理需求规格说明初稿，并在后续各个阶段进行需求变更的更新。

3. 设计报告初稿

在总体设计阶段，小组根据需求规格说明文档完成软件体系结构的设计，由组长编写软件体系结构设计文档初稿，并在后续开发阶段补充和更新。该文档由文档维护员负责维护更新。

4. 测试文档

在软件开发阶段，测试人员需要编写测试规格说明文档，并在后续测试阶段更新。开发人员将根据测试规格说明文档建立测试环境、准备测试数据。

5. 用户手册

在更新需求分析阶段，测试人员需要开始着手编写用户手册，并在需求分析结束后形成初稿；在后续阶段不断由文档维护员维护文档；并在系统交付阶段随着系统一起被交付。

6. 个人项目总结

由组内成员各自独立完成，对开发过程中获得的工作经验进行总结，在提交系统时一并提交。

7. 其他文档

软件开发过程中的其他文档，如开发日志(按组员意见选择公开与否)、风险报告及其处理意见等，由秘书进行整理，作为以后软件开发及交流的经验。

5 开发进度安排及预算

5.1 进度表格描述

进度表格描述如表 3 所示。

表 3 进度表格

<table>
<tr><th>工作集</th><th>子工作</th><th>完成时间</th><th>负责人</th><th>最终交付物</th><th>描述</th></tr>
<tr><td rowspan="3">前期准备工作</td><td>确定小组</td><td>第三周</td><td>王振武</td><td>小组成员名单</td><td>成立《学生教材购销系统》开发团队</td></tr>
<tr><td>搭建环境</td><td>第三周</td><td>组内各成员</td><td>Visual Studio 2022＋SQL Server 2022</td><td>确定开发工具及语言</td></tr>
<tr><td>制订项目管理计划书</td><td>第四周</td><td>卜异亚</td><td>项目管理计划书初稿</td><td>制订软件开发过程管理计划</td></tr>
<tr><td rowspan="4">完成需求规格说明书的初稿</td><td>采集用户需求</td><td>第四周</td><td rowspan="4">王振武
卜异亚
孙佳骏</td><td rowspan="4">需求规格说明书的初稿</td><td rowspan="4">通过查资料了解和采集用户的需求。对需求进行汇总，制定需求规格说明初稿</td></tr>
<tr><td>分析用户需求及制定需求规格说明原型</td><td>第四周</td></tr>
<tr><td>需求规格说明的进一步完善与修改</td><td>第四周</td></tr>
<tr><td>需求规格说明的最后确认</td><td>第五周</td></tr>
</table>

续表

工作集	子工作	完成时间	负责人	最终交付物	描述
系统设计	系统总体设计	第五周	王振武 卜异亚	软件设计报告初稿	制订系统总体的设计方案,并根据需求说明联系实际进行相应的修改
	系统详细设计	第六周			
	系统模型及架构最后确定	第六周			
开发系统源码及源码测试	系统源码开发	第七周	王振武 卜异亚	源代码	要求熟练使用C#和ASP平台
	系统源码测试	第八周	孙佳骏	测试文档	根据测试文档严格测试
	系统源码复查	第九周	王振武	无	对代码进行复查,尽量减少缺陷
进行整个系统的集成	进行整个《人力资源管理系统》的集成	第十周	卜异亚	无	与其他组员无间协作完成整个系统的集成
	对整个集成后的系统进行测试,检查运行情况	第十一周	卜异亚	无	搭建整个系统的运行平台,测试整个系统的发布情况
系统交付	系统交付	第十二周	王振武	一个可以运行的系统及用户手册和帮助、最后确定的技术文档	各组之间可以交流各自的开发经验和心得体会

5.2 开发过程中的资源需求

人员:小组软件项目开发成员。

支持软件:Microsoft Visual Studio 2022、Office、SQL Server 2022。

开发地点:宿舍或者机房。

实验设备:个人计算机、笔记本计算机、实验室计算机。

项目资源维护需求的数目和类型:4台个人计算机(Intel Core i5-11600K及以上CPU、1GB以上内存)。

5.3 软件项目管理过程中的预算及资源分配

(1) 系统的开发不涉及任何经济的预算,工程量初步设置为4人/天。

(2) 资源分配为各自使用自己的计算机。

5.4 项目进度及关键工期设置

1. 准备工作

时间:第三～四周。

关键工期：项目管理计划初稿发布。

2. 需求分析

时间：第四～五周。

关键工期：需求规格说明书初稿的发布。

3. 系统设计

时间：第五～六周。

关键工期：系统设计初稿的发布。

4. 源代码开发与测试

时间：第七～九周。

关键工期：编码开发与测试。

5. 系统集成

时间：第十～十一周。

关键工期：整个系统的成功测试。

6. 软件交付

时间：第十二周。

关键工期：整个系统能成功且稳定运行。

小结

计划时期是软件生命周期的第一个时期，由问题定义、可行性分析两个阶段组成。问题定义的目的在于澄清用户要解决的问题，虽然时间一般较短，却规定了整个开发工作的方向。可行性分析是计划时期的主要阶段，目的在于确定问题有没有解，是不是值得去解。其目标是用较小的代价尽快估计投资的价值，避免冒太大的风险。确定开发后，应制订项目实施计划表作为项目管理的依据。

软件项目管理是软件工程的重要组成部分，只有进行科学的管理才能使先进的技术充分地发挥作用。对于大型的软件开发，管理工作尤为重要。项目管理是整个管理工作的基础。除此之外，本章还介绍了一些与软件质量相关的内容，包括能力成熟度模型及一些软件质量保证措施。

习题

一、填空题

1. 软件计划的第一个任务就是________，即软件的用途及对软件的要求。其中主要包括软件的________、________、________和________ 4 方面。

2. 软件开发成本的基本估计方法分为________、________、________ 3 类。

3. 软件配置管理有 5 个任务，即________、________、________、________和________。

4. 主程序员组织机构制度突出了主程序员的领导,责任集中在少数人身上,有利于提高________。

5. 在一个大型系统的开发过程中,由于________失误造成的后果要比程序错误造成的后果更为严重。

6. 在软件项目管理过程中,一个关键的活动是________,它是软件开发工作的第一步。

7. 软件配置管理简称________,软件配置项简称________。

二、选择题

1. 软件危机通常是指在计算机软件开发和维护中所产生的一系列严重问题,这些问题中相对次要的因素是( )。

A. 软件工程 B. 文档质量 C. 开发效率 D. 软件性能

2. 软件工程出现主要是由于( )。

A. 程序设计方法学的影响 B. 软件危机的出现

C. 计算机的发展 D. 其他工程科学的影响

3. 与设计测试数据无关的文档是( )。

A. 项目开发设计 B. 需求说明书

C. 设计说明书 D. 源程序

4. 软件计划的构成是( )。

A. 分析与设计 B. 设计和估计

C. 分析、估计和设计 D. 分析与估计

5. 在软件开发过程中,作为软件开发人员前一阶段工作成果的体现和后一阶段工作依据的文档是( )。

A. 开发文档 B. 管理文档 C. 用户文档 D. 软件文档

6. 下列模型中属于成本估计方法的是( )。

A. COCOMO模型 B. McCall模型

C. McCabe度量法 D. 时间估计法

7. 按照软件配置管理的原始指导思想,受控制的对象应是( )。

A. 软件元素 B. 软件配置项 C. 软件项目 D. 软件过程

8. 软件配置项是软件配置管理的对象,指的是软件工程过程中所产生的( )。

A. 接口 B. 软件环境 C. 信息项 D. 版本

9. 就软件产品的特点而言,以下说法错误的是( )。

A. 软件具有高度抽象性,软件及软件生产过程具有不可见性

B. 同一功能软件的多样性,软件生产过程中的易错性

C. 软件在开发和维护过程中的不变性

D. 不同开发者之间思维碰撞的易发性

三、名词解释

1. 软件工作的范围。

2. 成本估计。

3. 自顶向下估计方法。

4. 自底向上估计方法。

5. 差别估计法。

6. 专家估计方法。

7. COCOMO 估计模型。

8. 开发进度。

9. 软件配置管理。

10. 基线。

11. 软件配置项。

四、问答题

1. 软件项目有哪些特点?

2. 软件项目管理的功能是什么?

3. 在确定了软件的工作范围后,为什么还要确定软件开发所需要的人力资源、硬件资源和软件资源?它们对软件开发有什么影响?

4. 成本估计的方法有哪几种?

5. 什么是 IBM 和 COCOMO 成本估计模型?它们之间有什么不同?

6. 软件配置管理的作用是什么?

7. 基线在软件配置管理中有什么作用?

CHAPTER

第 10 章 面向对象方法与 UML 建模

通过本章的学习，读者将了解面向对象的基础知识，首先了解面向对象方法的含义、基本特征以及什么是面向对象的软件工程，然后了解统一建模语言（Unified Modeling Language，UML）在面向对象方法中的作用，掌握 UML 提供的常用图，并知道怎么使用 PowerDesigner 进行常用图的编写。

UML 提供的常用图中包括用例图、状态图、活动图、类图、对象图、顺序图、协作图、组件图、部署图，要了解它们的基本含义并学会如何通过它们分析系统。

学习目标：

✍ 了解面向对象方法的含义和基本特征。

✍ 了解什么是面向对象的软件工程。

✍ 了解 UML 的特点与应用。

✍ 掌握 UML 提供的常用图的基本含义和画法。

✍ 掌握使用 PowerDesigner 画常用图的方法。

10.1 面向对象方法概述

10.1.1 面向对象方法的含义

在软件开发与设计中，对一个系统的认识是一个渐进的过程，是在继承了以往有关知识的基础上多次迭代并逐步深化形成的。在这种认识的深化过程中，既包括了从一般到特殊的演绎，也包括了从特殊到一般的归纳。目前用于分析、设计和实现一个系统的过程和方法大部分是瀑布型的，即后一步是实现前一步所提出的需求，或者是进一步发展前一步所得出的结果。因此，越接近系统设计或实现的后期，对系统设计或实现的前期的结果做修改就越困难。同时也只有在系统设计的后期才能发现在前期所形成的一些差错。而且这个系统越大、问题越复杂，由这种对系统的认识过程和对系统的设计或实现过程不一致所引起的困扰也就越大。

为了解决上述这个问题，应使分析、设计和实现一个系统的方法尽可能地接近认识一个系统的方法，换而言之，就是应使描述问题的问题空间和解决问题的方法空间在结构上尽可能一致，也就是使分析、设计和实现系统的方法学原理与认识客观世界的过程尽可能一致，这就是面向对象方法学的出发点和所追求的基本原则。

面向对象不仅是一些具体的软件开发技术与策略，而且是一整套关于如何看待软件系统与现实世界的关系，以什么观点来研究问题并进行求解，以及如何进行系统构造的软件方法学。面向对象方法是一种运用对象、类、继承、封装、聚合、消息传送、多态性等概念来构造系统的软件开发方法。

面向对象方法的基本思想是从现实世界中客观存在的事物出发来构造软件系统，并在系统构造中尽可能运用人类的自然思维方式。开发一个软件是为了解决某些问题，这些问题所涉及的业务范围称为该软件的问题域。面向对象方法强调直接以问题域（现实世界）中的事物为中心来思考问题、认识问题，并根据这些事物的本质特征把它们抽象地表示为系统中的对象，作为系统的基本构成单位，而不是用一些与现实世界中的事物相差较远并且没有对应关系的其他概念来构造系统。可以使系统直接地映射问题域，保持问题域中事物及其相互关系的本来面貌。另外，软件开发方法应该是与人类在长期进化过程中形成的各种行之有效的思想方法相适应的思想理论体系。但是，在某些历史阶段出现的软件开发方法没有从人类的思想宝库中吸取较多的营养，只是建立在自身独有的概念、符号、规则、策略的基础之上，这说明当时的软件技术尚处于比较初级的阶段。

结构化方法采用了许多符合人类思维习惯的原则与策略（如“自顶向下，逐步求精”）。面向对象方法更加强调运用人类在日常逻辑思维中经常采用的思想方法与原则，如抽象、分类、继承、聚合、封装等，这就使得软件开发者能更有效地思考问题，并以其他人也能看得懂的方式把自己的认识表达出来。

（1）面向对象方法有以下主要特点。

① 从问题域中客观存在的事物出发构造软件系统，用对象作为对这些事物的抽象表示，并以此作为系统的基本构成单位。

② 事物的静态特征（即可以用一些数据来表达的特征）用对象的属性表示，事物的动态特征（即事物的行为）用对象的服务（或操作）表示。

③ 对象的属性与服务结合为一个独立的实体，对外屏蔽其内部细节，称为封装。

④ 把具有相同属性和相同服务的对象归为一类，类是这些对象的抽象描述，每个对象是它的类的一个实例。

⑤ 通过在不同程度上运用抽象的原则可以得到一般类和特殊类。特殊类继承一般类的属性与服务，面向对象方法支持对这种继承关系的描述与实现，从而简化系统的构造过程及其文档。

⑥ 复杂的对象可以用简单的对象作为其构成部分，称为聚合。

⑦ 对象之间通过消息进行通信，以实现对象之间的动态关系。

⑧ 通过关联表达对象之间的静态关系。

总结以上 8 点可以看出，在用面向对象方法开发的系统中以类的形式进行描述，并通过对类的引用所创建的对象是系统的基本构成单位。这些对象对应着问题域中的各个事物，它们的属性与服务刻画了事物的静态特征和动态特征。对象类之间的继承关系、聚合关系、消息和关联如实地表达了问题域中事物之间实际存在的各种关系。因此，无论是系统的构成成分，还是通过这些成分之间的关系所体现的系统结构，都可直接映射成问题域。

(2) 对于面向对象的定义如下。

① 一种使用对象(它将属性与操作封装为一体)、消息传送、类、继承、多态和动态绑定来开发问题域模型之解的范型。

② 一种基于对象、类、实例和继承等概念的技术。

③ 用对象作为建模的原子。

10.1.2 面向对象的软件工程

1. 采用软件工程学的必要性

随着编程语言由低级向高级的发展，它与自然语言之间的鸿沟在逐渐变窄。开发人员从对问题域产生正确的认识到用一种编程语言把这些认识描述出来所付出的劳动，由机器代替人完成的工作增多，如图 10-1 所示。

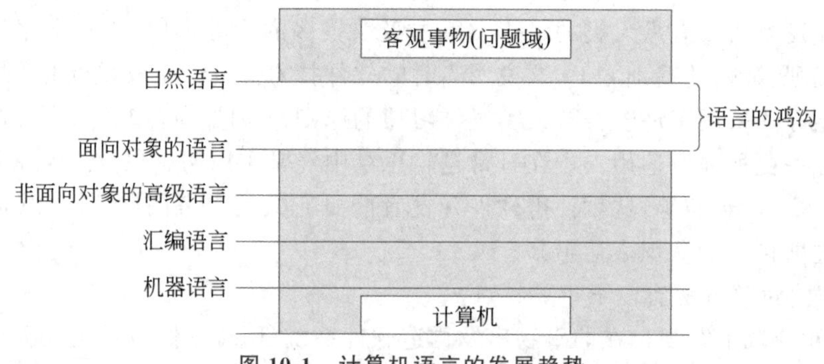

图 10-1 计算机语言的发展趋势

在图 10-1 中，编程语言到计算机之间的灰色阴影表示这部分工作是由机器自动完成的，基本不需要开发人员花费精力。自然语言和编程语言中间的空白区域表示语言的鸿沟，它表明从人们借助自然语言对问题域有一个正确认识到用一种编程语言正确地表达出来其间所存在的差距。开发人员需要在这个区域做大量的工作，但在工作中容易发生错误。面向对象的语言使这条鸿沟变窄，但仍有一些距离。自然语言与问题域之间的灰色阴影表明：虽然人们借助自然语言来认识和理解问题域属于人类的日常思维活动，不存在语言的鸿沟，但是不能说这一区域已经不存在问题。问题主要表现在：①虽然几乎人人都会运用自然语言，但不一定都能正确地认识客观世界，因为需要具有正确的思维方法。②在软件开发过程中，要求人们对问题域的理解比人们日常生活中对它的理解更深刻、更准确，这需要许多以软件专业知识为背景的思维方法。这些问题正是软件工程学所要解决的。

软件开发是对问题域的认识和描述。软件工程学的作用从认识事物方面看，它在分析阶段提供了一些对问题域的分析、认识方法。从描述事物方面看，它在分析和设计阶段提供了一些从问题域逐步过渡到编程语言的描述手段。这如同在语言的鸿沟上铺设了一些平坦的路段。但是在传统的软件工程方法中，并没有完全填平语言之间的鸿沟，如

图 10-2 所示。而在面向对象的软件工程方法中，从面向对象分析（Object-Oriented Analysis，OOA）到面向对象设计（Object-Oriented Design，OOD）再到面向对象编程（Object-Oriented Programming，OOP）、面向对象测试（Object-Oriented Testing，OOT）都是紧密衔接的，填平了语言之间的鸿沟，如图 10-3 所示。

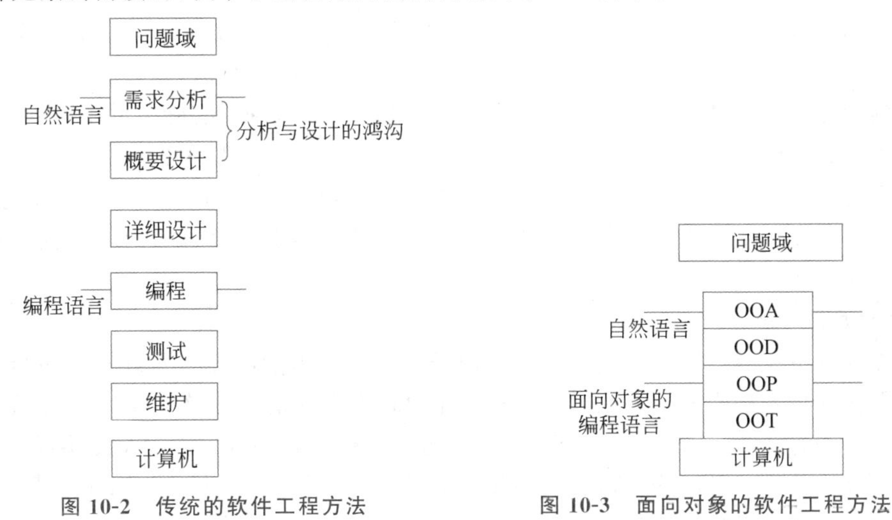

图 10-2　传统的软件工程方法　　图 10-3　面向对象的软件工程方法

2. 传统的软件工程方法

传统的软件工程方法指面向对象方法出现之前的各种软件工程方法，这里主要讨论结构化软件工程方法。

1）需求分析

软件工程学中的需求分析具有两方面的意义。在认识事物方面，它具有一整套分析、认识问题域的方法、原则和策略。这些方法、原则和策略使开发人员（系统分析员）对问题域的理解比不遵循软件工程方法更全面、深刻和有效。在描述事物方面，它具有一套表示体系和文档规范，这比仅用自然语言来表达更准确，也更接近于后期的开发阶段。

但是，传统的软件工程学中的需求分析在上述两方面都存在不足。它对问题的描述不是以问题域中的固有事物作为基本单位并保持它们的原貌，而是打破了各项事物之间的界限，在全局范围内以功能、数据或数据流为中心来进行分析。例如，功能分解法，把整个问题域看作一些功能和子功能；数据流法则把它看作一些数据流和加工。所以这些方法的分析结果不能直接地映射问题域，而是经过了不同程度的转化和重新组合。因此，传统的分析方法容易隐蔽一些对问题域的理解偏差，给后续开发阶段的衔接带来了困难。

2）概要设计和详细设计

在概要设计阶段，以需求分析的结果作为出发点构造一个具体的系统设计方案，主要是决定系统的模块结构，包括决定模块的划分、模块间的数据传送及调用关系。详细设计是在概要设计的基础上考虑每个模块的内部结构及算法，最终将产生每个模块的程序流程图。

经过概要设计和详细设计,开发人员对问题域的认识和描述越来越接近系统的具体实现——编程。但是传统的软件工程方法中的设计文档很难与分析文档对应,原因是二者的表示体系不一致。结构化分析的结果——数据流图(DFD)和结构化设计的结果——模块结构图(MSD)是两种不同的表示体系。DFD 中的一个数据流,既不能对应 MSD 中的模块的数据也不能对应模块间的调用关系,DFD 中的加工也未必对应 MSD 中的一个模块。分析与设计之间在表示体系上的不一致被称为分析与设计的鸿沟,它给从分析到设计的过渡带来了较大的困难。从分析到设计的转换,实际上并不存在可靠的转换规则,而是有人为的随意性,从而很容易因理解上的错误而埋下隐患。分析与设计的鸿沟带来的另一个后果是设计文档与问题域的本来面貌相差更远了,因为其中经过了两次扭曲。当程序员手持设计文档进行编程工作时,难以通过这些文档看到问题域的本来面貌。

3) 编程和测试

编程阶段完成的任务是利用一种编程语言产生一个能够被机器理解和执行的系统,这个方面的技术最为成熟。测试是发现和排除程序中的错误,最终产生一个正确的系统。但正确是相对的,因为至今还没有哪种测试方法能保证找到程序中的全部错误。

从理论上讲,从设计到编程、从编程到测试应能较好地衔接。但是,由于分析方法的缺陷很容易产生对问题域的错误理解,而分析与设计的鸿沟很容易造成设计人员对分析结果的错误转换,因此在编程时程序员往往需要对分析员和设计人员已经认识的事物重新进行认识,并产生与他们不同的理解。在实际开发过程中常常可以看到,后期开发阶段的人员不断地发现前期阶段的错误,并按照他们的新的理解进行工作,所以每两个阶段之间都会出现不少变化,其文档不能很好地衔接。

4) 软件维护

软件维护阶段的工作有两种情况:一是对使用中发现的错误进行修改;二是因需求发生了变化而进行修改。前一种情况需要从程序逆向追溯到发生错误的开发阶段。由于程序不能映射问题域并且各个阶段的文档不能对应,每步追溯都存在许多理解障碍。第二种情况是一个从需求到程序的顺向过程,它也存在初次开发时的那些困难,并且增加了理解每个阶段原有文档的困难。

3. 面向对象的软件工程方法

面向对象的软件工程方法是面向对象方法在软件工程领域的全面运用,它包括面向对象分析、面向对象设计、面向对象编程、面向对象测试和面向对象软件维护等主要内容。

OOA 和 OOD 的理论与技术从 20 世纪 80 年代后期开始出现,到目前为止仍是十分活跃的研究领域。一系列关于 OOA 和 OOD 的专著不断问世,表明面向对象方法从早期主要注重编程理论与技术发展成为一套较为完整的软件工程体系。目前出现的各种 OOA 与 OOD 方法在方法论上是一致的,具体的策略、表示法、过程及模型构成等方面略有差别,对于 OOA 与 OOD 的职责划分也有不同的观点。

1) 面向对象分析

OOA 强调直接针对问题域中客观存在的各项事物建立 OOA 模型中的对象,用对象的属性和服务分别描述事物的静态特征和行为。问题域有哪些值得考虑的事物,在

OOA 模型中就有哪些对象，而且对象及其服务的命名都强调与客观事物一致。另外，OOA 模型保留了问题域中事物之间的关系。把具有相同属性和相同服务的对象归为一类，用一般/特殊结构（又称分类结构）描述一般类与特殊类之间的关系（即继承关系）。

用整体/部分结构（又称组装结构）描述事物间的组成关系；用实例连接和消息连接表示事物之间的静态关系和动态关系。静态关系是指一个对象的属性与另一个对象的属性有关，动态关系是指一个对象的行为与另一个对象的行为有关。可以看到，无论是对问题域中的单个事物还是对各个事物之间的关系，OOA 模型都保留着它们的原貌，没有转换、扭曲，也没有重新组合，所以 OOA 模型能够很好地映射问题域。OOA 对问题域的观察、分析和认识是很直接的，对问题域的描述也是很直接的。它所采用的概念及术语与问题域中的事物保持了最大程度的一致，不存在语言上的鸿沟。

2）面向对象设计

OOA 与 OOD 的职责划分：OOA 针对问题域运用面向对象方法，建立一个反映问题域的 OOA 模型，不考虑与系统实现有关的因素（包括编程语言、图形用户界面、数据库等），从而使 OOA 模型独立于具体的实现；OOD 则是针对系统的一个具体的实现运用面向对象方法。其中包括两方面的工作，一是把 OOA 模型直接搬到 OOD（不经过转换，仅做某些必要的修改和调整），作为 OOD 的一个部分；二是针对具体实现中的人机界面、数据存储、任务管理等因素补充一些与实现有关的部分。这些部分与 OOA 采用相同的表示法和模型结构。

OOA 与 OOD 采用一致的表示法是面向对象分析与设计优于传统的软件工程方法的重要因素之一。这使得从 OOA 到 OOD 不存在转换，只有局部的修改或调整，并增加几个与实现有关的独立部分。因此，OOA 与 OOD 之间不存在传统方法中分析与设计之间的鸿沟，二者能够紧密衔接，大大降低了从 OOA 过渡到 OOD 的难度、工作量和出错率。

3）面向对象编程

面向对象编程（OOP）又称面向对象实现（Object-Oriented Implementation，OOI）。在 OOA-OOD-OOP 这一软件工程的过程系列中，OOP 的分工比较简单，认识问题域与设计系统成分的工作已经在 OOA 和 OOD 阶段完成，OOP 的工作就是用同一种面向对象的编程语言把 OOD 模型中的每个成分书写出来。

理想的面向对象开发规范要求在 OOA 和 OOD 阶段对系统需要设立的每个对象类及其内部构成（属性和服务）与外部关系（结构和静态、动态关系）都达到透彻的认识和清晰的描述，而不是把许多问题遗留给程序员去重新思考。程序员需要动脑筋的工作主要是用具体的数据结构来定义对象的属性，用具体的语句来实现服务流程图所表示的算法。

4）面向对象测试

面向对象测试（OOT）是指对于用面向对象技术开发的软件，在测试过程中继续运用面向对象技术，进行以对象概念为中心的软件测试。

采用面向对象技术开发的软件含有大量与面向对象方法的概念、原则及技术机制有关的语法与语义信息。在测试过程中发掘并利用这些信息，继续运用面向对象的概念与原则来组织测试，可以更准确地发现程序错误并提高测试效率。其主要原因：在用面向对象程序设计语言(Object-Oriented Programming Language, OOPL)编写的程序中,对象的封装性使对象成为一个独立的程序单位,只通过有限的接口与外部发生关系,从而大大减少了错误的影响范围。OOT 以对象的类作为基本测试单位,查错范围主要是类定义之内的属性和服务,以及有限的对外接口(消息)所涉及的部分。有利于 OOT 的另一个因素是对象的继承性。在对父类测试完成之后,子类的测试重点只是那些新定义的属性和服务。

对于用 OOA 和 OOD 建立模型并由 OOPL 编程的软件,OOT 可以发挥更强的作用,通过捕捉 OOA/OOD 模型信息检查程序与模型不匹配的错误,这一点是传统的软件工程方法难以达到的。

5) 面向对象软件维护

软件维护的最大难点在于人们对软件的理解过程中所遇到的障碍。维护人员往往不是当初的开发人员,读懂并正确地理解由别人开发的软件是件困难的事情。在用传统的软件工程方法开发的软件中,各个阶段的文档表示不一致,程序不能很好地映射问题域,从而使维护工作困难重重。

面向对象的软件工程方法为改进软件维护提供了有效的途径,程序与问题域一致,各个阶段的表示一致,从而大大降低了理解的难度。无论是发现了程序中的错误逆向追溯到问题域,还是需求发生了变化从问题域正向地追踪到程序,道路都是比较平坦的。面向对象方法可提高软件维护效率的另一个重要原因是,将系统中最容易变化的因素(功能)作为对象的服务封装在对象内部,对象的封装性使一个对象的修改对其他影响较小,从而避免了波动效应。

10.1.3 面向对象的基本概念和特征

在面向对象的设计方法中,对象和传递消息分别是表现事物及事物间相互联系的概念,类和继承是适应人们一般思维方式的描述范式,方法是允许作用于该类对象上的各种操作。这种对象、类、消息和方法的程序设计范式的基本点在于对象的封装性和继承性。通过封装能将对象的定义和对象的实现分开,通过继承能体现类与类之间的关系,以及由此带来的动态绑定和实体的多态性,从而构成了面向对象的各种特征。

1. 对象

在面向对象方法中把组成客观世界的实体称为问题空间的对象。显然,对象不是固定的,可以是有形的(如一架飞机),也可以是无形的(如一项规划)。世界上的各个事物都是由各种对象组成的,任何事物都是对象,是某个对象类的一个元素。复杂的对象可由相对比较简单的对象以某种方法组成,甚至整个世界也可以从一些最原始的对象开始,经过层层组合而成。

本质上,用计算机解题是借助某种语言规定对计算机实体施加某种动作,以此动作的结果去映射解,把计算机实体称为解空间(求解域)对象。因此,从以下 4 方面进行描述。

(1) 从动态的观点来看,对象的操作就是对象的行为。问题空间对象的行为是极其丰富多彩的,而解空间对象的行为是极其死板的。因此,只有借助极其复杂的算法才能操纵解空间对象得到解。传统的程序设计语言限制了程序员定义解空间对象，而面向对象语言提供了对象概念，这样，程序员就可以自己定义解空间对象。

(2) 从存储的角度来看，对象是私有存储，其中有数据也有方法。其他对象的方法不能直接操纵该对象的私有数据，只有对象私有的方法才可操纵它。

(3) 从对象的实现机制来看，对象是一台自动机，其中私有数据表示对象状态，该状态只能由私有的方法改变它。每当需要改变对象状态时，只能由其他对象向该对象发送消息，对象响应消息后按照消息模式找出匹配的方法，并执行该方法。

(4) 在面向对象的程序设计中，对象是系统中的基本运行实体。对象占有存储空间且具有传统程序设计语言的数据，如数字、数组、字符和记录等。给对象分配存储单元就确定了给定时刻的对象状态，与每一个对象相关的方法定义该对象的操作。

对象的两个主要因素是属性和服务，其定义如下。

(1) 属性是用来描述对象静态特征的一个数据项。

(2) 服务是用来描述对象动态特征(行为)的一个操作序列。

一个对象可以有多项属性和多项服务。一个对象的属性和服务被结合成一个整体，对象的属性值只能由这个对象的服务存取。

对象标识是对象的另一要素。对象标识也就是对象的名称，有外部标识和内部标识之分，前者供对象的定义者或使用者用，后者供系统内部唯一地识别对象。

另外需要说明两点：第一点是对象只描述客观事物本质的、与系统目标有关的特征，而不考虑那些非本质的、与系统目标无关的特征，也就是说，对象是对事物的抽象描述；第二点是对象是属性和服务的结合体，二者是不可分的，而且对象的属性值只能由这个对象的服务来读取和修改，这就是后面将要讲述的封装概念。

对象是问题域或实现域中某些事物的一个抽象，它反映该事物在系统中需要保存的信息和发挥的作用，它是一组属性和有权对这些属性进行操作的一组服务的封装体。

系统中的一个对象在软件生命周期的各个阶段可能有不同的表示形式。例如，在分析与设计阶段是用某种 OOA/OOD 方法提供的表示法给出比较粗略的定义，而在编程阶段则要用一种 OOPL 写出详细而确切的源程序代码。也就是说，系统中的对象要经历若干演化阶段，虽然其表现形式各不相同，但在概念上是一致的，都是问题域中某一事物的抽象表示。

2. 消息和方法

1) 消息

对象通过它对外提供的服务在系统中发挥自己的作用，当系统中的其他对象(或其他系统成分)请求这个对象执行某个服务时，它就响应这个请求，完成服务所要求的职责。在面向对象方法中把面向对象发出的服务请求称为消息。消息用来请求对象处理或回答某些信息的要求，消息统一了数据流和控制流；某一对象在执行相应的处理时，如果需要，它可以通过传递消息请求其他对象完成某些处理工作或回答某些信息；其他对象在执行所要求的处理活动时，同样可以通过传递消息与其他对象联系。因此，程序的执行是靠在对象间传递消息来完成的。

面向对象方法中对消息的定义如下。

消息就是向对象发出的服务请求,它应含有提供服务的对象标识、服务标识、输入信息和回答信息。

消息的接收者是提供服务的对象。在设计时,它对外提供的每个服务应规定消息的格式,这种规定称为消息协议。

消息的发送者是要求提供服务的对象或其他系统成分(在不要求完全对象化的语言中允许有不属于任何对象的成分,如 C++ 程序的 main 函数)。在它的每个发送点上需要写出一个完整的消息,其内容包括接收者(对象标识)、服务标识和符合消息协议要求的参数。

消息中只包含发送者的要求,它指示接收者要完成哪些处理,但并不告诉接收者应该怎样完成这些处理。消息完全由接收者解释,接收者独立决定采用什么方式完成所需要的处理。一个对象能够接收多个不同形式、内容的消息,相同形式的消息可以送往不同的对象。不同的对象对于形式相同的消息可以有不同的解释,做出不同的反应。对于传来的消息,对象可以返回相应的回答信息,但这种返回并不是必需的,这与子程序的调用/返回有着明显的不同。

消息的形式用消息模式表示,一个消息模式定义了一类消息,它可以对应内容不同的消息。例如,定义+ an Integer 为实体 3 的一个消息模式,那么+4、+5 等都是该消息模式的消息。对于同一消息模式的不同消息,同一个对象所做的解释和处理都是相同的,只是处理的结果可能不同。对象的固有处理能力按消息分类。

一个消息模式定义对象的一种处理能力,这种处理能力是通过该模式及消息引用表现出来的。所以,只要给出对象的所有消息模式及对应每个消息模式的处理能力,也就定义了一个对象的外部特性。消息模式不仅定义了对象所能受理的消息,而且还定义了对象的固有处理能力,它是定义对象接口的唯一信息。使用对象只需了解它的消息模式,所以对象具有极强的黑盒性。

2) 方法

把所有对象分成各种对象类,每个对象类都有一组方法,它们实际上是类对象上的各种操作。图 10-4 给出了对象的分解图。当一个面向对象的程序运行时一般要做 3 件事:首先,根据需要创建对象;其次,当程序处理信息或响应来自用户的输入时要从一个对象传递消息到另一对象(或从用户到对象);最后,若不再需要该对象,应删除它并回收它所占用的存储单元。

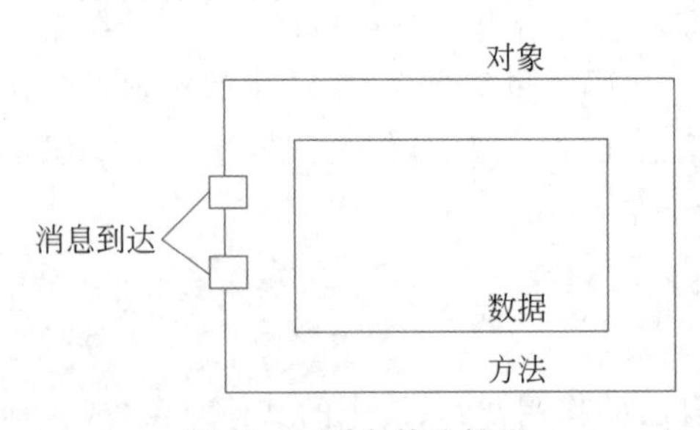

图 10-4 对象的分解图

由此可见,面向对象方法放弃了传统语言中控制结构的概念,以往的一切控制结构的功能都可以通过对象及其相互间的传递消息来实现。

3. 类和类层次

1) 类

在面向对象方法中,类的定义是具有相同属性和服务的一组对象的集合,它为属于该类的全部对象提供了统一的抽象描述，其内部包括属性和服务两个主要部分。具体来说，类由方法和数据集成，它是关于对象性质的描述，包括外部特性和内部实现两方面。类通过描述消息模式及其相应的处理能力来定义对象的外部特性；通过描述内部状态的表现形式及固有处理能力的实现来定义对象的内部实现。类的形式如图 10-5 所示。

在 OOPL 中，类是一个独立的程序单位，它应该有一个类名并包括属性说明和服务说明两个主要部分。类的作用是定义对象。例如，在程序中给出一个类的说明，然后以静态声明或动态创建等方式定义它的对象实例。

外部特性	消息模式1	处理能力1
	⋮	⋮
	消息模式n	处理能力n
内部实现	消息模式1	处理能力1的实现
	⋮	⋮
	消息模式n	处理能力n的实现

图 10-5　类的形式

一个类实质上定义的是一种对象类型，它描述了属于该类型的所有对象的性质。例如，Integer 是一个类，它描述了所有整数的性质，5、8 和 20 等这些具体整数都是 Integer 这个类的对象，都具备算术运算和大小比较的处理能力。

类给出了属于该类的全部对象的抽象定义，而对象则是符合这种定义的一个实体。所以，一个对象又称类的一个实例，有的文献把类称为对象的模板。同类对象具有相同的属性与服务，是指它们的定义形式相同，而不是说每个对象的属性值都相同。对象是在执行过程中由其所属的类动态生成，一个类可以生成多个不同的对象。同一个类的所有对象具有相同的性质，即其外部特性和内部实现都是相同的。一个对象的内部状态只能由其自身来修改，任何别的对象都不能够改变它。因此，同一个类的对象虽然在内部状态的表现形式上相同，但它们可以有不同的内部状态，这些对象并不是完全一模一样的。

2）类层次结构

一个类的上层可以有超类，下层可以有子类，形成一种层次结构。这种层次结构的一个重要特点是继承性，一个类继承其超类的全部描述。这种继承具有传递性，即如果 C_1 继承 C_2，C_2 继承 C_3，则 C_1（间接）继承 C_3。所以，一个类实际上继承了层次结构中在其上面的所有类的全部描述。因此，属于某个类的对象除具有该类所描述的特性外，还具有层次结构中该类上面所有类描述的全部特性。

在类的层次结构中，一个类可以有多个子类，也可以有多个超类。因此，一个类可以直接继承多个类，这种继承方式称为多重继承。如果限制一个类至多只能有一个超类，则一个类最多只能直接继承一个类，这种继承方式称为单重或简单继承。在简单继承情况下，类的层次结构为树状结构，多重继承为网状结构。

在面向对象方法中，类分为一般类和特殊类。关于它们的定义：如果类 A 具有类 B 的全部属性和全部服务，而且具有自己特有的某些属性或服务，则 A 称为 B 的特殊类，B 称为 A 的一般类。

综上所述，类是对一组对象的抽象，它将该组对象所具有的共同特征（包括属性特征和操作特征）集中起来，由该组对象共享，在系统构成上则形成了一个具有特定功能的模块和一种代码共享的手段。

4. 继承性

继承性是自动地共享类、子类和对象中的方法和数据的机制。每个对象都是某个类的实例,在一个系统中对象是各自封闭的。如果没有继承性机制,则对象中的数据和方法可能出现大量重复。继承是面向对象方法中的一个十分重要的概念,并且是面向对象技术可提高软件开发效率的重要因素之一,其定义如下:特殊类的对象拥有其一般类的全部属性与服务,称为特殊类对一般类的继承。继承意味着自动地拥有或隐含地复制。也就是说,在特殊类中不必重新定义已在它的一般类中定义过的属性和服务,它会自动地、隐含地拥有其一般类的所有属性与服务,面向对象方法的这种特性称为对象的继承性。从一般类和特殊类的定义可以看到,后者对前者的继承在逻辑上是必然的。继承的实现是通过面向对象系统的继承机制来保证的。

一个特殊类既有自己新定义的属性和服务,又有从它的一般类中继承下来的属性与服务。继承下来的属性和服务尽管是隐式的,但是无论在概念上还是在实际效果上,都确确实实是这个类的属性和服务。当这个特殊类又被它更下层的特殊类继承时,它继承来的以及自己定义的属性和服务又一起被更下层的类继承。也就是说,继承关系是传递的。

一个类可以是多个一般类的特殊类,它从多个一般类中继承了属性与服务,这种继承模式称为多继承。这种情况是经常遇到的,如有了轮船和客运工具两个一般类,在考虑客轮这个类时就可以发现,客轮既是一种轮船,又是一种客运工具,所以它可以同时作为轮船和客运工具这两个类的特殊类。在开发这个类时,如果能让它同时继承轮船和客运工具这两个类的属性与服务,则需要为它新增加的属性和服务就更少了,这无疑将更进一步提高开发效率。但在实现时能不能做到这一点取决于编程语言是否支持多继承。继承是任何一种 OOPL 必须具备的功能;多继承则未必,现在有许多 OOPL 只能支持单继承,不能支持多继承。

与多继承相关的一个问题是命名冲突问题。命名冲突是指当一个特殊类继承了多个一般类时,如果这些一般类中的属性或服务有彼此同名的现象,则当特殊类中引用这样的属性名或服务名时,系统无法判定它的语义到底是指哪个一般类中的属性和服务。解决的办法有两种:一是不允许多继承结构中的各个一般类的属性及服务取相同的名称,这会给开发者带来一些不便;二是由 OOPL 提供一种更名机制,使程序可以在特殊类中更换从各个一般类继承来的属性或服务的名称。

5. 封装性

封装是一种信息隐蔽技术,用户只能见到对象封装界面上的信息,对象内部对于用户来说是隐蔽的。封装是面向对象方法的一个重要原则,它有两个含义:第一个含义是把对象的全部属性和全部服务结合在一起形成一个不可分割的独立单位(即对象);第二个含义也称信息隐蔽,即尽可能隐蔽对象的内部细节,对外形成一个边界,只保留有限的对外接口使之与外部发生联系。这主要是指对象的外部不能直接存取对象的属性,只能通过几个允许外部使用的服务与对象发生联系。封装的目的在于将对象的使用者和对象的设计者分开,使用者不必知道行为实际的细节,只需用设计者提供的消息来访问该对象。

封装的定义如下。

(1) 一个清楚的边界,所有对象的内部软件的范围被限定在这个边界内。

(2) 一个接口,这个接口描述这个对象和其他对象之间相互的作用。

(3) 受保护的内部实现,这个实现给出了由软件对象提供的功能的细节,实现细节能在定义这个对象的类的外面访问。

封装的概念和类说明有关，但它同样提供如何将一个问题解的各个组件组装在一起的求精过程。封装的基本单位是对象，这个对象的性质由它的类说明来描述。具有同样类的其他对象共享这个性质。对象用作封装的说法比说一个类表示封装的说法更严格。借助对象封装这种定义，一个类的每个实例在一个问题求解中是一个单独的封装，或称组件。

对象用于封装的概念可以和集成电路芯片做一类比。一块集成电路芯片由陶瓷封装起来，其内部电路是不可见的，也是使用者不关心的。芯片的使用者只关心芯片引脚的个数、引脚的电气参数及引脚提供的功能，通过这些引脚，硬件工程师对这个芯片有了全面的了解。硬件工程师将不同的芯片引脚连在一起，就可以组装一个具有一定功能的产品，而软件工程师也是通过使用类努力达到这个目的的。

OOPL 以对象协议或规格说明作为对象的外界面。协议指明该对象所能接收的消息。在对象的内部，每个消息响应一个方法，方法实施对数据的运算。对数据方法的描述是协议的实现部分或称类体。

显式地将对象的定义和对象的实现分开是面向对象系统的一大特色。封装本身即模块性，把定义模块和实现模块分开，使用面向对象技术开发设计的软件可维护性、可修改性大为改善，这也是软件技术追求的目标之一。

6. 结构与连接

仅仅用一些对象（以及它们的类）描述问题域中的事物是不够的，因为在任何一个较为复杂的问题域中，事物之间并不是互相孤立、各不相关的，而是具有一定的关系，并因此构成一个有机的整体。为了使系统能够有效地映射问题域，系统开发者需认识并描述对象之间的以下 4 种关系。

（1）对象的分类关系。

（2）对象之间的组成关系。

（3）对象属性之间的静态关系。

（4）对象行为之间的动态关系。

面向对象方法利用一般/特殊结构、整体/部分结构、实例连接和消息连接描述对象之间的以上 4 种关系。

1）一般/特殊结构

一般/特殊结构又称分类结构，是由一组有一般/特殊关系的类组成的结构。它是一个以类为结点、以继承关系为边的连通有向图。由一些存在单继承的类形成的结构又称层次图，它是一个树状结构，如图 10-6 所示；由一些存在多继承的类形成的结构又称网络图，它是一个网状结构，如图 10-7 所示。

2）整体/部分结构

整体/部分结构又称组装结构，它描述对象之间的组成关系，即一个对象是另一个对象的组成部分。如图 10-8 所示，CPU 是计算机的一个组成部分。

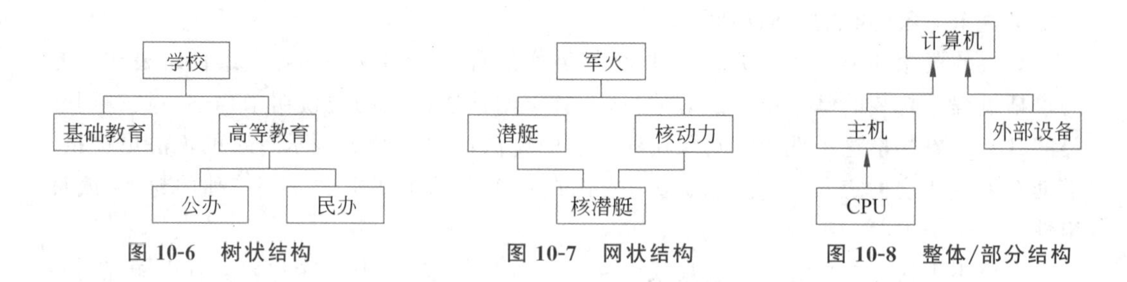

图 10-6 树状结构　　图 10-7 网状结构　　图 10-8 整体/部分结构

3) 实例连接

实例连接反映了对象与对象之间的静态关系,如教师与学生间的关系。这种关系的实现可以通过对象的属性表达出来,把这种关系称为实例连接。

4) 消息连接

消息连接描述对象与对象之间的动态关系,即若一个对象在执行服务时需要通过消息请求另一个对象为它完成某个服务,则说第一个对象与第二个对象之间存在着消息连接。消息连接是有向的,从消息发送者指向消息接收者。

一般/特殊结构、整体/部分结构、实例连接和消息连接均是 OOA 与 OOD 阶段必须考虑的重要概念。只有在分析、设计阶段认清问题域中的这些结构与连接关系,在编程时才能准确、有效地反映问题域。

7. 多态性

对象的多态性是指在一般类中定义的属性或服务被特殊类继承之后可以具有不同的数据类型或表现出不同的行为。这使得同一个属性或服务名在一般类及其各个特殊类中具有不同的语义。

如果一种 OOPL 能支持对象的多态性,则可为开发者带来不少方便。例如,在一般类“几何图形”中定义了一个服务绘图,但并不确定执行时到底画一个什么图形。特殊类椭圆和多边形都继承了几何图形类的绘图服务,但其功能却不同,一个是画出一个椭圆,一个是画出一个多边形,进而在多边形类更下层的一般类矩形中绘图服务又可以采用一个比画一般的多边形更高效的算法来画一个矩形。这样,当系统的其余部分请求画出任何一种几何图形时,消息中给出的服务名同样都是绘图,而椭圆、多边形、矩形等类的对象接收到这个消息时却各自执行不同的绘图算法。

多态性是一种比较高级的功能。多态性实现需要 OOPL 提供支持,在目前最实用的几种 OOPL 中仅有部分支持多态性。支持多态性实现的语言应具有下述功能。

(1) 重载。在特殊类中对继承来的属性或服务进行重新定义。

(2) 动态绑定。在运行时根据对象接收的消息动态地确定要连接哪一段服务代码。

(3) 类属。服务参量的类型可以是参数化的。

8. 主动对象

随着面向对象方法应用领域的扩展,当用面向对象方法开发的系统中具有多个并发执行的任务时,如果不确定主动对象的概念及其表示方法,则面向对象方法的表达能力具有明显的缺陷。

按照通常理解的面向对象概念，对象是一组属性和一组服务的封装体，它的每个服务是一个在消息的驱动下被动执行的操作。向对象发一个消息，它就响应这个消息而执行被请求的服务。每个服务相当于过程式语言中的一个过程、函数或例程。所有这样的对象都是被动对象，需要通过消息的驱动才能执行，那么，原始的驱动来自哪里？目前的 OOPL 一般来自所有类定义之外的一段主程序，如 C++ 中的 main 函数。以纯面向对象风格著称的 Smalltalk 也需在所有的类定义之外写一段相当于主程序的源码，这样才能使系统最终成为可运行的程序。

但是，如果用面向对象方法开发一个有多个任务并发执行的系统时就会感到，如果仅有被动对象的概念，很难描述系统中的多个任务。在现实世界(问题域)中具有主动行为的事物并不罕见。每个具有主动行为的事物在系统中应该被设计成一个任务，因为它们的行为是主动的，需要并发地执行。除此之外，在系统设计阶段还可能因实现的要求增加其他一些任务。由于任务是一些主动的、彼此并发的执行单位，所以无法用被动对象描述，为此，引入了主动对象的概念，在 OOD 阶段进行任务管理部分的设计时用主动对象表示每个任务。

主动对象是一组属性和一组服务的封装体，其中至少有一个服务不需要接收消息就能主动执行(称为主动服务)。主动对象的作用是描述问题域中具有主动行为的事物及在系统设计时识别的任务，主动服务描述相应的任务所应完成的操作。在系统实现阶段，主动服务应该被实现为一个能并发执行的、主动的程序单位，如进程或线程。

除含有主动服务外，主动对象的其他方面与被动对象没有什么不同。除主动服务之外，主动对象中也可以有一些在消息的驱动下执行的一般服务。引入主动对象概念解决了系统设计阶段对任务的描述问题，从而为在实现阶段构造一个描述多任务的并发程序提供了依据，但是目前还没有商品化的 OOPL 能支持主动对象的概念。

10.2 统一建模语言

10.2.1 模型的建立

软件工程领域在 1995—1997 年取得了空前的进展，其中最重要的、具有划时代意义的成果之一就是统一建模语言(UML)的出现。UML 是面向对象技术领域内占主导地位的标准建模语言。

1. UML 的概念

UML 是由世界著名的面向对象技术专家 Grady Booch、Jim Rumbuagh 和 Ivar Jacobson 发起，在著名的 Booch 方法、OMT 方法和 OOSE 方法的基础上，集众家之长，几经修改而完成的。设计者们为 UML 设定的目标如下。

(1) 运用面向对象概念来构造系统模型(不仅仅是针对软件)。

(2) 建立从概念模型直至可执行体之间明显的对应关系。

(3) 着眼于那些有重大影响的问题。

(4) 创建一种对人和机器都适用的建模语言。

在原理上,任何方法都应由建模语言和建模过程两部分构成。其中,建模语言提供用于表示设计的符号(通常是图形符号);建模过程描述进行设计所需要遵循的步骤。UML 统一了面向对象建模的基本概念、术语及其图形符号,建立了便于交流的通用语言。

2. UML 的定义

作为一种建模语言,UML 的定义包括 UML 语义和 UML 表示法两部分。

1) UML 语义

UML 语义描述基于 UML 的精确元模型定义。元模型为 UML 的所有元素在语法和语义上提供了简单、一致、通用的定义性说明,使开发者能在语义上取得一致,消除了因人而异的表达方法所造成的影响。此外,UML 还支持对元模型的扩展定义。

2) UML 表示法

UML 表示法定义了 UML 的表示符号,为建模者和建模支持工具的开发者提供了标准的图形符号和正文语法。这些图形符号和正文语法所表达的是应用级的模型,在语义上,它是 UML 元模型的实例,使用这些图形符号和正文语法为系统建模就可以建造标准的系统模型。

UML 采用的是一种图形表示法,是一种可视化的图形建模语言。UML 定义了建模语言的文法,如类图中定义了类、关联、多重性等概念在模型中是如何表示的。在传统上,人们只是对这些概念进行了非形式化的定义,特别是在不同的方法中,许多概念、术语和表示符号十分相似,但不尽相同甚至相像,人们期待更严格的定义。UML 运用元模型对语言中的基本概念、术语和表示法给出了统一且比较严格的定义和说明,从而给出了这些概念的准确含义。

图 10-9 为 UML 1.1 元模型的一个片段,它表示了关联和泛化之间的关系。这个元模型限定关联和泛化分别是两类不同的关系,但一个关联关系还可联系两个或多个关联角色,组成一个有序的二元或多元组。

对于 UML 的一般使用者而言,简单地讲,元模型是用来定义符合文法(即语法正确)的模型。因此,侧重于方法学研究的人应该理解元模型,对于大多数用户无须过多地探究它,而应当把重点放在逐步深刻理解那些基本概念上,掌握 UML 表示法,学会在对实际系统的分析、设计与实现的过程中有效地运用 UML 建立系统模型。

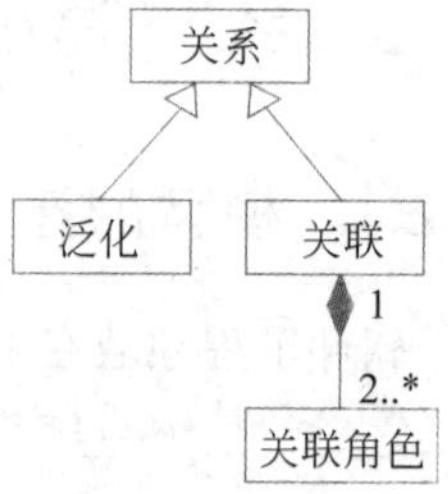

关系
泛化
关联
1
2..*
关联角色

图 10-9 UML 1.1 元模型

建模语言应达到怎样的准确度才算合理,主要取决于建模的目的。如果采用能生成代码的 CASE 工具,则应严格遵循支持该建模语言的 CASE 工具的定义,以便得到可用的代码。如果使用这些模型图仅仅是为了理解需求和促进开发人员与用户之间的交流,则可以有较大的自由度。

需要说明的是,如果没有完全采用某种标准表示法,则将影响开发人员的交流。但是另一方面,有时某种标准的表示法并不能满足所有的需要,这时也许有必要对它做某些调整或扩充。UML 专门为这类需要提供了一些扩展机制,如构造型等。一般而言,语言的目的就是交流。如果语言的规则影响了交流,则不应受限于这些约束。

3. UML 建模方法概述

模型是对事物的一种抽象,人们在正式构造事物之前首先要建立一个简化的模型,以便更透彻地了解事物的本质,进而抓住问题的要害。在建模过程中,人们总要删除那些与问题无关的、非本质的东西,从而使模型与真实的实体相比更加简明,且易于把握。

抽象是人类处理复杂事物的基本手段之一。在建造一个复杂系统时,开发者必须从不同角度抽象系统,使用准确的符号构造模型,然后检查这些模型是否符合系统的需求,并逐步细化,从而将模型转化为现实方案。

1) 建模技术

构造模型的目的主要如下。

(1) 着手解决一个复杂问题前对解决方案进行检测。

(2) 用于客户和其他相关人员进行交流。

(3) 加强视觉效果。

(4) 对复杂问题进行适度简化。

构造模型的基本技术手段是抽象。抽象的目的在于明确地展示和描述那些对某种目的有重要影响的特征,并避免那些不重要因素的影响。抽象总是为某种目的服务的,由目的来决定什么重要,什么不重要。因此,同一个事物可以有不同的抽象,如何选择取决于构造它的目的。

与实物相比,任何抽象都不是完全的和准确无误的。人类的所有词汇和任何语言都是一种抽象,它只能对真实世界进行不完全的描述。但这并不影响抽象的价值,抽象的目的本身就是要限定事物,从而有效地把握事物的本质。所以,在构造模型时不必追求绝对的真实和完全,而只需从希望达到的目的的角度看其是否充分。

一个好的模型应当刻画问题的关键方面,略去其他相对次要的因素。在这方面,大多数计算机语言在构造算法模型方面都显得力不从心,因为它们总是要把人们引到描述与算法无关的种种实现细节中。例如,在考虑一组数据时,必须决定是否要定义一个数组,并且必须同时明确它的数据类型和长度。这种充满繁杂细节的模型反而限制了人们对设计方案的选择,使精力无法集中在真正有价值的问题上。

人的认识过程实际上是一个复杂的、渐进的过程,由模糊的轮廓到清晰的结构,由粗到细,逐渐完善。因此,模型语言应当能够有效地支持这种渐进的、由非形式化逐渐转换成严格的形式化的问题求解过程,而图形语言简明、直观的特点使其成为人们建立问题模型的有力工具。

2) 建模框架

UML 有着广泛的应用领域,因此,人们将它定义成为一种具有可扩展性的通用图形语言,从而能够为各种不同的系统构造模型。

UML 为人们提供了从不同角度观察和展示系统的各种特征的一种标准方法。在 UML 中,从任何一个角度对系统所做的抽象都可能需要用几种模型图来描述,而这些来自不同角度的模型图最终组成了系统的完整图像。

一般而言,可以从以下 5 个角度来描述一个系统。

(1) 系统的使用实例。从系统外部的操作者的角度描述系统的功能。

(2) 系统的逻辑结构。描述系统内部的静态结构和动态行为,即从内部描述如何设计实现系统功能。

(3) 系统的构成。描述系统由哪些程序构件组成。

(4) 系统的并发特性。描述系统的并发性,强调并发系统中存在的各种通信和同步问题。

(5) 系统的配置。描述系统的软件和各种硬件设备之间的配置关系。

显然,前两种对任何系统的开发都是必需的,后三种对于大多数复杂系统,特别是分布式及并发系统而言是必需的。

任何建模语言都以静态建模机制为基础,UML 也不例外。UML 的静态建模机制包括用例图、类图、对象图、构件图和配置图。

3) UML 模型的基本概念

(1) UML 的建筑块。组成 UML 有 3 种基本的建筑块,即事物、关系、图。

事物是 UML 中重要的组成部分,关系把事物紧密联系在一起,图是很多有相互相关的事物的组。

(2) UML 的事物。UML 中有 4 种类型的事物,如结构事物、动作事物、分组事物、注释事物。

这些事物是 UML 模型中最基本的面向对象的建筑块。它们在模型中属于最静态的部分,代表概念上或物理上的元素,下面分别进行说明。

① 结构事物。共有 7 种结构事物。

第 1 种是类。类是描述具有相同属性、方法、关系和语义的对象的集合。一个类实现一个或多个接口。在 UML 中类被画为一个矩形,通常包括它的名字、属性和方法,如图 10-10 所示。

第 2 种是接口。接口是指类或组件提供特定服务的一组操作的集合。因此,一个接口描述了类或组件的对外可见的动作。一个接口可以实现类或组件的全部动作,也可以只实现一部分。接口在 UML 中被画成一个圆和它的名字,如图 10-11 所示。

第 3 种是协作。协作定义了交互的操作,使一些角色和其他元素一起工作,提供一些合作的动作,这些动作比元素的总和要大。因此,协作具有结构化、动作化、维的特性。一个给定的类可能是几个协作的组成部分,这些协作代表构成系统的模式的实现。协作在 UML 中用一个虚线画的椭圆和它的名字来表示,如图 10-12 所示。

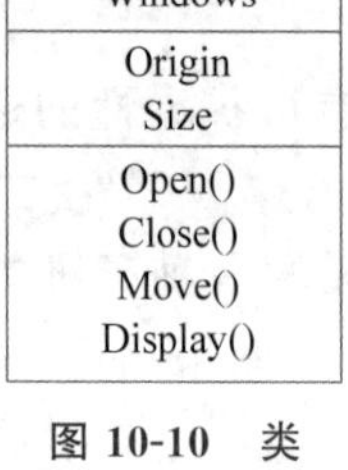

图 10-10 类

图 10-11 接口

图 10-12 协作

第 4 种是用例。用例描述一系列的动作,这些动作由系统对一个特定角色执行,产生值得注意的结果的值。在模型中,用例通常用来组织动作事物。用例是通过协作来实现的。在 UML 中,将用例画为一个实线椭圆,通常还有它的名称,如图 10-13 所示。

第 5 种是活动类。活动类的对象有一个或多个进程或线程。活动类和类很相像,只是它的对象代表的元素的行为和其他的元素是同时存在的。在 UML 中,活动类的画法和类相同,只是边框用粗线条,如图 10-14 所示。

第 6 种是组件。组件是物理上或可替换的系统部分,它实现了一个接口集合。在一个系统中可能会遇到不同种类的组件,如 COM 或 JavaBeans。组件在 UML 中如图 10-15 所示。

图 10-13　用例　　图 10-14　活动类　　图 10-15　组件

第 7 种是结点。结点是一个物理元素,它在运行时存在,代表一个可计算的资源,通常占用一些内存和具有处理能力。一个组件集合一般来说位于一个结点,但有可能从一个结点转到另一个结点。结点通常用图 10-16 表示。

类、接口、协作、用例、活动类、组件和结点这 7 个元素是在 UML 模型中使用的最基本的结构事物。系统中还有这 7 种基本元素的变化体,即角色、信号(某种类)、进程和线程(某种活动类)、应用程序、文档、文件、库、表(组件的一种)。

② 动作事物。动作事物是 UML 模型中的动态部分。它们是模型的动词,代表时间和空间上的动作,共有两种主要的动作事物。

第 1 种是交互。交互是由一组对象之间在特定上下文中为达到特定目的而进行的一系列消息交换组成的动作。在交互中组成动作的对象的每个操作都要详细列出,包括消息、动作次序(消息产生的动作)、连接(对象之间的连接)。在 UML 中将消息画成带箭头的直线,通常加上操作的名称,如图 10-17 所示。

第 2 种是状态机。状态机由一系列对象状态组成。在 UML 中,状态表示如图 10-18 所示。

图 10-16　结点　　图 10-17　消息　　图 10-18　状态

交互和状态机是 UML 模型中最基本的两个动态事物元素,它们通常和其他的结构元素、主要的类、对象连接在一起。

③ 分组事物。分组事物是 UML 模型中组织的部分,可以把它们看作一个盒子,模

型可以在其中被分解。总共有一种分组事物，称为包。包是一种将有组织的元素分组的机制，结构事物、动作事物甚至其他的分组事物都有可能放在一个包中。与组件（存在于运行时）不同的是，包纯粹是一种概念上的东西，只存在于开发阶段，在 UML 中用图 10-19 表示。

④ 注释事物。注释事物是 UML 模型的解释部分，在 UML 中用图 10-20 表示。

图 10-19　包　　　图 10-20　注释

（3）UML 中的关系。UML 中有以下 4 种关系。

① 依赖。依赖关系如图 10-21 所示。

② 关联。关联关系如图 10-22 所示。

③ 泛化。泛化关系如图 10-23 所示。

④ 实现。实现关系如图 10-24 所示。

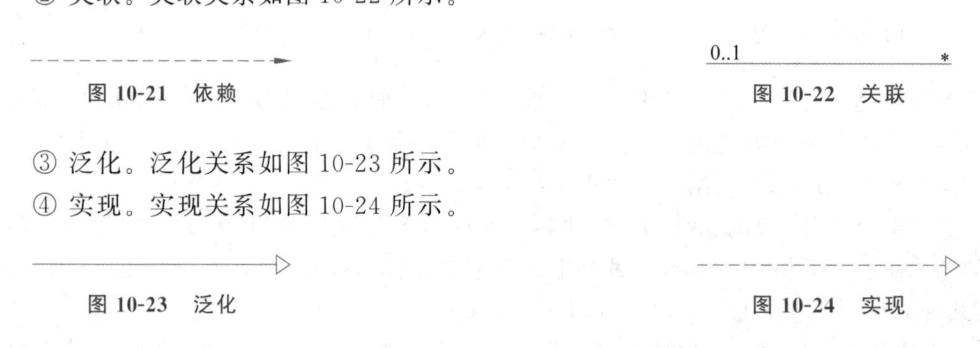

图 10-21　依赖　　　图 10-22　关联

图 10-23　泛化　　　图 10-24　实现

（4）UML 中的图。

① Class Diagram：类图。

② Use Case Diagram：用例图。

③ Object Diagram：对象图。

④ Sequence Diagram：顺序图。

⑤ Collaboration Diagram：协作图。

⑥ Statechart Diagram：状态图。

⑦ Activity Diagram：活动图。

⑧ Component Diagram：组件图。

⑨ Deployment Diagram：部署图。

10.2.2　UML 的特点与应用

1. UML 的特点

（1）面向对象。UML 支持面向对象技术的主要概念，提供了一批基本的模型元素的表示图形和方法，能简洁明了地表达面向对象的各种概念；可视化，表示能力强，通过 UML 的模型图能清晰地表示系统的逻辑模型和实现模型；可用于各种复杂系统的建模，独立于过程,独立于程序设计语言。用 UML 建立的软件系统模型可以用 Java 等任何一种面向对象的设计程序来实现,易于掌握使用。UML 图形结构清晰,建模简洁明了,容易掌握和使用。使用 UML 进行系统分析和设计,可以加速开发过程,提高代码质量,支持动态的业务需求。UML 适用于各种规模的系统开发,能促进软件复用,方便地集成已有的系统,并能有效地处理开发中的各种风险。

(2) UML 统一了 Booch、OMT 和 OOSE 等方法中的基本概念。UML 还吸取了面向对象技术领域中其他流派的长处,其中包括非面向对象方法的影响。

(3) UML 符号表示考虑了各种方法的图形表示,删掉了大量易引起混乱的、多余的和极少使用的符号,添加了一些新符号。因此,在 UML 中汇入了面向对象领域中很多人的思想。这些思想并不是 UML 的开发者们发明的,而是开发者们依据最优秀的面向对象方法和丰富的计算机科学实践经验综合提炼出的。

(4) UML 在演变过程中还提出了一些新的概念。在 UML 标准中新加了模板、职责、扩展机制、线程、过程、分布式、并发、模式、合作、活动图等新概念,并清晰地区分类型、类和实例、细化、接口和组件等概念。

由此可以认为,UML 是一种先进、实用的标准建模语言,但其中某些概念尚待实践来验证,UML 也必然存在一个进化过程。

2. UML 的应用领域

UML 的目标是以面向对象图的方式来描述任何类型的系统,具有广泛的应用领域。其中最常用的是建立软件系统的模型,但它同样可以用于描述非软件领域的系统,如机械系统、企业机构或业务过程,以及处理复杂数据的信息系统、具有实时要求的工业系统或工业过程等。总之,UML 是一个通用的标准建模语言,可以对任何具有静态结构和动态行为的系统进行建模。

此外,UML 适用于系统开发过程中从需求规格描述到系统完成后测试的不同阶段。在需求分析阶段,可以用用例来捕获用户需求。通过用例建模,描述对系统感兴趣的外部角色及其对系统(用例)的功能要求。分析阶段主要关心问题域中的主要概念(如抽象、类和对象等)和机制,需要识别这些类及它们相互之间的关系,并用 UML 类图来描述。为实现用例、类之间需要协作,这可以用 UML 动态模型来描述。在分析阶段,只对问题域的对象(现实世界的概念)建模,不考虑定义软件系统中技术细节的类(如处理用户接口、数据库、通信和并行性等问题的类)。这些技术细节将在设计阶段引入,因此设计阶段为构造阶段提供更详细的规格说明。

编程(构造)是一个独立的阶段,其任务是用 OOPL 将来自设计阶段的类转换成实际的代码。在用 UML 建立分析和设计模型时,应尽量避免考虑把模型转换成某种特定的编程语言。因为在早期阶段,模型仅仅是理解和分析系统结构的工具,过早地考虑编码问题十分不利于建立简单、正确的模型。

UML 模型还可作为测试阶段的依据。系统通常需要经过单元测试、集成测试、系统测试和验收测试。不同的测试小组使用不同的 UML 图作为测试依据:单元测试使用类图和类规格说明;集成测试使用部件图和合作图;系统测试使用用例图来验证系统的行为;验收测试由用户进行,以验证系统测试的结果是否满足在分析阶段确定的需求。

总之,UML 适用于以面向对象技术来描述任何类型的系统,而且适用于系统开发的不同阶段,从需求规格描述直到系统完成后的测试和维护。

10.2.3 UML 提供的常用图

UML 提供的常用图有 9 种,分为 5 类图来定义。

(1) 用例图。用例图从用户角度描述系统功能,并指出各功能的操作者。

(2) 静态图。静态图包括类图和对象图。其中,类图描述系统中类的静态结构,不仅定义系统中的类,表示类之间的联系(如关联、依赖、聚合等),还包括类的内部结构(类的属性和操作)。类图描述的是一种静态关系,在系统的整个生命周期都是有效的。对象图是类图的实例,几乎使用与类图完全相同的标识。它们的不同点在于对象图显示类的多个对象实例,而不是实际的类。一个对象图是类图的一个实例。由于对象存在生命周期,因此对象图只能在系统的某一时间段存在。

(3) 行为图。行为图描述系统的动态模型和组成对象间的交互关系。其中,状态图描述类的对象所有可能的状态及事件发生时状态的转移条件。通常,状态图是对类图的补充。在实际使用时并不需要为所有的类画状态图,仅为那些有多个状态、其行为受外界环境影响并且发生改变的类画状态图。活动图描述满足用例要求所要进行的活动及活动间的约束关系,有利于识别并行活动。

(4) 交互图。交互图描述对象间的交互关系。其中,顺序图显示对象之间的动态合作关系,它强调对象之间消息发送的顺序,同时显示对象之间的交互;协作图描述对象间的协作关系,协作图和顺序图相似,显示对象间的动态合作关系。除显示信息交换外,协作图还显示对象及它们之间的关系。如果强调时间和顺序,则使用顺序图;如果强调上下级关系,则选择协作图。这两种图合称为交互图。

(5) 实现图。实现图包括组件图和部署图,其中组件图描述代码部件的物理结构及各部件之间的依赖关系。一个部件可能是一个资源代码部件、一个二进制部件或一个可执行部件。它包含逻辑类或实现类的有关信息。组件图有助于用户分析和理解部件之间的相互影响程度。部署图定义系统中软硬件的物理体系结构。它可以显示实际的计算机和设备(用结点表示)及它们之间的连接关系,也可以显示连接的类型及部件之间的依赖性。在结点内部,放置可执行部件和对象以显示结点和可执行软件单元的对应关系。

这些图为系统的分析、开发提供了多种图形表示,它们的有机结合有可能分析、构造一个一致的系统。从应用的角度看,当采用面向对象技术设计系统时,第一步是描述需求;第二步是根据需求建立系统的静态模型,以构造系统的结构;第三步是描述系统的行为。其中,在第一步与第二步中所建立的模型都是静态的,包括用例图、类图(包含包)、对象图、组件图和部署图 5 个图形,是 UML 的静态建模机制。第三步所建立的模型或者可以执行,或者表示执行时的时序状态或交互关系。它包括状态图、活动图、顺序图和协作图 4 个图形,是 UML 的动态建模机制。因此,UML 的主要内容也可以归纳为静态建模机制和动态建模机制两大类。

10.3 用例图

1. 用例模型

长期以来,在面向对象开发和传统的软件开发中,人们根据典型的使用情景来了解需求。但是,这些使用情景是非正式的,虽然经常使用,却难以建立正式文档。用例模型由 Ivar Jacobson 在开发 AXE 系统中首先使用,并加入由他所倡导的 OOSE 和 Objectory 方法中。用例方法引起了面向对象领域的极大关注。自 1994 年 Ivar Jacobson 的著作出版以后,面向对象领域已广泛接纳了"用例"这一概念,并认为它是第二代面向对象技术的标志。

用例模型描述的是外部执行者所理解的系统功能。用例模型用于需求分析阶段,它的建立是系统开发者和用户反复讨论的结果,表明了开发者和用户对需求规格达成的共识。在 UML 中,一个用例模型由若干用例图描述,用例图的主要元素是用例和执行者。

2. 用例

从本质上讲,一个用例是用户与计算机之间的一次典型的交互作用。以字处理软件为例,"将某些正文置为黑体"和"创建一个索引"便是两个典型的用例。在 UML 中,用例被定义成系统执行的一系列动作,动作执行的结果能被指定执行者察觉到,其表示为一个椭圆。表 10-1 列出了用例图中的 8 种图符、名称及描述。

表 10-1 用例图中的图符、名称及描述

图符	名称	描述
(UseCase2)	用例	用于表示用例图中的用例,每个用例用于表示所建模(开发)系统的一项外部功能需求,即从用户的角度分析所得的需求
Actor3	执行者	用于描述与系统功能相关的外部实体,它可以是用户,也可以是外部系统
Systems	系统	用于界定系统功能范围。描述该系统功能的用例都置于其中,而描述外部实体的执行者都置于其外
——	关联	连接执行者和用例,表示该执行者所代表的系统外部实体与该用例所描述的系统需求有关。这也是执行者和用例之间的唯一合法连接
——▷ <<uses>>	使用	由用例 A 连向用例 B,表示用例 A 中使用了用例 B 中的行为或功能
——▷ <<extends>>	扩展	由用例 A 连向用例 B,表示用例 B 描述了一项基本需求,而用例 A 则描述了该基本需求的特殊情况,即一种扩展
	注释体	用于对 UML 实体进行文字描述
----	注释连接	将注释体与要描述的实体相连。说明该注释体是针对该实体进行的描述

概括地说,用例的特点有如下 3 点。

(1) 用例捕获某些用户可见的需求,实现一个具体的用户目标。

(2) 用例由执行者激活,并提供确切的值给执行者。

(3) 用例可大可小,但它必须是对一个具体的用户目标实现的完整描述。

3. 执行者

执行者是指用户在系统中所扮演的角色,他们均起着同一种作用,扮演着相同的角色,所以用一个执行者表示。一个用户也可以扮演多种角色(执行者)。例如,一个高级营销人员既可以是贸易经理,也可以是普通的营销人员;一个营销人员也可以是售货员。在处理执行者时应考虑其作用,而不是人或工作名称,这一点很重要。

不带箭头的线段将执行者与用例连接到一起,表示二者之间交换信息,称为通信联系。执行者触发用例,并与用例进行信息交换。单个执行者可与多个用例联系;反过来,一个用例可与多个执行者联系。对于同一个用例而言,不同执行者有着不同的作用,他们可以从用例中取值,也可以参与到用例中。

需要注意的是,尽管执行者在用例图中用类似人的图形来表示,但执行者未必是人。例如,执行者也可以是一个外界系统,该外界系统可能需要从当前系统中获取信息,与当前系统进行交互。

通过实践发现执行者对提供用例是非常有用的。面对一个大型系统,要列出用例清单通常是十分困难的。这时可先列出执行者清单,再对每个执行者列出它的用例,这样问题就会变得容易很多。

4. 使用和扩展

在用例图中除了包含执行者与用例之间的连接外,还有另两种类型的连接,即用于表示用例之间的使用和扩展关系。使用和扩展是两种不同形式的继承关系。

当有一大块相似的动作存在几个用例又不想重复描述该动作时,就可以用到使用关系。例如,现实中风险分析和交易估价都需要评价贸易,为此可单独定义一个用例,即评价贸易,风险分析和交易估价用例都将使用它。

当一个用例与另一个用例相似,但所做的动作多一些时,可以用到扩展关系。例如,在某些指标超过其边界的情况下,不能执行给定用例提供的常规动作,而要做一些改动。但是,这将把该用例与一大堆特殊的判断和逻辑混杂在一起,使正常的流程变得杂乱。将常规的动作放在此用例中,而将非常规的动作放在“超越边界”用例中,这便是扩展关系的实质。

注意使用与扩展之间的相似点和不同点。它们都意味着从几个用例中抽取那些公共的行为并放入一个单独用例中,而这个用例被其他几个用例使用或扩展,使用和扩展的目的是不同的。

5. 用例模型的获取

几乎在任何情况下都会使用用例。用例用来获取需求,规划和控制项目。用例的获取是需求分析阶段的主要任务之一,而且是首先要做的工作。大部分用例将在项目的需求分析阶段产生,并且随着工作的深入会发现更多的用例,这些都应及时增添到已有的用例集中。用例集中的每个用例都是一个潜在的需求。

1）获取执行者

获取用例首先要找出系统的执行者，可以通过用户回答一些问题的答案来识别执行者。以下问题可供参考。

（1）谁使用系统的主要功能（主要使用者）？

（2）谁需要系统支持他们的日常工作？

（3）谁来维护、管理，使系统正常工作（辅助使用者）？

（4）系统需要操纵哪些硬件？

（5）系统需要与哪些其他系统交互？包含其他计算机系统和其他应用程序。

（6）对系统产生的结果感兴趣的人或事物。

2）获取用例

一旦获取了执行者，就可以对每个执行者提出问题以获取用例。以下问题可供参考。

（1）执行者要求系统提供哪些功能（执行者需要做什么）？

（2）执行者需要读、产生、删除、修改或存储的信息有哪些类型？

（3）必须提醒执行者的系统事件有哪些？或者执行者必须提醒系统的事件有哪些？怎样把这些事件表示成用例中的功能？

（4）为了完整地描述用例，还需要知道执行者的某些典型功能能否被系统自动实现。

还有一些不针对具体执行者的问题（即针对整个系统的问题）。

（1）系统需要何种输入输出？输入从何处来？输出到何处？

（2）当前运行系统（也许是一些手工操作而不是计算机系统）的主要问题？

需要注意的是，最后两个问题并不是指没有执行者也可以有用例，只是获取用例时尚不知道执行者是什么。一个用例必须至少与一个执行者关联。还需要注意的是，不同的设计者对用例的利用程度不同。例如，Ivar Jacobson 说，对于一个 10 人年的项目，他需要 20 个用例。而在一个相同规模的项目中，Martin Fowler 则用了 100 多个用例。任何合适的用例都可以使用，确定用例的过程是对获取的用例进行提炼和归纳的过程，对于一个 10 人年的项目来说，20 个用例似乎太少，100 多个用例又太多，需要保持二者之间的相对均衡。

10.4 状态图

状态图给出了一个状态机，描述了一个特定对象的所有可能状态及引起状态转移的事件。状态图由状态和转移（包括事件和动作）组成，状态之间用转移的图标连接。状态图可以用来模拟对象按事件排列的行为。状态图示例如图 10-25 所示。

状态图中的状态有初始状态、最终状态、中间状态及复合状态。其中，初始状态是状态图的起点，最终状态是状态图的终点。一个状态图只能有一个初始状态，但最终状态可以有多个。

转移（Transition）是两个状态间的一种关系，表示对象在第一个状态执行某些动作，当规定的事件发生或满足规定的条件时，对象进入第二个状态。转移表示从活动（或动

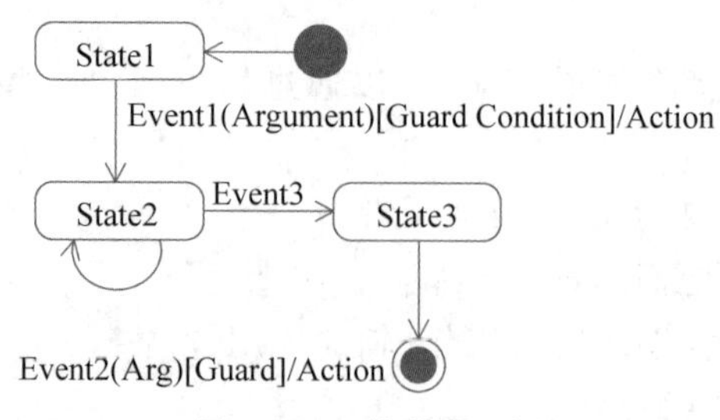

图 10-25　状态图示例

作）到活动（或动作）的控制流的传递。转移的图标是一条带箭头的实线，从源状态指向目标状态。转移由以下部分组成。

（1）源状态（Source State）与目标状态（Target State）。源状态是被转移影响的状态，目标状态是在完成转移后被激活的状态。

（2）事件触发器（Event Trigger）。在状态机的上下文中，事件可以触发状态转移而发生（Occurrence）激励。事件可以是信号、调用、时间的消逝或状态的变化等。转移也可以是非触发的，即不由事件触发。

（3）护卫条件（Guard Condition）。护卫条件是一个布尔表达式，用方括号括起来，放在触发事件的后面。当触发事件发生后，如果表达式的值为真，则转移发生；如果值为假，则转移不发生。

（4）动作（Action）。动作是一个可执行的原子计算，动作导致状态的变更或返回一个值。动作可以包括方法的调用、另一个对象的创建或破坏、给对象发送一个信号等。状态图用于模拟系统的动态特性，使用状态图可以对一个对象（类）的行为建模，也可以对一个子系统或整个系统的行为建模。

10.5　活动图

活动图就是大家通常所说的流程图，它描述从活动到活动的流。活动图是一种特殊的状态机，在该状态机中，大部分状态都是活动状态，大部分转移都是由源状态活动的完成来触发的。活动图的组成元素有动作状态、活动状态、转移、分支、分叉、连接、泳道和对象流。

1. 动作状态与活动状态

动作状态表示可执行的、不可分的动作的执行。例如，计算为属性赋值的表达式，调用一个对象的操作，发送一个信号给一个对象，或者创建、破坏一个对象等，都是动作状态。动作状态的图标如图 10-26 所示。

活动状态与动作状态相反，是可以分解的。可以把动作状态看作活动状态的特例，即动作状态是不能进一步分解的活动状态。也可以把活动状态看作一个组合，该组合的控制流由其他的活动状态和动作状态构成。活动状态的图标与动作状态的图标没有区别，只是活动状态可以给出入口、出口动作等信息。活动状态的图标如图 10-27 所示。

ActionState

图 10-26　动作状态的图标

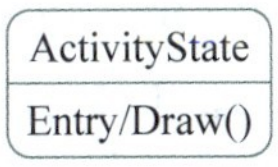

ActivityState

Entry/Draw()

图 10-27　活动状态的图标

2. 转移

转移表示从一个动作或活动状态传递到下一个动作或活动状态的路径。当状态的动作或活动完成时，控制流立即传递到下一个动作或活动状态。转移可以用简单的有向线表示，活动图示例如图 10-28 所示。

3. 分支

在活动图中可以有分支，分支用小空心菱形表示，如图 10-28 所示。分支有一个输入，有两个或多个输出。在每个输出的转移上放一个布尔表达式，用方括号括起来。只有当表达式的值为真时，该转移才发生。图 10-28 中的分支有两个输出的转移，分别转移到活动 Activity2 和分叉，布尔表达式分别是 Yes 和 No。

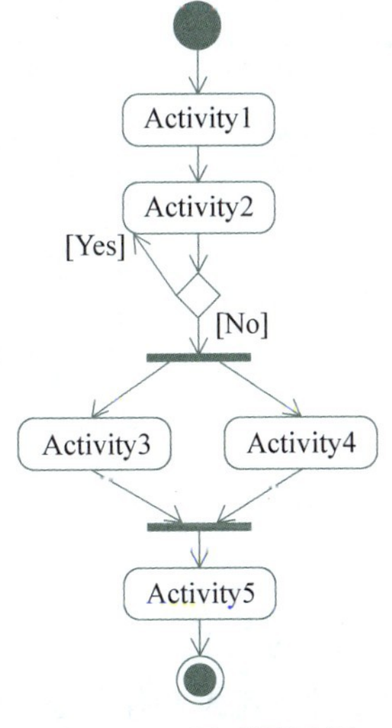

图 10-28　活动图示例

4. 分叉和连接

在 UML 中，使用同步条来规定并发控制流的分叉与连接。同步条是一条粗的水平线或垂直线，如图 10-28 所示。分叉表示将单一的控制流分成两个或多个并发的控制流。分叉有一个输入转移和多个输出转移，每个输出代表一个独立的控制流。在分叉下面，与每个输出路径相关的活动是并发进行的。

连接表示两个或多个并发控制流的同步。连接有多个输入转移和一个输出转移。在连接以上，与各路径有关的活动是并行的。在连接处，并发的流同步，即每个流都要等所有的输入流都到达同步条以后，同步条才将多个输入控制流合并，输出一个控制流，再执行后面的活动。

在图 10-28 中，活动 Activity3 和 Activity4 是并发进行的，通过同步条分叉和连接。

5. 泳道

活动图描述发生了什么，但没有说明该项活动由哪个对象来完成。泳道解决了这个问题，明确表示哪个活动是由哪个对象执行的。泳道将活动图的逻辑描述与序列图、协作图的责任描述结合。

泳道把活动图中的活动按执行这些活动的对象划分为若干组，每个对象各自履行本组包括的活动，每组占一个泳道。

在活动图中，泳道用矩形框表示，属于某个泳道的活动放在该矩形框内，该泳道的对象名放在矩形框的顶部，表示泳道内的活动由该对象负责。图 10-29 是在图 10-28 中加入泳道、对布局适当调整后得到的。该图中有两个泳道：一个泳道由对象 Object1 负责；

另一个泳道由对象 Object2 负责。活动 Activity1、Activity2 和分支由 Object1 执行;活动 Activity3、Activity4 和 Activity5 由 Object2 执行。

图 10-29 为带泳道的活动图示例。

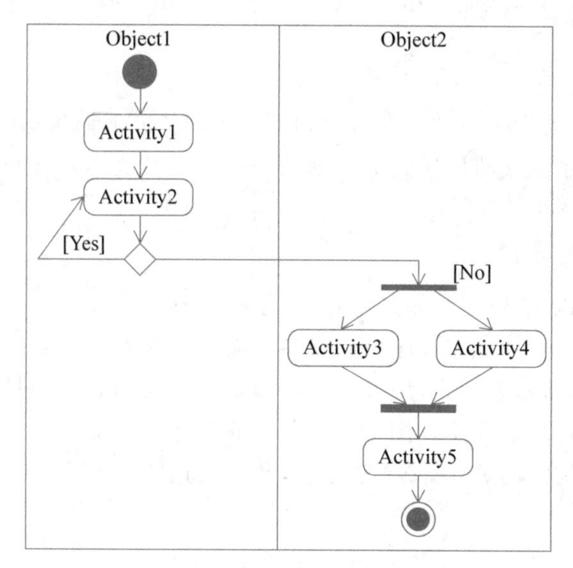

图 10-29　带泳道的活动图示例

6. 对象流

对象流是动作状态(或活动状态)与对象之间的依赖关系。对象流用来表示动作与对象之间的使用关系或动作对对象的影响。对象流在活动图中的表示是用依赖关系将对象与产生、破坏或修改该对象的活动或转移连接起来。

活动图也可以用来为系统的动态特性建模。简单地说,需要流程图的地方大多可以用活动图来代替。

10.6 类图

类图用来表示系统中的类及类与类之间的关系。类图中包含类及类与类之间的关系等模型元素,如图 10-30 所示。

通常,一个典型的系统有多个类图。在一个类图中不一定要包含系统中所有的类,同时一个类也可以加到几个类图中。类图是定义其他图的基础。在类图的基础上,状态图、协作图等进一步描述了系统其他方面的特性。类图也是组件图和配置图的基础。

类图通常用来描述系统的静态结构,是面向对象系统建模中最常用的图。

1. 基本概念

在建立类模型时,应尽量与应用领域的概念保持一致,以使模型更符合客观事实,易修改、理解和交流。类的命名应尽量用应用领域中的术语,应明确、无歧义,以利于开发人员与用户之间的相互理解和交流。类的获取是一个依赖于人的创造力的过程,必须与领域专家合作，对研究领域仔细地分析，抽象领域中的概念，定义其含义及相互关系，分析系统类，并用领域中的术语为类命名。一般而言，类的名称是名词。属性的选取应考虑以下 3 方面：从原则上来说，类的属性应能描述并区分每个特定的对象；只有系统感兴趣的特征才包含在类的属性中；系统建模的目的也会影响到属性的选取。

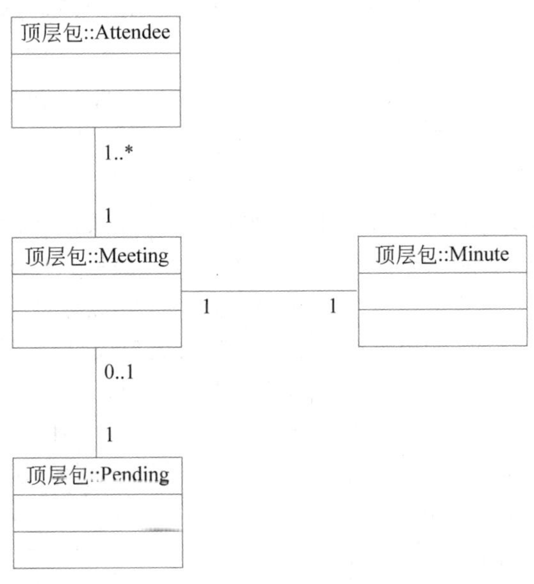

图 10-30　类图示例

根据图的详细程度，每条属性可以包括属性的可见性、属性名称、类型、默认值和约束特性。UML 规定类的属性的语法：

可见性 属性名:类型=默认值{约束特性}

可见性“－”表示它是私有数据成员，其属性名为“客户名”，类型为“字符串”，默认值为“默认客户名”，此处没有约束特性。不同属性具有不同的可见性，常用的可见性有 Public、Private 和 Protected 3 种，在 UML 中分别表示为＋、－和＃。类型表示该属性的种类，它可以是基本数据类型，如整数、实数、布尔型等，也可以是用户自定义的类型。一般它由所涉及的程序设计语言确定。约束特性则是用户对该属性性质的一个约束的说明。例如，{只读}说明该属性是只读属性。对于类的操作，该项可省略。操作用于修改、检索类的属性或执行某些动作。操作通常也称功能，但是它们被约束在类的内部，只能作用到该类的对象上。操作名、返回类型和参数表组成操作界面。UML 规定操作的语法：

可见性操作名(参数表)：返回类型{约束特性}

在定义类之后，就可以定义类之间的各种关系了。

2. 通用建模技术

1）模型化简单的协作

没有类是单独存在的，它们通常和其他类协作。因此，除了捕获系统的词汇以外，还要将注意力集中到这些类是如何在一起工作的。使用类图来表达这种协作。

(1) 确定建模的机制。机制代表了部分建模系统的某些功能和行为,这些功能和行为是一组类、接口和其他事物相互作用的结果。

(2) 对于每个机制,确定类、接口和其他参与这个协作的协作,同时确定这些事物之间的关系。

(3) 用场景来预排这些事物,沿着这条路径将发现模型中忽略的部分和定义错误的部分。

(4) 确定用这些事物的内容来填充它们。对于类,开始于获得一个责任(类的职责),然后将它转化为具体的属性和方法。

2) 正向和反向工程

建模是重要的,但要记住对于开发组来说软件才是主要的产品,而不是图。当然,画图的主要目的是更好地理解系统,预测什么时候可以提供什么样的软件来满足用户的需要。基于这个理由,所画的图要对开发有指导意义是很重要的。

在某些时候,使用 UML 的模型并不能直接映射成为代码。例如,如果使用活动图为一个商业过程建模,很多活动实际上涉及人而不是计算机。

但是,在很多时候创建的图形可以被映射成为代码。UML 并不是专门为 OOPL 设计的,它支持多种语言,但使用 OOPL 会更直观,特别是类图的映射,它的内容可以直接映射成为 OOPL 的内容,例如 C++、Smalltalk、Ada、Object Pascal 等。UML 还支持 Visual Basic 这样的 OOPL。

正向工程是从图到代码的过程。通过对某种特定语言的映射可以从 UML 的图得到该语言的代码。正向工程会丢失信息,这是因为 UML 比任何一种程序设计语言的语义都丰富,这也正是为什么需要 UML 模型的原因。结构特性、协作、交互等可以通过 UML 直观地表达出来,使用代码就不是那么明显了。

反向工程是从代码到模型的过程。进行反向工程的步骤如下。

(1) 确定将程序设计语言的代码反向成模型的规则。

(2) 使用工具(Rose C++ Analyzer)进行反向工程。

3. 关联关系

关联表示两个类之间存在某种语义上的联系。例如,一个人在一家公司工作,一家公司有许多办公室,就认为人和公司、公司和办公室之间存在某种语义上的联系。在分析设计的类图模型中,在对应人类和公司类、公司类和办公室类之间建立关联关系。

关联是一种结构化的关系,指一种对象和另一种对象有联系。给定有关联的两个类,可以从一个类的对象得到另一个类的对象。关联有二元关系和多元关系,二元关系是指一种一对一的关系,多元关系是一对多或多对一的关系。一般用实线连接有关联的同一个类或不同的两个类。在表示结构化关系时可以使用关联。对关联关系有以下说明。

(1) 名称。可以给关系取名。

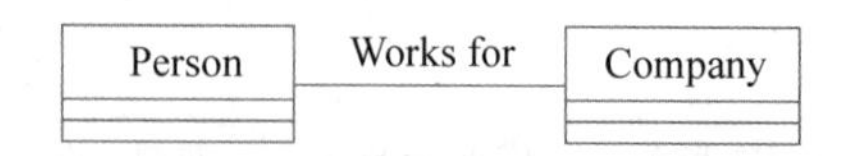

(2) 角色。关系的两端代表不同的两种角色。

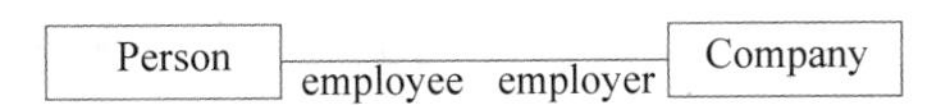

(3) 重数。重数表示有多少对象通过一个关系的实例相连接。

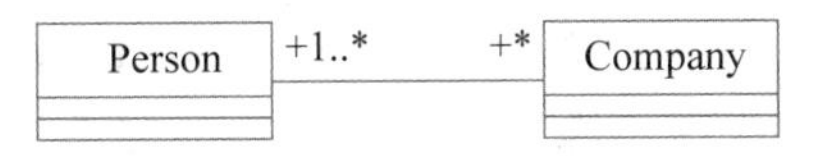

(4) 关联的方向。关联可以有方向,表示该关联被单方向使用。关联加上箭头表示方向,在 UML 中称为导航。将只在一个方向上存在导航表示的关联称为单向关联,将在两个方向上都有导航表示的关联称为双向关联。UML 规定,不带箭头的关联可以意味着未知、未确定或该关联是双向关联 3 种选择,因此,在图中应明确使用其中的一种选择。既然关联可以是双向的,最复杂的命名方法是每个方向上给出一个名称,这样的关联有两个名称,可以用小黑三角表示名称的方向。为关联命名有几种方法,其原则是该命名是否有助于理解该模型。

(5) 关联类。一个关联可能要记录一些信息,可以引入一个关联类来记录。

(6) 聚集和组成。聚集是一种特殊形式的关联。聚集表示类之间的关系是整体与部分的关系。一辆轿车包含 4 个车轮、一个方向盘、一个发动机和一个底盘,这是聚集的一个例子。在需求分析中,包含、组成、部分等经常被设计成聚集关系。聚集可以进一步划分成共享聚集和组成。例如,课题组中包含许多成员,每个成员又可以是另一个课题组的成员,即部分可以参加多个整体,称为共享聚集。另一种情况是整体拥有各部分,部分与整体共存,如果整体不存在了,部分也会随之消失,这称为组成。例如,打开一个视图窗口,它就由标题、外框和显示区组成,一旦消亡则各部分同时消失。在 UML 中,聚集表示为空心菱形,组成表示为实心菱形。

4. 继承关系

人们将具有共同特性的元素抽象成类别,并通过增加其内涵进一步分类。例如,动物可分为飞鸟和走兽,人可分为男人和女人。在面向对象方法中将前者称为一般元素、基类元素或父元素,将后者称为特殊元素或子元素。继承定义了一般元素和特殊元素之间的分类关系,如图 10-31 所示。在 UML 中,继承表示为一头为空心三角形的连线。在 UML 定义中对继承有 3 个要求:特殊元素应与一般元素完全一致,一般元素所具有的关联、属性和操作,特殊元素也都隐含性地具有;特殊元素还应包含额外信息;允许使用一般元素实例的地方也应能使用特殊元素。

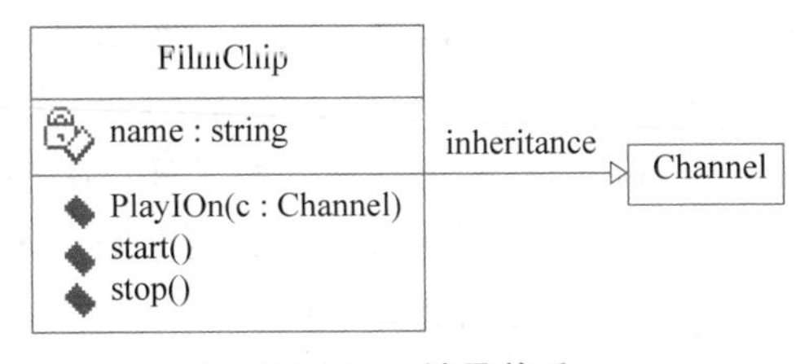

图 10-31 继承关系

5. 依赖关系

依赖关系是一种使用关系,特定事物的改变有可能会影响到使用该事物的事物,反之不成立。在想显示一个事物使用另一个事物时使用依赖关系。有两个元素 X、Y,如果修改元素 X 的定义可能会引起对另一个元素 Y 的定义的修改,则称元素 Y 依赖元素 X。在类中,依赖由各种原因引起,例如,一个类向另一个类发消息;一个类是另一个类的数据成员;一个类是另一个类的某个操作参数。如果一个类的界面改变,它发出的任何消息可能不再合法。

通常情况下,依赖关系体现在某个类的方法使用另一个类作为参数。在 UML 中可以在其他的事物之间使用依赖关系,特别是包和结点之间,如图 10-32 所示。

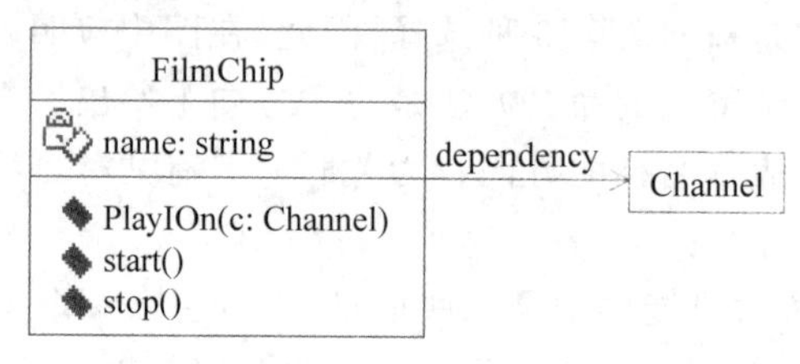

图 10-32　依赖关系

6. 类图的抽象层次和细化关系

需要注意的是,虽然在软件开发的不同阶段都使用类图,但这些类图表示了不同层次的抽象。在需求分析阶段,类图是研究领域的概念;在设计阶段,类图描述类与类之间的接口;而在实现阶段,类图描述软件系统中类的实现。按照 Steve Cook 和 John Daniels 的观点,类图分为 3 个层次。需要说明的是,这个观点同样适用于其他任何模型,只是在类图中显得更为突出。概念层类图描述应用领域中的概念。实现它们的类可以从这些概念中得出,但二者并没有直接的映射关系。事实上,一个概念模型应独立于实现它的软件和程序设计语言。说明层类图描述软件的接口部分,而不是软件的实现部分。面向对象方法非常重视区别接口与实现之间的差异,但在实际应用中却常常忽略这一差异。

这主要是因为 OOPL 中类的概念将接口与实现合在了一起。大多数方法由于受到语言的影响,也仿效了这一做法。现在这种情况正在发生变化,可以用一个类型描述一个接口,这个接口可能因为实现环境、运行特性或用户的不同而具有多种实现。只有在实现层才真正有类的概念,并且揭示软件的实现部分。这可能是大多数人最常用的类图,但是在很多时候,说明层的类图更易于开发者之间的相互理解和交流。理解以上层次对于画类图和读懂类图是至关重要的。由于各层次之间没有一个清晰的界限,因此大多数建模者在画图时没能对其加以区分。在画图时,要从一个清晰的层次观念出发;而读图时,要弄清它是根据哪种层次观念来绘制的。要正确地理解类图,首先应正确地理解上述 3 种层次。虽然将类图分成 3 个层次的观点并不是 UML 的组成部分,但是它们对于建模或评价模型非常有用。尽管迄今为止人们似乎更强调实现层类图,但这 3 个层次都可应用于 UML,而且实际上另两个层次的类图更有用。下面介绍细化概念。

细化是 UML 中的术语,表示对事物更详细一层的描述。两个元素 A、B 描述同一件事物，它们的区别是抽象层次不同，若元素 B 是在元素 A 的基础上的更详细的描述，则称元素 B 细化了元素 A，或称元素 A 细化成元素 B。细化的图形表示为由元素 B 指向元素 A 的、一头为空心三角的虚线。细化主要用于模型之间的合作，表示开发各阶段不同层次抽象模型的相关性，常用于跟踪模型的演变。

7. 约束

在 UML 中，可以用约束表示规则。约束是放在花括号中的一个表达式，表示一个永真的逻辑陈述。在程序设计语言中，约束可以由断言来实现。

8. 包

一个最古老的软件方法问题是如何将大系统拆分成小系统。解决这个问题的一个思路是将许多类集合成一个更高层次的单位，形成一个高内聚、低耦合的类的集合。这个思路被松散地应用到许多对象技术中。在 UML 中这种分组机制称为包。

任何模型元素都运用包的机制。如果没有任何启发性原则来指导类的分组，分组方法就是任意的。在 UML 中，最有用的和强调最多的启发性原则就是依赖。包图主要显示类的包及这些包之间的依赖关系，有时还显示包和包之间的继承关系和组成关系。当不需要显示包的内容时，包的名称放入主方框内，否则包的名称放入左上角的小方框中，而将内容放入主方框内。包的内容可以是类的列表，也可以是另一个包图，还可以是一个类图。用户可以使用继承中通用和特例的概念来说明通用包和专用包之间的关系。例如，专用包必须符合通用包的界面，与类继承关系类似。

9. 其他模型元素和表示机制

类图中用到的模型元素和表示机制较为丰富，由于篇幅的限制，这里不能一一介绍。另外，还经常用到类别模板、界面、参数化类（也称模板类）、限定关联、多维关联、多维链、派生、类型和注释等模型符号或概念。

10. 类图的使用

类图几乎是所有面向对象方法的支柱，在使用类图进行建模时应注意以下 6 点。

(1) 不要试图使用所有的符号。从简单的开始，如类、关联、属性和继承等概念。在 UML 中，有些符号仅用于特殊的场合和方法中，只有当需要时才使用。

(2) 根据项目开发的不同阶段用正确的观点来画类图。如果处于分析阶段，应画概念层类图；当开始着手软件设计时，应画说明层类图；当考查某个特定的实现技术时，则应画实现层类图。

(3) 不要为每个事物都画一个模型，应该把精力放在关键的领域。最好只画几张较为关键的图，要经常使用并不断更新修改。使用类图的最大危险是过早地陷入实现细节。为了避免这一危险，应该将重点放在概念层和说明层。

(4) 模型是否真实地反映了研究领域的实际。

(5) 模型和模型中的元素是否有清楚的目的和职责（在面向对象方法中，系统功能最终是分配到每个类的操作上实现的，这个机制称为职责分配）。

(6) 模型和模型元素的大小是否适中。过于复杂的模型和模型元素是很难生存的，应将其分解成几个相互合作的部分。

10.7 对象图

对象图是类图的一个实例(Example),它及时、具体地反映了系统在某一时刻的具体状态(属性值和操作)。在图10-33中,图10-33(a)的类图抽象地显示了类及它们之间的关系;图10-33(b)的对象图则是图10-33(a)类图的一个实例表示。

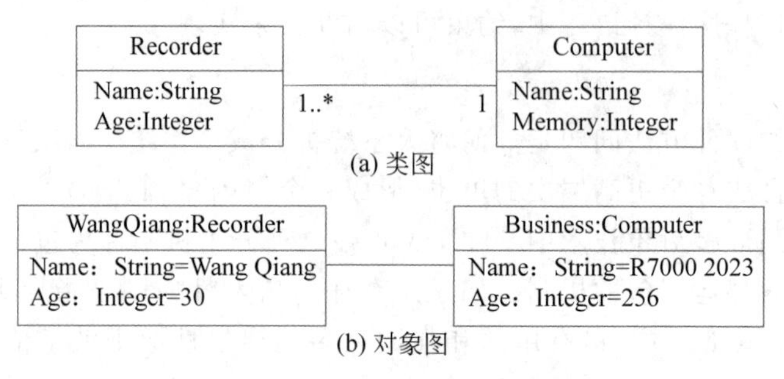

图 10-33 类图和对象图示例

对象图主要用于示例一个数据结构,以及反映系统在某个特定时刻的具体状态。对象图没有类图重要,它的使用相当有限。

10.8 顺序图

顺序图(也称序列图)描述完成某个行为的对象及对象之间所传递的消息的时间顺序,如图10-34所示。顺序图是一个二维图形,水平方向为对象维,垂直方向为时间维。

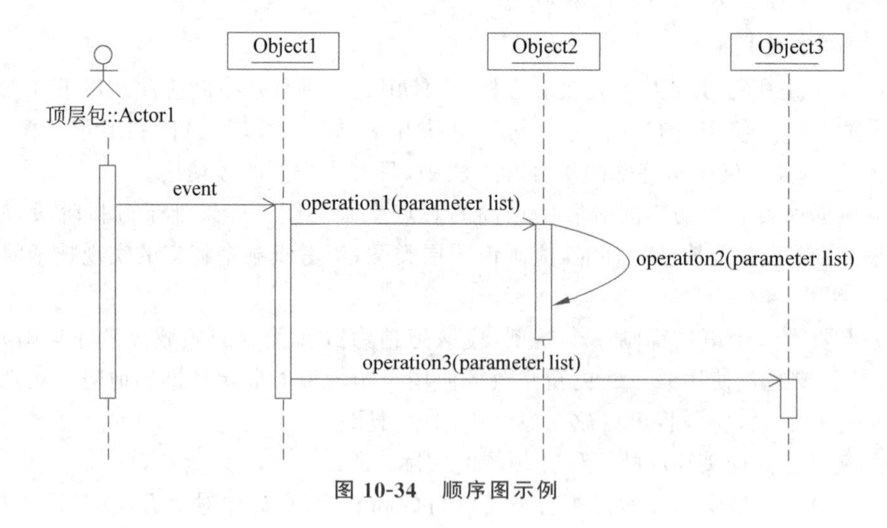

图 10-34 顺序图示例

在水平方向上,对象用一个带有垂直虚线的矩形框表示,并标有对象名和类名,也可以只标对象名,或者只标类名。在垂直方向上,垂直虚线是对象的生命线,用于表示在某段时间内对象是存在的；细长的矩形表示对象执行一个动作的期间，即对象被激活的时间段，称为激活期。

在画顺序图时，首先将参与交互作用的对象沿着 X 轴放在图的顶端，将启动交互作用的对象放在左边，将从属的对象放在右边，将这些对象发送和接收的消息按照时间增加的顺序沿着 Y 轴由上而下地放置。对象间的通信通过在对象的生命线间用消息图标来表示。消息可以是信号或操作调用。当接收到消息时，接收对象立即开始执行活动，即对象被激活。

在顺序图中，消息的序列号通常被省去，因为箭头实线的物理位置已经表明了相对的时间顺序。消息还可带条件表达式，表示分支或决定是否发送消息。如果用于表示分支，则每个分支是相互排斥的，即在某一时刻只可以发送分支中的一个消息。

10.9 协作图

协作图描述系统的行为是如何由系统的各成分合作实现的，它强调的是参与交互作用的对象的组织结构，如图 10-35 所示。

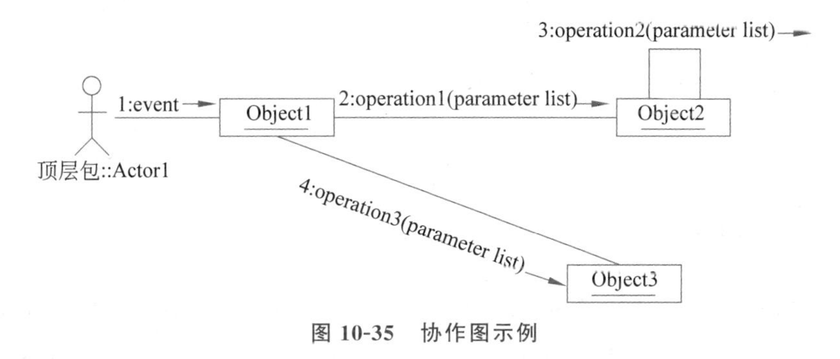

图 10-35 协作图示例

在画协作图时，首先将参与交互作用的对象放在图中，然后连接这些对象，并用对象发送和接收的消息来装饰这些连接。协作图描述了两方面：对交互作用的对象的静态结构的描述，包括相关的对象的关系、属性和操作；对对象之间交换的消息的时间顺序的描述。前一方面称为协作所提供的“上下文”，后一方面称为协作支持的“交互作用”。

对象之间的连接关系是类图中类之间关系的实例。通过在对象间的连接上标记带消息串的消息来表达对象间的消息传递，即描述对象间的交互。协作图中的连接用于表示对象间的各种关系，消息的箭头指明消息的流动方向，消息串说明要发送的消息、消息的参数、消息的返回值及消息的序列号等信息。

在协作图中，应该显式地标出对象间的连接和消息的序列号。顺序图和协作图都是 UML 的交互图(Interaction Diagram)。这两种图都由对象、对象之间的关系，以及在对象之间传递的消息组成。交互图表达对象之间的交互，描述了一组对象如何合作完成系统的某个行为。

在顺序图中侧重于时间顺序，强调消息的时间顺序；在协作图中则侧重于空间的协作，强调发送和接收消息的对象的组织结构。顺序图和协作图在语义上是等价的，可以互相转换且不损失信息。例如,图 10-35 的协作图和图 10-34 的顺序图就是等价的。

交互图用于为系统的动态方面建模。当需要了解系统为满足一个用例而发生的一系列顺序行为时,交互图特别有用。

10.10 组件图

组件图描述了组件及组件之间的关系,表示了组件之间的组织和依赖关系。组件图被用来模拟系统的静态实现。在很多时候,它被看作是着眼于系统组件的特殊的类图。

组件图包含的模型元素有组件、接口,以及依赖关系、泛化关系、关联关系、实现关系。组件图示例如图 10-36 所示。组件图用来为系统建立实现模型。

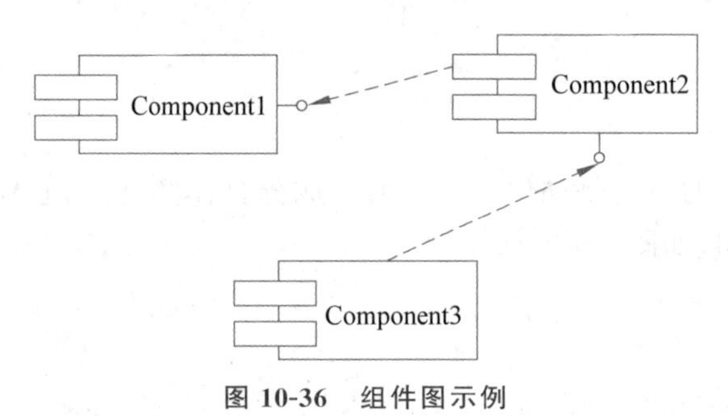

图 10-36 组件图示例

10.11 部署图

部署图显示了基于计算机系统的物理体系结构。它描述计算机、设备及其连接,以及驻留在每台机器中的软件。从本质上而言,部署图是着眼于系统结点的类图,它为系统中的物理结点、结点之间的静态关系建立了可视化的模型,并规定了构造的细节。部署图可以含组件,每个组件必须存在于每个结点上。

部署图包含的模型元素有结点、依赖关系、关联关系。

部署图示例如图 10-37 所示。

部署图主要用于描述分布式系统的软件组件与硬件之间的关系。组件图和部署图都是用来为面向对象系统的物理方面建模的图。

为了构造一个面向对象的软件系统,必须从逻辑和物理两方面描述系统。在逻辑方面描述系统的功能,将功能分配到系统的各部分。在物理方面描述系统的软件和硬件:在软件方面描述组件及组件间的关系;在硬件方面描述结点及结点间的连接。用来描述逻辑方面的 UML 图有用例图、类图、状态图、活动图、协作图和顺序图,用来描述物理方面的 UML 图有组件图和部署图。

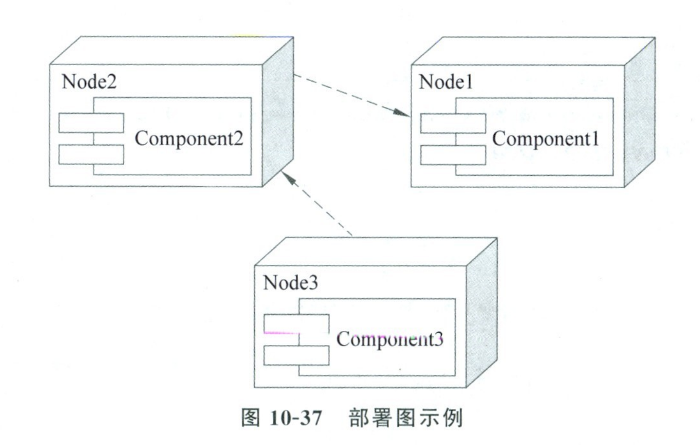

图 10-37 部署图示例

10.12 使用 PowerDesigner 进行建模

10.12.1 PowerDesigner 的安装

1. PowerDesigner 简介

PowerDesigner(简称 PD)6.0 是 Sybase 公司推出的基于 C/S 体系结构的一组图形化的数据库模型设计工具软件,它为系统分析员、设计员、数据库管理员和使用系统的业务人员分析复杂的应用环境提供了一个灵活、便捷的工具,利用它可以很方便地完成结构化的方法设计和建立数据库系统。

PD 对各类数据模型提供了直观的符号表示,不仅使设计人员能更方便、简洁地向非计算机专业技术人员展示数据库设计和应用系统设计,使系统的设计人员与使用系统的业务人员更易于相互理解和交流,同时也使项目组内的交流更加直观、准确,更便于协调工作,从而加速系统的设计和开发过程。

PD 是向用户提供管理和访问项目信息的有效结构,设计人员不仅能够利用它设计和创建各类数据模型,而且可以对所建立的模型给出详尽的文档,或者从已建立的数据库生成物理模型进而生成所需的文档。开发人员还可对利用当前流行的多种开发工具快速生成的应用对象、组件的应用程序进一步修改和完善,以便更好地满足应用的要求。这种方法加强了应用开发过程的控制,提高了软件生产率。

PD 集成特性灵活,其集成化的结构不仅使开发组的成员可以对其裁剪,而且使开发单位能根据其项目的规模、范围和预算等各方面的因素选择所需的模块,同时也便于系统进一步扩展。

2. PowerDesigner 的安装

(1) 从 PowerDesigner 官网下载 PowerDesigner 安装版,本书使用 PowerDesigner 16.6 进行讲解。

(2) 下载完后出现安装界面,如图 10-38 所示。

(3) 按照提示进行安装,安装完成后就可以使用了。如果想要实现汉化,需要再下载一个汉化包进行汉化。

图 10-38 PowerDesigner 安装界面

10.12.2 PowerDesigner 的功能

1. PowerDesigner 的模块组成

PD 包括下列 6 个模块。

(1) ProcessAnalyst：用于系统的需求分析，设计和构造数据流程图和数据字典。

(2) DataArchitect：用于对概念层和物理层的交互式数据库设计和构造。

(3) AppModeler：用于物理建模和应用对象及数据敏感组件的生成。

(4) WarehouseArchitect：用于数据仓库的设计和实现。

(5) MetaWorks：用于团队开发、信息共享和模型管理。

(6) Viewer：用于以只读的、图形化方式访问整个企业的模型信息。

PD 的 6 个模块为应用系统的开发人员提供了一个完整的集成化的开发环境，支持系统开发过程中从需求分析、概念结构设计、物理结构设计到对象和组件生成的各阶段。功能层次分解是将功能依层次进行细化，如图 10-39 所示。

(1) ProcessAnalyst 模块用于系统设计需求分析阶段的数据分析或数据发现。它支持多种处理建模方法，用户可以选择适合自己应用环境的建模方法描述系统的数据和对其所需的处理。使用 ProcessAnalyst 建立的处理分析模型简洁、直观、易于维护，能确保所有参加系统开发的人员之间交流流畅、准确。

(2) DataArchitect 模块用于数据库的概念设计和物理设计阶段的概念模型设计与物理模型设计。使用 DataArchitect 可以很方便地设计数据库的概念模型并对指定的 DBMS 自动生成相应的物理模型，也可以用 DataArchitect 直接生成相应于特定 DBMS 的物理模型。模块还提供了高质量的文档生成能力和逆向工程的能力，能从一个现有的数据库中得到相应的物理模型，并进一步得到概念模型，生成相应的文档，便于数据库的维护和移植。

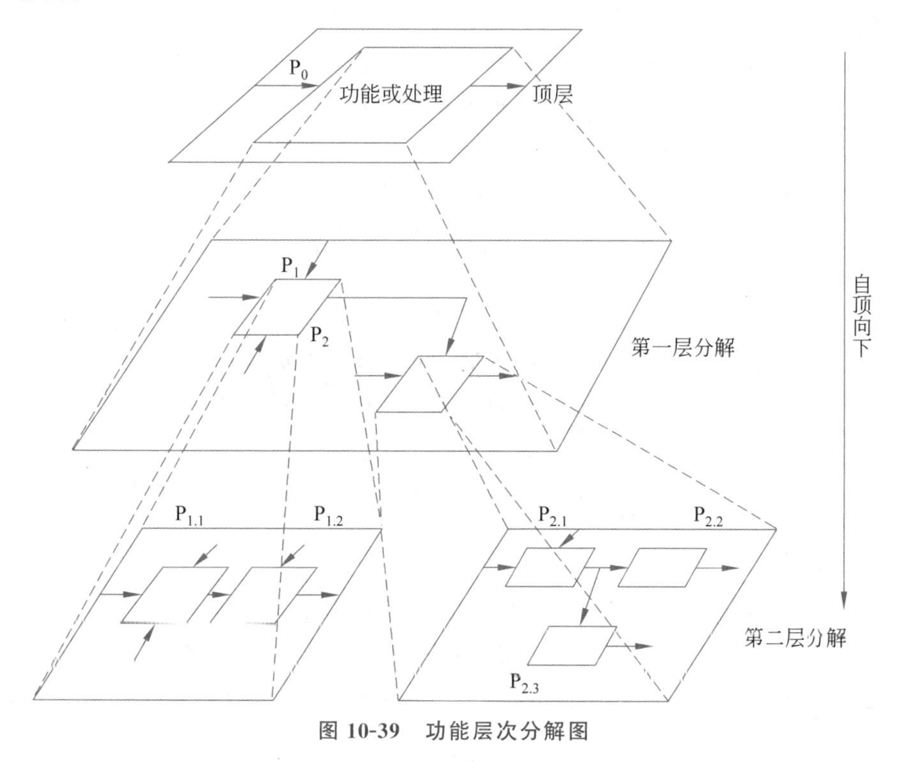

图 10-39　功能层次分解图

(3) AppModeler 模块是一个应用建模工具,AppModeler 提供完整的物理建模能力和利用已有数据模型快速生成适用于多种开发工具的基于数据库的应用能力,包括生成 PowerBuilder、Visual Basic、Delphi 的应用,以及创建数据驱动的 Web 站点的组件。

(4) WarehouseArchitect 模块用于数据仓库和数据集的建模与实现。该模块除了提供对传统的 DBMS 和数据仓库特定的 DBMS 平台的支持和仓库处理的支持外,还提供对建模特性和高性能的索引模式的支持。

(5) MetaWorks 模块通过中央字典的机制支持高级团队开发和信息共享。该模块还提供了对字典的安全管理和对模型的锁定机制,以保证共享数据的一致性和稳定性。使用 MetaWorks 的字典浏览器 MetaBrowser 还可以浏览、创建和更新跨项目的所有模型信息。

(6) Viewer 提供了只读的、图形化的方式访问 PD 所有模型信息和元数据信息的能力,此外,还提供了跨模型的报表和文档生成能力。

2. PowerDesigner 的 4 种模型

1) 概念数据模型

概念数据模型(Conceptual Data Model, CDM)表现数据库的全部逻辑结构,与任何的软件或数据存储结构无关。一个概念模型经常包括在物理数据库中仍然不实现的数据对象。它给运行计划或业务活动的数据一个正式表现方式。

概念数据模型是最终用户对数据存储的看法,反映了用户的综合性信息需求,不考虑物理实现细节,只考虑实体之间的关系。CDM 是适合系统分析阶段的工具。

2) 物理数据模型

物理数据模型(Physical Data Model, PDM)叙述数据库的物理实现。借由 PDM,用户考虑真实的物理实现的细节。它进入账户两个软件或数据存储结构之内。用户能修正 PDM 适合自己的表现或物理约束。

其主要目的是把 CDM 中建立的现实世界模型生成特定的 DBMS 脚本,产生数据库中保存信息的存储结构,保证数据在数据库中的完整性和一致性。PDM 是适合于系统设计阶段的工具。

3) 面向对象模型

一个面向对象模型(Object-Oriented Model, OOM)包含一系列包、类、接口和它们之间的关系。这些对象一起形成所有的(或部分)软件系统的逻辑设计视图的类结构。OOM 本质上是软件系统的静态的概念模型。

用户使用 PD 建立 OOM,产生 Java 文件或 PowerBuilder 文件,能使用一个来自 OOM 的 PDM 对象表示关系数据库的设计分析。

4) 业务程序模型

业务程序模型(Business Program Model, BPM)描述业务各种不同的内在任务和内在流程,以及客户如何以这些任务和流程互相影响。BPM 是从业务合伙人的观点看业务逻辑和规则的概念模型,使用一个图表描述程序、流程、信息和合作协议之间的交互作用。

10.12.3 PowerDesigner 的运行界面

安装结束后运行软件,就可以出现运行界面,如图 10-40 所示。

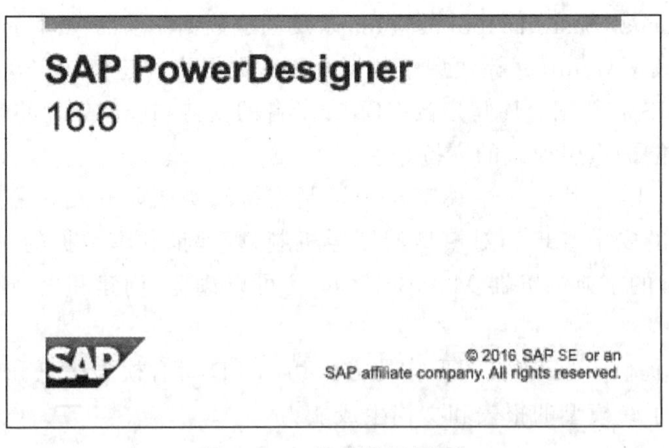

图 10-40 软件运行界面

进入软件后出现欢迎界面,如图 10-41 所示。

单击 Create Model 图标以后,出现 New Model 界面,在这里可以创建一些面向对象的常用图,如图 10-42 所示。

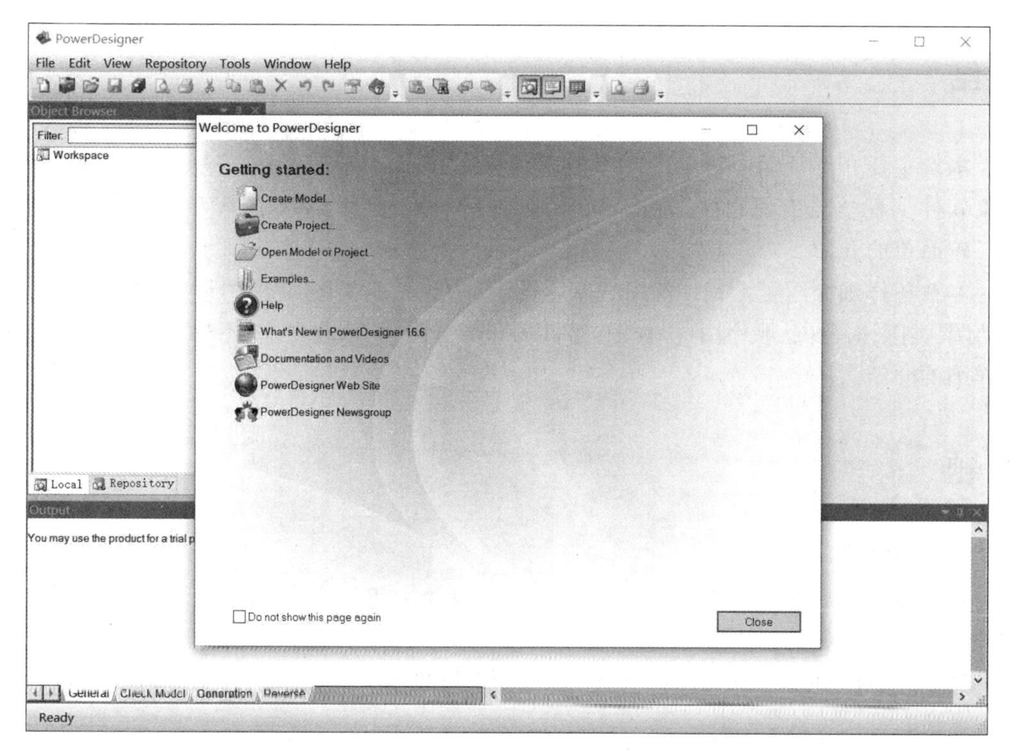

图 10-41　软件欢迎界面

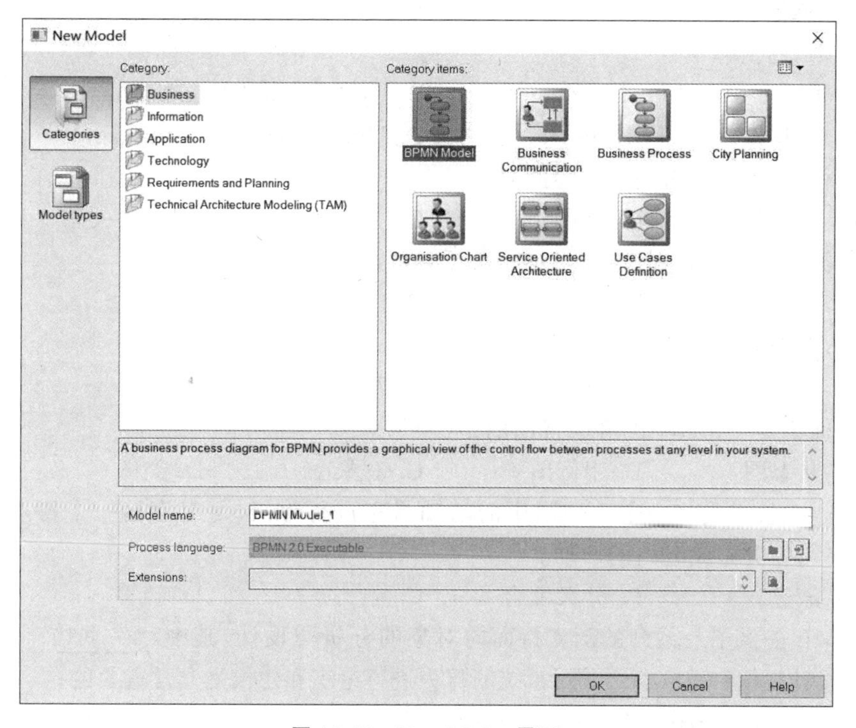

图 10-42　New Model 界面

小结

本章主要介绍了面向对象的基本概念和特征、面向对象设计的概念和基本方法、面向对象软件工程学与传统软件工程学的区别,最后对 UML 的基本内容和概念及开发步骤做了较简单的介绍。

本章还详细介绍了 UML 常用的基本图,其中包括 5 类图,9 种图形(用例图、状态图、活动图、类图、对象图、顺序图、协作图、组件图和部署图)。除此之外,还对 PowerDesigner 做了详细的介绍。

习题

一、填空题

1. PowerDesigner 是基于________体系结构的一组图形化的数据库模型设计工具软件。

2. PowerDesigner 包括 6 个模块,它们分别是________、________、________、________、________、________。

3. PowerDesigner 中的模型共有 4 种,即________、________、________、________。

二、选择题

1. UML 的全称是(　　)。

A. Unify Modeling Language　　B. Unified Modeling Language
C. Unified Modem Language　　D. Unified Making Language

2. 执行者(Actor)与用例之间的关系是(　　)。

A. 包含关系　　B. 泛化关系　　C. 关联关系　　D. 扩展关系

3. 在类图中,下面符号中表示继承关系是的(　　)。

A. ——▸　　B. - - - ->　　C. ——▷　　D. ——◇

4. UML 包含(　　)种图形。

A. 3　　B. 5　　C. 7　　D. 9

5. 下面不是 UML 中的静态视图的是(　　)。

A. 状态图　　B. 用例图　　C. 对象图　　D. 类图

6. (　　)技术是将一个活动图中的活动状态进行分组,每组表示一个特定的类、人或部门,它们负责完成组内的活动。

A. 泳道　　B. 分叉汇合　　C. 分支　　D. 转移

7. UML 提供了一系列的图支持面向对象的分析与设计,其中,___(1)___给出系统的静态设计视图;___(2)___对系统的行为进行组织和建模是非常重要的;___(3)___和___(4)___都是描述系统动态视图的交互图,其中___(3)___描述了以时间顺序组织的对象之间的交互活动,___(4)___强调收发消息的对象的组织结构。

A. 状态图　　B. 用例图　　C. 顺序图　　D. 部署图
E. 协作图　　F. 类图

8. 在 UML 提供的图中，___(1)___用于描述系统与外部系统及用户之间的交互；___(2)___用于按时间顺序描述对象间的交互。

(1) A. 用例图　　B. 类图　　C. 对象图　　D. 部署图
(2) A. 网络图　　B. 状态图　　C. 协作图　　D. 顺序图

三、简答题

1. 什么是面向对象方法学？阐述这种方法学的主要优点。
2. 什么是面向对象的软件工程？它与传统软件工程相比有什么优势？
3. 阐述面向对象的基本特征。
4. UML 提供的常用图有哪些？

四、应用题

图书管理系统的功能性需求说明如下。

(1) 图书管理系统能够为一定数量的借阅者提供服务。每个借阅者能够拥有唯一标识其存在的编号。图书馆向每个借阅者发放图书证，其中包含每个借阅者的编号和个人信息，提供的服务包括查询图书信息、查询个人信息服务和预订图书服务等。

(2) 当借阅者需要借阅图书、归还书籍时需要通过图书管理员进行，即借阅者不直接与系统交互，而是通过图书管理员充当借阅者的代理和系统交互。

(3) 系统管理员主要负责系统的管理维护工作，包括对图书、数目、借阅者的增加、删除和修改，并且能够查询借阅者、图书和图书管理员的信息。

(4) 可以通过图书的名称或图书的 ISBN/ISSN 对图书进行查找。

回答下列问题。

(1) 该系统中有哪些参与者？
(2) 确定该系统中的类，找出类之间的关系并画出类图。
(3) 画出语境“借阅者预订图书”的顺序图。

CHAPTER

第 11 章 面向对象分析与设计

本章主要介绍了面向对象分析的过程和原则，使读者了解怎么确定类和对象、确定属性、定义服务及对象间通信的原理。此外，还讲了面向对象设计，包括什么是面向对象设计，面向对象设计的准则和启发规则，以及面向对象设计的方法。

为了帮助读者对面向对象有更深刻的理解，本章还给出了《学生教材购销系统》的 9 种 UML 图，通过对这 9 种图的理解，能够加深对面向对象思想的理解。

学习目标：

✍ 了解面向对象分析的过程与原则。

✍ 掌握怎么确定对象与类。

✍ 掌握怎么确定属性、定义服务及理解对象间通信的原理。

✍ 了解面向对象设计的概念。

✍ 理解面向对象设计的准则及启发原则。

✍ 掌握面向对象设计的方法。

✍ 掌握 9 种图形的画法。

11.1 面向对象分析

11.1.1 面向对象分析的过程与原则

面向对象分析（Object-Oriented Analysis，OOA）是确定需求或业务的角度，按照面向对象的思想来分析业务。分析的过程是提取系统需求的过程，主要包括理解、表达和验证。面向对象分析主要由对象模型、动态模型和功能模型组成。

由于问题复杂，而且交流带有随意性和非形式化的特点，理解过程通常不能一次就能达到理想的效果。因此，还必须进一步验证软件需求规格说明的正确性、完整性和有效性，如果发现了问题则进行修正。显然，需求分析过程是系统分析员与用户及领域专家反复交流和多次修正的过程。也就是说，理解和验证的过程通常交替进行、反复迭代，而且往往需要利用原型系统作为辅助工具。

面向对象分析的关键是识别问题领域内的对象，并分析它们相互间的关系，最终建立问题域的简洁、精确、可理解的正确模型。在用面向对象观点建立起的模型中，对象模型是最基本、最重要、最核心的模型。

1. 分析问题的层次

面向对象建模得到的模型包含对象的 3 个要素，即静态结构（对象模型）、交互次序（动态模型）和数据变换（功能模型）。大型系统的复杂问题对象模型由 5 个层次组成，即主题层（也称为范畴层）、类-对象层、结构层、属性层和服务层，如图 11-1 所示。

主题层
类-对象层
结构层
属性层
服务层

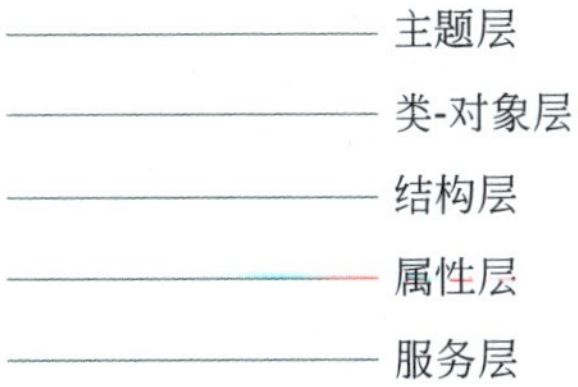

图 11-1　复杂问题对象模型的 5 个层次

这 5 个层次一层比一层显现对象模型的更多细节。主题是指导读者（包括系统分析员、软件设计人员、领域专家、管理人员、用户等，泛指所有需要读懂系统模型的人）理解大型而复杂模型的一种机制。也就是说，通过划分主题，把一个大型、复杂的对象模型分解成几个不同的概念范畴。

一个主题有一个名称和一个标识它的编号。在描绘对象模型的图中，把属于同一个主题的那些类和对象框在一个框中，并在框的四角标上这个主题的编号。

上述 5 个层次对应在面向对象分析过程中建立对象模型的 5 项主要活动，即确定主题、找出类和对象、识别结构、定义属性、定义服务。通常，在完整地定义每个类中的服务之前，需要先建立动态模型和功能模型，通过对这两种模型的研究，能够更正确、更合理地确定每个类应该提供哪些服务。

综上所述，在概念上可以认为面向对象分析大体上按照下列顺序进行：寻找类和对象、识别结构、识别主题、定义属性、建立动态模型、建立功能模型、定义服务。但是，正如前面已经多次强调指出过的，分析不可能严格地按照预定顺序进行，大型、复杂系统的模型需要反复构造多遍才能建成。通常，先构造模型的子集，然后再逐渐扩充，直到完全、充分地理解了整个问题才能最终把模型建立起来。

2. OOA 主要概念的表示法及 OOA 主要原则

1）OOA 主要概念

（1）类、对象：必要时可区分主动对象并用不同的类符号表示。

（2）属性：必要时可区分类属性和对象属性。

（3）服务：对于主动对象应标出主动服务。

（4）结构：分为一般/特殊结构和整体/部分结构。

（5）连接：包括实例连接和消息连接。

（6）主题：指导读者理解大型而复杂的对象模型。

上述概念的表示法如图 11-2 所示。其中，图 11-2(a)是类的表示法，对普通对象（被动对象）和主动对象分别给出两类符号。图 11-2(b)是属性与服务的表示法。类符号表示一个类及由它创建的全部对象。矩形框上栏填写类名，中间列出该对象的每个属性名，下面列出该对象的每个服务名。主动对象与普通对象在表示法上的区别是在类名前加一个标记@，并用同样的方法标注出它的服务。图 11-2(c)、(d)、(e)、(f)分别是一般/特殊结构、整体/部分结构、实例连接和消息连接的表示法，它们是通过类结构之间的结构符号或连接符号来表示各种结构与连接的。图 11-2(g)是主题的 3 种表示法。

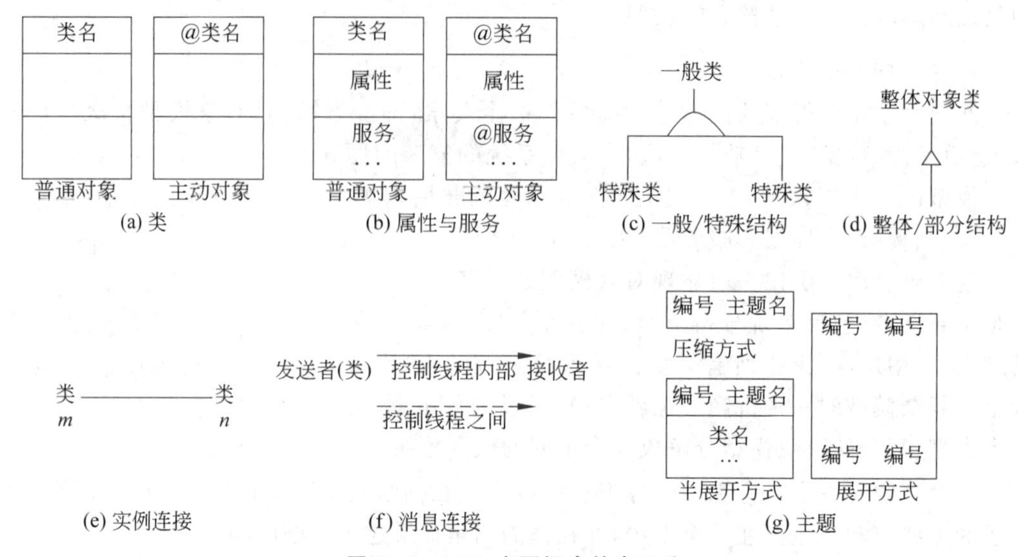

图 11-2 OOA 主要概念的表示法

2) OOA 的主要原则

OOA 是面向对象的软件开发过程中直接接触问题域的阶段,应尽可能全面地运用抽象、分类、聚合、关联、消息通信、粒度控制、行为分析等原则完成高质量、高效率的分析。

(1) 抽象。OOA 中的类就是通过抽象得到的。例如,统中的对象是对现实世界中事物的抽象;类是对象的抽象;一般类是对特殊类的进一步抽象;属性是事物静态特征的抽象;服务是事物动态特征的抽象。

(2) 分类。分类就是把具有相同属性和服务的对象划分为一类,用类作为这些对象的抽象描述。

分类原则实际上是抽象原则运用于对象描述时的一种表现形式,在 OOA 中所有的对象都是通过类来描述的。对属于同一个类的多个对象并不进行重复描述,而是以类为核心描述它所代表的全部对象。运用分类原则也意味着通过不同程度的抽象形成一般/特殊结构(又称分类结构),一般类比特殊类的抽象程度更高。

(3) 聚合。聚合的原则是把一个复杂的事物看成若干比较简单的事物的组装体,从而简化对复杂事物的描述。

在 OOA 中运用聚合原则就是要区分事物的整体和它的组成部分,分别用整体对象和部分对象来进行描述,形成一个整体/部分结构,以清晰地表达它们之间的组成关系。例如,飞机的一个部件是发动机,在 OOA 中可以把飞机作为整体对象,把发动机作为部分对象,通过整体/部分结构表达它们之间的组成关系(飞机带有一个发动机,或者说发动机是飞机的一部分)。

(4) 关联。关联又称组装,它是人类思考问题时经常运用的思想方法,即通过一个事物联想到另外的事物,能使人发生联想的原因是事物之间确实存在着某些联系。

在 OOA 中运用关联原则就是在系统模型中明确地表示对象之间的静态关系。例如，一个运输公司的汽车和司机之间存在着这样一种关联：某司机能驾驶某些车（或者说，某辆车允许某些司机驾驶）。如果这种联系信息是系统责任所需要的，则要求在 OOA 模型中通过实例连接明确地表示这种联系。

（5）消息通信。消息通信原则要求对象之间只能通过消息进行通信，而不允许在对象之外直接地存取对象内部的属性。通过消息进行通信是由于封装原则引起的，在 OOA 中要求用消息连接表示对象之间的动态关系。

（6）粒度控制。人们在研究一个问题域时既需要微观的思考，也需要宏观的思考。例如，在设计一座大楼时，宏观的问题有大楼的总体布局，微观的问题有房间的管、线安装位置。设计者需要在不同粒度上进行思考和设计，并向施工者提供不同比例的图纸。一般来讲，人在面对一个复杂的问题域时不可能在同一时刻既能纵观全局，又能洞察秋毫。因此需要控制自己的视野，即考虑全局时，注重其大的组成部分，暂时不详查每部分的具体细节；考虑某部分的细节时则暂时撇开其余的部分。这就是粒度控制原则。

在 OOA 中运用粒度控制原则就是引入主题的概念，把 OOA 模型中的类按一定的规则进行组合，形成一些主题，如果主题数量仍较多，则进一步组合为更大的主题。这样使 OOA 模型具有大小不同的粒度层次，从而有利于分析员和读者对复杂性进行控制。

（7）行为分析。现实世界中事物的行为是复杂的，由大量的事物所构成的问题域中的各种行为往往相互依赖、相互交织。控制行为复杂性的原则有以下 5 点。

① 确定行为的归属和作用范围。

② 认识事物之间行为的依赖关系。

③ 认识行为的起因，区分主动行为和被动行为。

④ 认识系统的并发行为。

⑤ 认识对象状态对行为的影响。

3. OOA 过程

OOA 过程包括以下主要活动。

（1）发现对象、定义它们的类。

（2）识别对象的内部特征。

① 定义属性。

② 定义服务。

（3）识别对象的外部关系。

① 建立一般/特殊结构。

② 建立整体/部分结构。

③ 建立实例连接。

④ 建立消息连接。

（以上活动的总目标是建立 OOA 基本模型——类图）

（4）划分主题，建立主题图。

（5）定义用例，建立交互图。

① 发现活动者。

② 定义用例。

③ 建立交互图。

(6) 建立详细说明。这是对模型的详细定义与解释,可以作为一个独立的活动,更自然的做法是分散在其他活动中。

(7) 原型开发。该项可在 OOA 过程中反复进行。

以上(1)～(7)各个活动及它们的子活动没有特定的次序要求,并且可以交互进行,分析员可以按照自己的工作习惯决定采用什么次序及如何交替。需要考虑以下 5 点。

① 把建立基本模型的 3 个活动安排得比较接近,根据需要随时从一个活动切换到另一个活动。

② 划分主题的活动在分析很小的系统时可以省略;在分析中小规模的系统时放在基本模型建立之后;在分析大型系统时可在基本模型建立之前进行,即在简单地认识系统中一些主要对象的基础上先划分主题,并根据主题进行分工,然后开始正规分析。

③ 发现活动者和定义用例两个子活动(如果需要)放在分析工作的开始,建立交互图的子活动(如果需要)安排在基本模型建立之后。

④ 建立详细说明的活动分散进行,结合在其他活动中,最后做一次集中的审查与补充。

⑤ 原型开发需要反复进行,在认识了基本模型中一些主要的对象之后就可以做一个最初的原型。随着分析工作的深入不断地进行增量式原型开发。

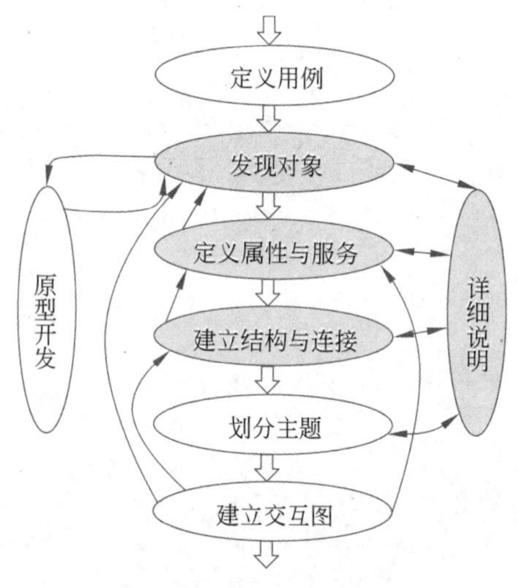

图 11-3　OOA 过程模型

不强调活动的顺序,允许各种活动交替进行,这是 OOA 方法体现在过程上的特点。例如,在发现了一些对象之后,就可以开始定义它们的属性与服务;此时若认识到某些结构,可以及时建立这些结构;在建立结构时得到某种启发,联想到其他对象,又可及时地转到发现对象的活动。在 CASE 工具的支持下,各种活动之间的切换可以相当灵活。有些开发单位习惯规定一个基本的活动次序,使 OOA 过程按这种次序一步一步地执行。

图 11-3 是按照以上建议给出的一种 OOA 过程模型示意图,图中只画出了过程中的活动而没有表示角色、资源等因素,主干线上的活动体现了一种可供参考的次序。其拓扑结构表明这些活动可以回溯,也可以交替进行。

11.1.2　确定对象与类

1. 确定对象

1) 问题域和系统责任

问题域和系统责任是发现对象的根本出发点,二者从不同的角度告诉分析员应该设立哪些对象。前者侧重于客观存在的事物与系统中对象的映射;后者侧重于系统责任范围内的每项职责都应落实到某些对象来完成。二者的范畴有很大一部分是重合的,但又不完全一致,分析员需要时时考虑这两方面。如果只考虑问题域,不考虑系统责任,则不容易正确地进行抽象(不知道哪些事物及它们的哪些特征是该舍弃的,哪些是该提取的),还可能使某些功能需求得不到落实。反之,如果只考虑系统责任,则容易使分析的思路受某些面向功能的分析方法影响,使系统中的对象不能真正地映射问题域,失去面向对象方法的根本特色与优势。

2）正确地运用抽象原则

OOA 用对象映射问题域中的事物,并不意味着对分析员见到的任何东西都在系统中设立相应的对象。OOA 需要正确地运用抽象原则,即紧紧围绕系统责任这个目标进行抽象。在 OOA 中正确地运用抽象原则,首先要舍弃那些与系统责任无关的事物,只注意与系统责任有关的事物。其次,对于与系统责任有关的事物,也不是把它们的任何特征都在相应的对象中表达出来,而要舍弃那些与系统责任无关的特征。判断事物是否与系统责任有关的关键问题：一是该事物是否为系统提供了一些有用的信息,或者它是否需要系统为它保存和管理某些信息;二是它是否向系统提供了某些服务,或者它是否需要系统描述它的某些行为。

例如,当开发一个图书馆的《图书管理系统》时设立了"书"这个类,同时把每本书作为该类的一个对象。这样做是正确的,因为系统需要记住每本书借给了哪个读者。但是在开发一个书店的《业务管理系统》时,是否要把每本书作为一个对象呢? 实际上,在这个系统中把同一版本的一种书从总体上看作一个对象更合理一些。因为该系统只要把每种书看作一项货物,记住它的货源、单价、库存量等信息就够了,不需要记录每本书的信息。

3）策略与启发

如何发现各种可能有用的候选对象,主要策略是从问题域、系统边界和系统责任 3 方面考虑各种能启发自己发现对象的因素,找出可能有用的候选对象。

(1) 考虑问题域。启发分析员发现对象的因素包括人员、组织、物品、设备、事件、表格、结构等。

(2) 考虑系统边界。考虑系统边界,启发分析员发现一些与系统边界以外的活动者进行交互,并处理系统对外接口的对象,考虑的因素包括人员、设备和外部系统。

(3) 考虑系统责任。对照系统责任所要求的每项功能,查看是否可以由现有的对象完成这些功能。如果发现某些功能在现有的任何对象中都不能提供,则可启发发现问题域中某些遗漏的对象。

考虑系统责任所要求的某些功能,如系统安装、配置、信息备份、浏览等。

(4) 审查和筛选。找到许多候选对象之后要对它们逐个进行审查,看它们是不是 OOA 模型真正需要的,从而筛选掉一些对象。首先要丢弃那些无用的对象,然后想办法精简、合并一些对象,并区分哪些对象是应该推迟到 OOD 阶段考虑的。

(5) 识别主动对象。在基本明确系统中的对象之后找出其中的主动对象,可从以下 3 方面考虑。

① 从问题域和系统责任考虑。考虑哪些对象将在系统中呈现一种主动行为,即哪些

对象具有某种不需要其他对象请求就主动表现的行为。凡是在系统中呈现主动行为的对象都应该是主动对象。

② 从系统执行情况考虑。设想系统是怎样执行的,如果它的一切对象服务都是顺序执行的,那么首先执行的服务在哪个对象,则这个对象就应该是系统中唯一的主动对象。如果它是并发执行的,那么每条并发执行的控制线程起点在哪个对象,这些对象就应该是主动对象。

③ 从系统边界考虑。系统边界以外的活动者与系统中的哪些对象直接进行交互,处理这些交互的对象服务如果需要与其他系统活动并发执行,那么这些对象很可能是主动对象。认识主动对象和认识对象的主动服务是一致的。

2. 对象分类、建立类图的对象层

在大多数情况下,如果对系统中所需的对象有了正确的认识,建立它们的类是一件比较简单的事:为每种对象定义一个类,用一个类符号表示;把陆续发现的属性和服务填写到类符号中,就可以得到这些对象的类。在定义对象类时,需要对一些异常情况进行检查,必要时做出修改或调整。

1) 异常情况的检查和调整

(1) 类的属性或服务不适合该类的全部对象。现实世界中两种截然不同的事物可能使在 OOA 开始时把它们看作两类不同的对象。经过以系统责任为目标的抽象,保留下来的属性和服务可能是完全相同的,于是就出现了这种似乎很浅显的问题。例如,“计算机软件”和“空调”差别较大,但是当它们在系统中仅仅被作为商店销售的商品时,属性和服务就可能完全相同。对于这种情况可考虑把它们合并为一个类,如把它们合并为“商品”类。

(2) 属性和服务相似的类。如果两个(或两个以上)类的属性和服务有许多是相同的,则考虑建立一般/特殊结构或整体/部分结构,以简化类的定义。

(3) 对同一事物的重复描述。问题域中的某些事物实际上是另一种事物的附属品和一定意义上的抽象。例如,工作证对职员、车辆执照对车辆、图书索引卡片对图书都是这样的关系。

通过对上述异常情况的处理,在系统中需要设置的类就基本明确了(在以后的 OOA 活动中还可能有少量的调整)。至此,系统中所有的对象都应该有了类的归属,而每个类应该适合由它所定义的全部对象。

2) 类的命名

类的命名应遵循以下原则。

(1) 类的名称应恰好符合这个类(和它的特殊类)所包含的每个对象。

(2) 类的名称应该反映每个对象个体,而不是整个群体。因为类在软件系统中的作用是用于定义每个对象实例,而不是用于讨论其集合。

(3) 采用名词或带定语的名词,使用规范的词汇,使用问题域专家及用户习惯使用的词汇。

(4) 使用适当的语言文字。对于中国的软件开发者为国内用户开发的软件,OOA 与 OOD 文档使用中文无疑最有利于表达和交流,但类及其属性和服务的命名使用英文有利于与程序对应。理想的是软件工具能同时支持两种文字。如果缺少这种支持工具,则可以在 OOA 与 OOD 文档中使用中文,同时建立一个中、英文命名对照表以便与程序对应。

3) 建立类图的对象层

用 OOA 开发的系统基本模型是一个类图。类图的主要构成成分是类、属性、服务、一般/特殊结构、整体/部分结构、实例连接和消息连接。

(1) 类图基本概念。OOA 基本模型类图由以下 3 个层次构成。

① 对象层。给出系统中所有反映问题域与系统责任的对象。用类符号表达属于每类的对象,类作为对象的抽象描述,是构成系统的基本单位。

② 特征层。给出每个类(及其所代表的对象)的内部特征,即给出每个类的属性与服务。这个层次描述了对象的内部构成情况,以分析阶段所能达到的程度为限给出对象的内部细节。

③ 关系层。给出各个类(及其所代表的对象)彼此之间的关系。在这些关系中,继承关系用一般/特殊结构表示;组装关系用整体/部分结构表示;反映属性的静态依赖关系用实例连接表示;反映服务的动态依赖关系用消息连接表示。

OOA 基本模型的 3 个层次分别描述了系统中应设立哪儿类对象;每类对象的内部构成;各类对象与外部的关系。3 个层次的信息(包括图形符号和文字)叠加在一起,形成一个完整的类图。图 11-4 是 3 个层次构成 OOA 基本模型的示意图。

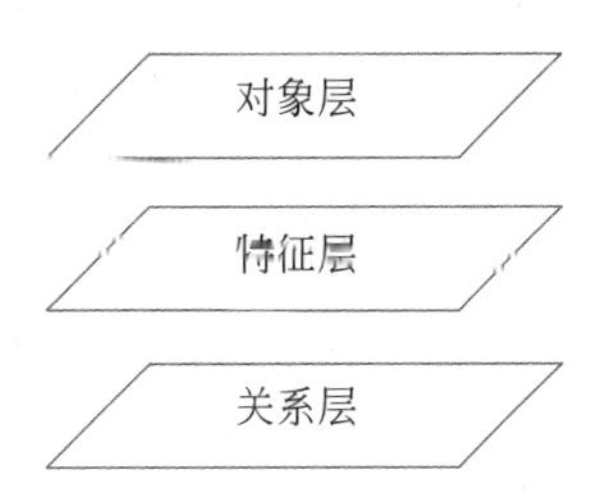

图 11-4 OOA 基本模型类图的 3 个层次

(2) 建立步骤。分析员大量的工作是对问题域和系统责任的调查研究,从而发现对象并确定它们的类。建立步骤如下。

① 用类符号表示每个类(对于主动对象,在类名之前加主动标记@),把它们画出来(有条件的应使用软件工具),这样便形成了 OOA 的基本模型(即类图)中的对象层。

② 在类描述模板中填写关于每个类的详细说明。

③ 在发现对象的活动中能够认识的属性和服务均可随时加入类符号,能够认识的结构和连接均可随时在类符号之间画出。

11.1.3 确定属性

1. 对象的属性和服务

面向对象程序设计以对象为基本单位来组织系统中的数据和操作,形成对问题域中事物的直接映射。面向对象方法用对象表示问题域中的事物,事物的静态特征和动态特征分别用对象中的一组属性和一组服务来表达。

一个对象就是由这样一些属性和服务构成的。对象的属性和服务描述了对象的内部细节。在 OOA 过程中,只有给出对象的属性和服务,才算对这个对象有了确切的认识和定义。属性和服务也是对象分类的根本依据,一个类的所有对象应该具有相同的属性和相同的服务。按照面向对象方法的封装原则,一个对象的属性和服务是紧密结合的,对象的属性只能由这个对象的服务存取。对象的服务可分为内部服务和外部服务:内部服务只供对象内部的其他服务使用，不对外提供；外部服务对外提供一个消息接口，通过这个接口接收对象外部的消息并为之提供服务。但是在实现中，不同的OOPL对封装原则的体现只有在属性与服务的结合这一点是共同的，信息隐蔽的程度各有差异。OOA应该适合不同的语言，所以在策略上不单纯以严格封装的OOPI为背景，如在定义服务时暂不考虑那些仅仅为了适应严格的封装才要求设置的服务。

服务需要进一步区别的是被动服务和主动服务。被动服务是只有接收到消息才执行的服务，它在编程实现中是一个被动的程序成分，如函数、过程、例程等。主动服务是不需要接收消息就能主动执行的服务，它在程序实现中是一个主动的程序成分，如用于定义进程或线程的程序单位。被动对象的服务都是被动服务，主动对象至少应该有一个主动服务。在定义服务的过程中，对于主动对象应指出它的主动服务。

2. 定义属性

为了发现对象的属性，首先考虑利用以往的OOA结果，查看相同或相似的问题域是否有已开发的OOA模型，尽可能复用其中同类对象的属性定义。然后，主要的工作是研究当前的问题域和系统责任，针对本系统应该设置的每类对象按照问题域的实际情况以系统责任为目标进行正确的抽象，从而找出每类对象应有的属性。

11.1.4 定义服务

分析员通过分析对象的行为发现和定义对象的每个服务，但对象的行为规则往往和对象所处的状态有关。

1. 对象状态与状态转换图

1）对象状态

目前，关于面向对象技术中的对象状态这个术语的含义有以下两种。

(1) 对象或类的所有属性的当前值。

(2) 对象或类的整体行为(如响应消息)的某些规则所能适应的(对象或类的)状况、情况、条件、形式或生命周期阶段。

按上述第(1)种定义，对象的每个属性的不同取值所构成的组合都可看作对象的一种新的状态。这样，对象状态数量是巨大的，甚至是无穷的。系统开发人员认识和辨别对象这么多状态既无可能也无必要。按第(2)种定义，虽然在大部分情况下对象的不同状态也是通过不同的属性值来体现的，但是认识和区别对象状态只着眼于它对对象行为规则的不同影响，即仅当对象的行为规则有所不同时才称对象处于不同状态。所以按这种定义，需要认识和辨别的状态数目并不多，可以勾画出一个状态转换图，以帮助分析对象的行为。下面通过一个例子来说明应如何认识对象状态。

先看“栈”这个对象。假如它的属性是1000个存储单元和一个栈顶指针；服务是“压入”和“弹出”，它有多少状态呢？如果按第1种定义，即使不考虑每个存储单元所存储的数据值的差别，仅考虑指针值，也有1001个(0～1000)状态，可是认识这么多状态并没有太大用处。按第2种定义，只需认识3种状态，即空(指针值＝0)、满(指针值＝1000)、半满(0＜指针值＜1000)。由这3种状态决定的对象的行为(服务)规则如表11-1所示。

表 11-1　栈的行为(服务)规则

服　务	状　　态		
	空	半　满	满
压入	可执行	可执行	不可执行
弹出	不可执行	可执行	可执行

在这个例子中,对象状态是对象现有属性的某些特殊值,没有专门定义一些描述对象状态的属性。

2）状态转换图

由于对象在不同状态下呈现不同的行为方式,因此要正确地认识对象的行为并定义它的服务就要分析对象状态。

(1）找出对象的各种状态。

(2）分析在不同状态下对象的行为规则有何不同。如果发现在开始所认识的几种状态下对象的行为规则并无差别,则应将其合并为一种状态。

(3）分析从一种状态可以转换到哪几种其他状态,对象的什么行为(服务)可以引起这种转换。

通过上述分析工作可以得到一个对象状态转换图,它是一个以对象状态为结点、以状态之间的直接转换关系为有向边的有向图。它的画法采用 3 种图形符号,其中,椭圆表示对象的一种状态,椭圆内部填写状态名;单线箭头表示从箭头出发的状态可以转换到箭头指向的状态,箭头旁边写明什么服务能引起这种转换,如果有附加条件或需要报错,则在服务名之后的圆括号或尖括号内注明;双箭头指出该对象被创建之后所处的第一个状态。栈对象状态转换图如图 11-5 所示。

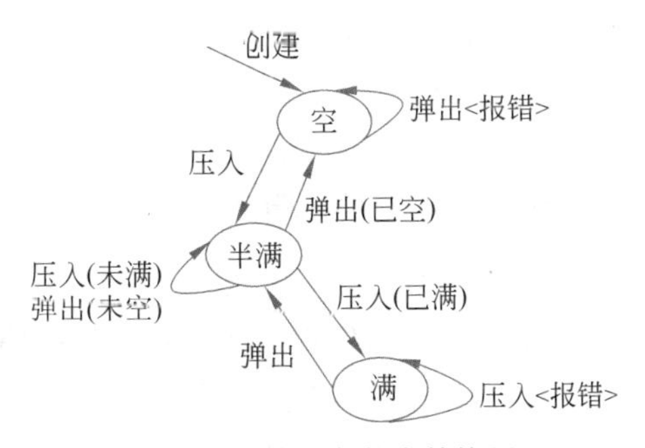

图 11-5　栈对象状态转换图

状态转换图是对整个对象状态/行为关系的图示,它附属于该对象的类描述模板。由于它只是描述了单个对象状态转换及其与服务的关系,并未提供超越对象范围的系统级信息,因此没有把它提高到系统模型的级别,而是作为类描述模板中的一项内容,并且不强调对每个类都一定要画出一个状态转换图,有些情况很简单的对象类,其状态转换图可以省略。分析对象状态并画出状态转换图,目的是更准确地认识对象的行为,从而定义对象的服务。

2. 行为分类

为了明确 OOA 应该定义对象服务,首先区分对象行为的不同类别。

1）系统行为

与对象有关的某些行为实际上不是对象自身的行为,而是系统把对象看作一个整体来处理时施加于对象的行为,即系统行为。例如,对象的创建、复制、存储(到外存)、(从外存)恢复、删除等。对于这类行为除非有特别的要求,OOA 一般不必为之定义相应的服务。

2)算法简单的服务

按照严格的封装原则,任何读写对象属性的操作都不能从对象外部直接进行,而应由对象中相应的服务完成,这样在实现每个对象时就需要在每个对象中设立许多这样的服务,即算法简单的服务。其算法十分简单,只需读取或设置一个属性的值,这是对象自身的行为。

3)算法复杂的服务

算法复杂的服务描述了对象所映射事物的固有行为,其算法不是简单地读写一个属性值,而要进行某些计算或监控操作。例如,对某些属性的值进行计算得到某种结果,对数据进行加工处理,对设备或外部系统进行监控并处理输入输出信息等。

3. 发现服务的策略与启发

发现、定义对象服务和 OOA 的其他活动一样,应使以往同类系统的 OOA 结果加以复用;应研究问题域和系统责任,以明确各个对象应该设立的服务及如何定义这些服务。特别要注意以下 4 个问题。

(1) 考虑系统责任。

(2) 考虑问题域。

(3) 分析对象状态。

(4) 追踪服务的执行路线。

4. 审查与调整

对每个对象已发现的服务逐个进行审查,重点检查以下两点。

(1) 每个服务是否真正有用。

(2) 每个服务是不是高内聚的。

5. 识别主动对象

(1) 在问题域中这个服务所描述的对象行为是不是主动行为?即它是由该对象主动呈现的还是由外来的因素引发的行为。

(2) 重点考虑与系统边界以外的活动者直接进行交互的对象,这些对象最有可能成为主动对象。这是因为,活动者往往并发地与系统进行交互,因此要求系统中为直接处理这种交互的对象提供主动服务。

(3) 根据系统责任观察系统功能的构成层次,重点考虑完成最外层功能的对象服务是否应定义为主动服务。因为按过程抽象的原则,一般由执行外层功能的系统成分把内层功能提交给其他成分完成,外层与内层是请求与被请求的关系,所以完成最外层功能的服务最可能是主动服务。

(4) 进行服务执行路线的逆向追踪,考虑每个服务是被其他哪些对象的哪些服务请求的,按消息传递的相反方向跟踪,直到发现某个服务不被其他成分请求,则它应该是一个主动对象的主动服务。

按以上策略，找到了主动服务就等于找到了主动对象。在主动服务的服务名和它所在类的类名之前各加一个主动标记@。OOA 标注的主动对象和主动服务不一定是最终的定局，因为在 OOD 阶段可能增加一些新的主动对象，还可能为提高或降低系统的并发度而人为地增加或减少主动对象。

6. 服务的命名和定位

服务的命名应采用动词或动词加名词组成的动宾结构，服务名应尽可能准确地反映该服务的职能。

服务放置在哪个对象中，应与问题域中拥有这种行为的实际事物相一致。例如，在《商场管理系统》中，售货服务应该放在售货员对象而不应放在货物对象，因为按问题域的实际情况和人的常识它是售货员的行为而不是货物的行为。如果考虑售货行为将使货物的现有数量减去被销售的数量，应在货物对象设置服务完成对属性的操作，那么应该将属性命名为售出，而不是售货，并且其功能不应包括收款、开票等操作，这才能将其放到货物对象中。

在一般/特殊结构中，和属性的定位原则一样，通用的服务放在一般类，专用的服务放在特殊类，一个类中的服务应适合这个类及其所有特殊类的每个对象实例。

7. 服务的详细说明

在每个类描述模板中应给出每个服务的详细说明，以下是关于服务的详细说明中应包括的一些主要内容。

(1) 服务解释。用一段简练的文字解释该服务的作用及功能。

(2) 消息协议。给出服务的入口消息格式，即请求该服务的消息格式，内容包括服务名、输入输出参数、参数类型。在并发系统中，一个服务可能接收多种消息。

(3) 消息发送。指出在这个服务执行时需要请求哪些别的对象服务，内容包括接收消息的对象类名及执行这个消息的服务名。

(4) 约束条件。如果该服务的执行有前置条件、后置条件及执行时间的要求等其他需要说明的事项，则在这里加以说明。

(5) 服务流程图。对于功能比较复杂的服务，要给出一个服务流程图，表明该服务是怎样执行的。这里采用的一种表示符号如图 11-6 所示。

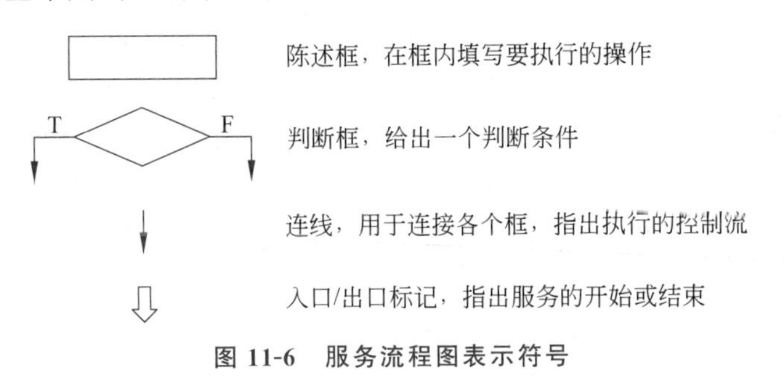

图 11-6　服务流程图表示符号

11.1.5 对象间的通信

在前面主要讨论了系统中的每类对象及它们的内部特征。通过认识系统中的对象对它们进行分类,进而分析和定义它们的内部特征,得到构成系统的各个基本单位——对象类。现在将从各个单独的对象转移到对象以外,分析和认识各类对象之间的关系,以建立 OOA 基本模型(类图)的关系层。只有定义和描述了对象类之间的关系,各个对象类才能构成一个整体的、有机的系统模型。对象(以及它们的类)与外部的关系有以下 4 种。

(1) 对象之间的分类关系,即对象类之间的一般/特殊关系(继承关系),用一般/特殊结构表示。

(2) 对象之间的组成关系,即整体/部分关系,用整体/部分结构表示。

(3) 对象之间的静态关系,即通过对象属性反映的关系,用实例连接表示。

(4) 对象之间的动态关系,即对象行为之间的依赖关系,用消息连接表示。

表示上述关系的两种结构和两种连接将构成 OOA 基本模型(类图)的关系层。在建立关系层之前没有建立完善的、不再变化的对象层和特征层,那么定义关系层不只是在已有的类之间建立这些关系。实际上,对结构与连接的分析还将启发分析员进一步完善对象层和特征层,包括发现一些原先未认识的类、重新考虑某些对象的分类、对某些类进行调整及对某些类的属性和服务进行增加、删除或调整其位置。

1. 识别结构

这里将主要研究一般/特殊结构和整体/部分结构。

1) 结构的意义和作用

一般/特殊结构和整体/部分结构能使分析人员和领域专家的注意力集中在具有多个类和对象的复杂问题上。而且,使用结构能使分析人员考虑到问题的边缘,并揭示那些尚未发现的类和对象。除此以外,一般/特殊结构具有继承性,一般类和对象的属性和方法一旦被识别即可在特殊类和对象中使用。

对于每组类和对象,检查每个类的一般/特殊结构和整体/部分结构。

2) 如何定义一般/特殊结构

在此首先给出一般/特殊结构的表示法和策略,然后给出它的结构层次和网络。

(1) 表示法。11.1.1 节已介绍一般/特殊结构的表示,如图 11-2(c)所示:顶部是一个一般类,下面是两个特殊类,它们之间用线连接,一个半圆形的标记表明图形一般/特殊结构这种表示法是有向的,从半圆中心画一条线所指到是一般类。一般来说,一般类总是放在上部,而特殊类放在下部,这样布置有助于对模型的理解。

一般/特殊结构线的端点位置表明这是类(而不是对象)之间的映射。每个特殊类的名称必须能充分地反映它自己的特征。比较合适的特殊类名称可由相应的一般类名加上能描述该特殊类性质的形容词组成。例如,对于名为传感器的一般类,其特殊类可称为标准传感器。

所有最底部的特殊类必须使用“类-对象”符号,而其他地方既可用“类-对象”符号也可用类符号。

(2) 策略。将每个类看成是一般类，针对它的潜在特殊类提出以下问题。

① 它是属于该问题域吗？

② 它是该系统的任务吗？

③ 存在继承性吗？

④ 特殊类满足类-对象的准则吗？

以类似的方式，将每个类考虑为特殊类，并对它潜在的一般类提出相同的问题。查看以前相同或类似问题的面向对象分析结果，寻找可以直接复用的一般/特殊结构并吸取有关教训；同时，如果存在许多特殊类，则首先考虑最简单的和最复杂的特殊类，然后处理其他的。例如，考虑“飞机”对象，它可以按不同的分类方式进行特殊分类。

① 军用飞机和民用飞机。

② 喷气飞机和普通飞机。

③ 固定翼飞机与可变翼飞机。

④ 商用飞机和私人飞机。

⑤ 在航行中的飞机和在地面上的飞机。

首先，在每种情况下，查看潜在的属性和方法，检查特殊对象之间的区别，同时检验它们是不是真实的特殊类。例如，尽管汽车和飞机有某些属性是相同的，但绝不能说汽车就是飞机的特殊类。同时考虑该特殊类是否属于该问题域。又如，所考虑的系统是否关心飞机是固定翼还是可变翼这个问题。

其次，将某个类看作特殊类。那么，是否从该问题域中的其他类就能找到一个一般类，且它能表示共同的属性、方法或二者兼有呢？是否一般对象反映了真实的一般？是否一般对象本身仍在问题域的范围内？

采用继承显式表达属性和方法的共同部分，这可以实现在一般/特殊结构中恰如其分地分配属性和方法。将共同的属性放在上层，而将特有的属性放到下层；将共同的方法放在上层，而将特有的方法放到下层。

一般/特殊结构的准则之一就是它是否反映了问题域中的一般/特殊关系，不要为了提取某个公共属性而引入一个一般/特殊结构。

(3) 层次与网络。每个一般/特殊结构均形成层次或网络。在实践中，一般/特殊结构的最普通形式就是层次，如图 11-7 所示。

在本例中包括人员、雇主、员工或员工兼雇主，这时，该层次的特殊类中存在着一些冗余信息。借助于一般/特殊网络还可以研究其他问题域的特殊类，而且可以显式地表示更多属性和方法的公共部分。

图 11-8 中的例子表明在某个问题域中的人员是一个雇主、一个员工或二者兼有，特殊类员工兼雇主。描述了一个有着多重直接一般类的类，它表明一个对象继承了来自其祖先的属性和方法。如果这个类本身还有属性和方法，则它们将出现在特殊类员工兼雇主中。

因此，网络能够描述复杂的特殊类；有效地表示公共部分；对模型的复杂程度影响较小。

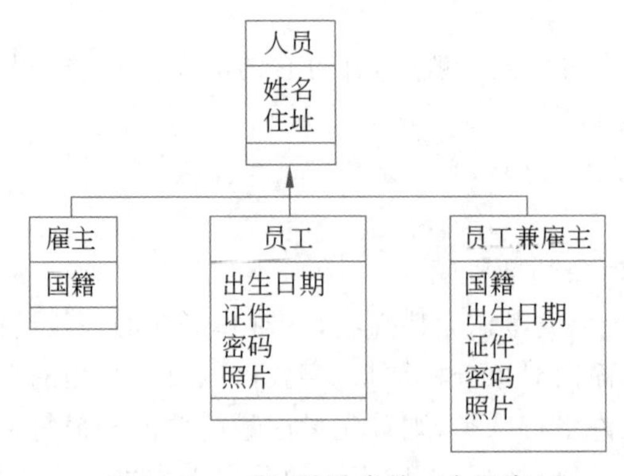

图 11-7 一般/特殊类的一个层次

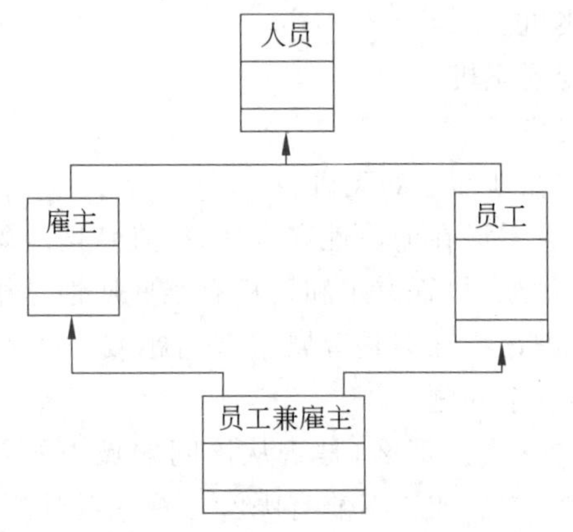

图 11-8 网络一般/特殊结构

然而,随着特殊类的增加,网络结构将变得非常复杂。如果出现这种情况,可考虑将网络的某部分重新组合为另一个层次。同时要注意在一个以上的直接一般类中使用相同的属性名会导致类-对象规范的混乱。

一般/特殊结构网络可以表示两个不同一般/特殊结构的重叠或组合,图 11-9 是一个员工的结构和一个人员的结构的重叠。实际上,更常见的是多个一般/特殊结构依次出现,并用实例连接互相映射。

3) 如何定义整体/部分结构

整体/部分关系是人类思维的基本方法之一。在面向对象分析中,它对于在问题域和系统任务的边界区域中识别类-对象是非常有用的,同时它还能将具有特殊的整体/部分关系的类-对象组织到一起。

(1) 表示法。11.1.1 节讲过整体/部分结构可用图 11-2(d)表示:在顶部是一个整体对象类(用类-对象符号表示的对象类),下部是部分对象类(用类-对象符号表示的对象类),它们之间用线(结构线)连接。三角形标记表明这是整体/部分结构,这种表示法是有向的。将整体放在上部而将部分放在下部可以使模型便于理解。根据该模型,整体可有多个部分,也可有不同种类的部分。整体/部分结构线的终点位置反映了对象之间(而不

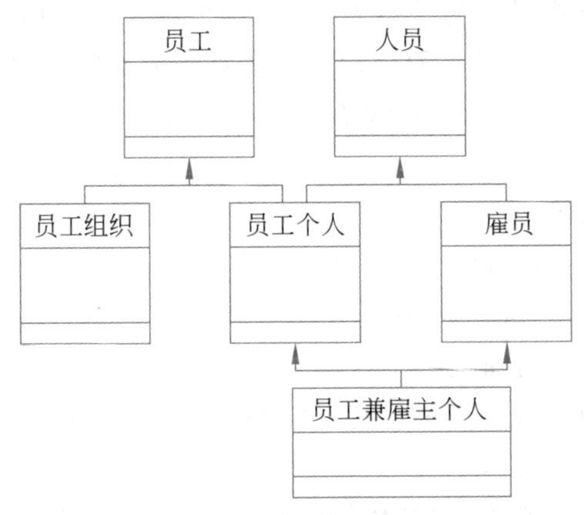

图 11-9　一般/特殊结构的重叠网络

是类之间)的映射。整体/部分结构线的每端都标有一个量或区域,它表示该整体可以拥有的部分数,反之亦然。

(2) 策略。策略由两部分组成:一部分是确定什么;另一部分是考虑什么。

当确定潜在的整体/部分结构时,可以考虑一些变种情况:总成-部件;容器-内容;集合-成员。

除此以外,还应查看以前相同或类似问题的面向对象分析结果,确定能直接复用的整体/部分结构,并吸取有关的教训。

下面考虑整体/部分结构的变种。一架飞行器是一个总成,而发动机是该总成的部件,如图 11-10(a)所示。人如果将飞行器考虑成一个容器,则飞行员就是容器中的内容,如图 11-10(b)所示。如果将飞行段看作成员,则飞行计划就是它们的有序集合,如图 11-10(c)所示。该有序约束可在整体(即飞行计划)的类-对象规范中指定。

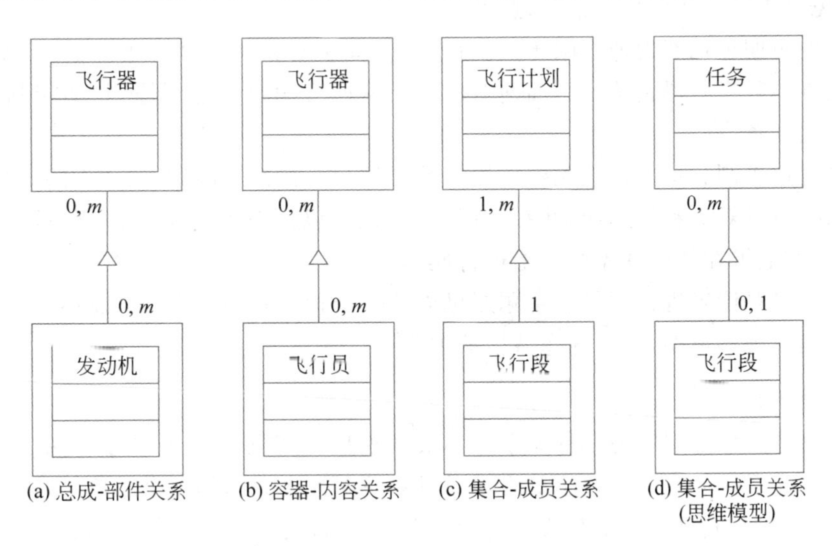

图 11-10　整体/部分结构的变种

整体/部分是人类分析思维的基本方法之一,领域专家运用集合-成员关系来分析复杂问题,如图 11-10(d)所示。另一种分析方法就是实例连接,虽然它的意义有限,但还是能反映这种映射关系的。在将每个对象看成整体的前提下,对它的潜在部分应考虑下列问题。

① 是否属于该问题域?

② 是否属于该系统的任务?

③ 所反映的是多个状态值吗?

④ 是否提供了有价值的抽象?

同样,在将每个对象看成部分的前提下对每个潜在的整体考虑同样的问题。

4) 多重结构

多重结构包括一般/特殊结构、整体/部分结构或二者的各种组合结构。多重结构通常是自底向上的,但有时也可以用实例连接来依次映射。

2. 识别主题

在面向对象分析中,主题是一种指导读者或用户研究大型复杂模型的机制。在初步面向对象分析的基础上,主题有助于分解大型项目以便建立工作小组。主题所提供的机制可控制一个用户必须同时考虑的模型数目,同时它还可以给出面向对象分析模型的总体概貌。

主题所依据的原理是整体/部分关系的扩充。因此,识别主题的主要基础是以一般/特殊结构和整体/部分结构为标志的问题域复杂性。在这种方式下,主题就是用来同整个问题域和系统任务这个总体进行通信的部分。

真实系统有着大量的对象和结构。例如,本书所述的《空中交通管制系统》就有数以百计的对象。任何方法及其应用是否成功的一个重要标志就是它应该提供好的通信条件,以避免分析人员和用户的信息过量。

人类的短期记忆能力似乎限于一次记忆 5~9 个对象。这就是著名的 7±2 原则,它可从不同方面解释并得到验证。面向对象分析从两方面贯彻这一原则,即控制可见性和指导读者的注意力。

首先通过控制分析人员能见到的层次数目控制可视性。例如,在分析的 5 个层次中,读者可选择只看对象和结构层,并在该层操作,也可以只考虑对象、结构和属性这 3 个层次,因而事实上可在任何抽象层次上进行操作。

其次可以对读者进行引导。主题层可以从一个相当高的层次表示总体模型。该主题层能指导读者观察模型,总结问题域中的主题。

3. 实例连接

这里讨论对象之间的另一种关系——实例连接。实例连接又称为链,用于表达对象之间的静态关系。静态关系是指最终可通过对象属性来表示的一个对象对另一个对象的依赖关系,与它形成对照的是对象之间的动态关系,即对象之间在行为(服务)上的依赖关系,这种关系在现实中是大量存在的,并常常与系统责任有关。例如,教师为学生指导毕业论文,人员承担一项工作任务,司机驾驶某辆汽车,一家公司订购另一家公司的产品,两个城市之间有航线连通等,都属于这种关系。如果这些关系是系统责任要求表达的,或者为实现系统责任目标提供了某些必要的信息,则 OOA 应该把它们表示出来,即在以上每两类对象之间建立实例连接。

实例连接是对象实例之间的一种二元关系,在实现之后的关系中它将落实到每对具有这种关系的对象实例之间,如具体地指明哪个教师为哪个学生指导毕业论文。但是在 OOA 中没有必要做如此具体的表示,只需在具有这种实例连接关系的对象类之间统一地给出这种关系的定义。

(1) 表示法。在这里只讨论实例连接中的一种最简单的情况,即两类对象之间不带属性的实例连接,其表示法如图 11-11(a)所示;在具有实例连接关系的类之间画一条连接线把它们连接起来;连接线的旁边给出表明其意义的连接名(无误解时可以省略);在连接线的两端用数字标明其多重性。这种多重性有 3 种情况,即一对一的连接、一对多的连接和多对多的连接,如图 11-11(c)所示。图 11-11(b)和(d)是两个具体的例子。

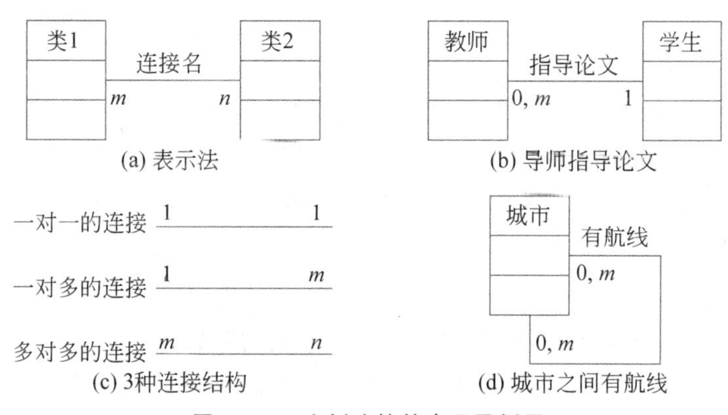

图 11-11　实例连接的表示及例子

实例连接线每端所标的数,其方式和整体/部分结构一样,可以是一个固定的数、一个不固定的数、一对固定的或不固定的数,各种方式的含义也和整体/部分结构一样。线的一端所标的数表明本端的一个对象将和另一端的几个对象建立连接,即它是本端对另一端的要求。例如,一个教师可能指导 $0 \sim m$ 个学生的论文,所以在教师端标 $0, m$,一个学生的论文只由一个教师指导,所以在学生端标 1。

(2) 实现方式。分析员在工程实践中应独立于具体的实现条件建立 OOA 模型,但是当学习一种 OOA 方法时,则应适当地了解这种方法提供的 OOA 概念可以用什么技术来实现。这将有助于分析员更恰当地运用各种 OOA 概念。

实例连接一般可用对象指针(也可用对象标识)来实现。即在被连接的两个类中选择其中一个,在它的对象中设立一个指针类型的属性,用于指向另一个类中与它有连接关系的对象实例。

这种属性一般只要在一个类的对象中设立就够了(除非系统要求从两个方向都能快速地相互查找和引用)。若连接线的某端标注的多重性是固定的,且数量较少,则在这一端的对象中设立指针对实现较为有利。例如,图 11-11(b)所示的例子,在学生对象中设立指向教师对象的指针较好,若在教师对象中设立指针,则将因数量不固定而带来空间浪费或处理上的麻烦。

(3) 实例连接与整体/部分结构的异同。实例连接与整体/部分结构有某些相似之处，在概念上它们都是对象实例间的一种静态关系，并且都是通过对象的属性来体现的。但是，整体/部分结构中的对象在现实世界中含有明显的 has-a 语义，实例连接中的对象之间则没有。

11.2 面向对象设计

11.2.1 面向对象设计的概念

分析是提取和整理用户需求并建立问题域精确模型的过程。设计则是把分析阶段得到的需求转变成符合成本和质量要求的、抽象的系统实现方案的过程。从面向对象分析到面向对象设计(Object-Oriented Design，OOD)是一个逐渐扩充模型的过程。或者说，面向对象设计就是用面向对象观点建立求解域模型的过程。

尽管分析和设计的定义有明显区别，但是在实际的软件开发过程中二者的界限是模糊的。许多分析结果可以直接映射成设计结果，而在设计过程中又往往会加深和补充对系统需求的理解，从而进一步完善分析结果。因此，分析和设计是一个多次反复迭代的过程。

1. 面向对象设计的框架

面向对象分析主要模拟问题域和系统任务，而面向对象设计是面向对象分析的扩充，主要增加各种组成部分。具体来说，面向对象分析识别和定义类-对象，这些类-对象直接反映问题域和系统任务。而面向对象设计识别和定义其他附加类-对象，它们反映需求的一种实现。当然，也可以交替地进行这两个阶段的工作，特别是在开发人员较少、环境便于原型开发时，面向对象分析与设计的相互交织更具明显的优越性。

面向对象设计的模型由 5 层组成，在设计期间主要扩充 4 个组成部分，即人机交互、问题域、任务管理和数据管理，如图 11-12 所示。

图 11-12 多层次、多组成部分模型

人机交互部分包括有效的人机交互所必需的实际显示和输入。面向对象分析的结果放在问题域部分，在该部分中需要管理面向对象分析的某些类-对象、结构、属性和方法的组合与分解。任务管理部分包括任务定义、通信和协调，也包括硬件分配、外部系统及装置协议。数据管理部分包括对永久性数据的访问和管理，它分离数据管理机构所关心的事项(文件、关系数据库、面向对象数据库等)。

2. 对象描述

客观世界是由各种对象组成的，任何事物都是对象，复杂的对象可由相对简单的对象以某种方式组成。传统意义上的数据单元和处理单元可被统一地定义成对象。

在《图书管理系统》中,有关的实体是书。作为一个对象,每册书都有标识和可修改的内部状态。例如,有人借阅书时,需要把它的状态改为借阅,从这些状态的变化即可知道每册书的借阅情况。这些状态的改变是通过执行方法来完成的。例如,有关一本书的有意义的方法是借书和还书。方法不仅仅局限于某个对象,还可被多个对象共享。

通常,以数据类型作为参数来定义对象的方法及其状态成分,这些数据类型构成一个值域。值(数据)是无状态的抽象,在实际问题中,可看作是属性的内容(状态成分)、复杂属性的索引(如数组)及方法的参数等。为了简单起见,假定所要求的数据类型(如布尔、自然数等)都是已定义的。

有些数据类型扮演着很重要的角色,它们的值可以标识对象。对象的名字可以在定义对象时使用,而不必知道该对象的内部结构。

一般来说,一个对象描述可由下列几部分组成:

```
object obj
importing data types data
constants C
methods M
attributes A
valuation V
safety S
liveness L
end
```

对象特征由子句 importing data types、constants、methods 及 attributes 定义。用一个三元组(Σ,M,A)表示,其中,数据元组 Σ 提供独立于状态的信息,给出放置对象的上下文;方法元组 M 提供对象可能执行的动作;属性元组 A 提供依赖于状态的信息。

11.2.2 面向对象设计的准则及启发规则

优秀的设计权衡了各种因素,从而使系统在其整个生命周期中的总开销最小。对于大多数软件系统而言,60%以上的软件费用都用于软件维护,因此,优秀软件设计的一个主要特点就是容易维护。软件设计的基本原理在进行面向对象设计时仍然成立,但是增加了一些与面向对象方法密切相关的新特点,从而具体化为下列面向对象设计准则。

1. 面向对象设计准则

(1) 模块化。

(2) 抽象。

(3) 信息隐藏。

(4) 弱耦合。

(5) 强内聚。

(6) 可扩充性。面向对象易扩充的设计,继承机制以两种方式支持扩充设计。第一,继承关系有助于复用已有定义,使开发新定义更加容易。随着继承结构逐渐变深,新类定

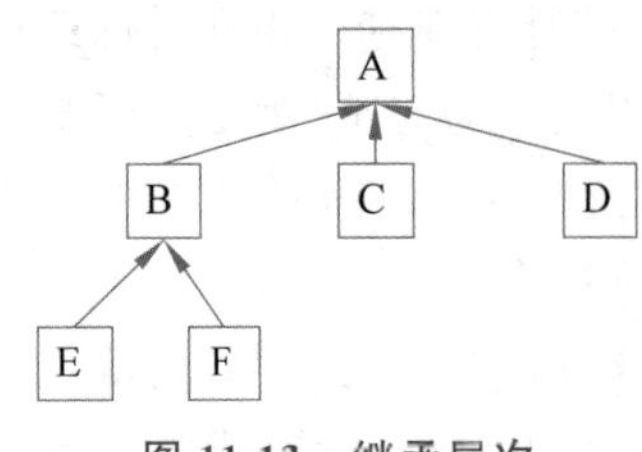

图 11-13　继承层次

义继承的规格说明和实现的量也就逐渐增大。这通常意味着，当继承结构增长时，开发一个新类的工作量反而逐渐减小。第二，在面向对象的语言中，类型系统的多态性也支持可扩充的设计。图 11-13 展示了一个简单的继承层次。

(7) 可集成性。面向对象设计过程产生便于将单个构件集成为完整设计的设计。

(8) 支持复用。软件复用是提高软件开发生产率和目标系统质量的重要途径。复用基本上从设计阶段开始。复用有两方面的含义：一是尽量使用已有的类(包括开发环境提供的类库和以往开发类似系统时创建的类)；二是如果确实需要创建新类，则在设计这些新类的协议时应该考虑将来的可重复使用性。

(9) 类的设计准则。在任何面向对象的应用中，类实例是系统的主要组成部分，而且如果采用纯面向对象方法，那么整个系统就是由类实例组成的。因此，每个独立的类的设计对整个应用系统都有影响。下面简单介绍进行类的设计时所要考虑的一些因素，归结为以下 8 条准则。

① 类的公共接口的单独成员应该是类的操作符。

② 类 A 的实例不应该直接发送消息给类 B 的成分。

③ 操作符是公共的，仅类实例的用户可用。

④ 属于类的每个操作符要么访问，要么修改类的某个数据。

⑤ 类必须尽可能少地依赖其他类。

⑥ 两个类之间的互相作用应该是显式的。

⑦ 采用类继承超类的公共接口，开发子类成为超类的特殊。

⑧ 继承结构的根类应该是目标概念的抽象模型。

前 4 条准则着重讲述类接口的适当形式和使用。第①条准则要求的信息隐蔽增强了开发表示独立的设计。第②条准则进一步说明类这种封装性，它禁止访问类的部分表示的类实例。这些准则都强调了一个类是由其操作集来刻画的，而不是其表示的思想。第③条准则把公共接口定义为在类表示中包含了全部的公共操作集。第④条准则要求属于类的每个操作符都必须表示其建模的概念行为。这 4 条准则为设计者指明了开发、分解类接口及类表示的方向。

后 4 条准则着重考虑类之间的关系。第⑤条准则要求设计者尽可能少地连接一个类与其他类。如果一个正被设计的类需要另一个类的许多设施，也许这种功能应表示成一个新类。第⑥条准则试图减少或消除全局信息。一个类所需要的任何信息都应该从另一个类中用参数显式地传递给它。第⑦条准则禁止使用继承性开发新类的公共接口之外的部分。利用类实例作为另一个类的部分表示的最佳方法是，在新设计的类表示中声明支持类实例。第⑧条准则鼓励设计者开发类的继承结构，这种类是抽象的特殊。这些抽象导致了更多的可复用子类，并确定了子类之间的不同。

2. 面向对象设计启发规则

(1) 设计结果应该清晰、易懂。使设计结果清晰、易懂、易读是提高软件可维护性和可重用性的重要措施。显然,人们不会重用那些他们不理解的设计。要做到以下 4 点。

① 用词一致。

② 使用已有的协议。

③ 减少消息模式的数量。

④ 避免模糊的定义。

(2) 一般/特殊结构的深度应适当。

(3) 设计简单类。应该尽量设计小而简单的类,这样便于开发和管理。为了保持简单,应注意以下 4 点。

① 避免包含过多的属性。

② 有明确的定义。

③ 尽量简化对象之间的合作关系。

④ 不要提供太多的操作。

(4) 使用简单的协议。一般来说,消息中的参数不要超过 3 个。

(5) 使用简单的操作。面向对象设计出来的类中的操作通常都很少,一般只有 3～5 行源程序语句,可以用仅含一个动词和一个宾语的简单句子描述它的功能。

(6) 把设计变动减至最小。通常,设计的质量越高,设计结果保持不变的时间越长。即使出现必须修改设计的情况,也应该使修改的范围尽可能小。

11.2.3 面向对象设计的方法

1. 面向对象设计范式与过程设计范式

设计范式是用其分解过程的观点来刻画的。过程范式采用面向任务的观点,当提出一种解决目标问题的方法时,过程范式就开始支持设计过程,所提出的解决方法是通过将其分解成一系列任务来完成的,这些任务形成了过程应用程序的基本结构。分析阶段开发的信息成为设计阶段的输入部分,但它是用不同于设计阶段的术语表示的。由于这种原因,传统的软件生命周期观点包含了分析和设计之间的不必要的界限。这种界限导致从分析阶段的问题域到设计阶段的分解域的不一致。

面向对象设计范式采用建模的观点。在传统的软件生命周期中,分析和设计与开发问题域的模型紧密相关,而在面向对象的生命周期中保留了明显的独立结构。人们把问题域作为一系列相互作用的实体可以构造出模型。实体的基于软件模型及模型间的关系汇集成应用程序的基本结构。这样,在分析阶段开发的信息就成为设计阶段的一个主要部分。这种极其自然的过渡利用了“构件”的一致性,这种一致性与结构化分析和结构化设计之间有着完全不同的观点。

由过程设计范式产生的构件是执行任务的过程,这些是设计阶段的“人工制品”,并且与所提出的解决方法有关。由面向对象范式产生的构件是实体描述,即类。许多这样的描述可直接反映原始问题。尽管许多类并不表示物理对象,但它们是概念上的实体,可以用问题域的术语来描述。

在面向对象的语言中,世界被看作独立对象的集合,相互之间通过过程(通常称为消息)进行通信。对象是主动的,而过程(消息)是被动的,过程(消息)和它们的参数一起从一个对象传递到另一个对象。一个对象根据提交给它的请求(即过程、又称方法)并基于这些过程(方法)进行行动,因此以数据(即对象)为中心。面向对象的程序设计方法鼓励程序员集中主要精力处理数据,而不是代码。由于抽象数据类型普遍地被应用于模拟应用领域内的实体,它们为程序的模块化提供了一个自然的基础,其面向对象程序的结构可以非常相似于应用领域中的结构。而在面向过程程序设计中,程序员被强迫基于过程组织程序模块,这就导致了程序的结构与应用领域中的差距很大。

2. 两种设计范式的比较

过程设计范式通过考虑必须执行的组任务来开发系统,可以将其功能分解成一组任务。这种层次结构同时说明了逐步求精的过程,层次结构中的每层表示更详细的功能。

面向对象设计范式通过识别问题的实体来开发系统。这些实体的抽象将成为系统的基本成分类,类的规格说明用来补充传统的需求说明的信息。面向对象的需求说明用对象和分类把传统的系统功能需求与面向对象操纵的对象描述融合在一起。系统规格说明对设计者和用户都是有用的。对于后者,描述并不是求解域的一部分,而是问题域的一部分;对于前者,由于设计将保留并直接构造在分析阶段识别的对象,因而和基于计算机对这个问题求解相比,用户更与问题有关,这使得用户和设计者之间的通信更加便利。

上面识别的实体及其他一些实体表示为实体-关系图。使用实体-关系图来表示实体和实体间的关系,称这种图是问题的语义数据模型。之所以命名为语义数据模型,是因为它允许表示更宽范围的信息,这一点优于其他的数据模型,如关系模型等。

这两种技术都不是集中在一种抽象的类型上,把所有其他的类型排斥在外。在过程抽象时,过程设计范式必须考虑设计过程中数据表示所必要的结构。同样面向对象设计范式在设计中需要操纵一个对象的操作符时,可能采用功能分解法。

对象模型支持软件开发的全生命周期。从需求分析阶段开始就识别了对象,通过开发问题域的实体的规格说明,实际上就在应用程序中构造了良好的组织结构,这些对象形成了用问题域术语所写的高层定义。在定义的求精期间,也就确定了应用实体、其他实体或类的实现。

在构造面向对象系统时,分析阶段的工作与设计阶段的工作联系得更加紧密,这是因为有公共的对象模型。在分析阶段,分析者确定了问题域对象;而在设计阶段,设计者为特定的基于计算机的解规定了额外的必要对象,有关实现级的对象还需要重复设计过程。

11.3 使用 PowerDesigner 画《学生教材购销系统》的 9 种图

11.3.1 《学生教材购销系统》的用例图

1. 确定参与者

在本系统的 UML 建模中,可以创建的参与者有教材保管员和学生。

2. 创建用例

根据业务流程,本系统的用例包括基础数据配置、教材采购、教材销售、打印报表、统计分析、个人信息维护、教材查询、订购、缺书登记、订单维护(包括增加、删除、查询)。

3. 创建用例图

教材保管员和学生的用例图分别如图 11-14 和图 11-15 所示。

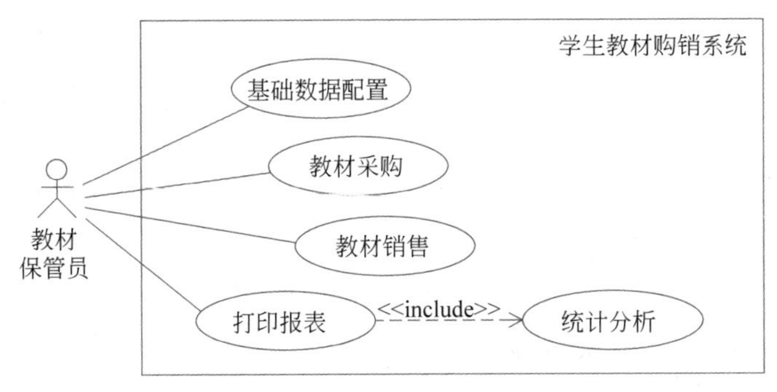

图 11-14 教材保管员用例图

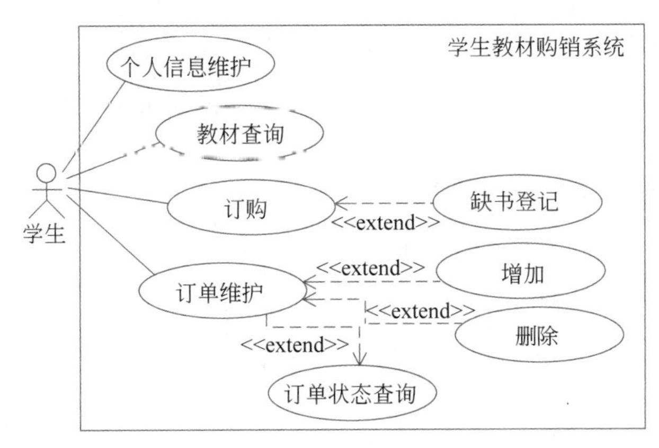

图 11-15 学生用例图

11.3.2 《学生教材购销系统》的类图

《学生教材购销系统》的类图如图 11-16 所示。

类图说明:

(1) Person 类是所有操作者的父类,里面封装了与人相关的属性和操作,其中属性包括 ID 编号(在数据库自动生成)、姓名 name、密码 password、性别 sex、余额 remainingMoney,操作包括根据某人的 ID 查询,根据姓名进行查询,设置某人的姓名、密码、性别、余额等。

(2) Administrator 类继承自 Person 类,表示所有的管理员,除了可以获得 Person 类的所有属性和方法外,还有学院 academy 这一特有属性,以及购书方法 purchaseBooks()、缺书登记方法 lackBookRegister()、通过购书单方法 approveBookOrders()。

(3) StudentInfo 类继承自 Person 类,表示所有的学生,除了可以获得 Person 类的所有属性和方法外,还有学院 academy、专业 major、年级 grade、班级名 className 这些特有

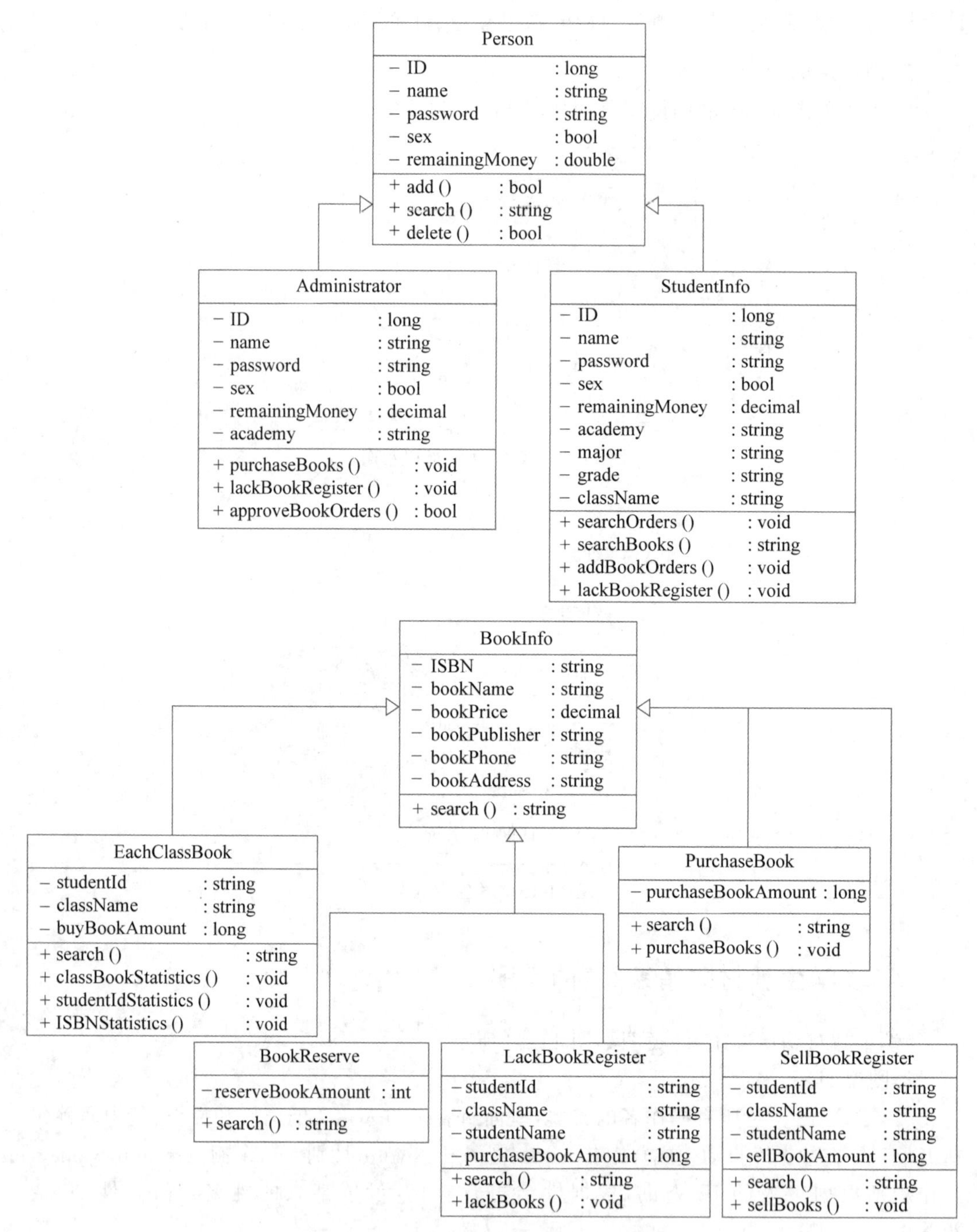

图 11-16 《学生教材购销系统》的类图

的属性，以及查询订单方法 searchOrders()、查找书本方法 searchBooks()、增加书本订单方法 addBookOrders()、缺书登记方法 lackBookRegister()。

(4) BookInfo 类是所有书本的父类，里面封装了一些属性和方法，其中包括书号 ISBN、书名 bookName、书价 bookPrice、出版社 bookPublisher、联系电话 bookPhone、出版社地址 bookAddress,方法包括依据书号进行查询、依据书名进行查询、依据出版社进行查询。

(5) EachClassBook 是每个班级购书类,有学生学号 studentId、班级名 className、购书的数量 buyBookAmount 这些属性,还有查询方法 search()、班级用书统计 classBookStatistics()、每个学生的用书统计 studentIdStatistics、同一本书被使用的次数统计 ISBNStatistics。

(6) BookReserve 类表示库存书的数量,属性有库存书的数量 reserveBookAmount,方法有查询 search()。

(7) LackBookRegister 类表示缺书登记,属性有学号 studentId、班级名 className、学生姓名 studentName、需要购买书的数量 purchaseBookAmount,方法有查询 search()、缺书登记 lackBooks()。

(8) PurchaseBook 类表示需要购书的数量,属性有需要购书的数量 purchaseBookAmount,方法有查询 search()、购书 purchaseBooks()。

(9) SellBookRegister 类表示卖书,属性有学号 studentId、班级名 className、学生姓名 studentName、卖出书本的数量 sellBookAmount、方法自查询 search()、卖书登记 sellBooks()。

图 11-17 为各个类之间的关系图。

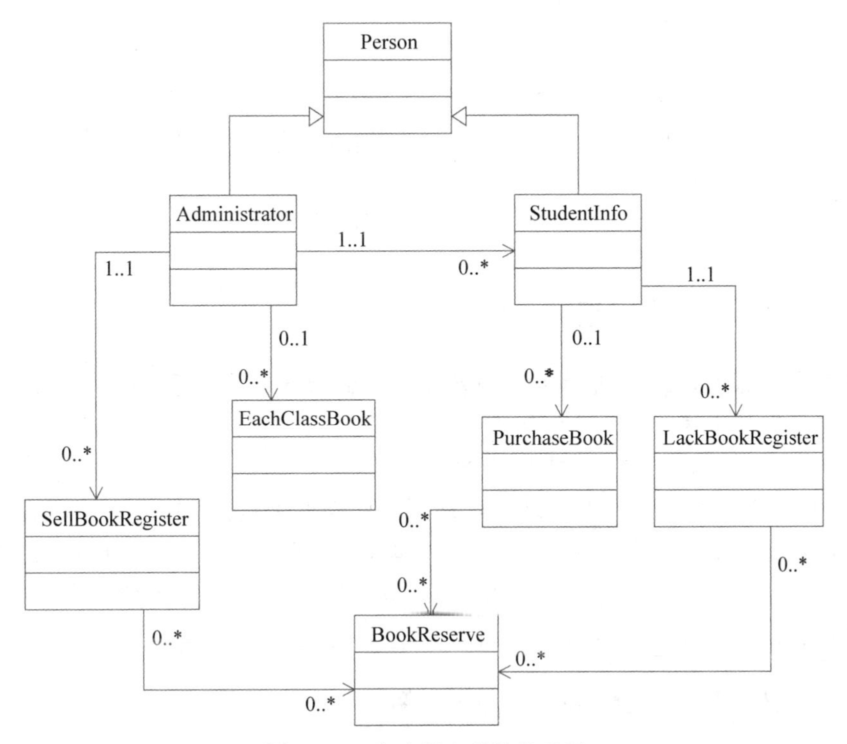

图 11-17 各个类之间的关系图

11.3.3 《学生教材购销系统》的对象图

图 11-18 表示 Administrator 和 StudentInfo 的对象图。

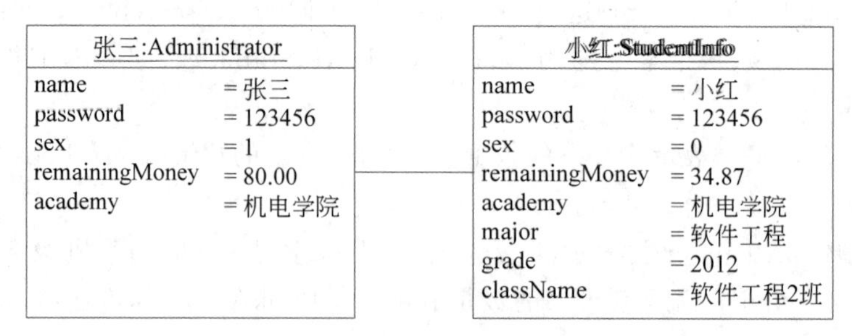

图 11-18 对象图

11.3.4 《学生教材购销系统》的状态图

图 11-19 为订单状态图。

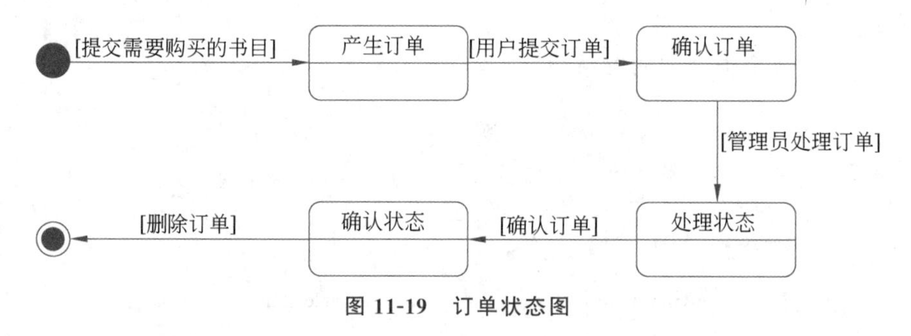

图 11-19 订单状态图

11.3.5 《学生教材购销系统》的活动图

活动图为垂泳道,每个泳道表示工作流中不同的参与者。查看泳道中的活动,就可以知道某个参与者的责任。通过不同泳道中活动的过渡,可以了解谁要与谁进行通信。这些信息在建模或理解业务过程时非常重要。

图 11-20 为学生提交订单和管理员处理订单活动图。从图 11-20 中可以看出,学生登录系统后进行了书目查询并提交了订单,订单提交完后等待管理员的审核,管理员处理订单,看库存是否充足。若不足进行缺书登记,并更新订单状态,反馈给学生正在购买;若充足直接更新订单状态,表明订单已处理。

11.3.6 《学生教材购销系统》的顺序图

图 11-21 为学生订购教材顺序图。从图 11-21 中可以看出,首先学生输入用户名和密码登录系统,系统提示用户登录成功,然后输入查询条件查询需要购买的书目,系统返回查询结果,用户选择自己需要的书目提交给系统,系统生成订单,并提交给数据库,数据

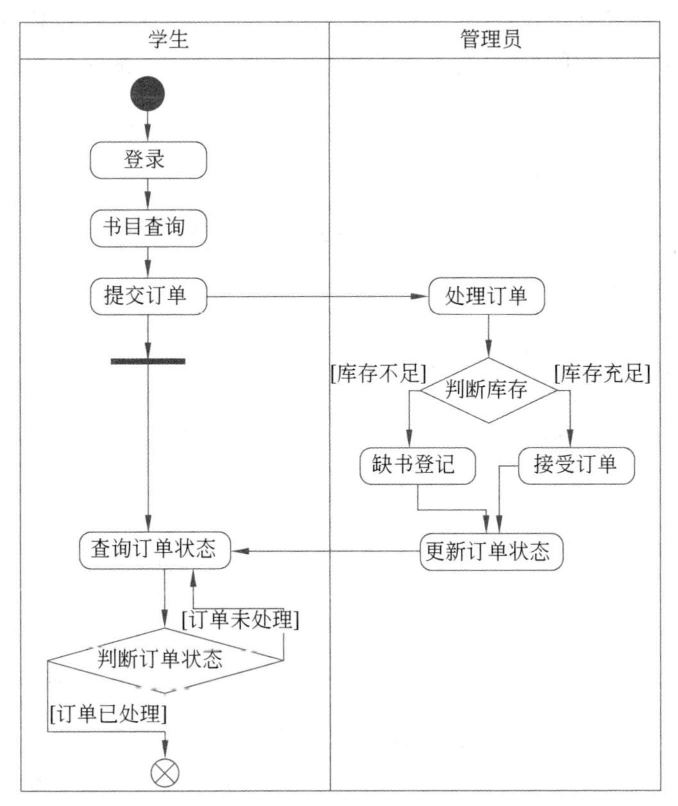

图 11-20 学生提交订单和管理员处理订单活动图

库返回结果,系统提示用户订购成功。

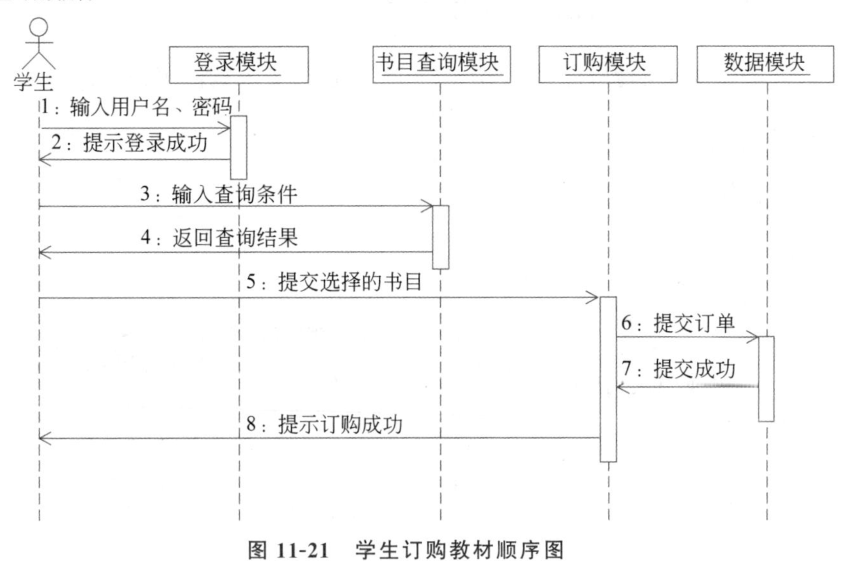

图 11-21 学生订购教材顺序图

图 11-22 为管理员采购图书顺序图。同样,从该图中可以看出,管理页输入账号和密

码登录系统,系统提示登录成功,然后输入缺书查询条件查询缺书情况,系统返回查询结果,管理员选择需要采购的书目,生成采购单进行采购,采购完后更新数据库,并提醒管理员采购成功。

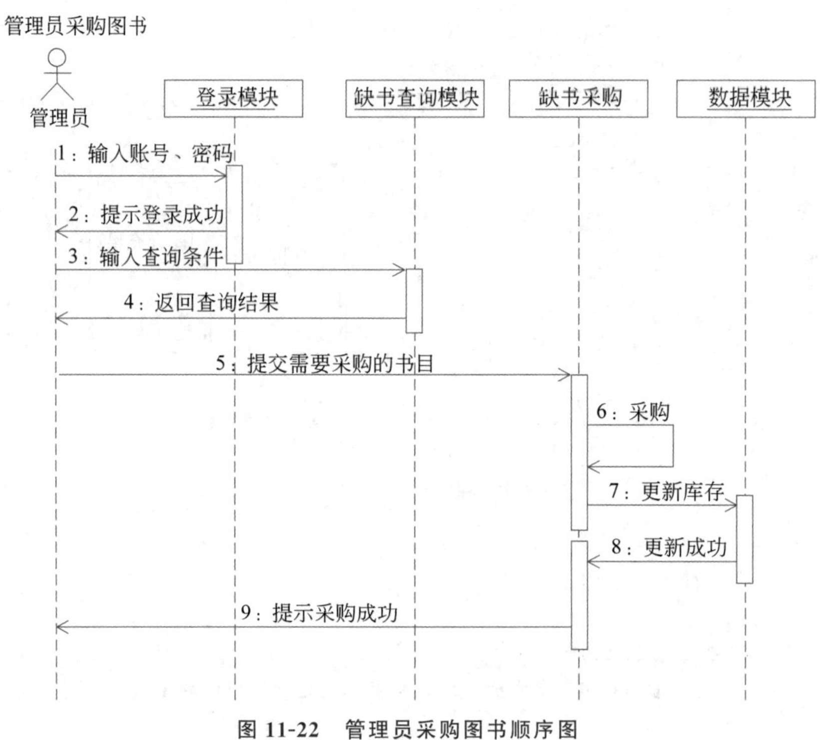

图 11-22　管理员采购图书顺序图

11.3.7 《学生教材购销系统》的协作图

图 11-23 为学生订购教材协作图,图 11-24 为管理员采购图书协作图。

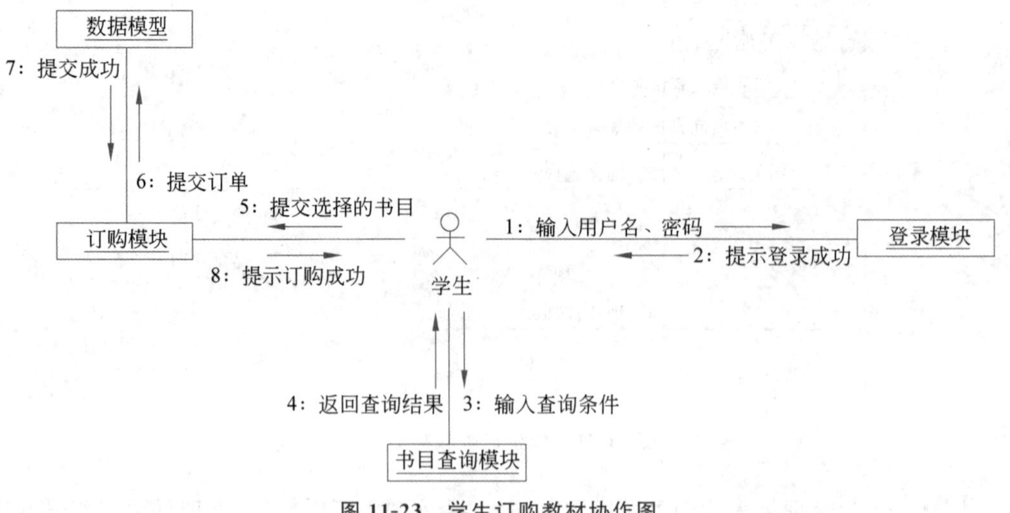

图 11-23　学生订购教材协作图

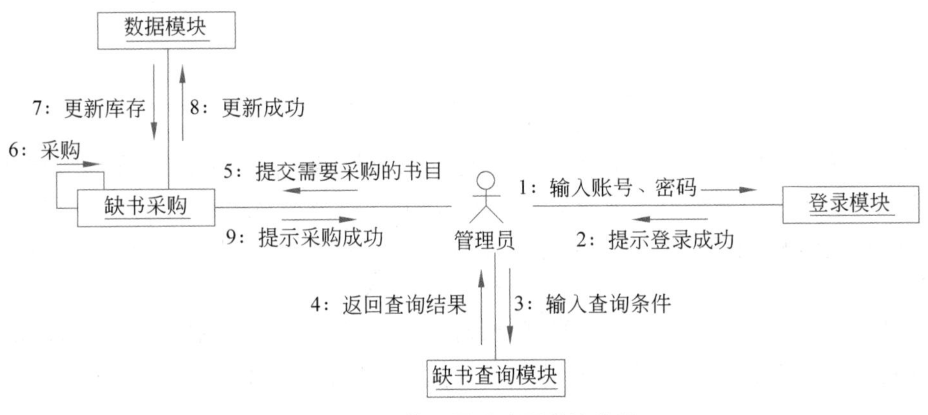

图 11-24 管理员采购图书协作图

11.3.8 《学生教材购销系统》的组件图

图 11-25 为《学生教材购销系统》的组件图，包括打印机服务、系统服务、客户端服务、数据库服务 4 个组件。

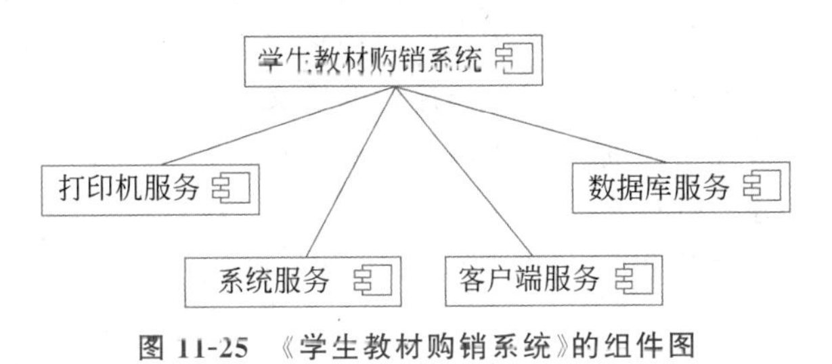

图 11-25 《学生教材购销系统》的组件图

11.3.9 《学生教材购销系统》的部署图

图 11-26 为《学生教材购销系统》的部署图。系统由多个结点构成，应用服务器负责整个系统的总体协调工作，数据库负责数据管理。客户机通过互联网与应用服务器相连，这样管理员可以通过互联网管理应用服务器，客户可以通过互联网访问应用服务器得到图书销售服务，打印机负责打印报表等信息。

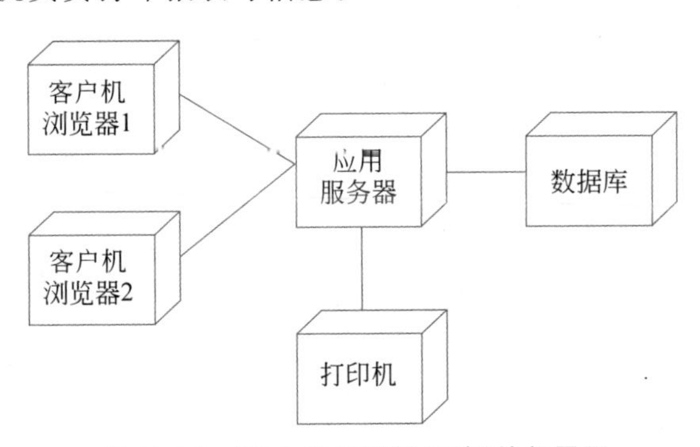

图 11-26 《学生教材购销系统》的部署图

小结

本章讨论了面向对象的一些基本概念，包括对象与类、属性、服务等，了解这些概念对理解面向对象方法十分重要。面向对象分析和面向对象设计是面向对象软件开发的关键阶段，本章对面向对象分析和面向对象设计的基本任务、分析过程、设计的基本原则等进行了讨论。

除此之外，本章还给出了一个详细的面向对象设计案例《学生教材购销系统》的9种图。通过对它的学习和理解，读者可以为掌握面向对象软件工程打下坚实的基础。

习题

1. 什么是面向对象方法学？阐述这种方法学的主要优点。
2. 比较传统的软件工程学与面向对象的软件工程学。
3. 什么是对象？它的构成要素有哪些？分别阐述这些要素的概念。
4. 什么是类？它与对象的关系是什么？简述抽象类的定义及判别方法。
5. 简述消息、方法、继承、封装、结构与连接的定义。
6. 什么是面向对象分析？简述分析问题的层次。
7. 阐述面向对象分析的过程。
8. 面向对象设计应该遵循哪些准则？简述每条准则的内容，并说明这些准则的必要性。
9. 简述有利于提高面向对象设计质量的每条主要启发规则的内容和必要性。
10. 为什么说类构件是目前比较理想的可复用软构件？它有哪些复用方式？
11. 简述面向对象的基本设计方法。
12. 比较面向对象设计范式与过程设计范式。

参考文献

[1] 范晓平. UML建模实例详解[M]. 北京：清华大学出版社，2005.

[2] 许家珆，白忠建，吴磊，等. 软件工程：理论与实践[M]. 3版. 北京：高等教育出版社，2017.

[3] 陈明. 软件工程实用教程[M]. 北京：清华大学出版社，2012.

[4] 覃征，徐文华，韩毅，等. 软件项目管理[M]. 2版. 北京：清华大学出版社，2009.

[5] 吴军华. 软件工程：理论、方法与实践[M]. 西安：西安电子科技大学出版社，2010.

[6] 曾强聪，赵歆. 软件工程方法与实训[M]. 北京：高等教育出版社，2010.

[7] 郭宁，周晓华. 软件项目管理[M]. 北京：清华大学出版社，2007.

[8] 王强，曹汉平，贾素玲. IT软件项目管理[M]. 北京：清华大学出版社，2005.

[9] 王珍玲. 实用软件工程教程[M]. 北京：中国劳动社会保障出版社，2004.

[10] 张青. 软件工程项目管理[M]. 成都：电子科技大学出版社，2007.

[11] 郭荷清. 现代软件工程[M]. 广州：华南理工大学出版社，2004.

[12] 宋礼鹏，张建华. 软件工程：理论与实践[M]. 北京：北京理工大学出版社，2011.

[13] PRESSMAN R S. 软件工程：实践者的研究方法[M]. 北京：机械工业出版社，2011.

[14] 王爱平. 实用软件工程[M]. 北京：清华大学出版社，2009.

[15] 李代平，胡致杰，林显宁. 软件工程[M]. 5版. 北京：清华大学出版社，2022.

[16] 江颉，董天阳，王婷. 软件工程：理论、技术及实践[M]. 北京：机械工业出版社，2023.

[17] FARLEY D. 现代软件工程：如何高效构建软件[M]. 赵睿，茹炳晟，译. 北京：人民邮电出版社，2023.

[18] 黑马程序员. 软件测试[M]. 2版. 北京：人民邮电出版社，2023.

[19] 马克. 软件架构：架构模式、特征及实践指南[M]. 杨洋，徐栋栋，王妮，译. 北京：机械工业出版社，2021.

[20] 张刚. 软件设计：从专业到卓越[M]. 北京：人民邮电出版社，2022.

图书资源支持

感谢您一直以来对清华版图书的支持和爱护。为了配合本书的使用，本书提供配套的资源，有需求的读者请扫描下方的“书圈”微信公众号二维码，在图书专区下载，也可以拨打电话或发送电子邮件咨询。

如果您在使用本书的过程中遇到了什么问题，或者有相关图书出版计划，也请您发邮件告诉我们，以便我们更好地为您服务。

我们的联系方式：

清华大学出版社计算机与信息分社网站：https://www.shuimushuhui.com/

地　　址：北京市海淀区双清路学研大厦 A 座 714

邮　　编：100084

电　　话：010-83470236　010-83470237

客服邮箱：2301891038@qq.com

QQ：2301891038（请写明您的单位和姓名）

资源下载：关注公众号“书圈”下载配套资源。

资源下载、样书申请

书圈

图书案例

清华计算机学堂

观看课程直播